普通高等教育本科数学专业课程教材

数学分析简明教程

（上　册）

主　编　黄建吾
副主编　王宜洁

同济大学 出版社
TONGJI UNIVERSITY PRESS

内 容 提 要

本书以教育部高等学校数学类专业教学指导委员会最新会议精神为指导,为适应新时期教学改革与专业课程建设的需要,结合应用型普通本科院校相关专业教学特点进行编写.

全书分为上、下两册.上册内容包括:实数集与函数,数列极限,函数极限,连续函数,导数与微分,微分中值定理及其应用,不定积分,定积分,定积分的应用,反常积分.附录为希腊字母简表.书内各节后均配有相应的习题,书末附有部分习题答案与提示.

本书体系完备,选材恰当,重点突出,难度适宜,例题、习题丰富,可作为应用型普通高等院校数学与统计学专业数学分析课程的教材和参考资料.

图书在版编目(CIP)数据

数学分析简明教程. 上册 / 黄建吾主编. -- 上海:同济大学出版社,2020.12
 ISBN 978-7-5608-9586-4

Ⅰ.①数… Ⅱ.①黄… Ⅲ.①数学分析—高等学校—教材 Ⅳ.①O17

中国版本图书馆 CIP 数据核字(2020)第 226384 号

普通高等教育本科数学专业课程教材

数学分析简明教程(上册)

主编 黄建吾 **副主编** 王宜洁

责任编辑 陈佳蔚 **责任校对** 徐逢乔 **封面设计** 潘向蓁

出版发行	同济大学出版社　www.tongjipress.com.cn	
	(地址:上海市四平路1239号　邮编:200092　电话:021-65985622)	
经　　销	全国各地新华书店	
印　　刷	常熟市大宏印刷有限公司	
开　　本	787 mm×1092 mm　1/16	
印　　数	1—2100	
印　　张	18.75	
字　　数	474 000	
版　　次	2020年12月第1版　2020年12月第1次印刷	
书　　号	ISBN 978-7-5608-9586-4	
定　　价	56.00元	

本书若有印装质量问题,请向本社发行部调换　　版权所有　侵权必究

前　言

　　数学分析课程一直以来都是高等学校数学学科重要的专业基础课程，又是后续诸多课程的基础，在培养具有良好数学素质及其应用型人才方面起着特别重要的作用. 2018年，为提高教育质量，实现高等教育内涵式发展，我国教育部颁布《普通高等学校本科专业类教学质量国家标准》. 其中，数学学科的数学与应用数学专业、信息与计算科学专业，统计学学科的统计学专业及应用统计学专业都将数学分析课程设为必修的专业基础课程，凸显了该课程的重要性. 与此同时，随着高等教育大众化的到来，高等学校教学改革的深入，从学校层面及学生层面均有很大变化，学校之间的差异逐步增大，特别是对于近十几年来各地新建普通本科院校来说，原有的课程教材在难度及适用性上已经逐渐不适应应用型本科院校及学科专业的定位，以及此类院校学生基础一般的特点. 因此，数学分析课程教学如何适应新时期教学改革的需要，适应我国高等教育普及后大量普通本科院校相关专业的需求，满足应用型本科院校新的教学形势、学生基础和教学特点，是当前应用型本科院校教学改革与探索的一个重要研究方向.

　　本书以教育部高等学校数学类专业教学指导委员会最新会议精神为指导，参考多年来国内出版的一些优秀教材，结合编者多年的教学实践经验，在多次研讨和反复实践的基础上编写而成，以满足应用型本科院校数学及统计学专业数学分析课程教学的需要，同时亦可用于对数学要求较高的理工科专业.

　　本书的主要特色有以下三点.

　　1. 体系完备，结构合理，选材恰当，知识叙述循序渐进，突出重点，难度适中，能满足应用型本科院校相关专业教学基本要求. 书中对理论体系影响不大但是难度较大的内容，予以淡化或只介绍不证明. 例如，在实数理论方面，将确界定理作为公理引入而不证明，将实数完备性定理集中叙述但是作简化处理.

　　2. 精心设计各章节例题，通过适当多的例题降低理论理解的难度，使学生易于自学. 精心编选类型丰富且梯度合理的习题，使学生易于理解基本概念和基本定理的实质，掌握重要的解题方法和应用技巧.

　　3. 注重理论联系实际，渗透数学建模思想. 建立和求解数学模型的例题在各部分知识均有体现，通过几何、物理、经济学等方面数量变化关系的分析，建立模型，进而求解，力图拓宽学生的知识面,培养学生解决实际问题的能力.

　　本书由黄建吾任主编,王宜洁任副主编.具体分工如下:第1章至第6章、第15章至第17章由王宜洁编写,第7章至第14章、第18章至第21章由黄建吾编写,附录及部分习题答案由伍慧玲编写及提供参考答案.全书由黄建吾统稿、定稿.本书在编写过程中参考了国内有关教材与著作,主要参考书目列于书末,在此对相关作者表示感谢!

　　本书的编写得到了闽江学院教材建设项目支持,得到了闽江学院数学与数据科学学院领导的关心支持,也得到了同济大学出版社的领导、编辑的大力支持.在此表示诚挚的谢意!

　　由于编者水平与学识有限,书中如有错漏与不尽人意之处,敬请专家和读者批评指正,我们将万分感激.

编　者

2020年6月

目　　录

前言

第 1 章　实数集与函数 ·· 1
　1.1　实数集与确界原理 ·· 1
　　1.1.1　集合 ··· 1
　　1.1.2　实数 ··· 4
　　1.1.3　确界原理 ·· 6
　　习题 1.1 ·· 7
　1.2　函数 ··· 8
　　1.2.1　函数概念 ·· 8
　　1.2.2　函数的四则运算 ··· 11
　　1.2.3　函数的几种特性 ··· 11
　　1.2.4　复合函数与反函数 ·· 14
　　1.2.5　初等函数 ··· 16
　　习题 1.2 ··· 20

第 2 章　数列极限 ·· 22
　2.1　数列极限概念 ·· 22
　　2.1.1　数列 ·· 22
　　2.1.2　极限的基本思想 ··· 22
　　2.1.3　实例分析 ··· 23
　　2.1.4　数列极限的定义 ··· 24
　　2.1.5　无穷小量、有界量与无穷大量 ·· 28
　　习题 2.1 ··· 29
　2.2　收敛数列的性质 ··· 30
　　2.2.1　唯一性 ·· 30
　　2.2.2　有界性 ·· 30
　　2.2.3　保序性 ·· 31
　　2.2.4　四则运算法则 ·· 32
　　2.2.5　夹逼准则 ··· 34
　　2.2.6　子列的收敛性 ·· 35
　　习题 2.2 ··· 37
　2.3　数列极限存在的条件 ·· 38

		2.3.1 单调有界定理 ··· 38

      2.3.1 单调有界定理 ··· 38
      2.3.2 致密性定理 ··· 41
    习题 2.3 ··· 42
  2.4 实数的完备性 ··· 42
      2.4.1 柯西(Cauchy)收敛准则 ··· 42
      2.4.2 区间套定理 ··· 44
      2.4.3 有限覆盖定理 ··· 45
      2.4.4 聚点定理 ··· 46
    习题 2.4 ··· 47

第 3 章　函数极限 ·· 48

  3.1 函数极限概念 ··· 48
      3.1.1 x 趋于 ∞ 时函数的极限 ··· 48
      3.1.2 x 趋于 x_0 时函数的极限 ··· 50
    习题 3.1 ··· 54
  3.2 函数极限的性质 ··· 54
      3.2.1 唯一性 ·· 55
      3.2.2 局部有界性 ··· 55
      3.2.3 局部保序性 ··· 55
      3.2.4 夹逼准则 ··· 57
      3.2.5 四则运算法则 ··· 57
      3.2.6 复合函数的极限运算法则 ··· 58
    习题 3.2 ··· 59
  3.3 函数极限存在的条件 ··· 60
      3.3.1 海涅定理 ··· 60
      3.3.2 单调有界定理 ··· 62
      3.3.3 柯西收敛准则 ··· 63
    习题 3.3 ··· 64
  3.4 两个重要极限 ··· 64
      3.4.1 $\lim\limits_{x \to 0} \dfrac{\sin x}{x} = 1$ ··· 64
      3.4.2 $\lim\limits_{x \to \infty} \left(1 + \dfrac{1}{x}\right)^x = \mathrm{e}$ ······································· 65
    习题 3.4 ··· 67
  3.5 无穷小量与无穷大量 ··· 67
      3.5.1 无穷小量 ··· 67
      3.5.2 无穷小量阶的比较 ··· 68
      3.5.3 无穷大量 ··· 69
    习题 3.5 ··· 73

第4章 连续函数 ... 74

4.1 连续性概念 ... 74
4.1.1 函数连续的定义 ... 74
4.1.2 间断点及其分类 ... 76
习题 4.1 ... 77

4.2 连续函数的性质与初等函数的连续性 ... 78
4.2.1 连续函数的局部性质 ... 78
4.2.2 反函数的连续性 ... 78
4.2.3 复合函数的连续性 ... 79
4.2.4 初等函数的连续性 ... 80
习题 4.2 ... 81

4.3 闭区间上的连续函数 ... 82
4.3.1 有界性定理与最值定理 ... 82
4.3.2 零点定理与介值定理 ... 83
4.3.3 一致连续性定理 ... 85
习题 4.3 ... 89

第5章 导数与微分 ... 91

5.1 导数概念 ... 91
5.1.1 引例 ... 91
5.1.2 导数的定义 ... 92
5.1.3 导数的几何意义 ... 97
习题 5.1 ... 98

5.2 求导法则 ... 98
5.2.1 导数的四则运算 ... 99
5.2.2 反函数的导数 ... 102
5.2.3 复合函数的导数 ... 103
5.2.4 基本求导法则与公式 ... 106
习题 5.2 ... 107

5.3 隐函数与参数方程确定函数的导数 ... 108
5.3.1 隐函数的导数 ... 108
5.3.2 参数方程确定函数的导数 ... 110
习题 5.3 ... 112

5.4 微分 ... 113
5.4.1 微分的概念 ... 113
5.4.2 微分的运算 ... 115
5.4.3 微分在近似计算中的应用 ... 116
习题 5.4 ... 118

5.5 高阶导数与高阶微分 ... 119
5.5.1 高阶导数 ... 119
5.5.2 高阶微分 ... 123
习题 5.5 ... 124

第6章 微分中值定理及其应用 ... 126
6.1 微分中值定理 ... 126
6.1.1 极值与费马定理 ... 126
6.1.2 罗尔定理 ... 127
6.1.3 拉格朗日中值定理 ... 129
6.1.4 柯西中值定理 ... 131
6.1.5 导函数性质 ... 133
习题 6.1 ... 134
6.2 洛必达法则 ... 135
6.2.1 $\frac{0}{0}$型未定式 ... 135
6.2.2 $\frac{\infty}{\infty}$型未定式 ... 137
6.2.3 其他类型的未定式 ... 139
习题 6.2 ... 141
6.3 泰勒公式 ... 142
6.3.1 带佩亚诺型余项的泰勒公式 ... 142
6.3.2 带拉格朗日型余项的泰勒公式 ... 146
6.3.3 泰勒公式的应用 ... 149
习题 6.3 ... 150
6.4 函数的单调性 ... 150
习题 6.4 ... 153
6.5 函数的极值与最值 ... 153
6.5.1 函数的极值 ... 153
6.5.2 函数的最值 ... 155
习题 6.5 ... 159
6.6 函数的凸性 ... 159
习题 6.6 ... 164
6.7 函数图象的讨论 ... 164
6.7.1 曲线的渐近线 ... 164
6.7.2 函数图象描绘 ... 166
习题 6.7 ... 169

第7章 不定积分 ... 170
7.1 不定积分 ... 170

7.1.1	原函数	170
7.1.2	不定积分	171
7.1.3	不定积分的性质	172
7.1.4	基本积分表	173
习题 7.1		174

7.2 换元积分法与分部积分法 175
    7.2.1 第一类换元积分法 175
    7.2.2 第二类换元积分法 180
    7.2.3 分部积分法 184
    习题 7.2 187

7.3 有理函数和可化为有理函数的不定积分 188
    7.3.1 有理函数的不定积分 188
    7.3.2 三角函数有理式的不定积分 192
    7.3.3 某些无理函数的不定积分 194
    习题 7.3 196

第 8 章 定积分 197

8.1 定积分概念 197
    8.1.1 问题引入 197
    8.1.2 定积分的定义 199
    习题 8.1 202

8.2 微积分基本定理 202
    习题 8.2 204

8.3 可积问题 205
    8.3.1 可积的必要条件 205
    8.3.2 可积的充要条件 206
    8.3.3 可积函数类 207
    习题 8.3 209

8.4 定积分的性质 209
    8.4.1 定积分的基本性质 210
    8.4.2 积分第一中值定理 214
    习题 8.4 217

8.5 原函数存在定理与定积分的计算 218
    8.5.1 变限积分与原函数存在定理 218
    8.5.2 定积分的计算 221
    8.5.3 积分第二中值定理 226
    8.5.4 泰勒公式的积分型余项 227
    习题 8.5 229

第9章 定积分的应用 ··· 232
9.1 微元法 ··· 232
9.2 平面图形的面积 ··· 234
9.2.1 直角坐标情形 ·· 234
9.2.2 参数方程情形 ·· 236
9.2.3 极坐标情形 ·· 237
习题 9.2 ·· 238
9.3 由平行截面面积求体积 ·· 239
习题 9.3 ·· 241
9.4 平面曲线的弧长和曲率 ·· 242
9.4.1 平面曲线的弧长 ·· 242
9.4.2 平面曲线的曲率 ·· 246
习题 9.4 ·· 248
9.5 旋转曲面的面积 ··· 248
习题 9.5 ·· 250
9.6 定积分在物理中的某些应用 ·· 250
9.6.1 变力做功 ··· 250
9.6.2 液体静压力 ·· 252
9.6.3 引力 ·· 252
习题 9.6 ·· 253

第10章 反常积分 ··· 255
10.1 无穷积分概念与性质 ··· 255
10.1.1 无穷积分的概念 ·· 255
10.1.2 无穷积分的计算 ·· 256
10.1.3 无穷积分的性质 ·· 258
习题 10.1 ··· 260
10.2 无穷积分的敛散性判别 ·· 260
10.2.1 非负函数无穷积分的敛散性判别 ······························· 261
10.2.2 一般函数无穷积分的敛散性判别 ······························· 263
习题 10.2 ··· 266
10.3 瑕积分 ·· 267
10.3.1 瑕积分的概念与性质 ·· 267
10.3.2 瑕积分的敛散性判别 ·· 270
习题 10.3 ··· 274

部分习题答案与提示 ·· 276

参考文献 ··· 287

附录 希腊字母简表 ··· 288

第 1 章 实数集与函数

数学是研究数量关系和空间形式的科学,在自然科学、工程技术,甚至社会科学中被广泛应用. 对数量关系和空间形式的研究,必须建立在变量之间最本质的联系,即函数关系的基础上. 数学分析正是研究实数集上函数理论的最基本课程,是后续诸多课程的基石. 为此,本章将简要叙述实数集与函数的相关概念与性质.

1.1 实数集与确界原理

1.1.1 集合

人们对客观事物的讨论总是按照其某方面的特性进行适当划分,然后分门别类加以研究,在诸多领域中被广泛使用的集合概念正是这一原则的基本体现. 以下给出数学分析课程与集合有关的一些基本概念.

定义 1.1.1 具有某种特定性质的事物的全体称为**集合**. 集合中的每一个单一的事物称为集合的**元素**.

设 A 是一个集合,如果 x 是 A 的元素,记为 $x \in A$,读作"x 属于 A";如果 x 不是 A 的元素,记为 $x \bar{\in} A$ 或 $x \notin A$,读作"x 不属于 A".

集合中的元素具有确定性和可区分性.

一个集合,如果其元素的个数是有限的,称为**有限集**;否则就称为**无限集**. 不包含任何元素的集合称为**空集**,记为 $\varnothing$.

表示一个集合通常有两种方法. 一种是**列举法**,即将集合中的元素逐一列举出来. 例如,由数字 1, 3, 5, 7, 9 组成的集合表示为 $\{1, 3, 5, 7, 9\}$;自然数的集合表示为 $\{0, 1, 2, 3, \cdots, n, \cdots\}$.

集合中的元素之间没有次序关系,也就是说,在集合的表示中,同一元素在不同位置上出现不具有任何特殊意义. 例如,$\{1, 2, 3\}$ 与 $\{2, 1, 3\}$ 表示的是同一个集合.

常用的集合有:**N** 表示全体自然数的集合,**N**$^+$ 表示全体正整数的集合,**Z** 表示全体整数的集合,**Q** 表示全体有理数的集合,**R** 表示全体实数的集合.

另一种集合的表示方法是**描述法**,即用集合中的元素所具有的性质来描述,记为 $\{x \mid x$ 具有性质 $P(x)\}$. 例如,方程 $x^2 - 2 = 0$ 的实数根全体组成的集合可表示为 $\{x \mid x^2 - 2 = 0\}$.

为了叙述方便,我们引入记号:符号"$\forall$"表示"对于任意的"或"对于每一个";符号"$\exists$"表示"存在"或"可以找到";符号"$\Rightarrow$"表示"蕴含",即由左边的命题可以推出右边的命题;符号"⇔"称为"当且仅当",表示左边的命题与右边的命题相互蕴含,即两个命题等价.

定义 1.1.2 设 A, B 是两个集合,如果 A 中的元素都是 B 中的元素,即

$$\forall x \in A \Rightarrow x \in B,$$

则称 A 是 B 的**子集**,记为 $A \subset B$,读作"A 包含于 B",或记为 $B \supset A$,读作"B 包含 A". 如果 A 是 B 的子集,但是在 B 中存在一个元素不属于 A,则称 A 是 B 的**真子集**.

如果 A 中至少存在一个元素 x 不属于 B,即 $\exists x \in A$,但 $x \bar{\in} B$,那么,A 不是 B 的子集,记为 $A \not\subset B$.

例如,设 $A = \{2, 3, 4\}$,$B = \{1, 2, 3, 4, 5\}$,则 $A \subset B$.

显然,$\mathbf{N}^+ \subset \mathbf{N} \subset \mathbf{Z} \subset \mathbf{Q} \subset \mathbf{R}$.

由定义 1.1.2 可知,任何集合都是其自身的子集;空集 $\varnothing$ 是任何集合的子集.

定义 1.1.3 设 A, B 是两个集合,如果 $A \subset B$ 且 $B \subset A$,则称集合 A 与 B **相等**,记为 $A = B$. 此时 A 与 B 的元素完全相同,实际上是同一个集合.

例 1.1.1 设 $A = \{a, b, c\}$,写出 A 的所有子集.

解 A 的所有子集共有 2^3 个:

$$\varnothing;$$
$$\{a\}, \{b\}, \{c\};$$
$$\{a, b\}, \{a, c\}, \{b, c\};$$
$$\{a, b, c\}.$$

容易证明,由 n 个元素组成的集合共有 2^n 个子集.

集合的基本运算有并、交、差、补四种.

设 A, B 是两个集合,由 A 与 B 的全部元素构成的集合,称为 A 与 B 的**并集**(简称**并**),记为 $A \cup B$,即

$$A \cup B = \{x \mid x \in A \text{ 或 } x \in B\}.$$

由 A 与 B 的所有公共元素构成的集合,称为 A 与 B 的**交集**(简称**交**),记为 $A \cap B$,即

$$A \cap B = \{x \mid x \in A \text{ 且 } x \in B\}.$$

特别地,如果 $A \cap B = \varnothing$,则称 A 与 B 不相交.

由属于 A 但不属于 B 的一切元素构成的集合,称为 A 与 B 的**差集**(简称**差**),记为 $A \backslash B$,即

$$A \backslash B = \{x \mid x \in A \text{ 且 } x \bar{\in} B\}.$$

例 1.1.2 设 $A = \{1, 2, 4\}$,$B = \{3, 4, 5\}$,则

$$A \cup B = \{1, 2, 3, 4, 5\}, \quad A \cap B = \{4\}, \quad A \backslash B = \{1, 2\}, \quad B \backslash A = \{3, 5\}.$$

注意 一般地,$A \backslash B \neq B \backslash A$.

通常在讨论一个问题时,所涉及的集合总是某个最大集合 X 的子集,此时称 X 是**全集**.

如果 $A \subset X$，则称集合
$$X \setminus A = \{x \mid x \in X \text{ 且 } x \bar{\in} A\}$$
为集合 A 关于全集 X 的**补集**或**余集**，记为 A_X^C. 在不会发生混淆的前提下，通常也简称为 A 的余集或补集，记为 A^C.

显然，有下列简单事实：
(1) $A \cup A^C = X$, $A \cap A^C = \varnothing$；
(2) $(A^C)^C = A$；
(3) $A \setminus B = A \cap B^C$.

以上等式根据集合相等的定义易证. 现就等式(3)证明如下：
因为
$$x \in A \setminus B \Leftrightarrow x \in A \text{ 且 } x \bar{\in} B \Leftrightarrow x \in A \text{ 且 } x \in B^C \Leftrightarrow x \in A \cap B^C,$$
所以 $A \setminus B = A \cap B^C$.

关于集合的并、交、补及其联合运算，有下列规律：
(1) **交换律** $A \cup B = B \cup A$, $A \cap B = B \cap A$；
(2) **结合律** $(A \cup B) \cup C = A \cup (B \cup C)$, $(A \cap B) \cap C = A \cap (B \cap C)$；
(3) **分配律** $A \cap (B \cup C) = (A \cap B) \cup (A \cap C)$,
$A \cup (B \cap C) = (A \cup B) \cap (A \cup C)$；
(4) **对偶律(德·摩根公式)** $(A \cup B)^C = A^C \cap B^C$, $(A \cap B)^C = A^C \cup B^C$.

以上运算规律根据集合相等的定义易证.

注意 集合运算不满足消去律：
$$A \cup B = A \cup C \not\Rightarrow B = C, \quad A \cap B = A \cap C \not\Rightarrow B = C.$$

在数学分析课程中，最常用到的实数集的子集是**区间**和**邻域**这两种类型.

定义 1.1.4 设 $a, b \in \mathbf{R}$，且 $a < b$，则将集合 $\{x \mid a < x < b\}$ 称为以 a, b 为端点的**开区间**，记为 (a, b)，即
$$(a, b) = \{x \mid a < x < b\};$$
集合 $\{x \mid a \leqslant x \leqslant b\}$ 称为以 a, b 为端点的**闭区间**，记为 $[a, b]$，即
$$[a, b] = \{x \mid a \leqslant x \leqslant b\};$$
集合 $\{x \mid a < x \leqslant b\} = (a, b]$ 和 $\{x \mid a \leqslant x < b\} = [a, b)$ 都称为**半开半闭区间**.

以上这几类区间的长度是有限的，称为**有限区间**.

类似地，记
$$(a, +\infty) = \{x \mid x > a\}, \quad [a, +\infty) = \{x \mid x \geqslant a\},$$
$$(-\infty, b) = \{x \mid x < b\}, \quad (-\infty, b] = \{x \mid x \leqslant b\},$$
$$(-\infty, +\infty) = \{x \mid -\infty < x < +\infty\} = \mathbf{R}.$$

这里，符号"∞"读作"无穷大"，"+∞"读作"正无穷大"，"−∞"读作"负无穷大".

上述这几类区间的长度是无限的，称为**无限区间**.

有限区间和无限区间统称为**区间**.

定义 1.1.5 设 $a \in \mathbf{R}, \delta > 0$，开区间

$$(a-\delta, a+\delta) = \{x \mid a-\delta < x < a+\delta\} = \{x \mid |x-a| < \delta\}$$

称为点 a 的 **δ 邻域**，记为 $U(a, \delta)$. 点 a 称为**邻域中心**，δ 称为**邻域半径**（图 1.1.1）. 当不需要注明邻域半径时，也简记为 $U(a)$.

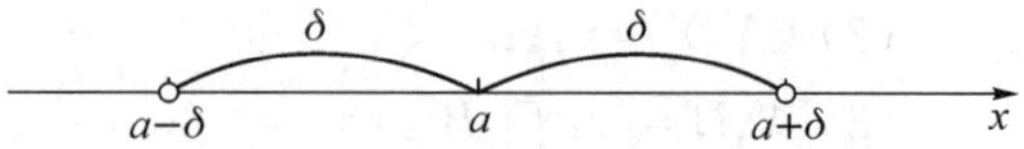

集合 $\{x \mid 0 < |x-a| < \delta\}$ 称为点 a 的**去心 δ 邻域**，记为 $\mathring{U}(a, \delta)$，即

$$\mathring{U}(a, \delta) = \{x \mid 0 < |x-a| < \delta\}.$$

图 1.1.1

类似地，有如下定义：

点 a 的 δ 右邻域 $U_+(a, \delta) = [a, a+\delta)$，简记为 $U_+(a)$；

点 a 的 δ 去心右邻域 $\mathring{U}_+(a, \delta) = (a, a+\delta)$，简记为 $\mathring{U}_+(a)$；

点 a 的 δ 左邻域 $U_-(a, \delta) = (a-\delta, a]$，简记为 $U_-(a)$；

点 a 的 δ 去心左邻域 $\mathring{U}_-(a, \delta) = (a-\delta, a)$，简记为 $\mathring{U}_-(a)$.

1.1.2 实数

数学分析讨论的是实变量之间的函数关系. 也就是说，在数学分析中，变量的取值范围限定在实数集合内，因此，下面先简要叙述实数的相关概念与性质.

我们知道实数由有理数和无理数组成，**有理数**可用分数形式 $\dfrac{p}{q}$（p, q 为整数，$q \neq 0$）表示，也可用有限十进制小数或无限十进制循环小数表示；而无限十进制不循环小数称为**无理数**，有理数和无理数统称为**实数**.

为讨论的需要，我们把有限小数（包括整数）也表示为无限小数. 规定：对于正有限小数（包括正整数）x，当 $x = a_0.a_1 a_2 \cdots a_n$ 时，其中 $0 \leqslant a_i \leqslant 9$，$i = 1, 2, \cdots, n$，$a_n \neq 0$，$a_0$ 为非负整数，记

$$x = a_0.a_1 a_2 \cdots (a_n - 1)999\,9\cdots,$$

而当 $x = a_0$ 为正整数时，记

$$x = (a_0 - 1).999\,9\cdots.$$

例如，3.01 记为 3.009 99⋯. 对于负有限小数（包括负整数）y，可先将 $-y$ 表示为无限小数，随后在所得无限小数前加负号. 例如，-6.3 记为 $-6.299\,99\cdots$. 又规定数 0 表示为 $0.000\,0\cdots$. 于是，任何一个实数都可用一个确定的无限小数来表示.

在中学我们已经知道了两个有理数大小的比较，以下定义两个实数的大小关系.

定义 1.1.6 给定两个非负实数

$$x = a_0.a_1a_2\cdots a_n\cdots, \qquad y = b_0.b_1b_2\cdots b_n\cdots,$$

其中,a_0,b_0 为非负整数,a_k,$b_k(k=1,2,\cdots)$ 为整数,$0 \leqslant a_k \leqslant 9$,$0 \leqslant b_k \leqslant 9$. 若有

$$a_k = b_k, \quad k = 0, 1, 2, \cdots,$$

则称 x 与 y **相等**,记为 $x = y$;若 $a_0 > b_0$ 或存在非负整数 l,使得

$$a_k = b_k, \quad k = 0, 1, 2, \cdots, l, \text{ 而 } a_{l+1} > b_{l+1},$$

则称 x **大于** y 或 y **小于** x,分别记为 $x > y$ 或 $y < x$.

对于负实数 x, y,若按上述规定分别有 $-x = -y$ 与 $-x > -y$,则分别称 $x = y$ 与 $x < y$(或 $y > x$). 另外,自然规定任何非负实数大于任何负实数.

全体实数构成的集合 **R** 有如下主要性质:

(1) 实数集 **R** 对加、减、乘、除(除数不为 0)四则运算是**封闭**的,即任意两个实数的和、差、积、商(除数不为 0)仍然是实数.

(2) 实数集是**有序**的,即任意两实数 a, b 必满足下述三个关系之一:$a < b$, $a = b$, $a > b$.

(3) 实数的大小关系具有**传递性**,即若 $a > b$, $b > c$,则有 $a > c$.

(4) 实数具有**阿基米德(Archimedes)性**,即对任何 $a, b \in \mathbf{R}$,若 $b > a > 0$,则存在正整数 n,使得 $na > b$.

(5) 实数集 **R** 具有**稠密性**,即任何两个不相等的实数之间必有另一个实数,且既有有理数,也有无理数.

(6) 如果在一水平直线上确定一点 O 作为原点,指定一个方向为正向(通常把指向右方的方向规定为正向),并规定一个单位长度,则称此直线为**数轴**. 任一实数都对应数轴上唯一的一点;反之,数轴上的每一点也都唯一地代表一个实数. 于是,实数集 **R** 与数轴上的点有着一一对应关系. 实数集的这一性质称为实数的**连续性**(也称**完备性**). 实数的连续性是极限论、微积分学乃至整个分析学的重要基础. 从几何角度看,就是实数全体布满了整个数轴而没有空隙;从分析学角度阐述,则有多种等价表述方式. 本节中的确界原理就是其中一种实数的连续性表述.

例 1.1.3 设 $a, b \in \mathbf{R}$,证明:若对任何正数 ε 有 $a < b + \varepsilon$,则 $a \leqslant b$.

证 反证法. 假设结论不成立,根据实数集的有序性,有 $a > b$. 令 $\varepsilon = \dfrac{a-b}{2} > 0$,则 $a = b + 2\varepsilon > b + \varepsilon$,但这与已知 $a < b + \varepsilon$ 矛盾. 从而必有 $a \leqslant b$. 证毕.

对于实数,有如下一些常用不等式:

(1) 三角形不等式

$$||a| - |b|| \leqslant |a \pm b| \leqslant |a| + |b|, \quad a, b \in \mathbf{R}.$$

(2) 伯努利不等式

$\forall x \in \mathbf{R}$, $x > -1$, $\forall n \in \mathbf{N}^+$, $n > 1$,有不等式

$$(1+x)^n \geq 1+nx,$$

当且仅当 $x = 0$ 时等号成立.

(3) 均值不等式

$\forall a_i > 0, i = 1, 2, \cdots, n$, 称 $\dfrac{a_1 + a_2 + \cdots + a_n}{n}$ 是这 n 个正数 $a_1, a_2, \cdots, a_n$ 的**算术平均值**, $\sqrt[n]{a_1 a_2 \cdots a_n}$ 是它们的**几何平均值**, $\dfrac{n}{\dfrac{1}{a_1} + \dfrac{1}{a_2} + \cdots + \dfrac{1}{a_n}}$ 是它们的**调和平均值**, 且有不等式

$$\frac{n}{\dfrac{1}{a_1} + \dfrac{1}{a_2} + \cdots + \dfrac{1}{a_n}} \leq \sqrt[n]{a_1 a_2 \cdots a_n} \leq \frac{a_1 + a_2 + \cdots + a_n}{n},$$

当且仅当 $a_1, a_2, \cdots, a_n$ 全部相等时等号成立.

1.1.3 确界原理

定义 1.1.7 设 S 为 $\mathbf{R}$ 中的一个数集. 若存在数 $M(L)$, 使得对一切 $x \in S$, 都有 $x \leq M (x \geq L)$, 则称 S 为**有上界(下界)**的数集, 数 $M(L)$ 称为 S 的一个**上界(下界)**.

若数集 S 既有上界又有下界, 则称 S 为**有界集**. 若 S 不是有界集, 则称 S 为**无界集**.

例 1.1.4 证明: 数集 $\mathbf{N}^+ = \{n \mid n \text{ 为正整数}\}$ 有下界而无上界.

证 显然, 任何一个不大于 1 的实数都是 $\mathbf{N}^+$ 的下界, 故 $\mathbf{N}^+$ 为有下界的数集.

为证 $\mathbf{N}^+$ 无上界, 由定义只需证明: 对于无论多么大的数 M, 总存在某个正整数 n_0, 使得 $n_0 > M$. 事实上, 对任何正数 M, 只要取 $n_0 = [M] + 1$, 则 $n_0 \in \mathbf{N}^+$, 且 $n_0 > M$. 这就证明了 $\mathbf{N}^+$ 无上界.

注 $[x]$ 表示不超过 x 的最大整数.

我们还可以证明: 任何有限区间都是有界集, 无限区间都是无界集; 由有限个数组成的数集是有界集.

若数集 S 有上界, 则显然它有无穷多个上界, 若其中有最小的一个上界, 则该最小上界应当有重要的作用. 同理, 若数集 S 有下界, 则显然它有无穷多个下界, 若其中有最大的一个下界, 则该最大下界也应当有重要的作用.

定义 1.1.8 设 S 是 $\mathbf{R}$ 中的一个数集. 若数 η 满足:

(1) 对一切 $x \in S$, 有 $x \leq \eta$, 即 η 是 S 的上界;

(2) 对任何 $\alpha < \eta$, 存在 $x_0 \in S$, 使得 $x_0 > \alpha$, 即 η 又是 S 的最小上界,

则称数 η 为数集 S 的**上确界**, 记作

$$\eta = \sup S.$$

定义 1.1.9 设 S 是 $\mathbf{R}$ 中的一个数集. 若数 ξ 满足:

(1) 对一切 $x \in S$, 有 $x \geq \xi$, 即 ξ 是 S 的下界;

(2) 对任何 $\beta > \xi$, 存在 $x_0 \in S$, 使得 $x_0 < \beta$, 即 ξ 又是 S 的最大下界, 则称数 ξ 为数集 S

的**下确界**，记作

$$\xi = \inf S.$$

上确界与下确界统称为**确界**.

例 1.1.5 设 $S = \{x \mid x \text{ 为区间}(0, 1) \text{ 中的有理数}\}$. 试证：

$$\sup S = 1, \quad \inf S = 0.$$

证 先验证 $\sup S = 1$：

(1) 对一切 $x \in S$，显然有 $x \leqslant 1$，即 1 是 S 的上界.

(2) 对任何 $\alpha < 1$，若 $\alpha \leqslant 0$，则任取 $x_0 \in S$ 都有 $x_0 > \alpha$；若 $\alpha > 0$，则由有理数集在实数集中的稠密性，在 $(\alpha, 1)$ 内必有有理数 x_0，即存在 $x_0 \in S$，使得 $x_0 > \alpha$.

综合(1)(2)，由定义可得 $\sup S = 1$.

同理可验证 $\inf S = 0$. 证毕.

类似地，还可以用定义验证：正整数集 $\mathbf{N}^+$ 有下确界 $\inf \mathbf{N}^+ = 1$，而没有上确界；对于数集 $E = \left\{\dfrac{(-1)^n}{n} \mid n = 1, 2, \cdots\right\}$，有 $\sup E = \dfrac{1}{2}$，$\inf E = -1$.

注 1 由上(下)确界的定义可见，若数集 S 存在上(下)确界，则一定是唯一的. 又若数集 S 存在上、下确界，则有 $\inf S \leqslant \sup S$.

注 2 从上面一些例子可见，数集 S 的确界可能属于 S，也可能不属于 S.

例 1.1.6 设数集 S 有上确界. 证明：

$$\eta = \sup S \in S \Leftrightarrow \eta = \max S.$$

证 ($\Rightarrow$) 设 $\eta = \sup S \in S$，则对一切 $x \in S$，有 $x \leqslant \eta$，而 $\eta \in S$，故 η 是数集 S 中最大的数，即 $\eta = \max S$.

($\Leftarrow$) 设 $\eta = \max S$，则 $\eta \in S$.

下面验证 $\eta = \sup S$：

(1) 对一切 $x \in S$，有 $x \leqslant \eta$，即 η 是 S 的上界；

(2) 对任何 $\alpha < \eta$，只需取 $x_0 = \eta \in S$，则 $x_0 > \alpha$.

满足 $\eta = \sup S$ 的定义. 证毕.

关于数集确界的存在性，我们给出下面的确界原理.

定理 1.1.1(确界原理) 设 S 为非空数集. 若 S 有上界，则 S 必有上确界；若 S 有下界，则 S 必有下确界.

确界原理是极限理论的重要基础，也是实数的完备性的表述方式之一.

习题 1.1

1. 下列表述是否正确？如不正确，请改正.

(1) $\{0\} = \varnothing$； (2) $a \subset \{a, b, c\}$；

(3) $\{a\} \in \{a, b, c\}$； (4) $\{a, b, c\} \neq \{b, c, a\}$.

2. 用描述法表示下列集合.

(1) 满足 $\dfrac{x-3}{x+2} \leqslant 0$ 的实数全体；

(2) 平面上第四象限的点的全体；

(3) 方程 $\cos x = 0$ 的实数解全体.

3. 设 $A = (-2, 5], B = \{-2, 5\}$，写出 $A \bigcup B, A \bigcap B, A \backslash B$ 及 $B \backslash A$ 的表达式.

4. 举例说明集合运算不满足消去律.

(1) $A \bigcup B = A \bigcup C \not\Rightarrow B = C$；

(2) $A \bigcap B = A \bigcap C \not\Rightarrow B = C$.

5. 设 $a, b \in \mathbf{R}$. 证明：若对任何正数 ε 有 $|a-b| < \varepsilon$，则 $a = b$.

6. 设 A, B 为非空数集，满足：对一切 $x \in A$ 和 $y \in B$ 有 $x \leqslant y$. 证明：数集 A 有上确界，数集 B 有下确界，且 $\sup A \leqslant \inf B$.

7. 设 S 为非空有下界数集. 证明：$\xi = \inf S \in S \Leftrightarrow \xi = \min S$.

8. 设 S 为非空有界数集，定义 $S^- = \{x \mid -x \in S\}$. 证明：

(1) $\inf S^- = -\sup S$；   (2) $\sup S^- = -\inf S$.

1.2 函 数

1.2.1 函数概念

定义 1.2.1 设数集 $D \neq \varnothing$，若存在某种对应法则 f，对于 D 中每一个数 x，按照对应法则 f，都有实数集 $\mathbf{R}$ 中唯一的一个数 y 与之对应，则称对应法则 f 是从 D 到 $\mathbf{R}$ 的一个函数，记为

$$f: D \to \mathbf{R},$$
$$x \mapsto y.$$

数 x 对应的数 y 称为函数 f 在点 x 的函数值，记为 $y = f(x)$. 其中，x 称为**自变量**，y 称为**因变量**. 数集 D 称为函数 f 的**定义域**，记为 D_f. 全体函数值的集合称为函数 f 的**值域**，记为 $f(D)$，即

$$f(D) = \{y \mid y = f(x), x \in D\} \subset \mathbf{R}.$$

关于函数定义的说明：

(1) 由函数定义，符号 $f: D \to \mathbf{R}$ 表示按照对应法则 f 建立了从 D 到 $\mathbf{R}$ 的函数关系，这时也称 f 是定义在 D 上的函数. 为叙述和使用的方便，习惯上也常用 $y = f(x), x \in D$ 来表示这个函数.

(2) 函数定义包含两个要素：对应法则和定义域. 由此，我们说某两个函数相同，是指它们有相同的定义域和对应法则. 例如，$f(x) = 1, x \in \mathbf{R}$ 与 $g(x) = \dfrac{x}{x}, x \in \mathbf{R} \backslash \{0\}$ 是不同的两个函数；另一方面，相同的两个函数，其对应法则的表达形式可能不同，例如，

$$f(x) = |x|, x \in \mathbf{R} \quad \text{与} \quad g(x) = \sqrt{x^2}, x \in \mathbf{R}.$$

当两个函数对应法则与定义域都一样时,它们表示的是相同的函数,此时自变量和因变量采用什么符号已无关紧要. 例如, $y = \sin x, x \in \mathbf{R}$ 与 $u = \sin v, v \in \mathbf{R}$ 表示同一个函数.

(3) 函数定义指出,$\forall x \in D$,按照对应法则 f,在实数集 $\mathbf{R}$ 中存在唯一的一个数 y 与之对应,这种对应称为由 D 到 $\mathbf{R}$ 中的单值对应. 本书只考虑单值对应. 注意并不要求不同的 x 要有不同的 y 与之对应,即不同的 x 可能对应相同的 y.

(4) 从函数定义来说,给定一个函数一定要指出函数的定义域,不存在求定义域的问题. 但是,有时为了方便并不指出函数 $y = f(x)$ 的定义域,这时认为函数的定义域是自明的. 即函数的定义域是使函数 $y = f(x)$ 有意义的实数 x 的集合 $D_f = \{x \mid f(x) \in \mathbf{R}\}$,也即自变量 x 的最大取值范围,此定义域称为该函数的**自然定义域**.

(5) 设函数 $y = f(x), x \in D$,我们把坐标平面上的点集

$$G(f) = \{(x,y) \mid x \in D, y = f(x)\}$$

称为**函数 f 的图象**.

函数的图象能将函数的几何性态表现得十分明显. 显然,坐标平面上一个点集 G 是某个函数的图象的充分必要条件是:平行于 y 轴的每条直线与点集 G 至多有一个交点.

例 1.2.1 求函数 $y = f(x) = \sin(\ln \sin \sqrt{x})$ 的自然定义域.

解 由函数可知 $\begin{cases} x \geqslant 0, \\ \sin \sqrt{x} > 0, \end{cases}$ 则 $2k\pi < \sqrt{x} < (2k+1)\pi, k \in \mathbf{N}$,即

$$4k^2\pi^2 < x < (2k+1)^2\pi^2, \quad k \in \mathbf{N}.$$

所以,函数的定义域为

$$D_f = \{x \mid 4k^2\pi^2 < x < (2k+1)^2\pi^2, k \in \mathbf{N}\}.$$

例 1.2.2 设 $f\left(\dfrac{x}{x-1}\right) = \dfrac{3x-1}{3x+1}$,求 $f(x)$.

解 令 $\dfrac{x}{x-1} = t$,则 $x = \dfrac{t}{t-1}$. 于是

$$f(t) = f\left(\dfrac{x}{x-1}\right) = \dfrac{3 \cdot \dfrac{t}{t-1} - 1}{3 \cdot \dfrac{t}{t-1} + 1} = \dfrac{2t+1}{4t-1},$$

所以,$f(x) = \dfrac{2x+1}{4x-1}$.

由初等数学的知识知道,表示一个函数时,可以用解析法(或称公式法)、图示法、表格法,甚至用语言描述等.

解析法就是将变量之间的函数关系用等式表示,这些等式称为**解析式**.

常见的一种函数的解析表达方式是 $y = f(x)$,即因变量 y 可由一个关于自变量 x 的公式表示. 例如,$y = 2x^2 - 1$.

另有一种函数的解析表达方式是一个函数在其定义域的不同范围内用不同的公式表

示,我们称之为**分段函数**.例如,绝对值函数 $y=|x|$ 可表示为分段函数:

$$y=|x|=\begin{cases} x, & x\geqslant 0, \\ -x, & x<0. \end{cases}$$

例 1.2.3 直梁 OAB 由两种材料接合而成,OA 长 2 个单位,其线密度为 3;AB 长 3 个单位,其线密度为 5. 设 P 为直梁上任意一点,试建立 OP 一段的质量 m 与 OP 的长 x 之间的函数关系.

解 根据题意可得函数关系为

$$m=m(x)=\begin{cases} 3x, & 0\leqslant x\leqslant 2, \\ 5x-4, & 2<x\leqslant 5. \end{cases}$$

这个函数的对应法则是:当 $x\in[0,2]$ 时,按公式 $m=3x$ 计算函数值;当 $x\in(2,5]$ 时,按公式 $m=5x-4$ 计算函数值.从函数定义来看它是定义在 $[0,5]$ 上的一个函数,这里是一个分段表示的函数,而不是两个函数.

还有些函数在表示自变量 x 和因变量 y 之间的函数关系时,引入第三个变量(如参数 t),通过建立 t 与 x,t 与 y 之间的函数关系,间接地确定 x 与 y 之间的函数关系,即

$$\begin{cases} x=x(t), \\ y=y(t), \end{cases} t\in[a,b].$$

以下介绍几个常用的函数.

例 1.2.4 符号函数 $\operatorname{sgn} x$(图 1.2.1):

$$\operatorname{sgn} x=\begin{cases} 1, & x>0, \\ 0, & x=0, \\ -1, & x<0. \end{cases}$$

例 1.2.5 取整函数(图 1.2.2):

$$y=[x]=n, \quad n\leqslant x<n+1, \quad n\in\mathbf{Z}.$$

例 1.2.6 狄利克雷(Dirichlet)函数(图 1.2.3):

$$D(x)=\begin{cases} 1, & \text{当 } x \text{ 为有理数}, \\ 0, & \text{当 } x \text{ 为无理数}. \end{cases}$$

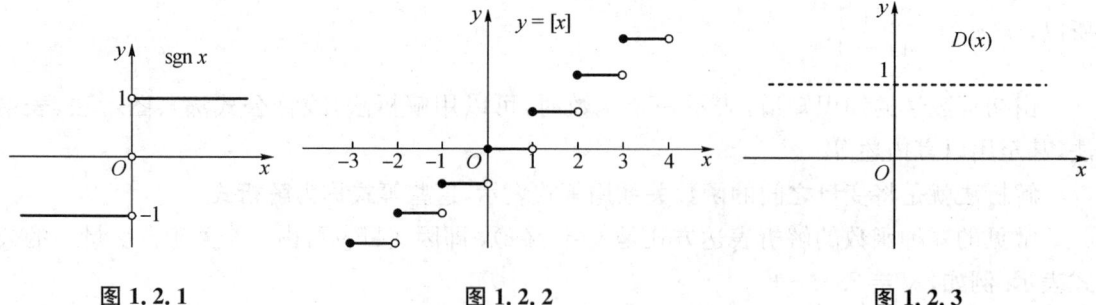

图 1.2.1　　　　　　　　图 1.2.2　　　　　　　　图 1.2.3

1.2.2 函数的四则运算

给定两个函数 $f, x \in D_1$ 和 $g, x \in D_2$,若 $D_1 \cap D_2 \neq \varnothing$,则函数 f 与 g 的运算:和 $f+g$,差 $f-g$,积 fg 分别定义为

$$(f+g)(x) = f(x) + g(x), \quad x \in D_1 \cap D_2;$$
$$(f-g)(x) = f(x) - g(x), \quad x \in D_1 \cap D_2;$$
$$(fg)(x) = f(x)g(x), \quad x \in D_1 \cap D_2.$$

若 $(D_1 \cap D_2) \setminus \{x \mid g(x) = 0\} \neq \varnothing$,则函数 f 与 g 的商 $\dfrac{f}{g}$ 定义为

$$\left(\frac{f}{g}\right)(x) = \frac{f(x)}{g(x)}, \quad x \in (D_1 \cap D_2) \setminus \{x \mid g(x) = 0\}.$$

若 $D_1 \cap D_2 = \varnothing$,则函数 f 与 g 的四则运算无意义.

1.2.3 函数的几种特性

1. 有界性

定义 1.2.2 设函数 $f(x)$ 在数集 D 上有定义.若 $\exists M \in \mathbf{R}, \forall x \in D$,有 $f(x) \leqslant M$,则称函数 $f(x)$ 在 D 上**有上界**,$f(x)$ 称为 D 上的**有上界函数**,称 M 是 $f(x)$ 在 D 上的一个**上界**;否则,称 $f(x)$ 为数集 D 上的**无上界函数**.

显然,如果函数 $f(x)$ 在数集 D 上有上界,则它必有无限多个上界.定义中,设"函数 $f(x)$ 在数集 D 上有定义",一般来说,数集 D 不一定是函数 $f(x)$ 的自然定义域 D_f,但总有 $D \subset D_f$.

由定义可得,$f(x)$ 为 D 上的无上界函数,即 $\forall M \in \mathbf{R}, \exists x_0 \in D$,有 $f(x_0) > M$.

类似地,可以定义数集 D 上的有下界函数.

设函数 $f(x)$ 在数集 D 上有定义.若 $\exists m \in \mathbf{R}, \forall x \in D$,有 $f(x) \geqslant m$,则称函数 $f(x)$ 在 D 上**有下界**,$f(x)$ 为数集 D 上的**有下界函数**,称 m 是 $f(x)$ 在 D 上的一个**下界**;否则,称 $f(x)$ 为数集 D 上的**无下界函数**,即 $\forall m \in \mathbf{R}, \exists x_0 \in D$,有 $f(x_0) < m$.

定义 1.2.3 设函数 $f(x)$ 在数集 D 上有定义.若 $\exists M > 0, \forall x \in D$,有 $|f(x)| \leqslant M$,则称函数 $f(x)$ 在数集 D 上**有界**,称 $f(x)$ 为数集 D 上的**有界函数**;否则,称 $f(x)$ 为数集 D 上的无界函数.

由定义,$f(x)$ 为数集 D 上的无界函数,即 $\forall M > 0, \exists x_0 \in D$,有 $|f(x_0)| > M$.

定理 1.2.1 函数 $f(x)$ 在数集 D 上有界的充分必要条件是 $f(x)$ 在 D 上既有上界又有下界.

证 必要性.已知函数 $f(x)$ 在 D 上有界,由定义,$\exists M > 0, \forall x \in D$,有 $|f(x)| \leqslant M$,即 $-M \leqslant f(x) \leqslant M$.于是,$f(x)$ 在 D 上既有上界(M)又有下界($-M$).

充分性.已知函数 $f(x)$ 在 D 上既有上界又有下界,于是,$\exists p, q \in \mathbf{R}, \forall x \in D$,有 $q \leqslant f(x) \leqslant p$.令 $M = \max\{|p|, |q|\} > 0$,则 $\forall x \in D$,有 $|f(x)| \leqslant M$,即 $f(x)$ 在 D

上有界. 证毕.

例如,函数 $f(x) = \sin x$ 与 $g(x) = \cos x$ 在 **R** 上有界.

例 1.2.7 证明:函数 $f(x) = \dfrac{x}{x^2+1}$ 在 **R** 上有界.

证 $\forall x \in \mathbf{R}$,有

$$|f(x)| = \frac{|x|}{x^2+1} = \frac{2|x|}{x^2+1} \cdot \frac{1}{2} \leqslant \frac{1}{2},$$

所以,函数 $f(x) = \dfrac{x}{x^2+1}$ 在 **R** 上有界. 证毕.

例 1.2.8 已知函数 $f(x) = \dfrac{1}{x}$,证明:

(1) $f(x)$ 在区间 $(0, 1)$ 上无界;

(2) $f(x)$ 在区间 $(\alpha, 1)(0 < \alpha < 1)$ 上有界.

证 (1) $\forall M > 1$,$\exists x_0 = \dfrac{1}{2M} \in (0, 1)$,有 $f(x_0) = 2M > M$,即 $f(x) = \dfrac{1}{x}$ 在 $(0, 1)$ 上无上界,所以 $f(x) = \dfrac{1}{x}$ 在 $(0, 1)$ 上无界.

(2) $\forall x \in (\alpha, 1)$,即 $\alpha < x < 1$,从而 $1 < \dfrac{1}{x} < \dfrac{1}{\alpha}$,即 $f(x) = \dfrac{1}{x}$ 在 $(\alpha, 1)$ 上既有上界 $\dfrac{1}{\alpha}$ 又有下界 1,所以 $f(x) = \dfrac{1}{x}$ 在 $(\alpha, 1)$ 上有界. 证毕.

由此例可以看出,函数 $f(x)$ 在数集 D 上的有界性,不仅与函数 $f(x)$ 本身的结构有关,而且与所给的数集 D 有关.

2. 单调性

定义 1.2.4 设函数 $f(x)$ 在数集 D 上有定义. 若 $\forall x_1, x_2 \in D$,且 $x_1 < x_2$,有

$$f(x_1) \leqslant f(x_2) \quad (\text{或} f(x_1) \geqslant f(x_2)),$$

则称函数 $f(x)$ 在数集 D 上**单调增加**(或**单调减少**),亦称 $f(x)$ 为数集 D 上的**单调增加**(或**单调减少**)**函数**. 若有严格不等式成立,即

$$f(x_1) < f(x_2) \quad (\text{或} f(x_1) > f(x_2)),$$

则称函数 $f(x)$ 在数集 D 上**严格单调增加**(或**严格单调减少**),称 $f(x)$ 为数集 D 上的**严格单调增加**(或**严格单调减少**)**函数**.

单调增加函数和单调减少函数统称为**单调函数**;严格单调增加函数和严格单调减少函数统称为**严格单调函数**.

由定义可以看出,函数 $f(x)$ 在数集 D 上的单调性不仅与函数 $f(x)$ 本身的结构有关,而且与所给的数集 D 有关. 例如,函数 $y = x^2$ 在 $(-\infty, +\infty)$ 上不具有单调性,但在 $(0, +\infty)$ 上严格单调增加,在 $(-\infty, 0]$ 上严格单调减少.

3. 奇偶性

定义 1.2.5 设函数 $f(x)$ 的定义域 D_f 关于原点对称,即 $\forall x \in D_f$,有 $-x \in D_f$. 如

果 $\forall x \in D_f$,有 $f(-x) = f(x)$,则称函数 f 是 D_f 上的**偶函数**;如果 $\forall x \in D_f$,有 $f(-x) = -f(x)$,则称函数 f 是 D_f 上的**奇函数**.

从函数图象上看,偶函数的图象关于 y 轴对称;奇函数的图象关于坐标原点对称.

例如,函数 $y = x^n (n \in \mathbf{N}^+)$,当 n 为奇数时,为奇函数;当 n 为偶数时,为偶函数. 这正是奇函数与偶函数名称的由来.

例 1.2.9 证明狄利克雷函数

$$D(x) = \begin{cases} 1, & x \text{ 为有理数,} \\ 0, & x \text{ 为无理数} \end{cases}$$

是偶函数.

证 $D(x)$ 的定义域为 $\mathbf{R}$.

$\forall x \in \mathbf{Q}$,有 $-x \in \mathbf{Q}$,且 $D(-x) = 1 = D(x)$;

$\forall x \in \mathbf{R} \backslash \mathbf{Q}$,有 $-x \in \mathbf{R} \backslash \mathbf{Q}$,且 $D(-x) = 0 = D(x)$.

所以,$\forall x \in \mathbf{R}$,有 $D(-x) = D(x)$,即 $D(x)$ 是偶函数. 证毕.

例 1.2.10 设有函数 $f(x)$, $x \in (-\infty, +\infty)$,易证 $\varphi(x) = \dfrac{f(x) + f(-x)}{2}$ 是偶函数,$\psi(x) = \dfrac{f(x) - f(-x)}{2}$ 是奇函数,且 $f(x) = \varphi(x) + \psi(x)$. 即定义 $(-\infty, +\infty)$ 上的任何函数都可以表示成一个偶函数与一个奇函数之和.

4. 周期性

定义 1.2.6 对于函数 $f(x)$,若 $\exists T > 0$, $\forall x \in D_f$,有 $x \pm T \in D_f$,且 $f(x \pm T) = f(x)$,则称函数 $f(x)$ 是**周期函数**,T 称为函数 $f(x)$ 的一个**周期**.

从函数图象看,周期函数的值每隔一个周期都是相同的. 所以描绘周期函数的图象时,只要作出一个周期的图象,然后将此图象向左、右平移复制,即得整个函数的图象.

用归纳法易证,若 T 是 $f(x)$ 的周期,则 nT ($n \in \mathbf{N}^+$) 也是它的周期. 周期函数有无穷多个周期. 若在周期函数 $f(x)$ 的无穷多个周期中,存在最小的正周期 T,通常将这个最小正周期 T 称为函数 $f(x)$ 的**基本周期**,简称**周期**.

例如,"非负小数部分"函数 $y = (x) = x - [x]$, $x \in \mathbf{R}$ 是周期为 1 的周期函数(图 1.2.4).

注意 并不是每一个周期函数都有基本周期. 例如,常量函数 $f(x) = C$ 是以任何正数为周期的周期函数,但是不存在基本周期.

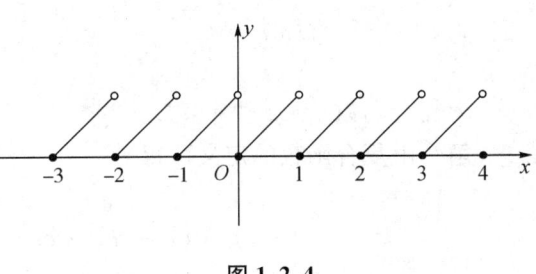

图 1.2.4

又如,对于狄利克雷函数

$$D(x) = \begin{cases} 1, & x \text{ 为有理数,} \\ 0, & x \text{ 为无理数,} \end{cases}$$

任何正有理数 r 都是 $D(x)$ 的周期,但它没有基本周期.

事实上,因为有理数之和为有理数,无理数与有理数之和为无理数,所以 $D(x \pm r) = D(x)$. 注意到有理数的稠密性,即知 $D(x)$ 没有基本周期.

1.2.4 复合函数与反函数

定义 1.2.7 设函数 $y = f(u), u \in A$, 函数 $u = g(x), x \in B$. D 是 B 中使 $u = g(x) \in A$ 的 x 的非空集合,即

$$D = \{x \mid x \in B, g(x) \in A\} \neq \varnothing,$$

则 $\forall x \in D$, 按照对应法则 g 对应唯一的一个 $u = g(x) \in A$, u 再按照对应法则 f 对应唯一的一个 $y = f(u) = f[g(x)]$. 这样由 g 和 f 构造出一个新的对应法则,它是一个定义在 D 上的函数,以 x 为自变量,y 为因变量,记作

$$y = f[g(x)], x \in D \quad \text{或} \quad y = (f \circ g)(x), x \in D,$$

式中,$f \circ g$ 称为函数 f 和 g 的**复合函数**,u 称为**中间变量**,f 称为**外函数**,g 称为**内函数**.

复合函数 $f \circ g$ 的定义域 $D = \{x \mid x \in B, g(x) \in A\} \neq \varnothing$, 即 $A \cap g(B) \neq \varnothing$, 这是极重要的;否则,若 $D = \{x \mid x \in B, g(x) \in A\} = \varnothing$, 则 $f \circ g$ 无意义.

在函数概念中,两个要素是对应法则和定义域,至于自变量和因变量采用什么记号是无关紧要的. 所以,任给函数 $f(x)$ 和 $g(x)$, 只要 $\{x \mid x \in D_g, g(x) \in D_f\} \neq \varnothing$, 就可以讨论复合函数 $f \circ g$. 如果同时有 $\{x \mid x \in D_f, f(x) \in D_g\} \neq \varnothing$, 则复合函数 $g \circ f$ 有意义. 一般来说,$f \circ g \neq g \circ f$, 即函数的复合运算不满足交换律.

由复合函数的定义,不难将复合函数概念推广到任意有限个函数生成的复合函数.

例如,$y = f(u), u = g(v), v = h(x)$, 则 $y = f[g(h(x))] = (f \circ g \circ h)(x)$. 容易证明 $(f \circ g) \circ h = f \circ (g \circ h)$, 即函数的复合运算满足结合律.

例 1.2.11 设 $y = \sqrt{u}, u = \ln v, v = 2x + 3$, 求它们生成的复合函数.

解 复合函数 $y = \sqrt{\ln(2x+3)}, x \in [-1, +\infty)$.

例 1.2.12 设函数

$$f(x) = \begin{cases} -x-1, & x \leqslant 0, \\ x, & x > 0; \end{cases} \quad g(x) = \begin{cases} x, & x \leqslant 0, \\ -x^2, & x > 0. \end{cases}$$

求复合函数 $f \circ g$ 和 $g \circ f$.

解 由复合函数的定义可得

$$(f \circ g)(x) = f[g(x)] = \begin{cases} -x-1, & x \leqslant 0, \\ x^2-1, & x > 0; \end{cases}$$

$$(g \circ f)(x) = g[f(x)] = \begin{cases} -(x+1)^2, & x < -1, \\ -x-1, & -1 \leqslant x \leqslant 0, \\ -x^2, & x > 0. \end{cases}$$

定义 1.2.8 设函数 $y = f(x), x \in D$. 若 $\forall x_1, x_2 \in D$, 有

$$x_1 \neq x_2 \Rightarrow f(x_1) \neq f(x_2),$$

则称函数 $y = f(x)$ **一一对应**.

由定义可以看出，D 与 $f(D)$ 之间的一一对应函数 $y = f(x)$，使 D 中不同的 x 对应 $f(D)$ 中不同的 y，即 $\forall y \in f(D)$，存在唯一的一个 $x \in D$，使 $f(x) = y$.

定义 1.2.9 设函数 $y = f(x)$，$x \in D$ 是 D 与 $f(D)$ 之间的一一对应，即 $\forall y \in f(D)$，存在唯一的一个 $x \in D$，使 $f(x) = y$. 由此确定了一个从 $f(D)$ 到 D 的新的对应法则，记为 f^{-1}，称 f^{-1} 为函数 f 的**反函数**，记作

$$f^{-1}: f(D) \to D,$$
$$y \mapsto x$$

或

$$x = f^{-1}(y), \quad y \in f(D).$$

注1 由定义，显然函数 $y = f(x)$ 与 $x = f^{-1}(y)$ 互为反函数，且

$$D_{f^{-1}} = f(D), \quad f^{-1}(D_{f^{-1}}) = D.$$

注2 从函数图象看，函数 $y = f(x)$ 与其反函数 $x = f^{-1}(y)$ 的图象是相同的. 所不同的仅仅是 $y = f(x)$ 的自变量是 x，而 $x = f^{-1}(y)$ 的自变量是 y. 习惯上，反函数中仍然以 x 为自变量记号，y 为因变量记号，则将函数 $y = f(x)$ 的反函数记作 $y = f^{-1}(x)$，这时 $y = f(x)$ 与 $y = f^{-1}(x)$ 的图象关于直线 $y = x$ 对称.

事实上，如果点 $M(a, b)$ 在函数 $y = f(x)$ 的图象上，由反函数的定义知，点 $M'(b, a)$ 必在其反函数 $y = f^{-1}(x)$ 的图象上. 而点 $M(a, b)$ 与点 $M'(b, a)$ 关于直线 $y = x$ 对称(图 1.2.4).

例如，按照习惯记号，函数 $y = 2x + 1$ 与 $y = 3^x$ 的反函数分别为 $y = \dfrac{x-1}{2}$ 与 $y = \log_3 x$.

任给一个函数 $y = f(x)$，如何判断它是否存在反函数呢？以下是一个充分条件.

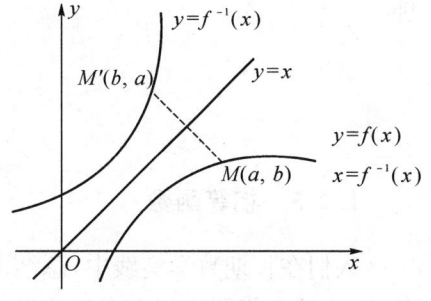

图 1.2.4

定理 1.2.2 若函数 $y = f(x)$ 在数集 D 上严格单调增加(或严格单调减少)，则函数 $y = f(x)$ 存在反函数，且反函数 $x = f^{-1}(y)$ 在 $f(D)$ 上也严格单调增加(或严格单调减少).

证 设函数 $y = f(x)$ 在 D 上严格单调增加. $\forall y \in f(D)$，$\exists x \in D$，使 $f(x) = y$. 现证这样的 x 只能有一个. 若还存在 $x_1 \in D$，不妨设 $x_1 < x$，使 $f(x_1) = y$，则 $f(x_1) = f(x) = y$，此与 $y = f(x)$ 在 D 上严格单调增加矛盾. 所以，$\forall y \in f(D)$，存在唯一的一个 $x \in D$，使 $f(x) = y$，即 $y = f(x)$ 存在反函数 $x = f^{-1}(y)$.

下面证明 $x = f^{-1}(y)$ 在 $f(D)$ 上严格单调增加. $\forall y_1, y_2 \in f(D)$，且 $y_1 < y_2$，设 $x_1 = f^{-1}(y_1)$，$x_2 = f^{-1}(y_2)$，则 $y_1 = f(x_1)$，$y_2 = f(x_2)$. 由于 $y = f(x)$ 严格单调增加，

于是 $f(x_1) < f(x_2) \Rightarrow x_1 < x_2$，即 $f^{-1}(y_1) < f^{-1}(y_2)$. 所以 $x = f^{-1}(y)$ 在 $f(D)$ 上严格单调增加. 证毕.

定理 1.2.2 的条件是充分的，但非必要. 例如，设函数 (图 1.2.5)

$$y = f(x) = \begin{cases} x, & 0 \leqslant x < 1, \\ 3-x, & 1 \leqslant x \leqslant 2, \end{cases}$$

显然 $f(x)$ 在 $[0,2]$ 上是一一对应的，存在反函数

$$x = f^{-1}(y) = \begin{cases} y, & 0 \leqslant y < 1, \\ 3-y, & 1 \leqslant y \leqslant 2. \end{cases}$$

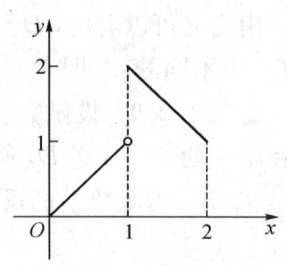

图 1.2.5

但 $y = f(x)$ 在 $[0,2]$ 上不是单调函数.

例 1.2.13 求函数

$$y = \begin{cases} x^3, & -\infty < x < 1, \\ 2^{x-1}, & 1 \leqslant x < +\infty \end{cases}$$

的反函数.

解 所给函数在 **R** 上严格单调增加，则存在反函数

$$x = \begin{cases} \sqrt[3]{y}, & -\infty < y < 1, \\ 1 + \log_2 y, & 1 \leqslant y < +\infty, \end{cases}$$

即

$$y = \begin{cases} \sqrt[3]{x}, & -\infty < x < 1, \\ 1 + \log_2 x, & 1 \leqslant x < +\infty. \end{cases}$$

1.2.5 初等函数

人们在长期数学实践中，总结出最常用的一些函数，也是数学分析课程中经常遇到的函数，其中的大部分我们在中学数学中已经熟悉. 组成这些函数的核心是以下六类函数.

常数函数 $y = C$ (C 为常数)；

幂函数 $y = x^\alpha$ ($\alpha \in \mathbf{R}, \alpha \neq 0$)；

指数函数 $y = a^x$ ($a > 0, a \neq 1$，且 a 为常数)；

对数函数 $y = \log_a x$ ($a > 0, a \neq 1$，且 a 为常数)；

三角函数 $y = \sin x$（正弦函数）， $y = \cos x$（余弦函数），
$y = \tan x$（正切函数）， $y = \cot x$（余切函数）；

反三角函数 $y = \arcsin x$（反正弦函数）， $y = \arccos x$（反余弦函数），
$y = \arctan x$（反正切函数）， $y = \text{arccot } x$（反余切函数）.

以上这六类函数统称为**基本初等函数**.

常数函数、幂函数、指数函数、对数函数和三角函数的性质大家已经基本熟悉，这里先对

三角函数做一些说明.

(1) 正弦函数 $y = \sin x$, 定义域为 **R**, 值域为 $[-1, 1]$, 周期为 2π, 是奇函数. 正弦函数的图象如图 1.2.6 所示.

(2) 余弦函数 $y = \cos x$, 定义域为 **R**, 值域为 $[-1, 1]$, 周期为 2π, 是偶函数. 余弦函数的图象如图 1.2.7 所示.

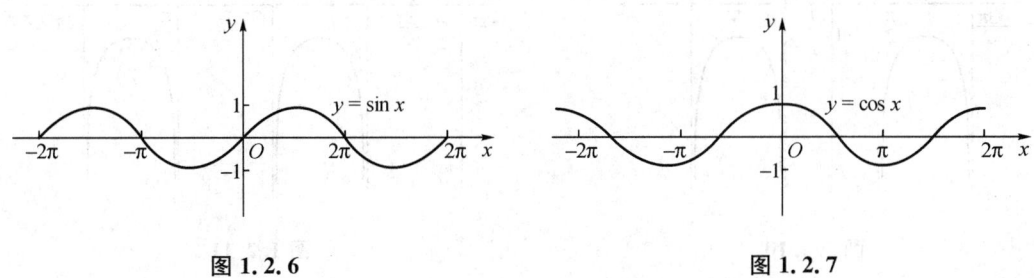

图 1.2.6   图 1.2.7

(3) 正切函数 $y = \tan x = \dfrac{\sin x}{\cos x}$, 定义域为 $\left\{x \,\middle|\, x \in \mathbf{R}, x \neq k\pi + \dfrac{\pi}{2}, k \in \mathbf{Z}\right\}$, 值域为 **R**, 周期为 π, 是奇函数. 正切函数的图象如图 1.2.8 所示.

(4) 余切函数 $y = \cot x = \dfrac{\cos x}{\sin x}$, 定义域为 $\{x \mid x \in \mathbf{R}, x \neq k\pi, k \in \mathbf{Z}\}$, 值域为 **R**, 周期为 π, 是奇函数. 余切函数的图象如图 1.2.9 所示.

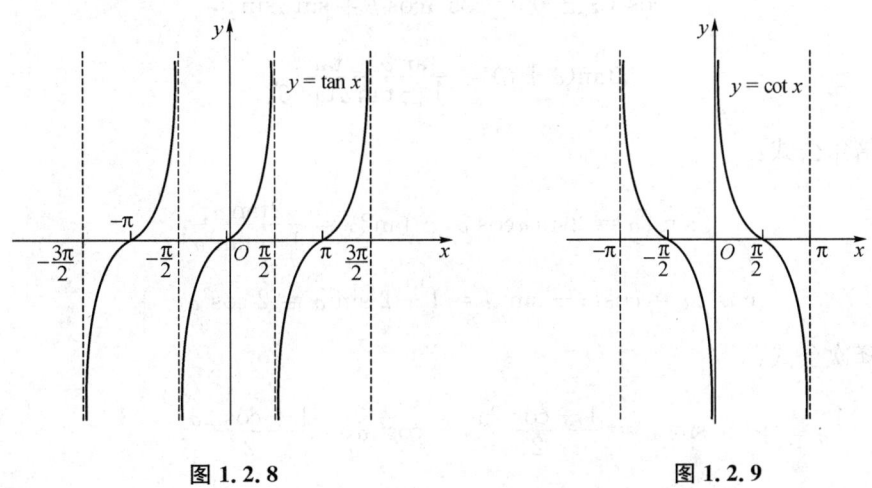

图 1.2.8   图 1.2.9

我们还将用到如下两个三角函数:

(5) 正割函数 $y = \sec x = \dfrac{1}{\cos x}$, 定义域为 $\left\{x \,\middle|\, x \in \mathbf{R}, x \neq k\pi + \dfrac{\pi}{2}, k \in \mathbf{Z}\right\}$, 值域为 $(-\infty, -1] \cup [1, +\infty)$, 周期为 2π, 是偶函数. 正割函数的图象如图 1.2.10 所示.

(6) 余割函数 $y = \csc x = \dfrac{1}{\sin x}$, 定义域为 $\{x \mid x \in \mathbf{R}, x \neq k\pi, k \in \mathbf{Z}\}$, 值域为 $(-\infty, -1] \cup [1, +\infty)$, 周期为 2π, 是奇函数. 余割函数的图象如图 1.2.11 所示.

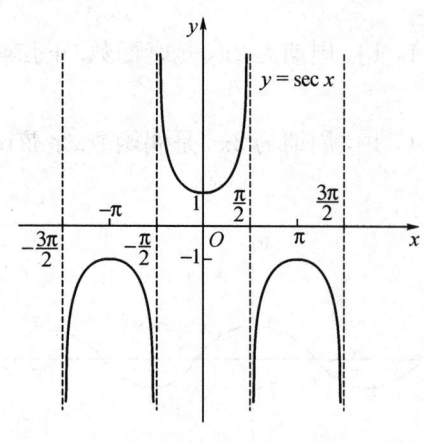

图 1.2.10　　　　　　　　　图 1.2.11

三角函数有如下常用公式.

(1) 平方关系：

$$\sin^2\alpha + \cos^2\alpha = 1, \quad 1 + \tan^2\alpha = \sec^2\alpha, \quad 1 + \cot^2\alpha = \csc^2\alpha.$$

(2) 两角和差公式：

$$\sin(\alpha \pm \beta) = \sin\alpha\cos\beta \pm \cos\alpha\sin\beta,$$

$$\cos(\alpha \pm \beta) = \cos\alpha\cos\beta \mp \sin\alpha\sin\beta,$$

$$\tan(\alpha \pm \beta) = \frac{\tan\alpha \pm \tan\beta}{1 \mp \tan\alpha\tan\beta}.$$

(3) 倍角公式：

$$\sin 2\alpha = 2\sin\alpha\cos\alpha, \quad \tan 2\alpha = \frac{2\tan\alpha}{1 - \tan^2\alpha},$$

$$\cos 2\alpha = \cos^2\alpha - \sin^2\alpha = 1 - 2\sin^2\alpha = 2\cos^2\alpha - 1.$$

(4) 降次公式：

$$\sin^2\alpha = \frac{1 - \cos 2\alpha}{2}, \quad \cos^2\alpha = \frac{1 + \cos 2\alpha}{2}.$$

(5) 和差化积公式：

$$\sin\alpha + \sin\beta = 2\sin\frac{\alpha+\beta}{2}\cos\frac{\alpha-\beta}{2},$$

$$\sin\alpha - \sin\beta = 2\cos\frac{\alpha+\beta}{2}\sin\frac{\alpha-\beta}{2},$$

$$\cos\alpha + \cos\beta = 2\cos\frac{\alpha+\beta}{2}\cos\frac{\alpha-\beta}{2},$$

$$\cos\alpha - \cos\beta = -2\sin\frac{\alpha+\beta}{2}\sin\frac{\alpha-\beta}{2}.$$

(6) 积化和差公式：

$$\sin\alpha\cos\beta = \frac{1}{2}[\sin(\alpha+\beta) + \sin(\alpha-\beta)],$$

$$\cos\alpha\cos\beta = \frac{1}{2}[\cos(\alpha+\beta) + \cos(\alpha-\beta)],$$

$$\sin\alpha\sin\beta = -\frac{1}{2}[\cos(\alpha+\beta) - \cos(\alpha-\beta)].$$

以下说明反三角函数的概念与性质.

因为三角函数不是一一对应的，为了讨论反函数，必须取定一个严格单调分支. 对正弦函数，取 $\left[-\frac{\pi}{2}, \frac{\pi}{2}\right]$ 上这一严格单调增加分支；对余弦函数，取 $[0,\pi]$ 上这一严格单调减少分支；对正切函数，取 $\left(-\frac{\pi}{2}, \frac{\pi}{2}\right)$ 上这一严格单调增加分支；对余切函数，取 $(0,\pi)$ 上这一严格单调减少分支. 每个分支都是一一对应的函数，所以反函数存在. 有如下常用四个反三角函数.

(1) 反正弦函数 $y = \arcsin x$，定义域为 $[-1,1]$，值域为 $\left[-\frac{\pi}{2}, \frac{\pi}{2}\right]$，是严格单调增加的奇函数，函数图象如图 1.2.12 所示.

(2) 反余弦函数 $y = \arccos x$，定义域为 $[-1,1]$，值域为 $[0,\pi]$，是严格单调减少函数，函数图象如图 1.2.13 所示.

(3) 反正切函数 $y = \arctan x$，定义域为 **R**，值域为 $\left(-\frac{\pi}{2}, \frac{\pi}{2}\right)$，是严格单调增加的奇函数，函数图象如图 1.2.14 所示.

(4) 反余切函数 $y = \mathrm{arccot}\, x$，定义域为 **R**，值域为 $(0,\pi)$，是严格单调减少函数，函数图象如图 1.2.15 所示.

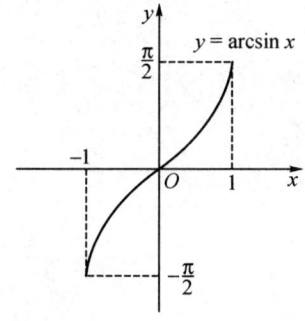

图 1.2.12

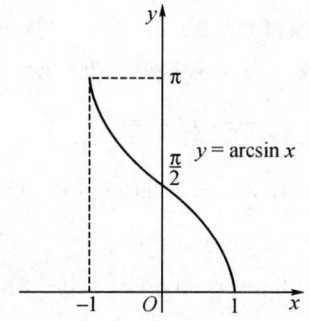

图 1.2.13

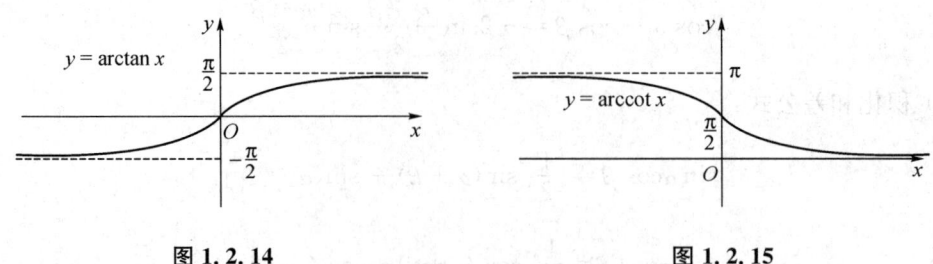

图 1.2.14　　　　　　　　　　　图 1.2.15

定义 1.2.10　由基本初等函数经过有限次的四则运算与复合运算所生成的函数,称为**初等函数**.

例如,$y = e^{-x^2} + \dfrac{\tan x}{x}$,$y = \ln \cos \sqrt[3]{\arcsin x}$,$y = \dfrac{1}{3} \log_a(x^2 - 1)$,都是初等函数.

不是初等函数的函数,称为**非初等函数**.例如,"整数部分"函数和狄利克雷函数都是非初等函数.

习题 1.2

1. 求下列函数的自然定义域.

(1) $y = \sqrt{4 - 3x - x^2}$；

(2) $y = \dfrac{1}{x} - \sqrt{1 - x^2}$；

(3) $y = \arcsin(x - 3)$；

(4) $y = \ln(2x + 1) + e^{x-1}$；

(5) $y = \ln(\ln x)$；

(6) $y = \lg \sin x$；

(7) $y = \dfrac{1}{(x+1)}$.

2. (1) 设 $f\left(x - \dfrac{1}{x}\right) = \dfrac{x^2}{1 + x^4}$,求 $f(x)$；

(2) 设 $f(x - 2) = x^2 - 2x + 3$,求 $f(x + 2)$；

(3) 设 $f\left(\sin \dfrac{x}{2}\right) = 1 + \cos x$,求 $f(\cos x)$.

3. 市内公用电话通话时间 3 分钟内收费 0.3 元；3 分钟以后每分钟加收 0.15 元,试建立电话费 c 与通话时间 t 之间的函数关系.

4. 某地出租车收费标准为起价费 5 元,并且每行驶 1 千米收费 1.6 元,写出出租车行驶 x 千米收费 c 元的表达式,并画出其图象.

5. 下列函数 f 与 g 是否相等,为什么?

(1) $f(x) = \dfrac{x^2 - 9}{x + 3}$,$g(x) = x - 3$；

(2) $f(x) = \lg(3 - x) - \lg(x - 2)$,$g(x) = \lg \dfrac{3 - x}{x - 2}$；

(3) $f(x) = x$,$g(x) = 2^{\log_2 x}$；

(4) $f(x) = 2\cos^2 x - 1$,$g(x) = 1 - 2\sin^2 x$.

6. 设函数

$$f(x) = \begin{cases} x^2, & x \geqslant 0, \\ 2x - 1, & x < 0; \end{cases} \qquad g(x) = \begin{cases} -x^2, & x \leqslant 1, \\ \ln(1 + x), & x > 1, \end{cases}$$

求函数 $f(x)+g(x)$, $f(x)g(x)$.

7. 求下列函数的反函数.

(1) $y = \sqrt[3]{x+1}$;

(2) $y = 1 + \ln(2+x)$;

(3) $y = \dfrac{1}{2}\left(x + \dfrac{1}{x}\right)$, $|x| > 1$;

(4) $y = \begin{cases} x, & -\infty < x < 1, \\ x^2, & 1 \leqslant x \leqslant 4, \\ 2^x, & 4 < x < +\infty. \end{cases}$

8. 求下列函数生成的复合函数 $f \circ g$.

(1) $f(u) = \sqrt{u}$, $g(x) = \dfrac{x-1}{x+1}$;

(2) $f(u) = \arcsin u$, $g(x) = 3^x$.

9. 设函数

$$f(x) = \begin{cases} x^2, & x \geqslant 0, \\ 2x, & x < 0; \end{cases} \quad g(x) = \begin{cases} x, & x \geqslant 0, \\ -2x, & x < 0, \end{cases}$$

求复合函数 $f \circ g$ 与 $g \circ f$.

10. 设函数

$$f(x) = \begin{cases} x+1, & x > 1, \\ x^2, & x \leqslant 1; \end{cases} \quad g(x) = 5x + 3,$$

求复合函数 $f \circ g$ 与 $g \circ f$.

11. 设 $f(x) = \dfrac{x}{\sqrt{1+x^2}}$, 求 $\underbrace{(f \circ f \circ \cdots \circ f)}_{n\text{次}}(x)$.

12. 指出下列函数是由哪些基本初等函数复合而成的.

(1) $y = \sqrt[3]{\arcsin a^x}$;

(2) $y = 2^{\sin^2 x}$;

(3) $y = \log_a^3(x^2 - 1)$;

(4) $y = \tan^3 \ln x$.

13. 证明:函数 $f(x) = \dfrac{1}{x^2 - x + 1}$ 在 **R** 上有界.

14. (1) 叙述无界函数的定义;

(2) 证明 $f(x) = \dfrac{1}{x^2}$ 为 $(0, 1)$ 上的无界函数;

(3) 举出函数 f 的例子,使 f 为闭区间 $[0, 1]$ 上的无界函数.

15. 判断下列函数的奇偶性.

(1) $f(x) = \sin x - \cos x + 1$;

(2) $f(x) = x \sin \dfrac{1}{x}$;

(3) $f(x) = \dfrac{1}{1+e^x} - \dfrac{1}{2}$;

(4) $f(x) = \ln(x + \sqrt{1+x^2})$.

16. 证明:(1) 两个偶函数的和是偶函数,两个奇函数的和是奇函数;

(2) 两个偶函数的积是偶函数,两个奇函数的积是偶函数,奇函数与偶函数的积是奇函数.

17. 证明:(1) 若 f 与 g 均为奇函数,则 $f \circ g$ 为奇函数;

(2) 若 f 为任意函数, g 为偶函数,则 $f \circ g$ 为偶函数;

(3) 若 f 为偶函数, g 为奇函数,则 $f \circ g$ 为偶函数.

18. 设 $f(x)$ 是周期为 T 的周期函数,证明: $f(-x)$ 也是周期为 T 的周期函数.

19. 设函数 $f(x)$ 为定义在 $(-\infty, +\infty)$ 上的奇函数,在 $(0, +\infty)$ 上 $f(x) > 0$ 且单调增加,证明:函数 $F(x) = 3 - f^2(x)$ 是偶函数,且在 $(-\infty, 0)$ 上单调增加.

第 2 章 数列极限

在第 1 章我们说数学分析是研究实数集上函数理论的课程,是用什么方法来研究函数呢? 是极限方法. 接下来我们将用极限方法来逐步展开讨论,这也是高等数学区别于初等数学的重要标志. 极限概念是数学分析课程的重要基础概念,极限理论贯穿了整个数学分析课程. 本章将先对数列的极限展开分析.

2.1 数列极限概念

2.1.1 数列

设函数 f 定义在正整数集合 $\mathbf{N}^+$ 上. 由于 $\mathbf{N}^+$ 中的元素可按从小到大的顺序排列,这样函数值 $f(n) = x_n$ 也是依一定顺序排列的一列数:

$$x_1, x_2, \cdots, x_n, \cdots,$$

我们称之为**数列**. x_n 称为数列的第 n 项或**通项**,并将数列简记为 $\{x_n\}$,即

$$\{x_n\}: x_1, x_2, \cdots, x_n, \cdots.$$

例如,$\left\{\dfrac{(-1)^n}{n}\right\}: -1, \dfrac{1}{2}, -\dfrac{1}{3}, \dfrac{1}{4}, \cdots, \dfrac{(-1)^n}{n}, \cdots;$

$\left\{\dfrac{1+(-1)^n}{2}\right\}: 0, 1, 0, 1, \cdots, \dfrac{1+(-1)^n}{2}, \cdots.$

2.1.2 极限的基本思想

在实际问题中经常会遇到这样的问题:求半径为 r 的圆的周长 L.

在小学数学中已经知道 $L = 2\pi r$,这个结果是怎么得到的呢? 我们会用直尺度量线段的长,因而也能求多边形的周长,在这个基础上,我国古代杰出的数学家刘徽创立的"割圆术"就是借助于圆的内接正多边形的周长数列的稳定变化趋势得到圆的周长.

基本想法是分两步: 首先通过以直代曲,得到一串越来越逼近于圆的圆内接正多边形的周长数列 $\{L_{3 \cdot 2^n}\}$; 然后,考察这一数列 $\{L_{3 \cdot 2^n}\}$ 的变化趋势,从而求出圆的周长 L.

其作法如下:

(1) 在半径为 r 的圆内,首先作它的内接正六边形,设它的周长为 $L_6(L_{3 \cdot 2^1})$; 其次平分每个边所对的弧,作圆的内接正十二边形,设其周长为 $L_{12}(L_{3 \cdot 2^2})$ (图 2.1.1). 用同样的方法

作下去,就能得到一串越来越逼近于圆的圆内接正多边形的周长数列:

$$L_6, L_{12}, L_{24}, \cdots, L_{3\cdot 2^n}, \cdots,$$

记为 $\{L_{3\cdot 2^n}\}$.

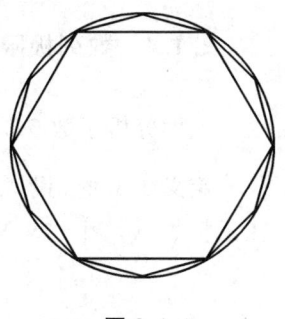

图 2.1.1

(2) 显然,这一串圆内接正多边形中任意一个的周长都不会等于圆的周长 L. 然而,从几何直观上可以看出,n 越大,内接正多边形的周长 $L_{3\cdot 2^n}$ 就越接近于圆的周长 L. 于是,要想得到圆的周长 L,就必须让 n 无限地增大($n\to +\infty$). 正如刘徽所说:"割之弥细,所失弥少,割之又割,以至于不可割,则与圆合体,而无所失矣." 直观上可以看出,当 n 无限增大时,$L_{3\cdot 2^n}$ 将无限趋近于圆的周长 L,称 L 为数列 $\{L_{3\cdot 2^n}\}$ 的极限. 换句话说,数列 $\{L_{3\cdot 2^n}\}$ 的极限就是圆的周长 L.

这样利用无限逼近的方法,在无限过程中由圆内接正多边形的周长数列求出圆的周长 L. 这就是极限的基本思想.

2.1.3 实例分析

设有数列 $\left\{\dfrac{(-1)^n}{n}\right\}$:

$$-1, \frac{1}{2}, -\frac{1}{3}, \frac{1}{4}, \cdots, \frac{(-1)^n}{n}, \cdots,$$

容易观察到它有一个稳定的变化趋势. 当 n 无限增大时,$\dfrac{(-1)^n}{n}$ 无限趋近于 0. 数 0 就称为数列 $\left\{\dfrac{(-1)^n}{n}\right\}$ 的极限. 这只是对极限作了定性的描述,因为"无限增大""无限趋近"只是一类形象的语言,并未给出确切的含义. 为严谨论证的需要,还必须给出它的定量刻画. 所以要想给出极限的定量定义,必须分析"无限增大""无限趋近"的确切含义是什么.

所谓当 n 无限增大时,$\dfrac{(-1)^n}{n}$ 无限趋近于 0,是指随着项数 n 的增大,$\dfrac{(-1)^n}{n}$ 将无限地接近于 0. 换句话说就是:当 n 充分大时,$\dfrac{(-1)^n}{n}$ 与 0 的距离 $\left|\dfrac{(-1)^n}{n}-0\right|=\dfrac{1}{n}$ 要多小就能多小,即能任意小,并保持任意小. 进一步说就是:对于任意给定的不论多么小的正数 ε,只要 n 充分大,总有不等式 $\left|\dfrac{(-1)^n}{n}-0\right|=\dfrac{1}{n}<\varepsilon$ 成立. 但究竟 n 要多大呢?显然,只要 $n>\dfrac{1}{\varepsilon}$ 就行,即从数列 $\left\{\dfrac{(-1)^n}{n}\right\}$ 的第 $N=\left[\dfrac{1}{\varepsilon}\right]$ 项以后的所有项都满足这个不等式.

综上分析,数 0 是数列 $\left\{\dfrac{(-1)^n}{n}\right\}$ 的极限的定量定义应是:对于任意给定的 $\varepsilon>0$,总存在正整数 $N=\left[\dfrac{1}{\varepsilon}\right]+1$,当 $n>N$ 时,有 $\left|\dfrac{(-1)^n}{n}-0\right|<\varepsilon$.

2.1.4 数列极限的定义

上面分析了数 0 是数列 $\left\{\dfrac{(-1)^n}{n}\right\}$ 的极限的定量刻划. 依此给出数列极限的定义.

定义 2.1.1 设 $\{x_n\}$ 是一给定数列, a 是一个实常数. 若对于任意给定的 $\varepsilon>0$, 总存在正整数 N, 当 $n>N$ 时, 有

$$|x_n-a|<\varepsilon,$$

则称数列 $\{x_n\}$ 的**极限**是 a (a 是数列 $\{x_n\}$ 的**极限**), 或称数列 $\{x_n\}$ 收敛于 a ($\{x_n\}$ 是收敛数列), 记为

$$\lim_{n\to\infty} x_n=a \quad \text{或} \quad x_n\to a \quad (n\to\infty).$$

若数列 $\{x_n\}$ 不存在极限, 则称数列 $\{x_n\}$ **发散**.

该定义称为数列极限的 $\varepsilon-N$ 定义.

数列 $\{x_n\}$ 的极限是 a 的 $\varepsilon-N$ 定义, 用逻辑符号可简要表述为

$$\lim_{n\to\infty} x_n=a \Leftrightarrow \forall \varepsilon>0, \exists N\in\mathbf{N}^+, \forall n>N, 有 |x_n-a|<\varepsilon.$$

已知不等式

$$|x_n-a|<\varepsilon \Leftrightarrow a-\varepsilon<x_n<a+\varepsilon,$$

于是, $\lim\limits_{n\to\infty} x_n=a$ 的几何意义是:对于任意给定的以 a 为中心、以 ε 为半径的邻域 $U(a,\varepsilon)$, 即开区间 $(a-\varepsilon, a+\varepsilon)$, 在数列 $\{x_n\}$ 中总存在一项 x_N, 从此项以后, $\{x_n\}$ 中的所有项都落在这个区间内, 而这个邻域外至多只有数列的有限项(图 2.1.2).

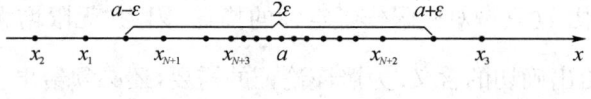

图 2.1.2

关于数列极限的 $\varepsilon-N$ 定义的说明:

(1) 关于 ε 的说明

在定义中 ε 是任意给定的正数, 所以 ε 具有二重性:任意性和给定性. 具体地说, 一方面, 正数 ε 具有绝对的任意性, 这样才能有

$$\{x_n\} 无限趋近于 a \Leftrightarrow |x_n-a|<\varepsilon \quad (n>N),$$

它规定出数列的整体变化趋势.

另一方面, 正数 ε 又具有相对的固定性, 即一旦给出, 它就是暂时固定的. 这样就可以从 $|x_n-a|<\varepsilon$ 推断出数列 $\{x_n\}$ 无限趋近于 a 的渐近过程的不同阶段. 显然, ε 的绝对任意性是通过无限多个相对固定性的 ε 表现出来的.

ε 既然是任意给定的正数, 那么 $k\varepsilon$ (k 是正常数), ε^2, $\sqrt{\varepsilon}$ 等也都是任意给定的正数. 因此

定义 2.1.1 中的不等式 $|x_n-a|<\varepsilon$ 中的 ε 可用 $k\varepsilon$,ε^2,$\sqrt{\varepsilon}$ 等来替换.

定义中 ε 的作用是衡量数列通项 x_n 与定数 a 的接近程度的,ε 越小,表示二者距离越近,而正数 ε 可以任意小,因此,在极限问题讨论时,若有需要,可以限定 ε 在一个较小的范围内,即限定 ε 小于一个确定的正数. 另外,定义中的 $|x_n-a|<\varepsilon$ 也可以用 $|x_n-a|\leqslant\varepsilon$ 替换.

(2) 关于 N 的说明

由定义,一般来说,N 随着 ε 的变小而变大,由此常把 N 写作 $N(\varepsilon)$,用以强调 N 是依赖于 ε 的,但是这并不意味着 N 是由 ε 唯一确定的. 事实上,在定义中只要求存在 N,当 $n>N$ 时,有 $|x_n-a|<\varepsilon$. 至于找到的 N 是不是最小的无关紧要,即与 N 的大小无关. 显然,$\forall \varepsilon>0$,如果 N 满足要求的话,那么比 N 大的任意一个正整数也满足要求. 即 $\forall \varepsilon>0$,N 如果存在的话,就有无穷多个.

(3) 从定义可以看出,数列是否有极限,只与它从某一项以后有关,而与它前面的有限项无关. 因此,在讨论数列的极限时,添加、去掉或改变它的有限个项的数值,对数列的收敛性和极限都不会产生影响.

根据数列极限的定义,证明 $\lim\limits_{n\to\infty}x_n=a$,只需证明 $\forall \varepsilon>0$,找出 $N\in \mathbf{N}^+$,当 $n>N$ 时,有 $|x_n-a|<\varepsilon$ 成立. 因此找 N 是证明数列极限的关键,怎样找 N 呢?应从解不等式 $|x_n-a|<\varepsilon$ 入手. 我们知道 N 不是唯一的,因此只要找到合适且简单的 N 即可. 有时,不等式 $|x_n-a|<\varepsilon$ 的形式较为复杂,解这个不等式会有困难. 这时我们常常采用适当放大法,或用已知不等式,或限定的范围等手段来求解 N. 以下例子将陆续说明.

例 2.1.1 证明:常数数列 $\{x_n=C\}$ (C 是常数)的极限是 C,即 $\lim\limits_{n\to\infty}C=C$.

证 $\forall \varepsilon>0$,取 $N=1\in \mathbf{N}^+$,$\forall n>N$,有
$$|x_n-C|<\varepsilon,$$
所以,$\lim\limits_{n\to\infty}C=C$. 证毕.

例 2.1.2 证明:$\lim\limits_{n\to\infty}\dfrac{1}{n^\alpha}=0$,$\alpha>0$.

证 $\forall \varepsilon>0$,要使
$$\left|\dfrac{1}{n^\alpha}-0\right|=\dfrac{1}{n^\alpha}<\varepsilon,$$

只要 $n>\left(\dfrac{1}{\varepsilon}\right)^{\frac{1}{\alpha}}$. 因此取 $N=\left[\left(\dfrac{1}{\varepsilon}\right)^{\frac{1}{\alpha}}\right]+1$.

于是,$\forall \varepsilon>0$,$\exists N=\left[\left(\dfrac{1}{\varepsilon}\right)^{\frac{1}{\alpha}}\right]+1\in \mathbf{N}^+$,$\forall n>N$,有
$$\left|\dfrac{1}{n^\alpha}-0\right|<\varepsilon,$$

所以,$\lim\limits_{n\to\infty}\dfrac{1}{n^\alpha}=0$,$\alpha>0$. 证毕.

从本例可以看到，N 依赖于 ε，ε 越小，N 越大．

例 2.1.3 证明：$\lim\limits_{n\to\infty}\dfrac{3n+2}{2n+3}=\dfrac{3}{2}$．

证 $\forall\varepsilon>0$，要使

$$\left|\dfrac{3n+2}{2n+3}-\dfrac{3}{2}\right|=\dfrac{5}{2(2n+3)}<\dfrac{5}{4n}<\varepsilon,$$

只要 $n>\dfrac{5}{4\varepsilon}$，取 $N=\left[\dfrac{5}{4\varepsilon}\right]+1$．

于是，$\forall\varepsilon>0$，$\exists N=\left[\dfrac{5}{4\varepsilon}\right]+1\in\mathbf{N}^+$，$\forall n>N$，有

$$\left|\dfrac{3n+2}{2n+3}-\dfrac{3}{2}\right|<\varepsilon,$$

所以，$\lim\limits_{n\to\infty}\dfrac{3n+2}{2n+3}=\dfrac{3}{2}$．证毕．

由于在极限定义中，关心的是 N 的存在性，而不是 N 的具体值，所以由本例看到，可以用适当放大法来寻找 N．

例 2.1.4 证明：$\lim\limits_{n\to\infty}q^n=0$，$|q|<1$．

证 当 $q=0$ 时，显然 $\lim\limits_{n\to\infty}q^n=0$．

当 $0<|q|<1$ 时，$\forall\varepsilon>0$（不妨设 $\varepsilon<1$），要使

$$|q^n-0|=|q|^n<\varepsilon,$$

只要 $n>\dfrac{\ln\varepsilon}{\ln|q|}$，取 $N=\left[\dfrac{\ln\varepsilon}{\ln|q|}\right]+1$．

于是，$\forall\varepsilon>0$，$\exists N=\left[\dfrac{\ln\varepsilon}{\ln|q|}\right]+1\in\mathbf{N}^+$，$\forall n>N$，有

$$|q^n-0|<\varepsilon,$$

即

$$\lim\limits_{n\to\infty}q^n=0.$$

所以，$\lim\limits_{n\to\infty}q^n=0$，$|q|<1$．证毕．

例 2.1.5 证明：$\lim\limits_{n\to\infty}\sqrt[n]{a}=1$，$a>0$．

证 （1）当 $a=1$ 时，显然 $\lim\limits_{n\to\infty}\sqrt[n]{a}=1$．

（2）当 $0<a<1$ 时，$\forall\varepsilon>0$，要使

$$\left|\sqrt[n]{a}-1\right|=1-a^{\frac{1}{n}}<\varepsilon,$$

只要 $a^{\frac{1}{n}}>1-\varepsilon$（不妨设 $\varepsilon<1$），即 $n>\dfrac{\ln a}{\ln(1-\varepsilon)}$，取 $N=\left[\dfrac{\ln a}{\ln(1-\varepsilon)}\right]+1$．

于是，$\forall\varepsilon>0$，$\exists N=\left[\dfrac{\ln a}{\ln(1-\varepsilon)}\right]+1\in\mathbf{N}^+$，$\forall n>N$，有

$$\left|\sqrt[n]{a}-1\right|<\varepsilon,$$

所以，$\lim\limits_{n\to\infty}\sqrt[n]{a}=1$.

(3) 当 $a>1$ 时，令 $\sqrt[n]{a}=1+y_n(y_n>0)$，则

$$a=(1+y_n)^n>1+ny_n,$$

从而，$y_n<\dfrac{a-1}{n}$. $\forall\varepsilon>0$，要使

$$\left|\sqrt[n]{a}-1\right|=y_n<\dfrac{a-1}{n}<\varepsilon,$$

只要 $n>\dfrac{a-1}{\varepsilon}$，取 $N=\left[\dfrac{a-1}{\varepsilon}\right]+1$.

于是，$\forall\varepsilon>0$，$\exists N=\left[\dfrac{a-1}{\varepsilon}\right]+1\in\mathbf{N}^+$，$\forall n>N$，有

$$\left|\sqrt[n]{a}-1\right|<\varepsilon,$$

所以，$\lim\limits_{n\to\infty}\sqrt[n]{a}=1$.

综合上述，可得 $\lim\limits_{n\to\infty}\sqrt[n]{a}=1, a>0$. 证毕.

例 2.1.6 证明：$\lim\limits_{n\to\infty}\sqrt[n]{n}=1$.

证 $\forall n>1$，令 $\sqrt[n]{n}=1+y_n(y_n>0)$，则

$$n=(1+y_n)^n=1+ny_n+\dfrac{n(n-1)}{2!}y_n^2+\cdots+y_n^n>\dfrac{n(n-1)}{2}y_n^2,$$

从而，$y_n^2<\dfrac{2}{n-1}$. $\forall\varepsilon>0$，要使

$$\left|\sqrt[n]{n}-1\right|=y_n<\sqrt{\dfrac{2}{n-1}}<\varepsilon,$$

只要 $n>\dfrac{2}{\varepsilon^2}+1$，取 $N=\left[\dfrac{2}{\varepsilon^2}\right]+1$.

于是，$\forall\varepsilon>0$，$\exists N=\left[\dfrac{2}{\varepsilon^2}\right]+1\in\mathbf{N}^+$，$\forall n>N$，有

$$\left|\sqrt[n]{n}-1\right|<\varepsilon,$$

所以，$\lim\limits_{n\to\infty}\sqrt[n]{n}=1$. 证毕.

类似地，可以得到 $\lim\limits_{n\to\infty}\sqrt[n]{n^k}=1, k\in\mathbf{N}^+$.

由 $\lim\limits_{n\to\infty}x_n=a$ 的几何意义，我们可写出数列极限的一种等价定义.

定义 2.1.2 任给 $\varepsilon>0$，若在 $U(a;\varepsilon)$ 之外数列 $\{x_n\}$ 中的项至多只有有限个，则称数

列 $\{x_n\}$ 收敛于极限 a.

由定义 2.1.2 可知,若存在某 $\varepsilon_0 > 0$,使得数列 $\{x_n\}$ 中有无穷多个项落在 $U(a;\varepsilon_0)$ 之外,则 $\{x_n\}$ 一定不以 a 为极限.

例 2.1.7 证明:$\{n^2\}$ 和 $\{(-1)^n\}$ 都是发散数列.

证 对任意某个 $a \in \mathbf{R}$,取 $\varepsilon_0 = 1$,则数列 $\{n^2\}$ 中所有满足 $n > a+1$ 的项(有无穷多个)显然都落在 $U(a;\varepsilon_0)$ 之外,故 $\{n^2\}$ 不以任意的数 a 为极限,即 $\{n^2\}$ 为发散数列.

再讨论数列 $\{(-1)^n\}$,对任意某个 $a \in \mathbf{R}$,取 $\varepsilon_0 = \dfrac{1}{2}$,则在 $U(a;\varepsilon_0)$ 之外有 $\{(-1)^n\}$ 中的无穷多个项. 所以 $\{(-1)^n\}$ 不以任何数 a 为极限,即 $\{(-1)^n\}$ 为发散数列. 证毕.

例 2.1.8 设 $\{x_n\}$ 为给定的数列,$\{y_n\}$ 为对 $\{x_n\}$ 增加、减少或改变有限项之后得到的数列. 证明:数列 $\{y_n\}$ 与 $\{x_n\}$ 同时为收敛或发散,且在收敛时二者的极限相等.

证 (1) 设 $\{x_n\}$ 为收敛数列,且 $\lim\limits_{n\to\infty} x_n = a$. 由定义 2.1.2,对任给的 $\varepsilon > 0$,数列 $\{x_n\}$ 中落在 $U(a;\varepsilon)$ 之外的项至多只有有限个,而数列 $\{y_n\}$ 是对 $\{x_n\}$ 增加、减少或改变有限项之后得到的,故从某一项开始,$\{y_n\}$ 中的每一项都是 $\{x_n\}$ 中确定的一项,所以 $\{y_n\}$ 中落在 $U(a;\varepsilon)$ 之外的项也至多只有有限个,这就证得 $\lim\limits_{n\to\infty} y_n = a$.

(2) 设 $\{x_n\}$ 为发散数列,假设 $\{y_n\}$ 收敛,则因 $\{x_n\}$ 可看成是对 $\{y_n\}$ 增加、减少或改变有限项之后得到的数列,故由(1)所证,$\{x_n\}$ 收敛,矛盾. 所以当 $\{x_n\}$ 发散时 $\{y_n\}$ 也发散. 证毕.

2.1.5 无穷小量、有界量与无穷大量

在所有收敛数列中,有一类重要的数列,称为无穷小数列,其定义如下.

定义 2.1.3 若 $\lim\limits_{n\to\infty} x_n = 0$,则称 $\{x_n\}$ 为**无穷小数列**,也称数列 $\{x_n\}$ 是一个**无穷小量**.

前面例 2.1.2、例 2.1.4 中的数列都是无穷小数列. 由无穷小数列的定义,读者不难证明如下命题:

定理 2.1.1 数列 $\{x_n\}$ 收敛于 a 的充要条件是 $\{x_n - a\}$ 为无穷小数列,即

$$\lim_{n\to\infty} x_n = a \Leftrightarrow \lim_{n\to\infty}(x_n - a) = 0.$$

定义 2.1.4 对于数列 $\{x_n\}$,若存在实数 M,使得数列的所有项都满足

$$x_n \leqslant M, \quad n = 1, 2, 3, \cdots,$$

则称 M 是数列 $\{x_n\}$ 的一个**上界**;若存在实数 m,使得数列的所有项都满足

$$x_n \geqslant m, \quad n = 1, 2, 3, \cdots,$$

则称 m 是数列 $\{x_n\}$ 的一个**下界**.

一个数列 $\{x_n\}$ 若同时有上界和下界,则称数列 $\{x_n\}$ 为**有界数列**,也称数列 $\{x_n\}$ 是一个**有界量**.

数列 $\{x_n\}$ 有界的一个等价定义是:存在正实数 M,使得数列 $\{x_n\}$ 的所有项都满足

$$|x_n| \leqslant M, \quad n = 1, 2, 3, \cdots.$$

若数列 $\{x_n\}$ 不是有界数列,则称之为**无界数列**,或称数列 $\{x_n\}$ **无界**.

例如,数列 $\left\{\dfrac{1}{n}\right\}$, $\{(-1)^n\}$, $\{\cos n\}$ 是有界数列,而数列 $\{(-1)^n n\}$ 是无界数列.

例 2.1.9 设 $\{x_n\}$ 为无穷小数列,数列 $\{y_n\}$ 有界,证明: $\{x_n y_n\}$ 为无穷小数列.

证 已知数列 $\{y_n\}$ 有界,可设 $|y_n| \leqslant M$, $n=1, 2, 3, \cdots$.

由于 $\{x_n\}$ 为无穷小数列,则 $\forall \varepsilon > 0$, $\exists N \in \mathbf{N}^+$, $\forall n > N$, 有 $|x_n| < \dfrac{\varepsilon}{M}$. 于是有

$$|x_n y_n| < \frac{\varepsilon}{M} \cdot M = \varepsilon,$$

所以 $\lim\limits_{n \to \infty} x_n y_n = 0$. 即 $\{x_n y_n\}$ 为无穷小数列. 证毕.

本例也可以表述为:**无穷小量与有界量的乘积仍然是无穷小量**.

观察数列 $\{(-1)^n n\}$ 与 $\{(-1)^n\}$,它们都是发散数列,但是二者有根本区别,在数列 $\{(-1)^n n\}$ 中当 n 无限增大时,其各项的绝对值无限增大,针对这个特点给出如下定义.

定义 2.1.5 若数列 $\{x_n\}$ 满足:对任意正数 $M > 0$, 总存在正整数 N, 使得当 $n > N$ 时,有

$$|x_n| > M,$$

则称数列 $\{x_n\}$ **发散于无穷大**,记作

$$\lim_{n \to \infty} x_n = \infty \quad \text{或} \quad x_n \to \infty \quad (n \to \infty).$$

此时,也称数列 $\{x_n\}$ 是一个**无穷大数列**或**无穷大量**.

定义 2.1.6 若数列 $\{x_n\}$ 满足:对任意正数 $M > 0$, 总存在正整数 N, 使得当 $n > N$ 时,有

$$x_n > M \quad (x_n < -M),$$

则称数列 $\{x_n\}$ **发散于正(负)无穷大**,记作

$$\lim_{n \to \infty} a_n = +\infty \quad \text{或} \quad a_n \to +\infty (n \to \infty)$$

$$[\lim_{n \to \infty} a_n = -\infty \quad \text{或} \quad a_n \to -\infty (n \to \infty)].$$

例如,数列 $\{(-1)^n n\}$, $\{n^3 - 1\}$ 都是无穷大数列;而数列 $\{[1+(-1)^n]n\}$ 是无界数列却不是无穷大量.

由定义可以得到如下无穷大量与无穷小量之间的关系.

定理 2.1.2 设 $x_n \neq 0$, 则 $\{x_n\}$ 是无穷大量的充要条件是 $\left\{\dfrac{1}{x_n}\right\}$ 是无穷小量.

习题 2.1

1. 用 $\varepsilon - N$ 定义证明下列极限.

(1) $\lim\limits_{n \to \infty} \dfrac{n}{n+3} = 1$;

(2) $\lim\limits_{n \to \infty} (\sqrt{n+1} - \sqrt{n}) = 0$;

(3) $\lim\limits_{n\to\infty} \dfrac{1}{n} \cos \dfrac{n\pi}{2} = 0$;

(4) $\lim\limits_{n\to\infty} \sin \dfrac{1}{n} = 0$;

(5) $\lim\limits_{n\to\infty} \sqrt[n]{3n+2} = 1$;

(6) $\lim\limits_{n\to\infty} \left(\dfrac{1}{n} + 2^{-n}\right) = 0$;

(7) $\lim\limits_{n\to\infty} \dfrac{n!}{n^n} = 0$;

(8) $\lim\limits_{n\to\infty} \dfrac{2^n}{n!} = 0$;

(9) $\lim\limits_{n\to\infty} \dfrac{n}{a^n} = 0$, $a > 1$. (提示:设 $a = 1 + \lambda$)

2. 证明:若 $\lim x_n = a$,则 $\lim |x_n| = |a|$. 当 a 为何值时逆命题也成立?

3. 证明:若 $\lim\limits_{n\to\infty} a_n = a$,则对任一正整数 k,有 $\lim\limits_{n\to\infty} a_{n+k} = a$.

4. 试用定义 2.1.2 证明:

(1) 数列 $\left\{\dfrac{1}{n}\right\}$ 不以 1 为极限;

(2) 数列 $\{n^{(-1)^n}\}$ 发散.

2.2　收敛数列的性质

收敛数列具有如下重要性质.

2.2.1　唯一性

定理 2.2.1(唯一性)　若数列 $\{x_n\}$ 收敛,则它的极限是唯一的.

证　设 $\lim\limits_{n\to\infty} x_n = a$,$\lim\limits_{n\to\infty} x_n = b$,下面证明 $a = b$.

由 $\lim\limits_{n\to\infty} x_n = a$ 与 $\lim\limits_{n\to\infty} x_n = b$,则有

$$\forall \varepsilon > 0, \begin{cases} \exists N_1 \in \mathbf{N}^+, \forall n > N_1, \text{有} |x_n - a| < \dfrac{\varepsilon}{2}, \\ \exists N_2 \in \mathbf{N}^+, \forall n > N_2, \text{有} |x_n - b| < \dfrac{\varepsilon}{2}. \end{cases}$$

取 $N = \max\{N_1, N_2\}$,$\forall n > N$,同时有

$$|x_n - a| < \dfrac{\varepsilon}{2} \quad \text{与} \quad |x_n - b| < \dfrac{\varepsilon}{2}.$$

于是,$\forall n > N$,有

$$|a - b| = |a - x_n + x_n - b| \leqslant |x_n - a| + |x_n - b| < \varepsilon.$$

因为 a, b 为常数,ε 是可任意小的正数,所以 $a = b$. 证毕.

这个定理表明,对于一个收敛数列,不管用什么方法来求它的极限,得到的极限值总是相同的. 定理证明中的插项并辅以三角不等式放大的方法,是一种常用技巧.

2.2.2　有界性

定理 2.2.2(有界性)　若数列 $\{x_n\}$ 收敛,则数列 $\{x_n\}$ 有界,即 $\exists M > 0$, $\forall n \in \mathbf{N}^+$,

有 $|x_n| \leqslant M$.

证 设 $\lim\limits_{n\to\infty} x_n = a$,由极限定义,取 $\varepsilon = 1$,$\exists N \in \mathbf{N}^+$,$\forall n > N$,有 $|x_n - a| < 1$. 从而有

$$|x_n| = |x_n - a + a| \leqslant |x_n - a| + |a| < 1 + |a|.$$

取 $M = \max\{|x_1|, |x_2|, \cdots, |x_N|, 1 + |a|\}$.

于是,$\forall n \in \mathbf{N}^+$,有 $|x_n| \leqslant M$,即数列 $\{x_n\}$ 有界. 证毕.

注意 定理 2.2.2 的逆命题不成立,即有界数列不一定收敛. 换句话说,数列有界仅是数列收敛的必要条件,而不是充分条件. 例如,数列 $\{(-1)^n\}$ 显然是一个有界数列,但它却是发散的.

定理 2.2.2 的等价命题是:若数列 $\{x_n\}$ 无界,则数列 $\{x_n\}$ 发散. 利用它可以判断一些数列的发散.

例如,数列 $\{n^{(-1)^n}\}$:$1, 2, \dfrac{1}{3}, 4, \dfrac{1}{5}, 6, \cdots$ 无界,则此数列发散.

2.2.3 保序性

定理 2.2.3(保序性) 设 $\lim\limits_{n\to\infty} x_n = a$,$\lim\limits_{n\to\infty} y_n = b$,且 $a < b$,则 $\exists N \in \mathbf{N}^+$,$\forall n > N$,有 $x_n < y_n$.

证 因为 $\lim\limits_{n\to\infty} x_n = a$,$\lim\limits_{n\to\infty} y_n = b$,且 $a < b$,则 $b - a > 0$. 由极限定义,

对 $\varepsilon = \dfrac{b-a}{2} > 0$,$\begin{cases} \exists N_1 \in \mathbf{N}^+, \forall n > N_1, \text{有 } |x_n - a| < \dfrac{b-a}{2}, \text{从而 } x_n < \dfrac{a+b}{2}, \\ \exists N_2 \in \mathbf{N}^+, \forall n > N_2, \text{有 } |y_n - b| < \dfrac{b-a}{2}, \text{从而 } \dfrac{a+b}{2} < y_n. \end{cases}$

取 $N = \max\{N_1, N_2\} \in \mathbf{N}^+$,$\forall n > N$,有

$$x_n < \frac{a+b}{2} < y_n, \quad \text{即 } x_n < y_n.$$

证毕.

推论 1 若 $\lim\limits_{n\to\infty} x_n = a$,且 $a < b$($a > b$),则 $\exists N \in \mathbf{N}^+$,$\forall n > N$,有 $x_n < b$ ($x_n > b$).

推论 2(保号性) 若 $\lim\limits_{n\to\infty} x_n = a > 0$(或 $a < 0$),则 $\exists N \in \mathbf{N}^+$,$\forall n > N$,有 $x_n > \dfrac{a}{2} > 0$(或 $x_n < \dfrac{a}{2} < 0$). 保号性还可表示为

若 $\lim\limits_{n\to\infty} x_n = a \neq 0$,则 $\exists N \in \mathbf{N}^+$,$\forall n > N$,有 $|x_n| > \left|\dfrac{a}{2}\right| > 0$.

推论 3 若 $\lim\limits_{n\to\infty} x_n = a$,$\lim\limits_{n\to\infty} y_n = b$,且 $\exists N \in \mathbf{N}^+$,$\forall n > N$,$x_n \leqslant y_n$,则 $a \leqslant b$.

证 用反证法. 假设 $a > b$,由定理 2.2.3,则 $\exists N^* \in \mathbf{N}^+$(使 $N^* > N$),$\forall n > N^*$,有 $x_n > y_n$,与已知条件矛盾. 证毕.

推论 4 若 $\lim\limits_{n\to\infty} x_n = a$，$\exists N \in \mathbf{N}^+$，$\forall n > N$，$x_n \leqslant b\ (x_n \geqslant b)$，则 $a \leqslant b\ (a \geqslant b)$.

在推论 3 中，如果把条件 $x_n \leqslant y_n$ 改为严格不等式 $x_n < y_n$，是否能得到 $a < b$？请读者思考举例.

例 2.2.1 设 $x_n \geqslant 0$，$n = 1, 2, \cdots$，$\lim\limits_{n\to\infty} x_n = a$，证明：
$$\lim_{n\to\infty} \sqrt{x_n} = \sqrt{a}.$$

证 由收敛数列的保序性推论，有 $a \geqslant 0$.

若 $a = 0$，由已知 $\lim\limits_{n\to\infty} x_n = a$ 有 $\forall \varepsilon > 0$，$\exists N \in \mathbf{N}^+$，$\forall n > N$，有 $0 \leqslant x_n < \varepsilon^2$. 从而有 $|\sqrt{x_n} - 0| < \varepsilon$，即 $\lim\limits_{n\to\infty} \sqrt{x_n} = 0$.

若 $a > 0$，由于
$$\left|\sqrt{x_n} - \sqrt{a}\right| = \frac{|x_n - a|}{\sqrt{x_n} + \sqrt{a}} \leqslant \frac{|x_n - a|}{\sqrt{a}},$$

由 $\lim\limits_{n\to\infty} x_n = a$，有 $\forall \varepsilon > 0$，$\exists N \in \mathbf{N}^+$，$\forall n > N$，有 $|x_n - a| < \sqrt{a}\varepsilon$. 从而有 $|\sqrt{x_n} - \sqrt{a}| < \varepsilon$，所以 $\lim\limits_{n\to\infty} \sqrt{x_n} = \sqrt{a}$. 证毕.

2.2.4 四则运算法则

定理 2.2.4 若数列 $\{x_n\}$ 与 $\{y_n\}$ 都收敛，则数列 $\{x_n \pm y_n\}$ 也收敛，且
$$\lim_{n\to\infty}(x_n \pm y_n) = \lim_{n\to\infty} x_n \pm \lim_{n\to\infty} y_n.$$

证 设 $\lim\limits_{n\to\infty} x_n = a$，$\lim\limits_{n\to\infty} y_n = b$，则
$$\forall \varepsilon > 0, \begin{cases} \exists N_1 \in \mathbf{N}^+, \forall n > N_1, 有 |x_n - a| < \varepsilon, \\ \exists N_2 \in \mathbf{N}^+, \forall n > N_2, 有 |y_n - b| < \varepsilon. \end{cases}$$

取 $N = \max\{N_1, N_2\} \in \mathbf{N}^+$，$\forall n > N$，有
$$|(x_n \pm y_n) - (a \pm b)| = |(x_n - a) \pm (y_n - b)| \leqslant |x_n - a| + |y_n - b| < 2\varepsilon,$$

即 $\lim\limits_{n\to\infty}(x_n \pm y_n) = \lim\limits_{n\to\infty} x_n \pm \lim\limits_{n\to\infty} y_n$. 证毕.

定理 2.2.5 若数列 $\{x_n\}$ 与 $\{y_n\}$ 都收敛，则数列 $\{x_n \cdot y_n\}$ 也收敛，且
$$\lim_{n\to\infty}(x_n \cdot y_n) = \lim_{n\to\infty} x_n \cdot \lim_{n\to\infty} y_n.$$

证 设 $\lim\limits_{n\to\infty} x_n = a$，$\lim\limits_{n\to\infty} y_n = b$，则
$$\forall \varepsilon > 0, \begin{cases} \exists N_1 \in \mathbf{N}^+, \forall n > N_1, 有 |x_n - a| < \varepsilon, \\ \exists N_2 \in \mathbf{N}^+, \forall n > N_2, 有 |y_n - b| < \varepsilon. \end{cases}$$

又由收敛数列的有界性知 $\exists M > 0$，$\forall n \in \mathbf{N}^+$，有 $|x_n| \leqslant M$.

取 $N = \max\{N_1, N_2\} \in \mathbf{N}^+$，$\forall n > N$，有

$$|x_n y_n - ab| = |x_n y_n - x_n b + x_n b - ab|$$
$$\leqslant |x_n||y_n - b| + |b||x_n - a| < M\varepsilon + |b|\varepsilon = (M + |b|)\varepsilon,$$

所以 $\lim\limits_{n\to\infty}(x_n \cdot y_n) = \lim\limits_{n\to\infty} x_n \cdot \lim\limits_{n\to\infty} y_n$. 证毕.

定理 2.2.4 和定理 2.2.5 可以推广到有限个数列的情形.

由定理 2.2.4 和定理 2.2.5 易得如下推论:

推论 设数列 $\{x_n\}$ 与 $\{y_n\}$ 都收敛,α 和 β 是常数,则数列 $\{\alpha x_n + \beta y_n\}$ 收敛,且

$$\lim_{n\to\infty}(\alpha x_n + \beta y_n) = \alpha \lim_{n\to\infty} x_n + \beta \lim_{n\to\infty} y_n.$$

定理 2.2.6 若数列 $\{x_n\}$ 与 $\{y_n\}$ 都收敛,且 $y_n \neq 0\ (n = 1, 2, \cdots)$,$\lim\limits_{n\to\infty} y_n \neq 0$,则数列 $\left\{\dfrac{x_n}{y_n}\right\}$ 也收敛,且

$$\lim_{n\to\infty}\frac{x_n}{y_n} = \frac{\lim\limits_{n\to\infty} x_n}{\lim\limits_{n\to\infty} y_n}.$$

证 设 $\lim\limits_{n\to\infty} x_n = a$,$\lim\limits_{n\to\infty} y_n = b \neq 0$,则

$$\forall \varepsilon > 0, \begin{cases} \exists N_1 \in \mathbf{N}^+,\ \forall n > N_1, 有 |x_n - a| < \varepsilon, \\ \exists N_2 \in \mathbf{N}^+,\ \forall n > N_2, 有 |y_n - b| < \varepsilon. \end{cases}$$

因为 $\lim\limits_{n\to\infty} y_n = b \neq 0$,由收敛数列的保号性知 $\exists N_0 \in \mathbf{N}^+$,$\forall n > N_0$,有 $|y_n| > \dfrac{|b|}{2}$.

取 $N = \max\{N_1, N_2, N_0\} \in \mathbf{N}^+$,$\forall n > N$,有

$$\left|\frac{x_n}{y_n} - \frac{a}{b}\right| = \frac{|x_n b - a y_n|}{|y_n||b|} = \frac{|x_n b - ab + ab - a y_n|}{|y_n||b|}$$
$$\leqslant \frac{|b||x_n - a| + |a||y_n - b|}{|y_n||b|} < \frac{2(|a| + |b|)}{b^2}\varepsilon,$$

所以 $\lim\limits_{n\to\infty}\dfrac{x_n}{y_n} = \dfrac{\lim\limits_{n\to\infty} x_n}{\lim\limits_{n\to\infty} y_n}$. 证毕.

应用上述定理时,一定要注意定理的条件. 由上述定理可以看出,若两个数列收敛,则先对它们进行四则运算再进行极限运算,等于先对数列进行极限运算再进行四则运算. 这表明两个收敛数列的四则运算与极限运算可以交换次序,这两种不同的运算交换次序可给计算极限带来很大的方便.

例 2.2.2 求

$$\lim_{n\to\infty}\frac{a_m n^m + a_{m-1} n^{m-1} + \cdots + a_1 n + a_0}{b_k n^k + b_{k-1} n^{k-1} + \cdots + b_1 n + b_0},$$

其中 $m \leqslant k$,$a_m \neq 0$,$b_k \neq 0$.

解
$$\lim_{n\to\infty}\frac{a_m n^m + a_{m-1}n^{m-1} + \cdots + a_1 n + a_0}{b_k n^k + b_{k-1}n^{k-1} + \cdots + b_1 n + b_0}$$

$$= \lim_{n\to\infty}\frac{n^m\left(a_m + \dfrac{a_{m-1}}{n} + \cdots + \dfrac{a_1}{n^{m-1}} + \dfrac{a_0}{n^m}\right)}{n^k\left(b_k + \dfrac{b_{k-1}}{n} + \cdots + \dfrac{b_1}{n^{k-1}} + \dfrac{b_0}{n^k}\right)}$$

$$= \lim_{x\to\infty} n^{m-k} \cdot \lim_{n\to\infty}\frac{a_m + \dfrac{a_{m-1}}{n} + \cdots + \dfrac{a_1}{n^{m-1}} + \dfrac{a_0}{n^m}}{b_k + \dfrac{b_{k-1}}{n} + \cdots + \dfrac{b_1}{n^{k-1}} + \dfrac{b_0}{n^k}}$$

$$= \frac{a_m}{b_k}\lim_{x\to\infty} n^{m-k} = \begin{cases} \dfrac{a_m}{b_k}, & m = k, \\ 0, & m < k. \end{cases}$$

例 2.2.3 求极限 $\lim\limits_{n\to\infty}\left(1 + \dfrac{1}{3} + \dfrac{1}{3^2} + \cdots + \dfrac{1}{3^n}\right)$.

解
$$\lim_{n\to\infty}\left(1 + \frac{1}{3} + \frac{1}{3^2} + \cdots + \frac{1}{3^n}\right) = \lim_{n\to\infty}\frac{1 - \left(\dfrac{1}{3}\right)^{n+1}}{1 - \dfrac{1}{3}} = \lim_{n\to\infty}\frac{3}{2}\left[1 - \left(\frac{1}{3}\right)^{n+1}\right]$$

$$= \frac{3}{2}\left[1 - \lim_{n\to\infty}\left(\frac{1}{3}\right)^{n+1}\right] = \frac{3}{2}.$$

例 2.2.4 求极限 $\lim\limits_{n\to\infty}\dfrac{(-3)^n + 5^{n+1}}{(-2)^{n+1} + 5^n}$.

解
$$\lim_{n\to\infty}\frac{(-3)^n + 5^{n+1}}{(-2)^{n+1} + 5^n} = \lim_{n\to\infty}\frac{\left(-\dfrac{3}{5}\right)^n + 5}{(-2)\left(-\dfrac{2}{5}\right)^n + 1} = \frac{\lim\limits_{n\to\infty}\left(-\dfrac{3}{5}\right)^n + 5}{(-2)\lim\limits_{n\to\infty}\left(-\dfrac{2}{5}\right)^n + 1} = 5.$$

2.2.5 夹逼准则

定理 2.2.7（夹逼准则） 设有三个数列 $\{x_n\}$，$\{y_n\}$，$\{z_n\}$. 若 $\exists N_0 \in \mathbf{N}^+$，$\forall n > N_0$，有
$$x_n \leqslant y_n \leqslant z_n,$$
且 $\lim\limits_{n\to\infty} x_n = \lim\limits_{n\to\infty} z_n = a$，则 $\lim\limits_{n\to\infty} y_n = a$.

证 因为 $\lim\limits_{n\to\infty} x_n = \lim\limits_{n\to\infty} z_n = a$，所以

$$\forall \varepsilon > 0, \begin{cases} \exists N_1 \in \mathbf{N}^+, \ \forall n > N_1, 有 |x_n - a| < \varepsilon, 从而\ a - \varepsilon < x_n, \\ \exists N_2 \in \mathbf{N}^+, \ \forall n > N_2, 有 |z_n - a| < \varepsilon, 从而\ z_n < a + \varepsilon. \end{cases}$$

取 $N = \max\{N_1, N_2, N_0\} \in \mathbf{N}^+$，$\forall n > N$，由已知有

$$a - \varepsilon < x_n \leqslant y_n \leqslant z_n < a + \varepsilon,$$

即
$$|y_n - a| < \varepsilon,$$
所以 $\lim\limits_{n\to\infty} y_n = a$. 证毕.

夹逼准则的重要性在于不仅提供判断数列 $\{y_n\}$ 收敛的一种方法, 而且可用于求极限. 应用夹逼准则的关键是, 对于给定的数列 $\{y_n\}$, 找到合适的收敛数列 $\{x_n\}$ 和 $\{z_n\}$.

例 2.2.5 求极限 $\lim\limits_{n\to\infty} n\left(\dfrac{1}{n^2+\pi} + \dfrac{1}{n^2+2\pi} + \cdots + \dfrac{1}{n^2+n\pi}\right)$.

解 $\forall n \in \mathbf{N}^+$, 有
$$n \cdot \frac{n}{n^2+n\pi} \leqslant n\left(\frac{1}{n^2+\pi} + \frac{1}{n^2+2\pi} + \cdots + \frac{1}{n^2+n\pi}\right) \leqslant n \cdot \frac{n}{n^2+\pi},$$

又有
$$\lim_{n\to\infty} \frac{n^2}{n^2+n\pi} = \lim_{n\to\infty} \frac{n^2}{n^2+\pi} = 1.$$

由夹逼准则知
$$\lim_{n\to\infty} n\left(\frac{1}{n^2+\pi} + \frac{1}{n^2+2\pi} + \cdots + \frac{1}{n^2+n\pi}\right) = 1.$$

例 2.2.6 设 $a_1, a_2, \cdots, a_k$ 为 k 个正数, 证明:
$$\lim_{n\to\infty} \sqrt[n]{a_1^n + a_2^n + \cdots + a_k^n} = \max\{a_1, a_2, \cdots, a_k\}.$$

证 设 $\max\{a_1, a_2, \cdots, a_k\} = a$, 则 $\forall n \in \mathbf{N}^+$, 有
$$a \leqslant \sqrt[n]{a_1^n + a_2^n + \cdots + a_k^n} \leqslant \sqrt[n]{k}\, a.$$

又 $\lim\limits_{n\to\infty} \sqrt[n]{k} = 1$, 由夹逼准则知
$$\lim_{n\to\infty} \sqrt[n]{a_1^n + a_2^n + \cdots + a_k^n} = a = \max\{a_1, a_2, \cdots, a_k\}.$$
证毕.

2.2.6 子列的收敛性

定义 2.2.1 设有数列 $\{x_n\}$, 若 $n_k \in \mathbf{N}^+ (k=1, 2, \cdots)$, 且
$$n_1 < n_2 < n_3 < \cdots < n_k < \cdots, \tag{2.2.1}$$
则数列 $x_{n_1}, x_{n_2}, \cdots, x_{n_k}, \cdots$ 称为数列 $\{x_n\}$ 的一个**子列**, 记为 $\{x_{n_k}\}$.

由定义可知, 在数列 $\{x_n\}$ 中, 任意选取无限多项而不变更原来次序所构成的数列就是数列 $\{x_n\}$ 的一个子列.

子列 $\{x_{n_k}\}$ 中的记号 x_{n_k}, k 表示 x_{n_k} 在子数列中是第 k 项, n_k 表示 x_{n_k} 在原数列 $\{x_n\}$ 中是第 n_k 项. 由式 (2.2.1) 可知, 子列中的第 k 项在原数列中至少为第 k 项, 所以 $\forall k \in \mathbf{N}^+$, 总有 $n_k \geqslant k$. 当 k 无限增大时, n_k 也无限增大.

特别地, 数列本身也是它自己的子列.

若在数列 $\{x_n\}$ 中分别取 $n_k = 2k-1$, $n_k = 2k$, $k \in \mathbf{N}^+$, 则得到它的两个子列：

$$\{x_{2k-1}\}: x_1, x_3, x_5, \cdots, x_{2k-1}, \cdots$$

与

$$\{x_{2k}\}: x_2, x_4, x_6, \cdots, x_{2k}, \cdots,$$

分别称为数列 $\{x_n\}$ 的**奇子列**与**偶子列**.

由数列极限定义, $\lim\limits_{k \to \infty} x_{n_k} = a \Leftrightarrow \forall \varepsilon > 0, \exists K \in \mathbf{N}^+, \forall k > K,$ 有 $|x_{n_k} - a| < \varepsilon$.

关于数列与其子列之间的收敛关系, 有下面的定理.

定理 2.2.8 数列 $\{x_n\}$ 收敛于 a 的充要条件是它的任意子列 $\{x_{n_k}\}$ 都收敛于 a.

证 先证充分性. 因为数列是自身的一个子列, 所以结论成立.

再证必要性. 已知 $\lim\limits_{n \to \infty} x_n = a$, 则 $\forall \varepsilon > 0, \exists N \in \mathbf{N}^+, \forall n > N,$ 有 $|x_n - a| < \varepsilon$.

取 $K = N$, $\forall k > K$, 则 $n_k \geq k > N$, 从而有

$$|x_{n_k} - a| < \varepsilon.$$

则 $\lim\limits_{k \to \infty} x_{n_k} = a$. 证毕.

由该定理可得结论: 若数列 $\{x_n\}$ 存在某一个子列发散, 或存在某两个子列不收敛于同一极限, 则数列 $\{x_n\}$ 发散. 应用它很容易判断某些数列发散.

例如, 数列 $\{n^{(-1)^n}\}$ 是发散的, 因为它的偶子列 $\{(2k)^{(-1)^{2k}}\} = \{2k\}$ 发散.

又如, 数列 $0, 1, 0, 1, \cdots$ 一定发散, 因为它的奇子列和偶子列分别收敛于 0 和 1. 此例说明, 发散数列可以有收敛的子列.

定理 2.2.9 数列 $\{x_n\}$ 收敛于 a 的充要条件是它的奇子列 $\{x_{2k-1}\}$ 与偶子列 $\{x_{2k}\}$ 都收敛于 a.

证 先证必要性. 由定理 2.2.8 即可得.

再证充分性. 已知 $\lim\limits_{k \to \infty} x_{2k-1} = \lim\limits_{k \to \infty} x_{2k} = a$, 则

$$\forall \varepsilon > 0, \begin{cases} \exists K_1 \in \mathbf{N}^+, \forall k > K_1, \text{有} |x_{2k-1} - a| < \varepsilon, \\ \exists K_2 \in \mathbf{N}^+, \forall k > K_2, \text{有} |x_{2k} - a| < \varepsilon. \end{cases}$$

取 $N = \max\{2K_1, 2K_2\} \in \mathbf{N}^+$, $\forall n > N$ ($n = 2k-1$, 有 $k > K_1$; $n = 2k$, 有 $k > K_2$), 有

$$|x_n - a| < \varepsilon,$$

所以 $\lim\limits_{n \to \infty} x_n = a$. 证毕.

例 2.2.7 设

$$x_n = \begin{cases} \dfrac{n-1}{n}, & n \text{ 为偶数}, \\ \dfrac{\sqrt{n^2+n}}{n}, & n \text{ 为奇数}, \end{cases}$$

求 $\lim\limits_{n\to\infty} x_n$.

解 因为

$$\lim_{k\to\infty} x_{2k} = \lim_{k\to\infty} \frac{2k-1}{2k} = 1,$$

$$\lim_{k\to\infty} x_{2k-1} = \lim_{k\to\infty} \frac{\sqrt{(2k-1)^2 + (2k-1)}}{2k-1} = 1,$$

所以 $\lim\limits_{n\to\infty} x_n = 1.$

习题 2.2

1. 求下列极限.

(1) $\lim\limits_{n\to\infty} \dfrac{4n^2 - 5n - 1}{7 + 2n - 8n^2}$;

(2) $\lim\limits_{n\to\infty} \dfrac{1 + 2 + 3 + \cdots + (n-1)}{n^2}$;

(3) $\lim\limits_{n\to\infty} \left[\dfrac{1}{1\times 2} + \dfrac{1}{2\times 3} + \cdots + \dfrac{1}{n(n+1)} \right]$;

(4) $\lim\limits_{n\to\infty} (\sqrt{n^2+n} - n)$;

(5) $\lim\limits_{n\to\infty} (\sqrt[n]{2} + \sqrt[n]{4} + \cdots + \sqrt[n]{18})$.

2. 若数列 $\{x_n\}$ 收敛,数列 $\{y_n\}$ 发散,问数列 $\{x_n + y_n\}$ 与 $\{x_n y_n\}$ 的敛散性? 若数列 $\{x_n\}$ 与 $\{y_n\}$ 均发散,问数列 $\{x_n + y_n\}$ 与 $\{x_n y_n\}$ 的敛散性?

3. 若 $\lim\limits_{n\to\infty} x_n y_n = 0$,是否可推出 $\lim\limits_{n\to\infty} x_n = 0$ 或 $\lim\limits_{n\to\infty} y_n = 0$?

4. 若 $\lim\limits_{n\to\infty} x_n = a$,$\lim\limits_{n\to\infty}(x_n - y_n) = 0$,证明:$\lim\limits_{n\to\infty} y_n = a.$

5. 设

$$x_n = \begin{cases} (-1)^n, & n > 150, \\ n, & n \leqslant 150; \end{cases} \qquad y_n = \begin{cases} (-1)^{n+1}, & n > 250, \\ 3^n, & n \leqslant 250, \end{cases}$$

求 $\lim\limits_{n\to\infty} x_n y_n$.

6. 设

$$x_n = \begin{cases} \dfrac{n+\sqrt{n}}{n}, & n \text{ 为偶数}, \\ 1 - 5^{-n}, & n \text{ 为奇数}, \end{cases}$$

求 $\lim\limits_{n\to\infty} x_n$.

7. 设 $x_{n+1} - 2x_n = -\dfrac{3n^2 + n}{n^2 - 1}$, $n = 1, 2, \cdots$, 且 $\lim\limits_{n\to\infty} x_{2n} = 3$, 判断数列 $\{x_n\}$ 的收敛性.

8. 证明下列数列发散.

(1) $\left\{ (-1)^n \dfrac{n}{n+1} \right\}$;

(2) $\left\{ \cos \dfrac{n\pi}{4} \right\}$.

9. 利用夹逼准则计算下列极限.

(1) $\lim\limits_{n\to\infty} \left(\dfrac{1}{\sqrt{n^2+1}} + \dfrac{1}{\sqrt{n^2+2}} + \cdots + \dfrac{1}{\sqrt{n^2+n}} \right)$;

(2) $\lim\limits_{n\to\infty} \left[\dfrac{1}{n^2} + \dfrac{1}{(n+1)^2} + \cdots + \dfrac{1}{(2n)^2} \right]$;

(3) $\lim\limits_{n\to\infty}\left(\dfrac{1}{n^2+n+1}+\dfrac{2}{n^2+n+2}+\cdots+\dfrac{n}{n^2+n+n}\right)$;

(4) $\lim\limits_{n\to\infty}\sum\limits_{k=n^2}^{(n+1)^2}\dfrac{1}{\sqrt{k}}$.

2.3 数列极限存在的条件

我们知道收敛数列必定有界,有界数列不一定收敛. 进一步自然会思考如下问题:

(1) 对有界数列加上什么条件后,可以让数列收敛?

(2) 如果不对有界数列加任何条件,能得到关于这个数列的什么样的更弱些的结论?

2.3.1 单调有界定理

我们先来看一个定义:

定义 2.3.1 如果数列 $\{x_n\}$ 满足

$$x_n \leqslant x_{n+1}(x_n \geqslant x_{n+1}),\quad n=1,2,3,\cdots,$$

则称 $\{x_n\}$ 为**单调增加数列**(**单调减少数列**);若满足

$$x_n < x_{n+1}(x_n > x_{n+1}),\quad n=1,2,3,\cdots,$$

则称 $\{x_n\}$ 为**严格单调增加数列**(**严格单调减少数列**).

单调增加数列和单调减少数列统称为**单调数列**. 严格单调增加数列和严格单调减少数列统称为**严格单调数列**. 例如,$\left\{\dfrac{1}{n}\right\}$ 为严格单调减少数列,$\left\{\dfrac{n}{n+1}\right\}$ 与 $\{n^2\}$ 为严格单调增加数列,而 $\left\{\dfrac{(-1)^n}{n}\right\}$ 则不是单调数列.

对于前述的第一个问题,我们有如下定理:

定理 2.3.1(单调有界定理) 单调有界数列必存在极限.

证 不妨设 $\{x_n\}$ 为有上界的递增数列. 由确界原理,数列 $\{x_n\}$ 有上确界,记 $a = \sup\{x_n\}$. 下面证明 a 就是 $\{x_n\}$ 的极限.

事实上,任给 $\varepsilon > 0$,按上确界的定义,存在数列 $\{x_n\}$ 中某一项 x_N,使得 $a-\varepsilon < x_N$. 又由 $\{x_n\}$ 的递增性,当 $n \geqslant N$ 时,有

$$a-\varepsilon < x_N \leqslant x_n.$$

另一方面,由于 a 是 $\{x_n\}$ 的一个上界,故对一切 x_n 都有 $x_n \leqslant a < a+\varepsilon$. 所以,当 $n \geqslant N$ 时,有

$$a-\varepsilon < x_n < a+\varepsilon.$$

这就证得 $\lim\limits_{n\to\infty} x_n = a$. 同理可证,有下界的递减数列必有极限,且其极限即为它的下确界. 证毕.

注 定理中条件为单调有界数列,显然包括两类情况:单调增加且有上界;单调减少且有下界.

通过证明可知,单调增加有上界数列有极限且其极限为其上确界,单调减少有下界数列有极限且其极限为其下确界.

由于数列的前有限项对其收敛性没有影响,所以定理对于从某一项开始才具备单调性的数列也有效.

单调有界定理的重要性在于,它使我们可以从数列本身出发去研究其敛散性,先使用定理判断数列极限的存在,然后可利用极限运算的性质去求得相应的极限.

例 2.3.1 证明:若 $x_1=\sqrt{2}, x_{n+1}=\sqrt{2+x_n}, n=1,2,3,\cdots$,则数列 $\{x_n\}$ 收敛,并求其极限.

证 显然, $x_2=\sqrt{2+x_1}=\sqrt{2+\sqrt{2}}>x_1$. 设 $x_k<x_{k+1}$,则

$$2+x_k<2+x_{k+1} \Rightarrow \sqrt{2+x_k}<\sqrt{2+x_{k+1}}, \quad 即 x_{k+1}<x_{k+2}.$$

由数学归纳法知 $\forall n \in \mathbf{N}^+$,有 $x_n<x_{n+1}$,即 $\{x_n\}$ 单调增加.

当 $k=1$ 时, $x_1=\sqrt{2}<2$. 设 $x_k<2$,则

$$x_{k+1}=\sqrt{2+x_k}<\sqrt{2+2}=2.$$

由数学归纳法知 $\forall n \in \mathbf{N}^+$,有 $x_n<2$,即 $\{x_n\}$ 有上界 2.

根据单调有界定理,数列 $\{x_n\}$ 收敛.

设 $\lim\limits_{n\to\infty} x_n = a$,由 $x_{n+1}=\sqrt{2+x_n}$,得 $x_{n+1}^2=2+x_n$,两边同时取极限,有 $a^2=2+a$,解得 $a=2, a=-1$. 由于 $x_n>0$,由收敛数列保序性推论,极限 $a \geq 0$. 故舍去 $a=-1$,所以 $\lim\limits_{n\to\infty} x_n = 2$. 证毕.

例 2.3.2 证明:若 $x_1=\sqrt{2}, x_{n+1}=\dfrac{-1}{2+x_n}, n=1,2,3,\cdots$,则数列 $\{x_n\}$ 收敛,并求其极限.

证 显然, $x_1=\sqrt{2}>-1$,

$$x_2=\frac{-1}{2+x_1}=\frac{-1}{2+\sqrt{2}}=\frac{-(2-\sqrt{2})}{2}=-1+\frac{\sqrt{2}}{2}>-1.$$

设 $x_k>-1$,则 $x_{k+1}=\dfrac{-1}{2+x_k}>-1$. 由数学归纳法知 $\forall n\in\mathbf{N}^+$,有 $x_n>-1$,即 $\{x_n\}$ 有下界 -1.

$\forall n \in \mathbf{N}^+$,有

$$x_n - x_{n+1} = x_n - \frac{-1}{2+x_n} = \frac{x_n^2+2x_n+1}{2+x_n} = \frac{(x_n+1)^2}{2+x_n}>0,$$

从而 $x_n>x_{n+1}$,即 $\{x_n\}$ 单调减少.

根据单调有界定理,数列 $\{x_n\}$ 收敛.

设 $\lim\limits_{n\to\infty} x_n = a$,对 $x_{n+1} = \dfrac{-1}{2+x_n}$ 两边同时取极限,有 $a = \dfrac{-1}{2+a}$,解得 $a = -1$,所以 $\lim\limits_{n\to\infty} x_n = -1$. 证毕.

由以上两例可知,当确知数列极限存在后,可应用极限的运算求出极限值:对递推公式取极限,得到极限值满足的方程,解方程可得极限值.

例 2.3.3 证明:极限 $\lim\limits_{n\to\infty}\left(1+\dfrac{1}{n}\right)^n$ 存在.

证 令 $x_n = \left(1+\dfrac{1}{n}\right)^n$,由二项式定理,则

$$x_n = \left(1+\dfrac{1}{n}\right)^n = 1 + n\cdot\dfrac{1}{n} + \dfrac{n(n-1)}{2!}\cdot\dfrac{1}{n^2} + \dfrac{n(n-1)(n-2)}{3!}\cdot\dfrac{1}{n^3} + \cdots + \dfrac{n(n-1)(n-2)\cdots[n-(n-1)]}{n!}\cdot\dfrac{1}{n^n}$$

$$= 1 + 1 + \dfrac{1}{2!}\left(1-\dfrac{1}{n}\right) + \dfrac{1}{3!}\left(1-\dfrac{1}{n}\right)\left(1-\dfrac{2}{n}\right) + \cdots + \dfrac{1}{n!}\left(1-\dfrac{1}{n}\right)\left(1-\dfrac{2}{n}\right)\cdots\left(1-\dfrac{n-1}{n}\right),$$

又

$$x_{n+1} = \left(1+\dfrac{1}{n+1}\right)^{n+1} = 1 + 1 + \dfrac{1}{2!}\left(1-\dfrac{1}{n+1}\right) + \dfrac{1}{3!}\left(1-\dfrac{1}{n+1}\right)\left(1-\dfrac{2}{n+1}\right) + \cdots + \dfrac{1}{n!}\left(1-\dfrac{1}{n+1}\right)\left(1-\dfrac{2}{n+1}\right)\cdots\left(1-\dfrac{n-1}{n+1}\right) + \dfrac{1}{(n+1)!}\left(1-\dfrac{1}{n+1}\right)\left(1-\dfrac{2}{n+1}\right)\cdots\left(1-\dfrac{n}{n+1}\right).$$

比较 x_n 与 x_{n+1},x_n 有 $n+1$ 项,x_{n+1} 有 $n+2$ 项,其中 x_{n+1} 的前 $n+1$ 项分别比 x_n 中相应的项要大或相等,最后一项大于 0. 所以

$$x_n < x_{n+1},\quad n = 1,2,3,\cdots,$$

即 $\{x_n\}$ 单调增加.

$\forall n \in \mathbf{N}^+$,利用上面 x_n 的展开式,有

$$x_n = \left(1+\dfrac{1}{n}\right)^n \leqslant 1 + 1 + \dfrac{1}{2!} + \dfrac{1}{3!} + \cdots + \dfrac{1}{n!}$$

$$\leqslant 1 + 1 + \dfrac{1}{2} + \dfrac{1}{2^2} + \cdots + \dfrac{1}{2^{n-1}}$$

$$= 1 + \dfrac{1-\dfrac{1}{2^n}}{1-\dfrac{1}{2}} = 1 + 2 - \dfrac{1}{2^{n-1}} < 3,$$

从而 $\{x_n\}$ 有上界.

由单调有界定理知，$\lim\limits_{n\to\infty}\left(1+\dfrac{1}{n}\right)^n$ 存在. 证毕.

通常用字母 e 来表示例 2.3.3 的这个极限，即
$$\lim_{n\to\infty}\left(1+\dfrac{1}{n}\right)^n = \mathrm{e}.$$

$\mathrm{e} = 2.718\,281\,8\cdots$ 是一个无理数，以 e 为底的对数称为**自然对数**，通常记为
$$\ln x = \log_{\mathrm{e}} x.$$

这是一个很重要的极限，它具有广泛的应用.

例 2.3.3 求极限 $\lim\limits_{n\to\infty}\left(1+\dfrac{1}{n+1}\right)^n$.

解 $\lim\limits_{n\to\infty}\left(1+\dfrac{1}{n+1}\right)^n = \lim\limits_{n\to\infty}\dfrac{\left(1+\dfrac{1}{n+1}\right)^{n+1}}{1+\dfrac{1}{n+1}} = \dfrac{\lim\limits_{n\to\infty}\left(1+\dfrac{1}{n+1}\right)^{n+1}}{\lim\limits_{n\to\infty}\left(1+\dfrac{1}{n+1}\right)} = \mathrm{e}.$

2.3.2 致密性定理

对于前述的第二个问题：如果不对有界数列加任何条件，能得到关于这个数列的什么样的更弱些的结论？我们可以先看下面的例子.

例 2.3.5 任何数列都存在单调子列.

证 设数列为 $\{x_n\}$. 下面分两种情形来讨论.

(1) 若对任何正整数 k，数列 $\{x_{k+n}\}$ 有最大项. 设 $\{x_{1+n}\}$ 的最大项为 x_{n_1}，因 $\{x_{n_1+n}\}$ 亦有最大项，设其最大项为 x_{n_2}，显然有 $n_2 > n_1$，且因 $\{x_{n_1+n}\}$ 是 $\{x_{1+n}\}$ 的一个子列，故
$$x_{n_2} \leqslant x_{n_1};$$
同理，存在 $n_3 > n_2$，使得
$$x_{n_3} \leqslant x_{n_2};$$
······

这样就得到一个单调递减的子列 $\{x_{n_k}\}$.

(2) 至少存在某正整数 k，数列 $\{x_{k+n}\}$ 没有最大项. 先取 $n_1 = k+1$，因 $\{x_{k+n}\}$ 没有最大项，故 x_{n_1} 后面总存在 $x_{n_2}\,(n_2 > n_1)$，使得
$$x_{n_2} > x_{n_1};$$
同理，存在 x_{n_2} 后面 $x_{n_3}\,(n_3 > n_2)$，使得
$$x_{n_3} > x_{n_2};$$
······

这样就得到一个严格递增的子列 $\{x_{n_k}\}$. 证毕.

定理 2.3.2(致密性定理) 任何有界数列必定有收敛的子列.

证 设数列为 $\{x_n\}$ 有界,由例 2.3.5 可知, $\{x_n\}$ 存在单调有界的子列 $\{x_{n_k}\}$. 再由单调有界定理,这个子列是收敛的. 证毕.

习题 2.3

1. 求下列极限.

(1) $\lim\limits_{n\to\infty} \left(1+\dfrac{1}{n}\right)^{n+1}$; (2) $\lim\limits_{n\to\infty} \left(1+\dfrac{1}{4n}\right)^{8n}$;

(3) $\lim\limits_{n\to\infty} \left(1-\dfrac{1}{n}\right)^{n+1}$; (4) $\lim\limits_{n\to\infty} \left(1+\dfrac{1}{1+n}\right)^{n}$.

2. 证明:设 $0 < x_1 < 1$, $x_{n+1} = x_n(2-x_n)$, $n=1,2,3,\cdots$,则数列 $\{x_n\}$ 收敛,并求其极限.

3. 证明:设 $0 < x_1 < 1$, $x_{n+1} = 1-\sqrt{1-x_n}$, $n=1,2,3,\cdots$,则数列 $\{x_n\}$ 收敛,并求其极限.

4. 证明:设 $x_1 = \sqrt{c}(c>0)$, $x_{n+1} = \sqrt{c+x_n}$, $n=1,2,3,\cdots$,则数列 $\{x_n\}$ 收敛,并求其极限.

5. 给定两个正数 a_1 与 $b_1(a_1 > b_1)$,作出其等差中项 $a_2 = \dfrac{a_1+b_1}{2}$ 与等比中项 $b_2 = \sqrt{a_1 b_1}$,一般地,令

$$a_{n+1} = \dfrac{a_n+b_n}{2}, \quad b_{n+1} = \sqrt{a_n b_n}, \quad n=1,2,\cdots.$$

证明: $\lim\limits_{n\to\infty} a_n$ 与 $\lim\limits_{n\to\infty} b_n$ 皆存在且相等.

2.4 实数的完备性

前面我们讨论了实数集的确界原理,数列的单调有界定理以及致密性定理. 这些定理以不同的方式反映了实数集的一种特性,通常被称为实数的**完备性**或实数的**连续性**. 可以举例说明,有理数集就不具有这种特性. 有关实数完备性的基本定理,除了上面这些定理外,还有柯西收敛准则、区间套定理、有限覆盖定理和聚点定理.

2.4.1 柯西(Cauchy)收敛准则

定理 2.4.1(柯西收敛准则) 数列 $\{a_n\}$ 收敛的充要条件是:对任给的 $\varepsilon > 0$,存在正整数 N,使得当 $n, m > N$ 时,有

$$|a_n - a_m| < \varepsilon.$$

我们将柯西收敛准则的条件称为**柯西条件**.

证 先证必要性. 设 $\lim\limits_{n\to\infty} a_n = A$. 由数列极限定义,对任给的 $\varepsilon > 0$,存在 $N > 0$,当 $m, n > N$ 时,有

$$|a_m - A| < \dfrac{\varepsilon}{2}, \quad |a_n - A| < \dfrac{\varepsilon}{2},$$

因而
$$|a_m - a_n| \leqslant |a_m - A| + |a_n - A| < \frac{\varepsilon}{2} + \frac{\varepsilon}{2} = \varepsilon.$$

再证充分性. 先证明数列 $\{a_n\}$ 必定有界. 取 $\varepsilon_0 = 1$,因为 $\{a_n\}$ 满足柯西条件,所以 $\exists N_0, \forall n > N_0$,有
$$|a_n - a_{N_0+1}| < 1.$$

令 $M = \max\{|a_1|, |a_2|, \cdots, |a_{N_0}|, |a_{N_0+1}|+1\}$,则对一切 n,成立
$$|a_n| \leqslant M.$$

由致密性定理,在 $\{a_n\}$ 中必有收敛子列 $\{x_{n_k}\}$,设 $\lim\limits_{k\to\infty} a_{n_k} = \xi$.

由柯西条件,$\forall \varepsilon > 0$,$\exists N$,当 $m, n > N$ 时,有
$$|a_m - a_n| < \frac{\varepsilon}{2},$$

在上式中取 $a_m = a_{n_k}$,其中 k 充分大,满足 $n_k > N$,并且令 $k \to \infty$,于是得到
$$|a_n - \xi| \leqslant \frac{\varepsilon}{2} < \varepsilon,$$

即数列 $\{a_n\}$ 收敛. 证毕.

柯西条件反映这样的事实:收敛数列各项的值随着项数增大而越来越接近,当项数充分大后,任意两项的距离可小于预先给定的任意小正数. 形象地说,收敛数列的各项越到后面越是"挤"在一起. 这是收敛数列最本质的特征.

柯西收敛准则的优点在于它无需借助数列以外的任何数 a,只要根据数列本身的特征就可以鉴别其敛散性.

柯西收敛准则也可作如下等价表述:

数列 $\{a_n\}$ 收敛 $\Leftrightarrow \forall \varepsilon > 0$,$\exists N \in \mathbf{N}^+$,$\forall n > N$,$\forall p \in \mathbf{N}^+$,有 $|a_{n+p} - a_n| < \varepsilon$.

例 2.4.1 证明:若 $\forall n \in \mathbf{N}^+$,有 $|a_{n+1} - a_n| \leqslant cr^n$,其中 c 是正常数,$0 < r < 1$,则数列 $\{a_n\}$ 收敛.

证 $\forall n, p \in \mathbf{N}^+$,有
$$\begin{aligned}
|a_{n+p} - a_n| &= |a_{n+p} - a_{n+p-1} + a_{n+p-1} - a_{n+p-2} + \cdots + a_{n+1} - a_n| \\
&\leqslant |a_{n+p} - a_{n+p-1}| + |a_{n+p-1} - a_{n+p-2}| + \cdots + |a_{n+1} - a_n| \\
&\leqslant cr^{n+p-1} + cr^{n+p-2} + \cdots + cr^n = cr^n(1 + r + \cdots + r^{p-1}) \\
&= cr^n \frac{1 - r^p}{1 - r} < \frac{c}{1 - r} r^n.
\end{aligned}$$

已知 $\lim\limits_{n\to\infty} r^n = 0 (0 < r < 1)$,即 $\forall \varepsilon > 0$,$\exists N \in \mathbf{N}^+$,$\forall n > N$,有 $r^n < \varepsilon$.

于是 $\forall p \in \mathbf{N}^+$,有

$$|a_{n+p} - a_n| < \frac{c}{1-r}r^n < \frac{c}{1-r}\varepsilon.$$

其中 $\frac{c}{1-r}$ 是正常数. 根据柯西收敛准则,数列 $\{x_n\}$ 收敛. 证毕.

2.4.2 区间套定理

定义 2.4.1 设闭区间列 $\{[a_n, b_n]\}$ 具有如下性质:

(1) $[a_n, b_n] \supset [a_{n+1}, b_{n+1}]$, $n = 1, 2, \cdots$;

(2) $\lim\limits_{n\to\infty}(b_n - a_n) = 0$,

则称 $\{[a_n, b_n,]\}$ 为**闭区间套**,简称**区间套**.

由定义可知,区间套中的闭区间是前一个套着后一个,各闭区间的端点满足不等式:

$$a_1 \leqslant a_2 \leqslant \cdots \leqslant a_n \leqslant \cdots \leqslant b_n \leqslant \cdots \leqslant b_2 \leqslant b_1. \tag{2.4.1}$$

定理 2.4.2(区间套定理) 若 $\{[a_n, b_n]\}$ 是一个区间套,则存在唯一的一个实数 ξ,使得 $\xi \in [a_n, b_n]$, $n = 1, 2, \cdots$, 且有 $\lim b_n = \lim a_n = \xi$.

证 由式(2.4.1),$\{a_n\}$ 为单调增加有界数列,由单调有界定理,$\{a_n\}$ 有极限 ξ,且有

$$a_n \leqslant \xi, \quad n = 1, 2, \cdots.$$

同理,单调减少有界数列 $\{b_n\}$ 也有极限,并按区间套的条件(2)有

$$\lim_{n\to\infty} b_n = \lim_{n\to\infty}[(b_n - a_n) + a_n] = \lim_{n\to\infty}(b_n - a_n) + \lim_{n\to\infty} a_n = \lim_{n\to\infty} a_n = \xi,$$

且

$$b_n \geqslant \xi, \quad n = 1, 2, \cdots.$$

则有 $a_n \leqslant \xi \leqslant b_n$, $n = 1, 2, \cdots$, 即 $\xi \in [a_n, b_n]$, $n = 1, 2, \cdots$.

以下证明上述 ξ 是唯一的.

设有数 ξ' 也满足

$$a_n \leqslant \xi' \leqslant b_n, \quad n = 1, 2, \cdots.$$

令 $n \to \infty$, 由极限的夹逼准则,有

$$\xi' = \lim_{n\to\infty} a_n = \lim_{n\to\infty} b_n = \xi,$$

这说明满足定理结论的实数 ξ 是唯一的. 证毕.

注1 区间套定理条件中若将闭区间套改为开区间套,则数列 $\{a_n\}$, $\{b_n\}$ 仍然会收敛于同一个极限 ξ, 但是这个极限 ξ 可能不再属于任何一个开区间,例如 $\left\{\left(0, \frac{1}{n}\right)\right\}$, 不存在属于所有开区间的公共点.

注2 应用区间套定理的关键是针对要证明的命题,恰当地构造区间套. 一方面,这样的区间套必须是符合定义要求的闭区间列;另一方面,也是最重要的,要把欲证命题的本质属性保留在区间套的每一个闭区间中. 前者是区间套定理本身条件的要求,保证诸区间

$[a_n, b_n]$($n=1,2,\cdots$)唯一存在公共点 ξ;后者则把证明整个区间 $[a,b]$ 上所具有某性质的问题归结为 ξ 点邻域 $U(\xi, \delta)$ 的性质,实现"整体"向"局部"的转化.

由区间套定理容易推得如下有用性质.

推论 若 $\xi \in [a_n, b_n]$($n=1,2,\cdots$)是区间套 $\{[a_n, b_n]\}$ 所确定的点,则对任给的 $\varepsilon > 0$,存在 $N > 0$,使得当 $n > N$ 时,有

$$[a_n, b_n] \subset U(\xi, \varepsilon).$$

2.4.3 有限覆盖定理

定义 2.4.2 设 S 为数轴上的点集,H 为开区间的集合(即 H 的每一个元素都是形如 (α, β) 的开区间).若 S 中任何一点都含在 H 中至少一个开区间内,则称 H 为 S 的一个**开覆盖**,或称 H 覆盖 S.若 H 中开区间的个数是无限(有限)的,则称 H 为 S 的一个**无限开覆盖(有限开覆盖)**.

定理 2.4.3(海涅-博雷尔(Heine-Borel)有限覆盖定理) 设 H 为闭区间 $[a,b]$ 的一个(无限)开覆盖,则从 H 中可选出有限个开区间来覆盖 $[a,b]$.

证 (反证法)假设定理的结论不成立,即不能用 H 中有限个开区间来覆盖 $[a,b]$.

将 $[a,b]$ 等分为两个子区间,则其中至少有一个子区间不能用 H 中有限个开区间来覆盖.记这个子区间为 $[a_1, b_1]$,则 $[a_1, b_1] \subset [a, b]$,且 $b_1 - a_1 = \frac{1}{2}(b-a)$.

再将 $[a_1, b_1]$ 等分为两个子区间,同样,其中至少有一个子区间不能用 H 中有限个开区间来覆盖.记这个子区间为 $[a_2, b_2]$,则 $[a_2, b_2] \subset [a_1, b_1]$,且 $b_2 - a_2 = \frac{1}{2^2}(b-a)$.

重复上述步骤并不断地进行下去,则得到一个闭区间列 $\{[a_n, b_n]\}$,它满足 $[a_{n+1}, b_{n+1}] \subset [a_n, b_n]$,$n=1,2,\cdots$,且

$$b_n - a_n = \frac{1}{2^n}(b-a) \to 0, \quad n \to \infty,$$

即 $\{[a_n, b_n]\}$ 是区间套,且其中每一个闭区间都不能用 H 中有限个开区间来覆盖.

由区间套定理,存在唯一的一点 $\xi \in [a_n, b_n]$,$n=1,2,\cdots$.由于 H 是 $[a,b]$ 的一个开覆盖,故存在开区间 $(\alpha, \beta) \in H$,使 $\xi \in (\alpha, \beta)$.于是,由区间套定理的推论,当 n 充分大时,有 $[a_n, b_n] \subset (\alpha, \beta)$.

这表明,$[a_n, b_n]$ 只须用 H 中的一个开区间 (α, β) 就能覆盖,这与选择 $[a_n, b_n]$ 时的假设"不能用 H 中有限个区间来覆盖"相矛盾.从而证得必存在属于 H 的有限个开区间能覆盖 $[a,b]$.证毕.

注 有限覆盖定理只对闭区间 $[a,b]$ 成立,而对开区间则不一定成立.例如,开区间集合 $\left\{\left(\frac{1}{n+1}, 1\right)\right\}$($n=1,2,\cdots$)构成了开区间 $(0,1)$ 的一个开覆盖,但不能从中选出有限个开区间盖住 $(0,1)$.

2.4.4 聚点定理

定义 2.4.3 设 S 为数轴上的点集，ξ 为定点。若 ξ 的任何邻域内都含有 S 中无穷多个点，则称 ξ 为点集 S 的一个**聚点**。

例如，点集 $S = \left\{(-1)^n + \dfrac{1}{n}\right\}$ 有两个聚点 $\xi_1 = -1$ 和 $\xi_2 = 1$；点集 $S = \left\{\dfrac{1}{n}\right\}$ 只有一个聚点 $\xi = 0$；又若 S 为开区间 (a,b)，则 (a,b) 内每一点以及端点 a,b 都是 S 的聚点；而自然数集 $\mathbf{N}$ 没有聚点，任何有限数集都没有聚点。

注 1 点集 S 的聚点可以属于 S，也可以不属于 S。

注 2 设 S 是数集，η 不是 S 的聚点 $\Leftrightarrow$ 存在 $\varepsilon_0 > 0$，在 $U(\eta;\varepsilon_0)$ 中至多包含 S 中有限多个点。

聚点概念的两个等价定义如下。

定义 2.4.4 对于点集 S，若点 ξ 的任何 ε 邻域内都含有 S 中异于 ξ 的点，即 $\mathring{U}(\xi,\varepsilon) \cap S \neq \varnothing$，则称 ξ 为 S 的一个**聚点**。

定义 2.4.5 若存在各项互异的收敛数列 $\{x_n\} \subset S$，则其极限 $\lim\limits_{n\to\infty} x_n = \xi$ 称为 S 的一个**聚点**。

以上三个定义等价性的证明简述如下：

(1) 定义 2.4.3 $\Rightarrow$ 定义 2.4.4 是显然的；

(2) 定义 2.4.5 $\Rightarrow$ 定义 2.4.3 可由极限定义得到；

(3) 定义 2.4.4 $\Rightarrow$ 定义 2.4.5。

证 设 ξ 为 S（按定义 2.4.4）的聚点，则对任给的 $\varepsilon > 0$，存在 $x \in \mathring{U}(\xi,\varepsilon) \cap S$。

令 $\varepsilon_1 = 1$，则存在 $x_1 \in \mathring{U}(\xi,\varepsilon_1) \cap S$；

令 $\varepsilon_2 = \min\left\{\dfrac{1}{2}, |\xi - x_1|\right\}$，则存在 $x_2 \in \mathring{U}(\xi,\varepsilon_2) \cap S$，且 $x_2 \neq x_1$；

……

令 $\varepsilon_n = \min\left\{\dfrac{1}{n}, |\xi - x_{n-1}|\right\}$，则存在 $x_n \in \mathring{U}(\xi,\varepsilon_n) \cap S$ 且 x_n 与 $x_1, \cdots, x_{n-1}$ 互异；

……

无限地重复以上步骤，得到 S 中各项互异的数列 $\{x_n\}$，且由 $|\xi - x_n| < \varepsilon_n \leqslant \dfrac{1}{n}$，易见 $\lim\limits_{n\to\infty} x_n = \xi$。证毕。

注 本证明中取 $\varepsilon_n \leqslant \dfrac{1}{n}$ 是为了保证数列收敛到 ξ，同理，可以取其他的无穷小量；而取 $\varepsilon_n \leqslant |\xi - x_{n-1}|$ 则是为了保证点列的各项互异性。

以下应用区间套定理来证明聚点定理。

定理 2.4.4（魏尔斯特拉斯(Weierstrass)聚点定理） 实轴上的任一有界无限点集 S 至少有一个聚点。

证 因 S 为有界点集，故存在 $M > 0$，使得 $S \subset [-M, M]$，记 $[a_1, b_1] = [-M, M]$。

现将 $[a_1, b_1]$ 等分为两个子区间. 因 S 为无限点集, 故两个子区间中至少有一个区间含有 S 中无穷多个点, 记此子区间为 $[a_2, b_2]$, 则 $[a_1, b_1] \supset [a_2, b_2]$, 且

$$b_2 - a_2 = \frac{1}{2}(b_1 - a_1) = M.$$

再将 $[a_2, b_2]$ 等分为两个子区间, 则其中至少有一个子区间含有 S 中无穷多个点, 取出这样的一个子区间, 记为 $[a_3, b_3]$, 则 $[a_2, b_2] \supset [a_3, b_3]$, 且

$$b_3 - a_3 = \frac{1}{2}(b_2 - a_2) = \frac{M}{2}.$$

将这样等分子区间的过程无限进行下去, 得到一个区间列 $\{[a_n, b_n]\}$, 它满足

$$[a_n, b_n] \supset [a_{n+1}, b_{n+1}], \quad n = 1, 2, \cdots,$$
$$b_n - a_n = \frac{2M}{2^{n-1}} \to 0 \quad (n \to \infty),$$

即 $\{[a_n, b_n]\}$ 是区间套, 且其中每一个闭区间都含有 S 中无穷多个点.

由区间套定理, 存在唯一的一点 $\xi \in [a_n, b_n]$, $n = 1, 2, \cdots$. 于是由区间套定理的推论, 对任给的 $\varepsilon > 0$, 存在 $N \in \mathbf{N}^+$, 当 $n > N$ 时, 有 $[a_n, b_n] \subset U(\xi, \varepsilon)$. 从而 $U(\xi, \varepsilon)$ 内含有 S 中无穷多个点, 按定义 2.4.3, ξ 为 S 的一个聚点. 证毕.

结合定义 2.4.5 我们可以看到, 致密性定理是聚点定理的一种特殊情形.

习题 2.4

1. 应用柯西收敛准则, 证明以下数列 $\{a_n\}$ 收敛.

(1) $a_n = \dfrac{\sin 1}{2} + \dfrac{\sin 2}{2^2} + \cdots + \dfrac{\sin n}{2^n}$;

(2) $a_n = 1 + \dfrac{1}{2^2} + \dfrac{1}{3^2} + \cdots + \dfrac{1}{n^2}$.

2. 设 $\{a_n, b_n\}$ 是一个严格开区间套, 即满足

$$a_1 < a_2 < \cdots < a_n < b_n < \cdots < b_2 < b_1,$$

且 $\lim\limits_{n \to \infty}(b_n - a_n) = 0$. 证明: 存在唯一的一点 ξ, 使得

$$a_n < \xi < b_n, \quad n = 1, 2, \cdots.$$

第3章 函数极限

由于数列可看作定义在正整数集上的函数,则数列极限就是讨论自变量 n 无限增大时,数列的变化趋向. 本章在数列极限讨论的基础上,进一步讨论函数极限,也就是讨论当自变量 x 在连续变化的过程中,函数 $f(x)$ 的变化趋向. 我们将对函数极限的概念性质、极限存在条件及极限计算等方面进行讨论,并探讨函数极限与数列极限之间的关系.

3.1 函数极限概念

根据自变量连续变化过程的不同,函数极限可分为自变量趋于有限值和自变量趋于无穷大两种类型.

3.1.1 x 趋于 ∞ 时函数的极限

我们知道,数列 $\{x_n\}$ 的极限就是讨论自变量 n 趋向于正无穷大时,数列的变化趋向. 在上一章数列极限的 $\varepsilon - N$ 定义的基础上,对于定义在 $(a, +\infty)$ 上的函数 $f(x)$,我们可以对自变量 x 趋于正无穷大时函数的变化趋向进行类似讨论.

例如,函数 $f(x) = \dfrac{1}{x}, x \in (0, +\infty)$. 显然,当自变量 x 无限增大($x \to +\infty$)时,函数 $f(x) = \dfrac{1}{x}$ 无限趋近于 0. 我们称当 $x \to +\infty$ 时,函数 $f(x) = \dfrac{1}{x}$ 的极限是 0. 类似于数列极限的 $\varepsilon - N$ 定义将"无限增大""无限趋近"定量刻划可得,数 0 是函数 $f(x) = \dfrac{1}{x}$ 当 $x \to +\infty$ 时的极限的定量定义应是:

$$\forall \varepsilon > 0, \exists X > 0, \forall x > X, 有 \ |f(x) - 0| < \varepsilon.$$

以下给出当自变量趋于正无穷大时函数极限的定义.

定义 3.1.1 设函数 $f(x)$ 在区间 $(a, +\infty)$ 有定义,A 是常数. 若 $\forall \varepsilon > 0, \exists X > 0 \ (X > a), \forall x > X,$ 有

$$|f(x) - A| < \varepsilon,$$

则称当 $x \to +\infty$ 时函数 $f(x)$ 存在极限,极限是 A,记为

$$\lim_{x \to +\infty} f(x) = A \quad 或 \quad f(x) \to A \ (x \to +\infty).$$

定义 3.1.1 的几何意义如图 3.1.1 所示.

对任意给定的以直线 $y=A$ 为对称轴、以二直线 $y=A\pm\varepsilon$ 为边界的带形区域,在 x 轴上总存在一点 X,当点 x 位于点 X 的右侧时,相应的函数 $f(x)$ 的图象落入这个带形区域之内.

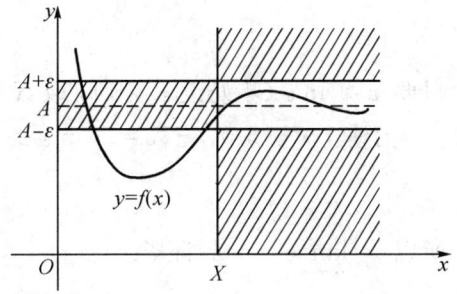

图 3.1.1

类似地,考虑自变量 x 无限减少($x \to -\infty$)时的情形,有如下定义:

定义 3.1.2 设函数 $f(x)$ 在区间 $(-\infty,a)$ 有定义,A 是常数.若 $\forall \varepsilon>0, \exists X>0 (-X<a)$, $\forall x<-X$,有 $|f(x)-A|<\varepsilon$,则称当 $x\to-\infty$ 时函数 $f(x)$ 存在极限,极限是 A,记为

$$\lim_{x\to-\infty}f(x)=A \quad \text{或} \quad f(x)\to A \ (x\to-\infty).$$

定义 3.1.3 设函数 $f(x)$ 在 $\{x\mid |x|>a\}$ 上有定义,A 是常数.若 $\forall \varepsilon>0, \exists X>0$ $(X>a)$, $\forall x: |x|>X$,有 $|f(x)-A|<\varepsilon$,则称当 $x\to\infty$ 时函数 $f(x)$ 存在极限,极限是 A,记为

$$\lim_{x\to\infty}f(x)=A \quad \text{或} \quad f(x)\to A \ (x\to\infty).$$

这里 $x\to\infty$ 即 $|x|\to+\infty$,意思是自变量 x 可沿 x 轴正、负两个方向"走向"无穷,∞ 常称为不定号无穷大.

由定义容易得到下面的定理.

定理 3.1.1 设函数 $f(x)$ 在 $\{x\mid |x|>a\}$ 上有定义,则

$$\lim_{x\to\infty}f(x)=A \Leftrightarrow \lim_{x\to+\infty}f(x)=\lim_{x\to-\infty}f(x)=A.$$

例 3.1.1 证明:$\lim\limits_{x\to\infty}\dfrac{1}{x}=0$.

证 $\forall \varepsilon>0$,要使

$$\left|\frac{1}{x}-0\right|=\frac{1}{|x|}<\varepsilon,$$

只要 $|x|>\dfrac{1}{\varepsilon}$,取 $X=\dfrac{1}{\varepsilon}$.

于是,$\forall \varepsilon>0, \exists X=\dfrac{1}{\varepsilon}>0, \forall |x|>X$,有

$$\left|\frac{1}{x}-0\right|<\varepsilon,$$

所以 $\lim\limits_{x\to\infty}\dfrac{1}{x}=0$. 证毕.

例 3.1.2 证明:$\lim\limits_{x\to-\infty}e^x=0$.

证 $\forall \varepsilon > 0$，要使
$$|e^x - 0| = e^x < \varepsilon,$$
只要 $x < \ln \varepsilon$（不妨设 $\varepsilon < 1$），取 $X = -\ln \varepsilon > 0$.

于是，$\forall \varepsilon > 0, \exists X = -\ln \varepsilon > 0, \forall x < -X$，有
$$|e^x - 0| < \varepsilon,$$
所以 $\lim\limits_{x \to -\infty} e^x = 0$. 证毕.

例 3.1.3 证明：$\lim\limits_{x \to \infty} \sqrt{1 + \dfrac{1}{x^2}} = 1$.

证 $\forall \varepsilon > 0$，要使
$$\left| \sqrt{1 + \frac{1}{x^2}} - 1 \right| = \frac{\dfrac{1}{x^2}}{\sqrt{1 + \dfrac{1}{x^2}} + 1} < \frac{1}{|x|^2} < \varepsilon,$$

只要 $|x| > \dfrac{1}{\sqrt{\varepsilon}}$，取 $X = \dfrac{1}{\sqrt{\varepsilon}} > 0$.

于是，$\forall \varepsilon > 0, \exists X = \dfrac{1}{\sqrt{\varepsilon}} > 0, \forall x: |x| > X$，有
$$\left| \sqrt{1 + \frac{1}{x^2}} - 1 \right| < \varepsilon,$$

所以 $\lim\limits_{x \to \infty} \sqrt{1 + \dfrac{1}{x^2}} = 1$. 证毕.

一般说来，X 依赖于 ε，常记为 $X = X(\varepsilon)$. 由于在极限定义中，关心的是 X 的存在性，而不是 X 的具体值，所以可以用适当放大法来找 X.

3.1.2 x 趋于 x_0 时函数的极限

函数 $f(x)$ 的自变量 x 的变化过程还有一种情形是自变量趋于有限值，我们看下面的例子.

设函数 $y = 2x^2$，试求抛物线上点 $P(1, 2)$ 处的切线方程.

由解析几何知识知道，曲线在点 P 处的切线是曲线过点 P 的割线 PQ 当点 Q 沿曲线无限趋近于点 P 时的极限位置（图 3.1.2）.

所以要求出切线方程，关键是求出切线的斜率 k，那么怎样来求切线的斜率 k 呢？根据切线的定义，当点 Q 沿着曲线无限趋近于点 P 时，割线 PQ 的斜率 k' 的极限就是切线的斜率 k.

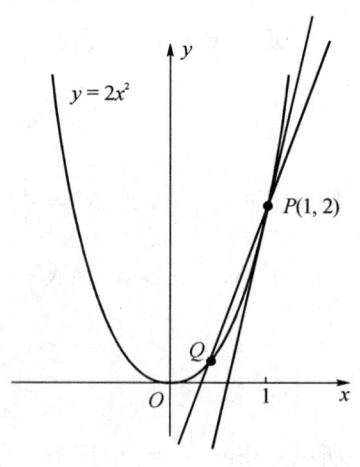

图 3.1.2

在抛物线上点 $P(1,2)$ 的附近任取一点 $Q(x,2x^2)$，但 $Q\neq P$，即 $x\neq 1$，则割线 PQ 的斜率 $k'=\dfrac{2x^2-2}{x-1}=2(x+1)$. 显然，当点 Q 沿着曲线无限趋近于点 P 时，即当 x 无限趋近于 1 时，割线 PQ 的斜率 $k'=\dfrac{2x^2-2}{x-1}=2(x+1)$ 无限趋近于 4. 4 就是割线 PQ 的斜率 $k'=\dfrac{2x^2-2}{x-1}$ 当 x 无限趋近于 1 时的极限. 所以切线的斜率 $k=4$，则切线方程为

$$y-2=4(x-1), \quad 即 \ 4x-y-2=0.$$

这里用到当 x 无限趋近于 1 时，函数 $\dfrac{2x^2-2}{x-1}$ 无限趋近于 4，即当自变量趋于有限值时，函数存在极限. 为严谨论证的需要，以下尝试给出它的定量刻划.

所谓当 x 无限趋近于 1 时，函数 $\dfrac{2x^2-2}{x-1}$ 无限趋近于 4，是指当 x 充分接近 1 时，即当 x 与 1 的距离 $|x-1|$ 充分小时，$\dfrac{2x^2-2}{x-1}$ 与 4 的距离 $\left|\dfrac{2x^2-2}{x-1}-4\right|$ 能任意小，并保持任意小. 这句话的意思就是：$\forall \varepsilon>0$，只要 $|x-1|$ 充分小，总有不等式

$$\left|\dfrac{2x^2-2}{x-1}-4\right|=|2(x+1)-4|=2|x-1|<\varepsilon$$

成立. 但究竟 $|x-1|$ 要多小呢？显然，只要 $0<|x-1|<\dfrac{\varepsilon}{2}$ 就行.

综上分析，当 $x\to 1$ 时，函数 $\dfrac{2x^2-2}{x-1}$ 的极限是 4 的定量定义应是：$\forall \varepsilon>0$，$\exists \delta=\dfrac{\varepsilon}{2}>0$，$\forall x: 0<|x-1|<\delta$，有 $\left|\dfrac{2x^2-2}{x-1}-4\right|<\varepsilon$.

以下给出当自变量趋于有限值时函数极限的定义.

定义 3.1.4 设函数 $f(x)$ 在点 x_0 的某个去心邻域 $\mathring{U}(x_0)$ 有定义，A 是常数. 若 $\forall \varepsilon>0$，$\exists \delta>0$，$\forall x: 0<|x-x_0|<\delta$，有 $|f(x)-A|<\varepsilon$，则称当 $x\to x_0$ 时，函数 $f(x)$ 存在**极限**，极限是 A，或称 A 是**函数 $f(x)$ 在点 x_0 处的极限**，记为

$$\lim_{x\to x_0}f(x)=A \quad 或 \quad f(x)\to A \quad (x\to x_0).$$

该定义称为函数在一点极限的 **ε-δ 定义**. 该定义还可表述为

$$\forall \varepsilon>0, \exists \delta>0, \forall x\in \mathring{U}(x_0,\delta), 有 f(x)\in U(A,\varepsilon).$$

注 定义中的 ε 类似于数列中的理解. 定义中要求 $0<|x-x_0|<\delta$，即 $0<|x-x_0|$ 且 $|x-x_0|<\delta$. 对于 $0<|x-x_0|$，即 $x\neq x_0$，说明函数 $f(x)$ 在点 x_0 的极限与函数 $f(x)$ 在点 x_0 本身的情况无关；对于 $|x-x_0|<\delta$，即要求 x 与 x_0 充分接近. 所以不等式 $0<|x-x_0|<\delta$ 说明，函数 $f(x)$ 在 x_0 的极限仅与函数 $f(x)$ 在 x_0 附近的 x 的函数值的变化有关，而与函数 $f(x)$ 在 x_0 的情况无关.

函数的 ε-δ 定义的几何意义如图 3.1.3 所示.

对任意给定的以直线 $y=A$ 为对称轴、以两条直线 $y=A\pm\varepsilon$ 为边界的带形区域,在 x 轴上总存在一个以 x_0 为中心、以 δ 为半径的去心邻域 $\mathring{U}(x_0,\delta)$,当点 x 位于这个去心邻域内时,相应的函数 $f(x)$ 的图象就位于这个带形区域之内.

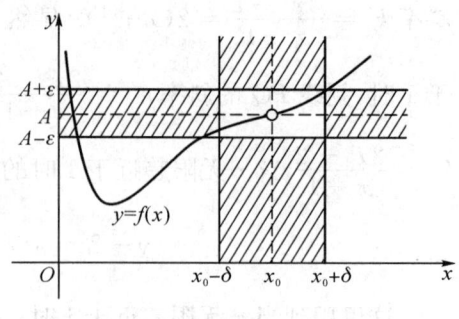

图 3.1.3

显然,在以上的讨论中,自变量 x 可以从点 x_0 的两侧无限趋近于 x_0. 然而对一些函数(如单调函数、分段函数),要想更好地考察它们的变化趋势,就需要讨论自变量 x 从点 x_0 的左侧或右侧趋于 x_0 的情形,即所谓单侧极限.

定义 3.1.5 设函数 $f(x)$ 在点 x_0 的去心左邻域 $\mathring{U}_-(x_0)$[去心右邻域 $\mathring{U}_+(x_0)$]有定义,A 是常数. 若 $\forall \varepsilon>0$,$\exists \delta>0$,$\forall x: x_0-\delta<x<x_0(x_0<x<x_0+\delta)$,有
$$|f(x)-A|<\varepsilon,$$
则称 A **是函数 $f(x)$ 在点 x_0 的左极限(右极限)**,记为
$$\lim_{x\to x_0^-}f(x)=A,\ f(x)\to A\ (x\to x_0^-)\quad \text{或}\quad f(x_0-0)=A,$$
$$\lim_{x\to x_0^+}f(x)=A,\ f(x)\to A\ (x\to x_0^+)\quad \text{或}\quad f(x_0+0)=A.$$

左极限与右极限统称为**单侧极限**. 由定义容易得到下面的定理.

定理 3.1.2 $\lim_{x\to x_0}f(x)=A \Leftrightarrow \lim_{x\to x_0^-}f(x)=\lim_{x\to x_0^+}f(x)=A.$

由此可见,一个在 x_0 的去心邻域内有定义的函数 $f(x)$,如果 $f(x_0-0)$ 与 $f(x_0+0)$ 都存在,但是不相等,或者 $f(x_0-0)$ 与 $f(x_0+0)$ 中至少有一个不存在,则函数 $f(x)$ 在 x_0 处的极限不存在. 这也是判断某些函数在给定点处极限不存在的一种常用方法.

应用函数的 ε-δ 定义容易得到
$$\lim_{x\to x_0}C=C\quad \text{及}\quad \lim_{x\to x_0}x=x_0.$$

以下再举例说明如何用 ε-δ 定义来验证此类函数极限.

例 3.1.4 证明:$\lim_{x\to 2}(5x+2)=12$.

证 $\forall \varepsilon>0$,要使
$$|(5x+2)-12|=5|x-2|<\varepsilon,$$
只要 $|x-2|<\dfrac{\varepsilon}{5}$,取 $\delta=\dfrac{\varepsilon}{5}>0$.

于是,$\forall \varepsilon>0$,$\exists \delta=\dfrac{\varepsilon}{5}>0$,$\forall x: 0<|x-2|<\delta$,有
$$|(5x+2)-12|<\varepsilon,$$

所以 $\lim\limits_{x\to 2}(5x+2)=12$. 证毕.

例 3.1.5 证明：$\lim\limits_{x\to 0}x\sin\dfrac{1}{x}=0$.

证 $\forall \varepsilon>0$, 要使

$$\left|x\sin\dfrac{1}{x}-0\right|=\left|x\sin\dfrac{1}{x}\right|\leqslant |x|<\varepsilon,$$

只要 $|x|<\varepsilon$, 取 $\delta=\varepsilon>0$.

于是, $\forall \varepsilon>0, \exists \delta=\varepsilon>0, \forall x: 0<|x|<\delta$, 有

$$\left|x\sin\dfrac{1}{x}-0\right|<\varepsilon,$$

所以, $\lim\limits_{x\to 0}x\sin\dfrac{1}{x}=0$. 证毕.

例 3.1.6 证明：$\lim\limits_{x\to 0}a^x=1\ (a>1)$.

证 $\forall \varepsilon>0$（不妨设 $\varepsilon<1$），要使

$$|a^x-1|<\varepsilon \Rightarrow 1-\varepsilon<a^x<1+\varepsilon,$$

只要 $\log_a(1-\varepsilon)<x<\log_a(1+\varepsilon)$, 取 $\delta=\min\{|\log_a(1-\varepsilon)|,\log_a(1+\varepsilon)\}>0$.

于是, $\forall \varepsilon>0, \exists \delta=\min\{|\log_a(1-\varepsilon)|,\log_a(1+\varepsilon)\}>0, \forall x: 0<|x|<\delta$, 有

$$|a^x-1|<\varepsilon,$$

所以, $\lim\limits_{x\to 0}a^x=1$. 证毕.

例 3.1.7 证明：$\lim\limits_{x\to 1}\dfrac{x(x-1)}{x^2-1}=\dfrac{1}{2}$.

证 由于当 $x\neq 1$ 时,

$$\left|\dfrac{x(x-1)}{x^2-1}-\dfrac{1}{2}\right|=\dfrac{|x-1|}{2|x+1|},$$

我们需要保留因子 $|x-1|$, 将 $\dfrac{1}{2|x+1|}$ 放大. 为此, 可加上限制条件 $0<|x-1|<1$, 此时 $0<x<2$, 有 $\dfrac{1}{2|x+1|}<\dfrac{1}{2}$, 则

$$\left|\dfrac{x(x-1)}{x^2-1}-\dfrac{1}{2}\right|=\dfrac{|x-1|}{2|x+1|}<\dfrac{1}{2}|x-1|.$$

于是, $\forall \varepsilon>0$, 取 $\delta=\min\{1,2\varepsilon\}>0, \forall x: 0<|x-1|<\delta$, 有

$$\left|\dfrac{x(x-1)}{x^2-1}-\dfrac{1}{2}\right|<\varepsilon,$$

所以, $\lim\limits_{x\to 1}\dfrac{x(x-1)}{x^2-1}=\dfrac{1}{2}$. 证毕.

例 3.1.8 证明：$\lim\limits_{x \to 1^-} \sqrt{1-x^2} = 0$.

证 由题意有 $|x| \leqslant 1$，$\forall \varepsilon > 0$，要使

$$\left|\sqrt{1-x^2} - 0\right| = \sqrt{1-x^2} = \sqrt{(1+x)(1-x)} \leqslant \sqrt{2(1-x)} < \varepsilon,$$

只要 $1-x < \dfrac{\varepsilon^2}{2}$，取 $\delta = \dfrac{\varepsilon^2}{2} > 0$.

于是，$\forall \varepsilon > 0$，$\exists \delta = \dfrac{\varepsilon^2}{2} > 0$，$\forall x: 1-\delta < x < 1$，有

$$\left|\sqrt{1-x^2} - 0\right| < \varepsilon,$$

所以，$\lim\limits_{x \to 1^-} \sqrt{1-x^2} = 0$. 证毕.

例 3.1.9 求函数 $f(x) = \dfrac{x}{x}$ 与 $g(x) = \dfrac{|x|}{x}$ 在 $x = 0$ 处的左、右极限.

解 易知 $f(0+0) = 1$，$f(0-0) = 1$.

由于 $f(0+0) = f(0-0)$，所以函数 $f(x)$ 在 $x = 0$ 处的极限存在，且 $\lim\limits_{x \to 0} f(x) = 1$.

对于 $g(x) = \dfrac{|x|}{x}$，显然 $g(0+0) = 1$，$g(0-0) = -1$. 而 $g(0+0) \neq g(0-0)$，所以函数 $g(x)$ 在 $x = 0$ 处的极限不存在.

习题 3.1

1. 用函数极限的定义证明下列极限.

(1) $\lim\limits_{x \to +\infty} \dfrac{\sin x}{\sqrt{x}} = 0$;

(2) $\lim\limits_{x \to -\infty} 2^x = 0$;

(3) $\lim\limits_{x \to \infty} \dfrac{x^2-1}{x^2+3} = 1$;

(4) $\lim\limits_{x \to 1} (2x+3) = 5$;

(5) $\lim\limits_{x \to 2^+} \sqrt{x-2} = 0$.

2. 根据定义 3.1.4 叙述 $\lim\limits_{x \to x_0} f(x) \neq A$.

3. 证明定理 3.1.2.

4. 讨论下列函数的单侧极限.

(1) $f(x) = \dfrac{2^{\frac{1}{x}} + 1}{2^{\frac{1}{x}} - 1}$，在 $x = 0$ 点；

(2) $f(x) = [x]$，在 $x = 1$ 点；

(3) $f(x) = \begin{cases} 2^x, & x > 0, \\ x^2 + \dfrac{1}{2}, & x < 0, \end{cases}$ 在 $x = 0$ 点.

3.2 函数极限的性质

前面给出了函数极限的定义，根据极限过程的不同，函数极限分为两类六种情形，即

$$\lim_{x \to x_0} f(x), \quad \lim_{x \to x_0^-} f(x), \quad \lim_{x \to x_0^+} f(x),$$

$$\lim_{x \to +\infty} f(x), \quad \lim_{x \to -\infty} f(x), \quad \lim_{x \to \infty} f(x).$$

与数列极限类似,函数极限具有唯一性、局部有界性及局部保号性等重要性质. 这里仅以函数极限 $\lim\limits_{x \to x_0} f(x)$ 这一种情形为例给出定理的叙述及证明,只要做必要的改动,容易得到其他五种函数极限的相应定理.

3.2.1 唯一性

定理 3.2.1(唯一性) 若函数 $f(x)$ 在 x_0 存在极限,则它的极限是唯一的.

证 设 $\lim\limits_{x \to x_0} f(x) = A$ 且 $\lim\limits_{x \to x_0} f(x) = B$,根据函数极限的定义可知:

$$\forall \varepsilon > 0, \exists \delta_1 > 0, \forall x: (0 < |x - x_0| < \delta_1), 有 |f(x) - A| < \frac{\varepsilon}{2};$$

$$\exists \delta_2 > 0, \forall x: (0 < |x - x_0| < \delta_2), 有 |f(x) - B| < \frac{\varepsilon}{2}.$$

取 $\delta = \min\{\delta_1, \delta_2\}$,当 $0 < |x - x_0| < \delta$ 时,

$$|A - B| \leqslant |f(x) - A| + |f(x) - B| < \varepsilon.$$

由于 ε 可以任意接近于 0,可知 $A = B$. 证毕.

3.2.2 局部有界性

定理 3.2.2(局部有界性) 若 $\lim\limits_{x \to x_0} f(x)$ 存在,则函数 $f(x)$ 在某个 $\overset{\circ}{U}(x_0)$ 内有界. 即 $\exists M > 0, \exists \delta > 0, \forall x: 0 < |x - x_0| < \delta$,有 $|f(x)| \leqslant M$.

证 设 $\lim\limits_{x \to x_0} f(x) = A$,则对于取定的 $\varepsilon = 1 > 0, \exists \delta > 0, \forall x: 0 < |x - x_0| < \delta$,有

$$|f(x) - A| < 1.$$

从而, $\forall x: 0 < |x - x_0| < \delta$,有

$$|f(x)| = |f(x) - A + A| \leqslant |f(x) - A| + |A| < 1 + |A|.$$

令 $M = 1 + |A|$. 于是, $\exists M = 1 + |A| > 0, \exists \delta > 0, \forall x: 0 < |x - x_0| < \delta$,有

$$|f(x)| \leqslant M.$$

证毕.

定理指出,函数 $f(x)$ 只是在点 x_0 的充分小的去心邻域内有界,而在整个定义域上不一定有界,所以称之为局部有界.

3.2.3 局部保序性

定理 3.2.3(局部保序性) 若 $\lim\limits_{x \to x_0} f(x) = A, \lim\limits_{x \to x_0} g(x) = B$,且 $A > B$,则存在 $\delta > 0$,

当 $0<|x-x_0|<\delta$ 时，$f(x)>g(x)$ 成立.

证 取 $\varepsilon_0 = \dfrac{A-B}{2} > 0$. 由 $\lim\limits_{x \to x_0} f(x) = A$，$\exists \delta_1 > 0$，$\forall x: (0<|x-x_0|<\delta_1)$，有

$$|f(x) - A| < \varepsilon_0,$$

从而
$$\frac{A+B}{2} < f(x);$$

由 $\lim\limits_{x \to x_0} g(x) = B$，$\exists \delta_2 > 0$，$\forall x: (0<|x-x_0|<\delta_2)$，有

$$|g(x) - B| < \varepsilon_0,$$

从而
$$g(x) < \frac{A+B}{2}.$$

取 $\delta = \min\{\delta_1, \delta_2\}$，当 $0<|x-x_0|<\delta$ 时，

$$g(x) < \frac{A+B}{2} < f(x)$$

成立. 证毕.

推论 1（局部保号性） 若 $\lim\limits_{x \to x_0} f(x) = A > 0$（或 $A < 0$），则 $\exists \delta > 0$，$\forall x: 0<|x-x_0|<\delta$，有

$$f(x) > \frac{A}{2} > 0 \quad \left(\text{或 } f(x) < \frac{A}{2} < 0\right).$$

局部保号性还可以表述为：

若 $\lim\limits_{x \to x_0} f(x) = A \neq 0$，则存在 $\delta > 0$，当 $0<|x-x_0|<\delta$ 时，

$$|f(x)| > \frac{|A|}{2}$$

成立.

推论 2 设 $\lim\limits_{x \to x_0} f(x)$ 与 $\lim\limits_{x \to x_0} g(x)$ 都存在，且 $\exists \delta > 0$，$\forall x: 0<|x-x_0|<\delta$，有 $f(x) \leqslant g(x)$，则

$$\lim\limits_{x \to x_0} f(x) \leqslant \lim\limits_{x \to x_0} g(x).$$

证 设 $\lim\limits_{x \to x_0} f(x) = A$，$\lim\limits_{x \to x_0} g(x) = B$，则对任给的 $\varepsilon > 0$，分别存在正数 δ_1 与 δ_2，使得 当 $0<|x-x_0|<\delta_1$ 时，有

$$A - \varepsilon < f(x);$$

当 $0<|x-x_0|<\delta_2$ 时，有

$$g(x) < B + \varepsilon.$$

令 $\delta' = \min\{\delta, \delta_1, \delta_2\}$，则当 $0<|x-x_0|<\delta'$ 时，有

$$A-\varepsilon < f(x) \leqslant g(x) < B+\varepsilon,$$

从而
$$A < B + 2\varepsilon.$$

由 ε 的任意性推出 $A \leqslant B$, 即
$$\lim_{x \to x_0} f(x) \leqslant \lim_{x \to x_0} g(x).$$

证毕.

推论 3 若 $\lim\limits_{x \to x_0} f(x) = A$, 且 $\exists \delta > 0$, $\forall x: 0 < |x-x_0| < \delta$, 有 $f(x) \geqslant 0$ (或 $f(x) \leqslant 0$), 则 $A \geqslant 0$ (或 $A \leqslant 0$).

3.2.4 夹逼准则

定理 3.2.4(夹逼准则) 若 $\exists r > 0$, $\forall x: 0 < |x-x_0| < r$, 有 $f(x) \leqslant h(x) \leqslant g(x)$, 且
$$\lim_{x \to x_0} f(x) = \lim_{x \to x_0} g(x) = A,$$

则 $\lim\limits_{x \to x_0} h(x) = A$.

证 因为 $\lim\limits_{x \to x_0} f(x) = \lim\limits_{x \to x_0} g(x) = A$, 则对任给的 $\varepsilon > 0$, 分别存在正数 δ_1 与 δ_2, 使得当 $0 < |x-x_0| < \delta_1$ 时, 有
$$A - \varepsilon < f(x);$$

当 $0 < |x-x_0| < \delta_2$ 时, 有
$$g(x) < A + \varepsilon.$$

令 $\delta = \min\{r, \delta_1, \delta_2\}$, 则当 $0 < |x-x_0| < \delta$ 时, 有
$$A - \varepsilon < f(x) \leqslant h(x) \leqslant g(x) < A + \varepsilon,$$

由此得 $|h(x) - A| < \varepsilon$, 所以 $\lim\limits_{x \to x_0} h(x) = A$. 证毕.

例 3.2.1 求极限 $\lim\limits_{x \to 0} x\left[\dfrac{1}{x}\right]$.

解 由于 $\dfrac{1}{x} - 1 < \left[\dfrac{1}{x}\right] \leqslant \dfrac{1}{x}$ ($x \neq 0$),

故当 $x > 0$ 时, 有 $1 - x < x\left[\dfrac{1}{x}\right] \leqslant 1$; 当 $x < 0$ 时, 有 $1 \leqslant x\left[\dfrac{1}{x}\right] < 1 - x$.

又 $\lim\limits_{x \to 0}(1-x) = 1$, 由夹逼准则可得
$$\lim_{x \to 0} x\left[\dfrac{1}{x}\right] = 1.$$

3.2.5 四则运算法则

定理 3.2.5 若函数 $f(x)$ 与 $g(x)$ 都在点 x_0 存在极限, 则函数 $f(x) \pm g(x)$, $f(x) \cdot$

$g(x)$, $\dfrac{f(x)}{g(x)}$ ($g(x)\neq 0$) 在点 x_0 处也存在极限,且

(1) $\lim\limits_{x\to x_0}[f(x)\pm g(x)]=\lim\limits_{x\to x_0}f(x)\pm\lim\limits_{x\to x_0}g(x)$;

(2) $\lim\limits_{x\to x_0}[f(x)\cdot g(x)]=\lim\limits_{x\to x_0}f(x)\cdot\lim\limits_{x\to x_0}g(x)$;

(3) $\lim\limits_{x\to x_0}\dfrac{f(x)}{g(x)}=\dfrac{\lim\limits_{x\to x_0}f(x)}{\lim\limits_{x\to x_0}g(x)}$ ($\lim g(x)\neq 0$).

定理 3.2.5 的证明类似于数列极限的四则运算法则的相应定理. 结论(1)和(2)可以推广到有限个函数的情形.

由该定理知,若两个函数在点 x_0 的极限都存在,则先对它们进行四则运算再进行极限运算,等于先对函数进行极限运算再进行四则运算. 这两种不同的运算交换次序可给极限计算带来很大的方便.

例 3.2.2 求极限 $\lim\limits_{x\to 0}\dfrac{x^2-1}{2x^2-x-1}$.

解 $\lim\limits_{x\to 0}\dfrac{x^2-1}{2x^2-x-1}=\dfrac{\lim\limits_{x\to 0}(x^2-1)}{\lim\limits_{x\to 0}(2x^2-x-1)}=\dfrac{\lim\limits_{x\to 0}x^2-1}{2\lim\limits_{x\to 0}x^2-\lim\limits_{x\to 0}x-1}=\dfrac{-1}{-1}=1.$

例 3.2.3 求极限 $\lim\limits_{x\to 2}\dfrac{x^2-5x+6}{x^2-12x+20}$.

解 $\lim\limits_{x\to 2}\dfrac{x^2-5x+6}{x^2-12x+20}=\lim\limits_{x\to 2}\dfrac{(x-2)(x-3)}{(x-2)(x-10)}=\lim\limits_{x\to 2}\dfrac{x-3}{x-10}=\dfrac{\lim\limits_{x\to 2}(x-3)}{\lim\limits_{x\to 2}(x-10)}=\dfrac{1}{8}.$

例 3.2.4 求极限 $\lim\limits_{x\to\infty}\dfrac{x^2+x+1}{2x^2-5}$.

解 $\lim\limits_{x\to\infty}\dfrac{x^2+x+1}{2x^2-5}=\lim\limits_{x\to\infty}\dfrac{1+\dfrac{1}{x}+\dfrac{1}{x^2}}{2-\dfrac{5}{x^2}}=\dfrac{\lim\limits_{x\to\infty}\left(1+\dfrac{1}{x}+\dfrac{1}{x^2}\right)}{\lim\limits_{x\to\infty}\left(2-\dfrac{5}{x^2}\right)}=\dfrac{1}{2}.$

3.2.6 复合函数的极限运算法则

在求函数极限时,经常会用到变量替换法,这种方法的理论根据是下面的定理.

定理 3.2.6(复合函数的极限运算法则) 设有复合函数 $f[g(x)]$,若

(1) $\lim\limits_{x\to x_0}g(x)=b$;

(2) $\forall x\in\mathring{U}(x_0)$,有 $u=g(x)\in\mathring{U}(b)$;

(3) $\lim\limits_{u\to b}f(u)=A$,

则 $\lim\limits_{x\to x_0}f[g(x)]=\lim\limits_{u\to b}f(u)=A.$

证 因为 $\lim\limits_{u\to b}f(u)=A$, 则 $\forall \varepsilon>0$, $\exists \eta>0$, $\forall u:0<|u-b|<\eta$, 有

$$|f(u)-A|<\varepsilon.$$

由 $\lim\limits_{x \to x_0} g(x) = b$，则对 $\eta > 0$，$\exists \delta > 0$，$\forall x: 0 < |x - x_0| < \delta$，有 $|g(x) - b| < \eta$.

再由条件(2)可知，$\forall x: 0 < |x - x_0| < \delta$，有 $0 < |g(x) - b| = |u - b| < \eta$.

于是，$\forall \varepsilon > 0$，$\exists \delta > 0$，$\forall x: 0 < |x - x_0| < \delta$，有

$$|f[g(x)] - A| = |f(u) - A| < \varepsilon,$$

即 $\lim\limits_{x \to x_0} f[g(x)] = A$. 证毕.

在具体应用时，若极限 $\lim\limits_{x \to x_0} f(x)$ 计算较复杂，可设法将 $F(x)$ 表示成复合函数 $F(x) = f[g(x)]$，且 $f(u)$ 与 $u = g(x)$ 满足定理 3.2.6 的条件，则有

$$\lim\limits_{x \to x_0} f(x) = \lim\limits_{x \to x_0} f[g(x)] \xlongequal{g(x) = u} \lim\limits_{u \to b} f(u) = A.$$

例如，设 $\lim\limits_{u \to a} f(u) = A \ (a \geq 0)$，则 $\lim\limits_{x \to \sqrt{a}} f(x^2) \xlongequal{x^2 = u} \lim\limits_{u \to a} f(u) = A$；

又如，设 $\lim\limits_{u \to 0} f(u^3) = A$，则 $\lim\limits_{x \to 0} f(x) \xlongequal{x = u^3} \lim\limits_{u \to 0} f(u^3) = A.$

例 3.2.5 求极限 $\lim\limits_{x \to 0} \dfrac{\sqrt[n]{1+x} - 1}{x}$.

解 令 $\sqrt[n]{1+x} - 1 = y$，则 $x = (1+y)^n - 1$，$x \to 0 \Rightarrow y \to 0$. 所以

$$\lim\limits_{x \to 0} \dfrac{\sqrt[n]{1+x} - 1}{x} = \lim\limits_{y \to 0} \dfrac{y}{(1+y)^n - 1}$$

$$= \lim\limits_{y \to 0} \dfrac{y}{\left[1 + ny + \dfrac{n(n-1)}{2!} y^2 + \cdots + y^n\right] - 1}$$

$$= \lim\limits_{y \to 0} \dfrac{1}{n + \dfrac{n(n-1)}{2!} y + \cdots + y^{n-1}}$$

$$= \dfrac{1}{n}.$$

习题 3.2

1. 求下列极限.

(1) $\lim\limits_{x \to 2} \dfrac{x^2 + 5}{x - 3}$；

(2) $\lim\limits_{x \to 1} \dfrac{x^2 - 2x + 1}{x^2 - 1}$；

(3) $\lim\limits_{x \to \infty} \left(1 + \dfrac{1}{x}\right)\left(2 - \dfrac{1}{x^2}\right)$；

(4) $\lim\limits_{x \to \infty} \dfrac{3x^4 - 2x^2 - 1}{x^5 - x}$；

(5) $\lim\limits_{x \to 4} \dfrac{\sqrt{1 + 2x} - 3}{\sqrt{x} - 2}$；

(6) $\lim\limits_{x \to -1} \left(\dfrac{1}{x + 1} - \dfrac{3}{x^3 + 1}\right)$；

(7) $\lim\limits_{x \to 1} \dfrac{\sqrt[m]{x} - 1}{\sqrt[n]{x} - 1} \ (m, n \in \mathbf{N}^+)$；

(8) $\lim\limits_{x \to 1} \dfrac{x^2 + x^4 + \cdots + x^{2n} - n}{x - 1}$.

2. 利用夹逼准则求极限.

(1) $\lim\limits_{x\to-\infty}\dfrac{x-\cos x}{x}$；   (2) $\lim\limits_{x\to+\infty}\dfrac{x\sin x}{x^2-4}$.

3. 设
$$f(x)=\begin{cases}\sqrt[3]{2x+b}, & x>0,\\ 2^{\frac{1}{x}}, & x<0,\end{cases}$$

若 $\lim\limits_{x\to 0}f(x)$ 存在，确定 b 的值.

4. 已知 $\lim\limits_{x\to\infty}\left(\dfrac{x^2}{1+x}+ax-b\right)=-1$，确定 a 与 b 的值.

5. 设 $f(x)>0$，$\lim\limits_{x\to x_0}f(x)=A$. 证明：
$$\lim\limits_{x\to x_0}\sqrt[n]{f(x)}=\sqrt[n]{A},$$

其中，$n\geqslant 2$ 为正整数.

6. 证明：$\lim\limits_{x\to 0}a^x=1\,(0<a<1)$.

3.3 函数极限存在的条件

3.3.1 海涅定理

数列可看作定义在正整数集上的特殊函数，因此函数极限与数列极限之间的关系就值得进一步讨论了. 这里仍然以函数极限 $\lim\limits_{x\to x_0}f(x)$ 这一种情形为例给出函数极限与数列极限之间的关系及证明，只要做必要的改动，容易得到其他五种函数极限的相应理论.

函数极限与数列极限之间的关系由海涅(Heine)定理给出.

定理 3.3.1(海涅定理) $\lim\limits_{x\to x_0}f(x)=A \Leftrightarrow$ 对于任意数列 $\{x_n\}$，$x_n\neq x_0\,(n=1,2,\cdots)$，且 $\lim\limits_{n\to\infty}x_n=x_0$，有 $\lim\limits_{n\to\infty}f(x_n)=A$.

证 先证必要性. 由 $\lim\limits_{x\to x_0}f(x)=A$，则 $\forall \varepsilon>0$，$\exists \delta>0$，$\forall x: 0<|x-x_0|<\delta$，有
$$|f(x)-A|<\varepsilon.$$

由于数列 $\{x_n\}$，$x_n\neq x_0\,(n=1,2,\cdots)$，且 $\lim\limits_{n\to\infty}x_n=x_0$，则对上述 $\delta>0$，$\exists N\in\mathbf{N}^+$，$\forall n>N$，有 $0<|x_n-x_0|<\delta$. 从而 $\forall n>N$，有
$$|f(x_n)-A|<\varepsilon.$$

于是，$\forall \varepsilon>0$，$\exists N\in\mathbf{N}^+$，$\forall n>N$，有
$$|f(x_n)-A|<\varepsilon,$$

即 $\lim\limits_{n\to\infty}f(x_n)=A$.

再证充分性. 用反证法. 假设 $\lim\limits_{x \to x_0} f(x) \neq A$, 根据函数极限的否定陈述, $\exists \varepsilon_0 > 0$, $\forall \delta > 0$, $\exists x: (0 < |x - x_0| < \delta)$, 有
$$|f(x) - A| \geqslant \varepsilon_0.$$

取一列 $\{\delta_n\}$, $\delta_n = \dfrac{1}{n}$ $(n = 1, 2, 3, \cdots)$,

对 $\delta_1 = 1$, 存在 $x_1: (0 < |x_1 - x_0| < \delta_1)$, 使 $|f(x_1) - A| \geqslant \varepsilon_0$;

对 $\delta_2 = \dfrac{1}{2}$, 存在 $x_2: (0 < |x_2 - x_0| < \delta_2)$, 使 $|f(x_2) - A| \geqslant \varepsilon_0$;

……

一般地, 对 $\delta_k = \dfrac{1}{k}$, 存在 $x_k: (0 < |x_k - x_0| < \delta_k)$, 使 $|f(x_k) - A| \geqslant \varepsilon_0$;

……

于是得到一个数列 $\{x_n\}$, 满足 $x_n \neq x_0$, $\lim\limits_{n \to \infty} x_n = x_0$, 但相应的函数值数列 $\{f(x_n)\}$ 不可能以 A 为极限. 与已知矛盾. 因此, $\lim\limits_{x \to x_0} f(x) = A$. 证毕.

海涅定理是沟通函数极限与数列极限之间的桥梁, 它使得对函数极限的研究可以转化为对数列极限的研究. 海涅定理也称为**归结原则**.

应用海涅定理可以简便地证明某些函数极限不存在, 容易有如下推论.

推论1 若存在数列 $\{x_n\}$, $x_n \neq x_0$ $(n = 1, 2, \cdots)$, 且 $\lim\limits_{n \to \infty} x_n = x_0$, 而其相应的函数值数列 $\{f(x_n)\}$ 发散, 则函数 $f(x)$ 在点 x_0 不存在极限.

推论2 若存在某两个数列 $\{x_n'\}$ 与 $\{x_n''\}$, $x_n' \neq x_0$, $x_n'' \neq x_0$ $(n = 1, 2, \cdots)$, $\lim\limits_{n \to \infty} x_n' = x_0$, $\lim\limits_{n \to \infty} x_n'' = x_0$, 且 $\lim\limits_{n \to \infty} f(x_n') = p$, $\lim\limits_{n \to \infty} f(x_n'') = q$, 而 $p \neq q$, 则函数 $f(x)$ 在点 x_0 不存在极限.

注 虽然数列极限与函数极限是分别独立定义, 但二者是有联系的. 海涅定理深刻地揭示了变量变化的整体与部分、连续与离散之间的关系, 从而给数列极限与函数极限之间架起了一座可以互相沟通的桥梁. 它指出函数极限可化为数列极限, 反之亦然. 在极限论中海涅定理处于重要地位. 有了海涅定理之后, 有关函数极限的定理都可借助已知相应的数列极限的定理予以证明. 如下例:

例 3.3.1 若 $\lim\limits_{x \to x_0} f(x) = A$, $\lim\limits_{x \to x_0} g(x) = B$ $(B \neq 0)$, 则 $\lim\limits_{x \to x_0} \dfrac{f(x)}{g(x)} = \dfrac{\lim\limits_{x \to x_0} f(x)}{\lim\limits_{x \to x_0} g(x)}$.

证 已知 $\lim\limits_{x \to x_0} f(x) = A$ 与 $\lim\limits_{x \to x_0} g(x) = B$, 根据海涅定理的必要性, 对任意数列 $\{x_n\}$, 且 $\lim\limits_{n \to \infty} x_n = x_0$, $x_n \neq x_0$, 有 $\lim\limits_{n \to \infty} f(x_n) = A$, $\lim\limits_{n \to \infty} g(x_n) = B$.

由数列极限的四则运算, 对任意数列 $\{x_n\}$, 且 $\lim\limits_{n \to \infty} x_n = x_0$, $x_n \neq x_0$, 有
$$\lim\limits_{n \to \infty} \dfrac{f(x_n)}{g(x_n)} = \dfrac{A}{B}.$$

再根据海涅定理的充分性, 有

$$\lim_{x \to x_0} \frac{f(x)}{g(x)} = \lim_{n \to \infty} \frac{f(x_n)}{g(x_n)} = \frac{A}{B} = \frac{\lim_{x \to x_0} f(x)}{\lim_{x \to x_0} g(x)}.$$

证毕.

例 3.3.2 证明：极限 $\lim_{x \to 0^+} e^{\frac{1}{x}} \sin \frac{1}{x}$ 不存在.

证 取 $x_n = \dfrac{1}{2n\pi + \dfrac{\pi}{2}}(n=1,2,\cdots)$，显然 $x_n > 0(n=1,2,\cdots)$，$\lim_{n \to \infty} x_n = 0$.

而相应的函数值数列 $\left\{ e^{\frac{1}{x_n}} \sin \dfrac{1}{x_n} \right\} = \{ e^{2n\pi + \frac{\pi}{2}} \}$ 发散，

所以极限 $\lim_{x \to 0^+} e^{\frac{1}{x}} \sin \dfrac{1}{x}$ 不存在. 证毕.

例 3.3.3 证明极限 $\lim_{x \to 0} \sin \dfrac{1}{x}$ 不存在.

证 取 $x_n' = \dfrac{1}{2n\pi}$, $x_n'' = \dfrac{1}{2n\pi + \dfrac{\pi}{2}}(n=1,2,\cdots)$.

显然 $x_n' \neq 0$, $x_n'' \neq 0 (n=1,2,\cdots)$, $\lim_{n \to \infty} x_n' = \lim_{n \to \infty} x_n'' = 0$. 而

$$\lim_{n \to \infty} \sin \frac{1}{x_n'} = \lim_{n \to \infty} \sin 2n\pi = 0,$$

$$\lim_{n \to \infty} \sin \frac{1}{x_n''} = \lim_{n \to \infty} \sin \left(2n\pi + \frac{\pi}{2} \right) = 1.$$

所以，极限 $\lim_{x \to 0} \sin \dfrac{1}{x}$ 不存在. 证毕.

3.3.2 单调有界定理

相应于数列极限的单调有界定理，关于 $x \to x_0^+$, $x \to x_0^-$, $x \to +\infty$ 和 $x \to -\infty$ 四类单侧极限也有相应的定理. 现以 $x \to x_0^+$ 这种类型为例叙述如下：

定理 3.3.3(单调有界定理) 设 $f(x)$ 为定义在 $\mathring{U}_+(x_0)$ 上的单调有界函数，则右极限 $\lim_{x \to x_0^+} f(x)$ 存在.

证 不妨设 $f(x)$ 在 $\mathring{U}_+(x_0)$ 上单调减少，因为 $f(x)$ 在 $\mathring{U}_+(x_0)$ 上有上界，由确界原理，函数在 $\mathring{U}_+(x_0)$ 上的上确界 $\sup f(x)$ 存在，记作 A.

以下证明 $\lim_{x \to x_0^+} f(x) = A$.

由上确界定义，$\forall \varepsilon > 0$, $\exists x' \in \mathring{U}_+(x_0)$，使得 $f(x') > A - \varepsilon$，取 $\delta = x' - x_0 > 0$，由于 $f(x)$ 在 $\mathring{U}_+(x_0)$ 上单调减少，对一切 $x \in (x_0, x') = \mathring{U}_+(x_0, \delta)$，有

$$A - \varepsilon < f(x') \leqslant f(x).$$

另一方面，由于 A 为 $f(x)$ 在 $\mathring{U}_+(x_0)$ 上的上确界，有 $f(x) \leqslant A$，从而 $\forall x \in \mathring{U}_+(x_0, \delta)$，

有
$$A-\varepsilon < f(x) < A < A+\varepsilon,$$
即 $\lim\limits_{x\to x_0^+} f(x)=A$. 证毕.

3.3.3 柯西收敛准则

定理 3.3.4(柯西收敛准则) 设函数 $f(x)$ 在 $\mathring{U}(x_0,\delta')$ 内有定义. $\lim\limits_{x\to x_0} f(x)$ 存在的充要条件是：任给 $\varepsilon>0$，存在正数 $\delta(<\delta')$，使得对任何 $x',x''\in\mathring{U}(x_0,\delta)$，有 $|f(x')-f(x'')|<\varepsilon$.

证 先证充分性. 设数列 $\{x_n\}\subset\mathring{U}(x_0,\delta)$，且 $\lim\limits_{n\to\infty} x_n=x_0$. 按假设，对任给的 $\varepsilon>0$，存在正数 $\delta(<\delta')$，使得对任何 $x',x''\in\mathring{U}(x_0,\delta)$，有 $|f(x')-f(x'')|<\varepsilon$. 由于 $\lim\limits_{n\to\infty} x_n=x_0$，对上述的 $\delta>0$，存在 $N>0$，使得当 $n,m>N$ 时，有 $x_n,x_m\in\mathring{U}(x_0,\delta)$，从而有
$$|f(x_n)-f(x_m)|<\varepsilon.$$

于是，按数列的柯西收敛准则，数列 $\{f(x_n)\}$ 的极限存在，记为 A，即 $\lim\limits_{n\to\infty} f(x_n)=A$. 对任意 $x\in\mathring{U}(x_0,\delta)$，当 $n>N$ 时，有
$$|f(x)-f(x_n)|<\varepsilon.$$

令 $n\to\infty$，则
$$|f(x)-A|\leqslant\varepsilon.$$

这就证明了 $\lim\limits_{x\to x_0} f(x)=A$.

再证必要性. 设 $\lim\limits_{x\to x_0} f(x)=A$，则对任给 $\varepsilon>0$，存在正数 $\delta(<\delta')$，使得对任何 $x\in\mathring{U}(x_0,\delta)$，有 $|f(x)-A|<\dfrac{\varepsilon}{2}$. 于是对任何 $x',x''\in\mathring{U}(x_0,\delta)$，有
$$|f(x')-f(x'')|\leqslant|f(x')-A|+|f(x'')-A|<\dfrac{\varepsilon}{2}+\dfrac{\varepsilon}{2}=\varepsilon.$$

证毕.

注 可以利用柯西准则证明函数极限 $\lim\limits_{x\to x_0} f(x)$ 不存在：

设函数 $f(x)$ 在 $\mathring{U}(x_0,\delta')$ 内有定义. $\lim\limits_{x\to x_0} f(x)$ 不存在的充要条件是：存在 $\varepsilon_0>0$，对任意正数 $\delta(<\delta')$，存在 $x',x''\in\mathring{U}(x_0,\delta)$，有 $|f(x')-f(x'')|\geqslant\varepsilon_0$.

例如，在例 3.3.3 中我们可取 $\varepsilon_0=\dfrac{1}{2}$，对任何 $\delta>0$，设正整数 $n>\dfrac{1}{\delta}$，令
$$x'=\dfrac{1}{n\pi},\quad x''=\dfrac{1}{n\pi+\dfrac{\pi}{2}},$$

则有 $x', x'' \in \mathring{U}(0, \delta)$,而 $\left|\sin\dfrac{1}{x'} - \sin\dfrac{1}{x''}\right| = 1 > \varepsilon_0$,于是按柯西准则,极限 $\lim\limits_{x \to 0} \sin\dfrac{1}{x}$ 不存在.

习题 3.3

1. 证明定理 3.3.1 的充分性.

2. 利用海涅定理证明下列极限不存在.

(1) $\lim\limits_{x \to +\infty} \cos x$; (2) $\lim\limits_{x \to 0^+} \left(\dfrac{1}{x} - \left[\dfrac{1}{x}\right]\right)$.

3. 设 $f(x)$ 为定义在 $[a, +\infty)$ 上的增(减)函数,证明:$\lim\limits_{x \to +\infty} f(x)$ 存在的充要条件是 $f(x)$ 在 $[a, +\infty)$ 上有上(下)界.

4. (1) 叙述极限 $\lim\limits_{x \to -\infty} f(x)$ 的柯西准则;

(2) 根据柯西准则叙述 $\lim\limits_{x \to -\infty} f(x)$ 不存在的充要条件,并应用它证明 $\lim\limits_{x \to -\infty} \sin x$ 不存在.

3.4 两个重要极限

3.4.1 $\lim\limits_{x \to 0} \dfrac{\sin x}{x} = 1$

证 首先证明 $\lim\limits_{x \to 0^+} \dfrac{\sin x}{x} = 1$.

如图 3.4.1 所示,作单位圆,$\overset{\frown}{AB}$ 是以点 O 为圆心、半径为 1 的圆弧,过 A 作圆弧的切线与 OB 的延长线交于点 D,连接 AB.

设 $\angle AOB = x$(以弧度为单位),且 $0 < x < \dfrac{\pi}{2}$,则 $\overset{\frown}{AB} = x$. 显然有

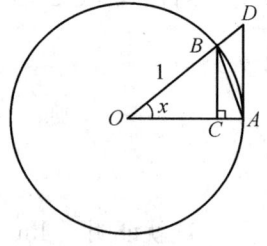

图 3.4.1

$$\triangle AOB \text{ 面积} < \text{扇形 } AOB \text{ 面积} < \triangle AOD \text{ 面积},$$

即

$$\dfrac{1}{2}\sin x < \dfrac{1}{2}x < \dfrac{1}{2}\tan x \Rightarrow \sin x < x < \tan x.$$

因为 $0 < x < \dfrac{\pi}{2}$,所以 $\sin x > 0$. 于是,有

$$\cos x < \dfrac{\sin x}{x} < 1.$$

由于

$$|\cos x - 1| = 2\sin^2 \dfrac{x}{2} \leqslant 2\left(\dfrac{x}{2}\right)^2 = \dfrac{x^2}{2},$$

可知 $\lim\limits_{x \to 0^+} \cos x = 1$，由夹逼准则知，$\lim\limits_{x \to 0^+} \dfrac{\sin x}{x} = 1$.

再证 $\lim\limits_{x \to 0^-} \dfrac{\sin x}{x} = 1$.

令 $x = -y$，则 $x \to 0^- \Leftrightarrow y \to 0^+$. 于是

$$\lim_{x \to 0^-} \frac{\sin x}{x} = \lim_{y \to 0^+} \frac{\sin(-y)}{-y} = \lim_{y \to 0^+} \frac{\sin y}{y} = 1.$$

由定理 3.1.2 知，$\lim\limits_{x \to 0} \dfrac{\sin x}{x} = 1$. 证毕.

例 3.4.1 求极限 $\lim\limits_{x \to 0} \dfrac{\sin \alpha x}{\sin \beta x}$ （$\alpha \neq 0, \beta \neq 0$）.

解 $\lim\limits_{x \to 0} \dfrac{\sin \alpha x}{\sin \beta x} = \lim\limits_{x \to 0} \dfrac{\alpha \cdot \dfrac{\sin \alpha x}{\alpha x}}{\beta \cdot \dfrac{\sin \beta x}{\beta x}} = \dfrac{\alpha}{\beta} \cdot \dfrac{\lim\limits_{x \to 0} \dfrac{\sin \alpha x}{\alpha x}}{\lim\limits_{x \to 0} \dfrac{\sin \beta x}{\beta x}} = \dfrac{\alpha}{\beta}$.

例 3.4.2 求极限 $\lim\limits_{x \to 0} \dfrac{1 - \cos x}{x^2}$.

解 $\lim\limits_{x \to 0} \dfrac{1 - \cos x}{x^2} = \lim\limits_{x \to 0} \dfrac{2 \sin^2 \dfrac{x}{2}}{x^2} = \lim\limits_{x \to 0} \dfrac{1}{2} \left(\dfrac{\sin \dfrac{x}{2}}{\dfrac{x}{2}} \right)^2 = \dfrac{1}{2}$.

例 3.4.3 求极限 $\lim\limits_{x \to 0} \dfrac{2 \arcsin x}{3x}$.

解 设 $\arcsin x = y$，则 $x = \sin y$，$x \to 0 \Rightarrow y \to 0$. 于是

$$\lim_{x \to 0} \frac{2 \arcsin x}{3x} = \lim_{y \to 0} \frac{2y}{3 \sin y} = \frac{2}{3}.$$

例 3.4.4 求极限 $\lim\limits_{n \to \infty} \sqrt{n} \sin \dfrac{\pi}{n}$.

解 由

$$\lim_{x \to +\infty} \sqrt{x} \sin \frac{\pi}{x} = \lim_{x \to +\infty} \frac{\sin \dfrac{\pi}{x}}{\dfrac{\pi}{x}} \cdot \frac{\pi}{\sqrt{x}} = \lim_{x \to +\infty} \frac{\sin \dfrac{\pi}{x}}{\dfrac{\pi}{x}} \cdot \lim_{x \to +\infty} \frac{\pi}{\sqrt{x}} = 1 \times 0 = 0,$$

根据海涅定理，得 $\lim\limits_{n \to \infty} \sqrt{n} \sin \dfrac{\pi}{n} = 0$.

3.4.2 $\lim\limits_{x \to \infty} \left(1 + \dfrac{1}{x}\right)^x = \mathrm{e}$

证 先证 $\lim\limits_{x \to +\infty} \left(1 + \dfrac{1}{x}\right)^x = \mathrm{e}$.

首先，对于任意 $x \geq 1$，有

$$\left(1+\frac{1}{[x]+1}\right)^{[x]} < \left(1+\frac{1}{x}\right)^x < \left(1+\frac{1}{[x]}\right)^{[x]+1},$$

其中 $[x]$ 表示 x 的整数部分. 当 $x \to +\infty$ 时, 不等式左、右两侧表现为两个数列极限

$$\lim_{n \to \infty} \left(1+\frac{1}{n+1}\right)^n = e$$

与

$$\lim_{n \to \infty} \left(1+\frac{1}{n}\right)^{n+1} = e.$$

利用函数极限的夹逼准则, 得到

$$\lim_{x \to +\infty} \left(1+\frac{1}{x}\right)^x = e.$$

再证 $\lim\limits_{x \to -\infty} \left(1+\frac{1}{x}\right)^x = e.$

令 $y = -x$, 于是当 $x \to -\infty$ 时, $y \to +\infty$, 从而

$$\lim_{x \to -\infty} \left(1+\frac{1}{x}\right)^x = \lim_{y \to +\infty} \left(1-\frac{1}{y}\right)^{-y} = \lim_{y \to +\infty} \left[\left(1+\frac{1}{y-1}\right)^{y-1} \cdot \left(1+\frac{1}{y-1}\right)\right] = e.$$

将 $\lim\limits_{x \to +\infty} \left(1+\frac{1}{x}\right)^x = e$ 与 $\lim\limits_{x \to -\infty} \left(1+\frac{1}{x}\right)^x = e$ 结合起来, 就得到

$$\lim_{x \to \infty} \left(1+\frac{1}{x}\right)^x = e.$$

证毕.

这个极限也可写成另一形式. 令 $t = \frac{1}{x}$, 则 $x \to \infty \Leftrightarrow t \to 0$, 有

$$\lim_{t \to 0}(1+t)^{\frac{1}{t}} = e.$$

例 3.4.5 求极限 $\lim\limits_{x \to \infty}\left(1-\frac{1}{x}\right)^x.$

解 $\lim\limits_{x \to \infty}\left(1-\frac{1}{x}\right)^x = \lim\limits_{x \to \infty}\left[\left(1+\frac{1}{-x}\right)^{-x}\right]^{-1} = e^{-1}.$

例 3.4.6 求极限 $\lim\limits_{x \to 0}(1+2x)^{\frac{1}{x}}.$

解 $\lim\limits_{x \to 0}(1+2x)^{\frac{1}{x}} = \lim\limits_{x \to 0}\left[(1+2x)^{\frac{1}{2x}}\right]^2 = e^2.$

例 3.4.7 求极限 $\lim\limits_{x \to \infty}\left(\frac{x^2+1}{x^2-1}\right)^{x^2}.$

解 $\lim\limits_{x \to \infty}\left(\frac{x^2+1}{x^2-1}\right)^{x^2} = \lim\limits_{x \to \infty}\left(\frac{1+\frac{1}{x^2}}{1-\frac{1}{x^2}}\right)^{x^2} = \lim\limits_{x \to \infty}\frac{\left(1+\frac{1}{x^2}\right)^{x^2}}{\left(1-\frac{1}{x^2}\right)^{x^2}}$

$$= \lim_{x \to \infty} \left(1 + \frac{1}{x^2}\right)^{x^2} \left(1 - \frac{1}{x^2}\right)^{-x^2}$$
$$= e^2.$$

习题 3.4

1. 求下列极限.

(1) $\lim\limits_{x \to 0} \dfrac{\sin \sin x}{x}$;

(2) $\lim\limits_{x \to 0} \dfrac{\sin x^3}{\sin^2 x}$;

(3) $\lim\limits_{x \to \infty} x \sin \dfrac{3}{x}$;

(4) $\lim\limits_{x \to 0} \dfrac{\sin 4x}{\sqrt{x+1} - 1}$;

(5) $\lim\limits_{x \to 0} \dfrac{\arctan x}{x}$;

(6) $\lim\limits_{x \to a} \dfrac{\sin^2 x - \sin^2 a}{x - a}$;

(7) $\lim\limits_{x \to 0} \dfrac{\tan x - \sin x}{x^3}$;

(8) $\lim\limits_{x \to \frac{\pi}{2}} \dfrac{\cos x}{x - \frac{\pi}{2}}$;

(9) $\lim\limits_{x \to 0} \left(\dfrac{1+x}{1-x}\right)^{\frac{1}{x}}$;

(10) $\lim\limits_{x \to \frac{\pi}{2}} (1 + \cot x)^{\tan x}$.

2. 利用海涅定理计算下列极限.

(1) $\lim\limits_{n \to \infty} \sqrt{2n} \tan \dfrac{1}{n}$;

(2) $\lim\limits_{n \to \infty} (n+2) \sin \dfrac{\pi}{n+1}$.

3.5 无穷小量与无穷大量

3.5.1 无穷小量

定义 3.5.1 若 $\lim\limits_{x \to x_0} f(x) = 0$, 则称当 $x \to x_0$ 时函数 $f(x)$ 是**无穷小量**.

若函数 $f(x)$ 在某个 $\mathring{U}(x_0)$ 内有界, 即 $\exists M > 0$, $\exists \delta > 0$, $\forall x: 0 < |x - x_0| < \delta$, 有 $|f(x)| \leqslant M$, 则称当 $x \to x_0$ 时函数 $f(x)$ 是**有界量**.

类似地, 上述定义的极限过程 $x \to x_0$ 可换成 $x \to x_0^-$, $x \to x_0^+$, $x \to +\infty$, $x \to -\infty$, $x \to \infty$ 等情况, 得到相应的无穷小量与有界量的定义.

无穷小量是一个以 0 为极限(无限趋近于 0)的变量, 而不是一个很小很小的常数. 无穷小量不仅与函数本身有关, 而且与极限过程有关.

例如, 设 $f(x) = x^3$, $\lim\limits_{x \to 0} f(x) = 0$, 则当 $x \to 0$ 时, $f(x)$ 是无穷小量. 而 $\lim\limits_{x \to 1} f(x) = 1$, 则当 $x \to 1$ 时, $f(x)$ 不是无穷小量.

由函数在一点极限的 $\varepsilon - \delta$ 定义可得, 当 $x \to x_0$ 时函数 $f(x)$ 是无穷小量的 $\varepsilon - \delta$ 语言叙述为: $\forall \varepsilon > 0$, $\exists \delta > 0$, $\forall x: 0 < |x - x_0| < \delta$, 有 $|f(x)| < \varepsilon$.

根据无穷小量的定义, 易得下列性质(以 $x \to x_0$ 为例).

性质 1 若当 $x \to x_0$ 时, 函数 $f(x)$ 与 $g(x)$ 都是无穷小量, 则函数 $f(x) \pm g(x)$, $f(x) \cdot g(x)$ 当 $x \to x_0$ 时也是无穷小量, 即两个无穷小量之和、差、积仍为无穷小量.

此性质可推广到有限个无穷小量的情形.

性质 2 若当 $x \to x_0$ 时函数 $f(x)$ 是无穷小量,当 $x \to x_0$ 时函数 $g(x)$ 为有界量,则当 $x \to x_0$ 时函数 $f(x) \cdot g(x)$ 是无穷小量,即无穷小量与有界量的乘积为无穷小量.

证 由 $\lim\limits_{x \to x_0} f(x) = 0$,则 $\forall \varepsilon > 0, \exists \delta_1 > 0, \forall x: 0 < |x - x_0| < \delta_1$, 有 $|f(x)| < \varepsilon$.

又设 $g(x)$ 在 $\mathring{U}(x_0, r)$ 内有界,即 $\exists M > 0, \forall x: 0 < |x - x_0| < r$, 有 $|g(x)| \leqslant M$.

于是,$\forall \varepsilon > 0, \exists \delta = \min\{\delta_1, r\} > 0, \forall x: 0 < |x - x_0| < \delta$, 有
$$|f(x)g(x)| = |f(x)||g(x)| < M\varepsilon,$$

即 $f(x) \cdot g(x) (x \to x_0)$ 是无穷小量. 证毕.

例如,当 $x \to 0$ 时函数 $x\cos\dfrac{1}{x}$ 是无穷小量.

性质 3 $\lim\limits_{x \to x_0} f(x) = A \Leftrightarrow f(x) - A$ 是当 $x \to x_0$ 时的无穷小量,即 $f(x) = A + \alpha(x)$, 其中,当 $x \to x_0$ 时 $\alpha(x)$ 是无穷小量.

该性质指出,任何形式的函数极限总可将这个函数表为它的极限与无穷小量的和. 这种表示形式在证明问题时经常用到.

3.5.2 无穷小量阶的比较

引入无穷小量的概念,目的之一是研究数列或函数趋于极限 0 的速度. 快慢是相对的,只有通过比较才能确定哪个快、哪个慢,那么任给两个无穷小量,如何来比较它们变化的快慢呢?

设当 $x \to x_0$ 时函数 $f(x)$ 与 $g(x)$ 都是无穷小量,且 $g(x) \neq 0$.

(1) 若 $\lim\limits_{x \to x_0} \dfrac{f(x)}{g(x)} = 0$, 则称当 $x \to x_0$ 时,$f(x)$ 是 $g(x)$ 的**高阶无穷小量**,或称 $g(x)$ 是 $f(x)$ 的**低阶无穷小量**,记为
$$f(x) = o(g(x)) \quad (x \to x_0).$$

特别地,我们把当 $x \to x_0$ 时函数 $f(x)$ 是无穷小量记作 $f(x) = o(1)(x \to x_0)$.

例如,$\sin^2 x = o(x) \ (x \to 0)$;

$1 - \cos x = o(x) \ (x \to 0)$;

$\dfrac{x+2}{x^4+3} = o\left(\dfrac{1}{x^2}\right) \ (x \to \infty)$.

(2) 若存在 $A > 0$, 当 x 在 x_0 的某个去心邻域中,成立
$$\left|\dfrac{f(x)}{g(x)}\right| \leqslant A,$$

则称当 $x \to x_0$ 时,$\dfrac{f(x)}{g(x)}$ 是**有界量**,记为
$$f(x) = O(g(x)) \quad (x \to x_0).$$

特别地,我们把当 $x \to x_0$ 时函数 $f(x)$ 是有界量记作 $f(x)=O(1)(x \to x_0)$.

例如,当 $x \to 0$ 时, $x\sin\dfrac{1}{x}$ 与 x 都是无穷小量,且 $\left|\dfrac{x\sin\dfrac{1}{x}}{x}\right| \leqslant 1$,所以

$$x\sin\dfrac{1}{x}=O(x) \quad (x \to 0).$$

又如, $\sin x = O(1) (x \to \infty)$.

若又存在 $a>0$,当 x 在 x_0 的某个去心邻域中,成立

$$a \leqslant \left|\dfrac{f(x)}{g(x)}\right| \leqslant A,$$

则称当 $x \to x_0$ 时, $f(x)$ 与 $g(x)$ 是**同阶无穷小量**.

特别地,由极限定义,若 $\lim\limits_{x \to x_0}\dfrac{f(x)}{g(x)}=c \neq 0$,则 $f(x)$ 与 $g(x)$ 必是**同阶无穷小量**.

例如,当 $x \to 0$ 时, $1-\cos x$ 与 x^2 是同阶无穷小量;当 $x \to \infty$ 时, $\sin\dfrac{2}{x}$ 与 $\dfrac{1}{x}$ 是同阶无穷小量.

(3) 若 $\lim\limits_{x \to x_0}\dfrac{f(x)}{g(x)}=1$,则称当 $x \to x_0$ 时, $f(x)$ 与 $g(x)$ 是**等价无穷小量**,记为

$$f(x) \sim g(x) \quad (x \to x_0).$$

例如, $\sin x \sim x (x \to 0)$, $\arctan x \sim x (x \to 0)$.

显然,等价无穷小量是同阶无穷小量的特殊情形,即 $c=1$ 的情形.

注1 记号"o""O"和"$\sim$"都是相对于一定的极限过程的.一般来说,在使用时应附上记号"$(x \to x_0)$",以说明相应的极限过程.只有在意义明确、不会发生误解的前提下才能省略.

注2 不是任何两个无穷小量的阶都可以比较.例如,当 $x \to 0$ 时,无穷小量 $x\sin\dfrac{1}{x}$ 与 x^2 就不能比较.

3.5.3 无穷大量

当 $x \to x_0$ 时函数 $f(x)$ 是无穷小量是指当 x 与 x_0 充分接近时, $|f(x)|$ 能够任意小.它的对立面就是当 x 与 x_0 充分接近时, $|f(x)|$ 能够任意大,这时称当 $x \to x_0$ 时函数 $f(x)$ 是无穷大量.

定义 3.5.2 设函数 $f(x)$ 在点 x_0 的某个去心邻域 $\overset{\circ}{U}(x_0)$ 有定义.若 $\forall G>0, \exists \delta>0$, $\forall x: 0<|x-x_0|<\delta$,有 $|f(x)|>G$,则称当 $x \to x_0$ 时函数 $f(x)$ 是**无穷大量**,记为

$$\lim_{x \to x_0} f(x) = \infty \quad \text{或} \quad f(x) \to \infty \quad (x \to x_0).$$

例如,设 $f(x)=\dfrac{1}{x}$,则当 $x \to 0$ 时 $f(x)=\dfrac{1}{x}$ 是无穷大量.

无穷大量是一个变量,在它的变化过程中,其绝对值随着 x 与 x_0 的接近而无限增大,不可把它和很大的量混淆.

若在定义 3.5.2 中,将 $|f(x)|>G$ 改为 $f(x)>G$,则称当 $x\to x_0$ 时函数 $f(x)$ 是**正无穷大量**,记为

$$\lim_{x\to x_0} f(x)=+\infty \quad \text{或} \quad f(x)\to +\infty \quad (x\to x_0);$$

若将 $|f(x)|>G$ 改为 $f(x)<-G$,则称当 $x\to x_0$ 时函数 $f(x)$ 是**负无穷大量**,记为

$$\lim_{x\to x_0} f(x)=-\infty \quad \text{或} \quad f(x)\to -\infty \quad (x\to x_0).$$

在定义 3.5.2 中,极限过程 $x\to x_0$ 同样可扩充到 $x\to x_0^-$,$x\to x_0^+$,$x\to +\infty$,$x\to -\infty$,$x\to \infty$ 等情况.

例 3.5.1 证明:$\lim\limits_{x\to 2}\dfrac{1}{x-2}=\infty$.

证 $\forall G>0$,要使

$$\left|\dfrac{1}{x-2}\right|>\dfrac{1}{|x-2|}>G,$$

只要 $|x-2|<\dfrac{1}{G}$. 取 $\delta=\dfrac{1}{G}$.

于是,$\forall G>0, \delta=\dfrac{1}{G}>0, \forall x: 0<|x-2|<\delta$,有

$$\left|\dfrac{1}{x-2}\right|>G,$$

即 $\lim\limits_{x\to 2}\dfrac{1}{x-2}=\infty$. 证毕.

由定义,我们还可以得到:

当 $a>1$ 时,$\lim\limits_{x\to +\infty} a^x=+\infty$,$\lim\limits_{x\to -\infty} a^x=0$;

当 $0<a<1$ 时,$\lim\limits_{x\to +\infty} a^x=0$,$\lim\limits_{x\to -\infty} a^x=+\infty$;

$\lim\limits_{x\to +\infty} \ln x=+\infty$,$\lim\limits_{x\to 0^+} \ln x=-\infty$.

因为无穷大量与极限为有限数情形有本质的不同,所以关于极限为有限数情形得到的性质、运算及相关定理对于无穷大量是否成立,要具体问题具体分析.

类似于无穷小量的阶的比较,我们也可以对两个无穷大量定义高阶无穷大量、同阶无穷大量及等价无穷大量等概念.

设当 $x\to x_0$ 时 $u(x),v(x)$ 都是无穷大量,且 $v(x)\neq 0$,为了比较二者趋于无穷大的速度,同样讨论 $\dfrac{u(x)}{v(x)}$ 的极限情况:

(1) 若 $\lim\limits_{x\to x_0}\dfrac{u(x)}{v(x)}=\infty$,则当 $x\to x_0$ 时,$u(x)$ 关于 $v(x)$ 是**高阶无穷大量**,或称 $v(x)$ 关于 $u(x)$ 是**低阶无穷大量**.

由于对任意正整数 k，有 $\lim\limits_{x\to+\infty}\dfrac{a^x}{x^k}=\infty(a>1)$ 和 $\lim\limits_{x\to+\infty}\dfrac{\ln^k x}{x}=0$，所以当 $x\to+\infty$ 时，$a^x(a>1)$ 关于 x^k 是高阶无穷大量，$\ln^k x$ 关于 x 是低阶无穷大量．

(2) 若存在 $A>0$，当 x 在 x_0 的某个去心邻域中，成立

$$\left|\dfrac{u(x)}{v(x)}\right|\leqslant A,$$

则称当 $x\to x_0$ 时，$\dfrac{u(x)}{v(x)}$ 是**有界量**，记为

$$u(x)=O(v(x))\quad (x\to x_0).$$

若又存在 $a>0$，当 x 在 x_0 的某个去心邻域中，成立

$$a\leqslant\left|\dfrac{u(x)}{v(x)}\right|\leqslant A,$$

则称当 $x\to x_0$ 时，$u(x)$ 与 $v(x)$ 是**同阶无穷大量**．

显然，若 $\lim\limits_{x\to x_0}\dfrac{u(x)}{v(x)}=c\neq 0$，则 $u(x)$ 与 $v(x)$ 必是同阶无穷大量．

(3) 若 $\lim\limits_{x\to x_0}\dfrac{u(x)}{v(x)}=1$，称当 $x\to x_0$ 时，$u(x)$ 与 $v(x)$ 是**等价无穷大量**，记为

$$u(x)\sim v(x)\quad (x\to x_0).$$

例如，$\lim\limits_{x\to\infty}\dfrac{x^3\sin\dfrac{1}{x}}{x^2}=\lim\limits_{x\to\infty}\dfrac{\sin\dfrac{1}{x}}{\dfrac{1}{x}}=1$ 可表示为 $x^3\sin\dfrac{1}{x}\sim x^2(x\to\infty)$．

我们知道，当 $n\to\infty$ 时，

$$\ln n,\quad n^k(k>0),\quad a^n(a>1),\quad n!,\quad n^n$$

都发散于 $+\infty$，同时由无穷大量阶的比较还可看到，后者是前者的高阶无穷大量．

由无穷大量与无穷小量的定义，可推得它们之间有如下关系．

定理 3.5.1 在某一种极限过程中，若函数 $f(x)$ 是无穷大量，则函数 $\dfrac{1}{f(x)}$ 是无穷小量；反之，若函数 $f(x)$ 是无穷小量，且 $f(x)\neq 0$，则函数 $\dfrac{1}{f(x)}$ 是无穷大量．

证 仅证当 $x\to x_0$ 时函数 $f(x)$ 是无穷小量的情形．

由 $\lim\limits_{x\to x_0}f(x)=0$，则 $\forall G>0$，对 $\varepsilon=\dfrac{1}{G}>0$，$\exists \delta>0$，$\forall x:0<|x-x_0|<\delta$，有

$$|f(x)|<\dfrac{1}{G}\Rightarrow\left|\dfrac{1}{f(x)}\right|>G,$$

即 $\lim_{x\to x_0}\dfrac{1}{f(x)}=\infty$. 证毕.

极限计算时,**等价量**(等价无穷小量或等价无穷大量)**代换**是常用的方法之一.

定理 3.5.2 设函数 $f(x), g(x)$ 和 $h(x)$ 在 $\mathring{U}(x_0)$ 有定义,且 $g(x)\sim h(x)(x\to x_0)$,则

(1) 当 $\lim_{x\to x_0} f(x)h(x)=A$ 时,有 $\lim_{x\to x_0} f(x)g(x)=A$;

(2) 当 $\lim_{x\to x_0}\dfrac{f(x)}{h(x)}=A$ 时,有 $\lim_{x\to x_0}\dfrac{f(x)}{g(x)}=A$.

证 (1) $\lim_{x\to x_0} f(x)g(x) = \lim_{x\to x_0}\left[f(x)h(x)\cdot\dfrac{g(x)}{h(x)}\right]$

$$= \lim_{x\to x_0} f(x)h(x) \cdot \lim_{x\to x_0}\dfrac{g(x)}{h(x)} = A\cdot 1 = A.$$

(2) 可类似地证明.

定理中的极限过程 $x\to x_0$ 可换成 $x\to x_0^-$,$x\to x_0^+$,$x\to +\infty$,$x\to -\infty$,$x\to\infty$.

要想利用等价无穷小量代换求极限,就需要知道一些基本的等价量. 下面是常见的一些等价无穷小量:当 $x\to 0$ 时,有

① $\sin x\sim x$, $\tan x\sim x$, $\arcsin x\sim x$, $\arctan x\sim x$, $\ln(1+x)\sim x$, $e^x-1\sim x$;

② $1-\cos x\sim\dfrac{x^2}{2}$;

③ $(1+x)^\alpha-1\sim\alpha x\ (\alpha\neq 0)$.

例 3.5.2 求极限 $\lim_{x\to 0^+}\dfrac{\arctan x}{1-\cos\sqrt{x}}$.

解 因为当 $x\to 0^+$ 时,$\arctan x\sim x$,$1-\cos\sqrt{x}\sim\dfrac{1}{2}x$,所以

$$\lim_{x\to 0^+}\dfrac{\arctan x}{1-\cos\sqrt{x}} = \lim_{x\to 0^+}\dfrac{x}{\frac{1}{2}x} = 2.$$

例 3.5.3 求极限 $\lim_{x\to 0}\dfrac{\ln(1+x^2)}{(e^{2x}-1)(\sqrt[4]{1+x}-1)}$.

解 因为当 $x\to 0$ 时,$\ln(1+x^2)\sim x^2$,$e^{2x}-1\sim 2x$,$\sqrt[4]{1+x}-1\sim\dfrac{1}{4}x$,所以

$$\lim_{x\to 0}\dfrac{\ln(1+x^2)}{(e^{2x}-1)(\sqrt[4]{1+x}-1)} = \lim_{x\to 0}\dfrac{x^2}{2x\cdot\frac{1}{4}x} = 2.$$

例 3.5.4 求极限 $\lim_{x\to 1}\dfrac{1+\cos\pi x}{(x-1)^2}$.

解 $\lim_{x\to 1}\dfrac{1+\cos\pi x}{(x-1)^2} = \lim_{x\to 1}\dfrac{1-\cos\pi(1-x)}{(x-1)^2} = \lim_{x\to 1}\dfrac{\frac{1}{2}\pi^2(1-x)^2}{(x-1)^2} = \dfrac{\pi^2}{2}.$

在利用等价无穷小量代换求极限时,应注意所求极限式中相乘或相除的因式可用等价

无穷小量来替代,但极限式中的相加或相减部分则不能随意替代.

例如,$\lim\limits_{x\to 0}\dfrac{\tan x-\sin x}{x^3}=\dfrac{1}{2}$,若用 $\tan x\sim x\,(x\to 0)$,$\sin x\sim x\,(x\to 0)$ 进行代换,就会得到 $\lim\limits_{x\to 0}\dfrac{\tan x-\sin x}{x^3}=\lim\limits_{x\to 0}\dfrac{x-x}{x^3}=0$ 的错误结果.

习题 3.5

1. 根据定义证明下列极限.

(1) $\lim\limits_{x\to 3}\dfrac{1}{x-3}=\infty$;

(2) $\lim\limits_{x\to 2^+}\dfrac{2x}{x^2-4}=+\infty$.

2. 求下列极限.

(1) $\lim\limits_{x\to 0}x^2\sin\dfrac{1}{x}$;

(2) $\lim\limits_{x\to\infty}\dfrac{\arctan x}{x}$;

(3) $\lim\limits_{x\to 2}\dfrac{x^3+2x^2}{(x-2)^2}$;

(4) $\lim\limits_{x\to\infty}\dfrac{x^2}{2x+1}$;

(5) $\lim\limits_{x\to+\infty}x^\alpha\sin\dfrac{1}{x}\quad(\alpha\in\mathbf{R})$.

3. 证明下列各式.

(1) $\sin 2x-2\sin x=o(x^2)\,(x\to 0)$;

(2) $x\sin x^2=o(\mathrm{e}^{x^2}-1)\,(x\to 0)$;

(3) 当 $x\to 0$ 时,2^x+3^x-2 与 x 是同阶无穷小量;

(4) 当 $x\to+\infty$ 时,$\sqrt{x^2+1}-x$ 与 $\dfrac{1}{x}$ 是同阶无穷小量;

(5) $\sqrt{1+x}-\sqrt{1-x}\sim x\,(x\to 0)$;

(6) $\mathrm{e}^{\frac{1}{n}}-\mathrm{e}^{\frac{1}{n+1}}\sim\dfrac{1}{n^2}\,(n\to\infty)$.

4. 利用等价无穷小量的性质求下列极限.

(1) $\lim\limits_{x\to 0}\dfrac{\sqrt[3]{1+x^2}-1}{\cos x-1}$;

(2) $\lim\limits_{x\to 0}\dfrac{\mathrm{e}^x-\sqrt{x+1}}{x}$;

(3) $\lim\limits_{x\to 0}\dfrac{\ln(1+x^2)}{(\mathrm{e}^{2x}-1)\tan x}$;

(4) $\lim\limits_{x\to 0}\dfrac{\mathrm{e}^x-\mathrm{e}^{\sin x}}{x-\sin x}$;

(5) $\lim\limits_{x\to 0}\dfrac{\ln(1+x^n)}{\ln^m(1+x)}\quad(n,m\in\mathbf{N}^+)$.

第 4 章 连续函数

前面讨论了数学分析的研究对象——函数. 同时给出研究函数的方法——极限. 这就为我们用分析的方法研究函数奠定了基础. 本章的连续函数是数学分析中着重讨论的一类函数.

4.1 连续性概念

4.1.1 函数连续的定义

定义 4.1.1 设函数 $f(x)$ 在点 x_0 的某个邻域 $U(x_0)$ 有定义. 若函数 $f(x)$ 在点 x_0 存在极限,且极限就是 $f(x_0)$,即

$$\lim_{x \to x_0} f(x) = f(x_0),$$

则称函数 $f(x)$ 在点 x_0 **连续**,或者称 x_0 是函数 $f(x)$ 的**连续点**.

由函数在一点极限的 $\varepsilon\delta$ 定义,上述定义可用"$\varepsilon\delta$"语言叙述为:

函数 $f(x)$ 在点 x_0 连续 $\Leftrightarrow \forall \varepsilon > 0, \exists \delta > 0, \forall x: |x - x_0| < \delta$,有

$$|f(x) - f(x_0)| < \varepsilon.$$

注意 这里不再要求 $0 < |x - x_0|$ 了.

由于 $\lim_{x \to x_0} f(x) = f(x_0)$ 可写为 $\lim_{x \to x_0} [f(x) - f(x_0)] = 0$,为了给出函数 $y = f(x)$ 在点 x_0 连续的另一种等价叙述,设 $x - x_0 = \Delta x$,则 $x = x_0 + \Delta x$,Δx 称为自变量 x 在 x_0 的**增量**或**改变量**. 显然,$x \to x_0 \Leftrightarrow \Delta x \to 0$. 设

$$\Delta y = f(x) - f(x_0) = f(x_0 + \Delta x) - f(x_0),$$

Δy 称为函数 $y = f(x)$ 在 x_0 的**增量**或**改变量**.

于是,函数 $y = f(x)$ 在点 x_0 连续 $\Leftrightarrow \lim_{\Delta x \to 0} \Delta y = 0$.

以上给出函数在一点连续的三种等价叙述,在讨论问题时可适当选择.

函数 $f(x)$ 在点 x_0 连续,从几何上看就是当动点 x 趋于定点 x_0 时,动点的函数值 $f(x)$ 趋于定点的函数值 $f(x_0)$. 连续这一术语源于函数图象的几何直观.

类似在研究函数的极限概念时有左极限与右极限一样,这里也有左、右连续的概念.

定义 4.1.2 若 $\lim_{x \to x_0^-} f(x) = f(x_0)$,则称函数 $f(x)$ 在点 x_0 **左连续**;若 $\lim_{x \to x_0^+} f(x) =$

$f(x_0)$,则称函数 $f(x)$ 在点 x_0 **右连续**. 左连续和右连续统称**单侧连续**.

由极限与单侧极限的关系,可以得到下面的定理.

定义 4.1.1 函数 $f(x)$ 在 x_0 连续 $\Leftrightarrow f(x)$ 在 x_0 既左连续又右连续.

上面讨论了函数在一点连续的情形,在此基础上给出函数在区间上连续的定义.

定义 4.1.3 若函数 $f(x)$ 在区间 I 上每一点都连续(闭区间或半开半闭区间情形,区间端点指单侧连续),则称函数 $f(x)$ **在区间 I 上连续**.

例 4.1.1 证明:$f(x)=C$ 在 $\mathbf{R}$ 上连续.

证 $\forall x_0 \in \mathbf{R}$,有 $\lim\limits_{x \to x_0} f(x) = C = f(x_0)$,即 $f(x) = C$ 在点 x_0 处连续.

由 x_0 的任意性知,常数函数 $f(x) = C$ 在它的定义域 $\mathbf{R}$ 上连续. 证毕.

例 4.1.2 证明:$f(x) = \sin x$ 在 $\mathbf{R}$ 上连续.

证 $\forall x_0 \in \mathbf{R}$,有

$$|f(x) - f(x_0)| = |\sin x - \sin x_0| = 2\left|\cos \frac{x+x_0}{2} \sin \frac{x-x_0}{2}\right|$$

$$\leqslant 2 \cdot 1 \cdot \frac{|x-x_0|}{2} = |x - x_0|.$$

于是,$\forall \varepsilon > 0$,$\exists \delta = \varepsilon > 0$,$\forall x:|x-x_0| < \delta$,有

$$|f(x) - f(x_0)| < \varepsilon,$$

即 $f(x) = \sin x$ 在 x_0 连续.

由 x_0 的任意性知,正弦函数 $f(x) = \sin x$ 在它的定义域 $\mathbf{R}$ 上连续. 证毕.

同理可证余弦函数 $f(x) = \cos x$ 在它的定义域 $\mathbf{R}$ 上连续.

例 4.1.3 证明:$f(x) = a^x \ (0 < a \neq 1)$ 在 $\mathbf{R}$ 上连续.

证 $\forall x_0 \in \mathbf{R}$,要证 $\lim\limits_{\Delta x \to 0}[f(x_0 + \Delta x) - f(x_0)] = 0$,即

$$\lim_{\Delta x \to 0}(a^{x_0 + \Delta x} - a^{x_0}) = \lim_{\Delta x \to 0} a^{x_0}(a^{\Delta x} - 1) = 0,$$

所以归结为证明 $\lim\limits_{\Delta x \to 0} a^{\Delta x} = 1$.

由例 3.1.6 知,当 $a > 1$ 时,$\lim\limits_{\Delta x \to 0} a^{\Delta x} = 1$;当 $0 < a < 1$ 时,令 $\frac{1}{a} = b$,则 $b > 1$,

$$\lim_{\Delta x \to 0} a^{\Delta x} = \lim_{\Delta x \to 0}\left(\frac{1}{b}\right)^{\Delta x} = \lim_{\Delta x \to 0} \frac{1}{b^{\Delta x}} = 1.$$

于是有 $\lim\limits_{\Delta x \to 0} a^{\Delta x} = 1$,所以 $f(x) = a^x$ 在 x_0 处连续.

由 x_0 的任意性知,指数函数 $f(x) = a^x$ 在它的定义域 $\mathbf{R}$ 上连续. 证毕.

例 4.1.4 适当选取 a,使函数

$$f(x) = \begin{cases} e^x, & x < 0, \\ a + x, & x \geqslant 0 \end{cases}$$

在 $x = 0$ 处连续.

解 因为
$$\lim_{x\to 0^-} f(x) = \lim_{x\to 0^-} e^x = 1,$$
$$\lim_{x\to 0^+} f(x) = \lim_{x\to 0^+} (a+x) = a = f(0),$$

要使 $f(x)$ 在 $x=0$ 处连续,必须
$$\lim_{x\to 0^-} f(x) = \lim_{x\to 0^+} f(x) = f(0), \quad 即 \ a=1.$$

所以,当 $a=1$ 时,函数 $f(x)$ 在 $x=0$ 处连续.

4.1.2 间断点及其分类

定义 4.1.3 若函数 $f(x)$ 在 x_0 不满足连续的条件,则称函数 $f(x)$ 在 x_0 **间断**(或**不连续**),称 x_0 是函数 $f(x)$ 的**间断点**(或**不连续点**).

由定义我们通常对函数的间断点作如下分类.

1. 可去间断点

若 $\lim_{x\to x_0} f(x)$ 存在,但 $x_0 \overline{\in} D_f$ 或 $\lim_{x\to x_0} f(x) \neq f(x_0)$,则称 x_0 是函数 $f(x)$ 的**可去间断点**.

例如,设 $f(x) = x\cos\dfrac{1}{x}$,显然 $\lim_{x\to 0} f(x) = 0$,但 $0 \overline{\in} D_f$,所以 $x=0$ 为 $f(x)$ 的可去间断点.

又如,对于函数 $f(x) = |\operatorname{sgn} x|$,由于
$$\lim_{x\to 0} f(x) = 1 \neq f(0) = 0,$$

所以 $x=0$ 为 $f(x)$ 的可去间断点.

2. 跳跃间断点

若 $f(x_0-0)$ 与 $f(x_0+0)$ 都存在,但 $f(x_0-0) \neq f(x_0+0)$,则称 x_0 是函数 $f(x)$ 的**跳跃间断点**.

在函数的跳跃间断点处,函数图象会出现一个跳跃,所以称为跳跃间断点. 右极限与左极限之差 $f(x_0+0) - f(x_0-0)$ 称为函数 $f(x)$ 在 x_0 的**跃度**.

例如,设 $f(x) = \begin{cases} 1, & x \geq 0, \\ -1, & x < 0, \end{cases}$ 则 $f(0-0) = -1$, $f(0+0) = 1$. 但 $f(0-0) \neq f(0+0)$,所以 $x=0$ 为 $f(x)$ 的跳跃间断点. $f(x)$ 在 $x=0$ 的跃度为 2.

可去间断点和跳跃间断点统称为**第一类间断点**. 它们的共同特点是函数在该点的左右极限都存在但函数不连续.

3. 第二类间断点

若 $f(x_0-0)$ 与 $f(x_0+0)$ 中至少有一个不存在,则称 x_0 是函数 $f(x)$ 的**第二类间断点**.

例如,设 $f(x) = e^{\frac{1}{x}}$,则 $f(0-0) = 0$, $f(0+0) = +\infty$. 即 $f(0+0)$ 不存在,所以 $x=0$ 为

$f(x)$ 的第二类间断点.

又如,函数 $f(x)=\sin\dfrac{1}{x}$ 在点 $x=0$ 处的左右极限都不存在,故 $x=0$ 是函数 $\sin\dfrac{1}{x}$ 的第二类间断点.

例 4.1.5 指出函数 $f(x)=\dfrac{x^2-1}{x^2-3x+2}$ 的间断点,并说明其类型.

解 $x=1,2$ 为 $f(x)$ 的间断点.

对于 $x=1$,因为
$$\lim_{x\to 1}f(x)=\lim_{x\to 1}\frac{x^2-1}{x^2-3x+2}=\lim_{x\to 1}\frac{x+1}{x-2}=-2,$$

但 $1\bar{\in}D_f$,所以 $x=1$ 为 $f(x)$ 的可去间断点.

对于 $x=2$,因为
$$\lim_{x\to 2^+}f(x)=\lim_{x\to 2^+}\frac{x^2-1}{x^2-3x+2}=\lim_{x\to 2^+}\frac{x+1}{x-2}=+\infty,$$

所以 $x=2$ 为 $f(x)$ 的第二类间断点.

例 4.1.6 设函数 $f(x)=\begin{cases}\dfrac{1-\cos x}{x^2}, & x>0,\\ xg(x), & x\leqslant 0,\end{cases}$ 其中 $g(x)$ 是有界函数,讨论函数 $f(x)$ 在 $x=0$ 处的连续性.

解 因为
$$f(0+0)=\lim_{x\to 0^+}f(x)=\lim_{x\to 0^+}\frac{1-\cos x}{x^2}=\lim_{x\to 0^+}\frac{\frac{1}{2}x^2}{x^2}=\frac{1}{2},$$
$$f(0-0)=\lim_{x\to 0^-}f(x)=\lim_{x\to 0^-}xg(x)=0=f(0),$$

由于 $f(0+0)\neq f(0-0)=f(0)$,所以 $f(x)$ 在 $x=0$ 处不连续但左连续,$x=0$ 是 $f(x)$ 的跳跃间断点.

习题 4.1

1. 根据定义证明下列函数在其定义域内连续.

(1) $f(x)=\sqrt{x}$; (2) $f(x)=\sin\dfrac{1}{x}$.

2. 设
$$f(x)=\begin{cases}(1+k\sin x)^{\frac{m}{x}}, & x\neq 0,\\ b, & x=0.\end{cases}$$

当 b 为何值时,函数 $f(x)$ 在 $x=0$ 处连续?

3. 讨论下列函数的单侧连续性.

(1) $f(x)=\begin{cases} e^{-\frac{1}{x-1}}, & x\neq 1 \\ 0, & x=1 \end{cases}$，在 $x=1$ 处；

(2) $f(x)=\begin{cases} \dfrac{e^{\frac{1}{x}}-e^{-\frac{1}{x}}}{e^{\frac{1}{x}}+e^{-\frac{1}{x}}}, & x\neq 0 \\ -1, & x=0 \end{cases}$，在 $x=0$ 处.

4. 指出下列函数的间断点，并说明其类型.

(1) $f(x)=\dfrac{x^2-1}{x^2+x-2}$； (2) $f(x)=\arctan\dfrac{1}{x}$；

(3) $f(x)=\cos^2\dfrac{1}{x}$； (4) $f(x)=\dfrac{x}{\sin x}$；

(5) $f(x)=\dfrac{\ln(1+|x|)}{x(x-1)}$； (6) $f(x)=\begin{cases} x, & |x|\leqslant 1 \\ 1, & |x|>1 \end{cases}$.

5. 证明：若 f 在点 x_0 连续，则 $|f|$ 与 f^2 也在点 x_0 连续. 又问：若 $|f|$ 或 f^2 在 I 上连续，那么 f 在 I 上是否必连续？

4.2 连续函数的性质与初等函数的连续性

4.2.1 连续函数的局部性质

若函数在一点连续，则函数在该点有极限，因此，连续函数具有函数极限的诸多性质. 列举如下：

定理 4.2.1（局部有界性） 若函数 f 在点 x_0 处连续，则 f 在某 $U(x_0)$ 内有界.

定理 4.2.2（局部保号性） 若函数 f 在点 x_0 处连续，且 $f(x_0)>0$（或 <0），则存在某个 $U(x_0)$，使得对一切 $x\in U(x_0)$ 有

$$f(x)>\frac{f(x_0)}{2}>0 \quad \text{或} \quad f(x)<\frac{f(x_0)}{2}<0.$$

因为连续是极限存在的一种特殊情形，所以由函数极限的运算易得连续函数的运算.

定理 4.2.3（四则运算） 若函数 f 和 g 在点 x_0 连续，则 $f\pm g$，$f\cdot g$，$\dfrac{f}{g}$ [$g(x_0)\neq 0$] 也都在点 x_0 连续.

定理中的和、差、积运算的结论可推广到任意有限多个函数的情形.

例 4.2.1 $\tan x$ 与 $\cot x$ 分别在其定义域上连续.

证 因为 $\sin x$ 与 $\cos x$ 分别在 $\mathbf{R}$ 上连续，又 $\tan x=\dfrac{\sin x}{\cos x}$，$\cot x=\dfrac{\cos x}{\sin x}$，所以正切函数 $\tan x$ 与余切函数 $\cot x$ 分别在其定义域上连续. 证毕.

同理，$\sec x$，$\csc x$ 在其定义域上连续.

4.2.2 反函数的连续性

定理 4.2.4（反函数连续性定理） 若函数 $y=f(x)$ 在 $[a,b]$ 上连续且严格单调增加

(严格单调减少),则它的反函数 $x=f^{-1}(y)$ 在 $[f(a), f(b)]$ 上连续(在 $[f(b), f(a)]$ 上连续).

证 不妨设函数 $y=f(x)$ 在 $[a,b]$ 严格单调增加,则它的值域为 $[f(a), f(b)]$,同时也是其反函数 $f^{-1}(y)$ 的定义域.

$\forall y_0 \in (f(a), f(b))$,设 $x_0=f^{-1}(y_0)$,则 $x_0 \in (a,b)$. 对 $\forall \varepsilon >0$,可在 (a,b) 中 x_0 的两侧各取点 $x_1, x_2 (x_1<x_0<x_2)$,满足 $|x_1-x_0|<\varepsilon$, $|x_2-x_0|<\varepsilon$.

设与 x_1, x_2 对应的函数值分别为 y_1, y_2,由 $y=f(x)$ 严格单调增加可知 $y_1<y_0<y_2$. 令 $\delta=\min\{y_2-y_0, y_0-y_1\}$,则当 $y\in U(y_0, \delta)$ 时,对应的 $x=f^{-1}(y)$ 的值落在 x_1, x_2 之间. 故

$$|f^{-1}(y)-f^{-1}(y_0)|=|x-x_0|<\varepsilon,$$

所以 $f^{-1}(y)$ 在点 y_0 处连续. 因此 $f^{-1}(y)$ 在 $(f(a), f(b))$ 上连续.

同理可证 $f^{-1}(y)$ 在端点 $f(a), f(b)$ 处分别为右连续和左连续,故 $f^{-1}(y)$ 在 $[f(a), f(b)]$ 上连续. 证毕.

例 4.2.2 $y=\arcsin x$ 在 $[-1, 1]$ 上连续.

证 因为 $x=\sin y$ 在 $\left[-\frac{\pi}{2}, \frac{\pi}{2}\right]$ 上连续且严格单调增加,根据定理 4.2.4,所以 $y=\arcsin x$ 在 $[-1, 1]$ 上连续,即反正弦函数 $\arcsin x$ 在其定义域上连续. 证毕.

同理可证 $\arccos x$, $\arctan x$ 和 $\text{arccot } x$ 分别在其定义域上连续.

例 4.2.3 对数函数 $y=\log_a x$ 在 $(0, +\infty)$ 上连续 $(a>0, a\neq 1)$.

证 由 $x=a^y$ 在 $\mathbf{R}$ 上连续且严格单调,其值域为 $(0, +\infty)$,根据定理 4.2.4,$y=\log_a x$ 在 $(0, +\infty)$ 上连续,即对数函数在其定义域上连续. 证毕.

4.2.3 复合函数的连续性

定理 4.2.5 设有复合函数 $y=f[g(x)]$,若

(1) $\lim\limits_{x\to x_0} g(x)=b$;

(2) $y=f(u)$ 在 b 连续,即 $\lim\limits_{u\to b} f(u)=f(b)$,

则 $\lim\limits_{x\to x_0} f[g(x)]=f(b)=f[\lim\limits_{x\to x_0} g(x)]$.

证 由 $\lim\limits_{u\to b} f(u)=f(b)$,则 $\forall \varepsilon>0$, $\exists \eta>0$, $\forall u: |u-b|<\eta$,有

$$|f(u)-f(b)|<\varepsilon.$$

由 $\lim\limits_{x\to x_0} g(x)=b$,则对 $\eta>0$, $\exists \delta>0$, $\forall x: 0<|x-x_0|<\delta$,有 $|g(x)-b|<\eta$,即 $|u-b|<\eta$.

于是,$\forall \varepsilon>0$, $\exists \delta>0$, $\forall x: 0<|x-x_0|<\delta$,有

$$|f[g(x)]-f(b)|=|f(u)-f(b)|<\varepsilon,$$

即 $\lim\limits_{x\to x_0} f[g(x)]=f(b)=f[\lim\limits_{x\to x_0} g(x)]$. 证毕.

在定理 4.2.5 的条件下,求极限 $\lim_{x \to x_0} f[g(x)]$ 时,两种运算"f"与"$\lim$"可以交换次序,这将给计算极限带来很大的方便.

定理 4.2.6(复合函数连续性定理) 若 $u=g(x)$ 在 x_0 连续, $g(x_0)=u_0$, $y=f(u)$ 在 u_0 连续,则复合函数 $y=f[g(x)]$ 在 x_0 连续.

证 根据定理 4.2.5,有
$$\lim_{x \to x_0} f[g(x)] = f[\lim_{x \to x_0} g(x)] = f[g(x_0)],$$
所以 $y=f[g(x)]$ 在 x_0 连续. 证毕.

例 4.2.4 幂函数 $y=x^\alpha$ ($\alpha \in \mathbf{R}$) 在其定义域上连续.

证 因为 $y=x^\alpha = e^{\alpha \ln x}$,它是函数 e^u 与 $u=\alpha \ln x$ 的复合,故由指数函数与对数函数的连续性以及复合函数的连续性知,幂函数 $y=x^\alpha$ 在其定义域上连续. 证毕.

定理 4.2.7 若 $\lim_{x \to x_0} f(x) = A > 0$, $\lim_{x \to x_0} g(x) = B$,则 $\lim_{x \to x_0} f(x)^{g(x)} = A^B$.

证 因为 $f(x)^{g(x)} = e^{g(x) \ln f(x)}$,则由对数函数 $\ln u$ 的连续性,应用定理 4.2.5 有
$$\lim_{x \to x_0} \ln f(x) = \ln f(x_0) = \ln A,$$
则
$$\lim_{x \to x_0} g(x) \ln f(x) = B \ln A.$$
又由指数函数 e^u 的连续性,有
$$\lim_{x \to x_0} f(x)^{g(x)} = \lim_{x \to x_0} e^{g(x) \ln f(x)} = e^{B \ln A} = A^B.$$
证毕.

例 4.2.5 求极限 $\lim_{x \to 0}(x+e^x)^{\frac{1}{x}}$.

解
$$\lim_{x \to 0}(x+e^x)^{\frac{1}{x}} = \lim_{x \to 0}\left[e^x\left(1+\frac{x}{e^x}\right)\right]^{\frac{1}{x}} = e \lim_{x \to 0}\left[\left(1+\frac{x}{e^x}\right)^{\frac{e^x}{x}}\right]^{\frac{1}{e^x}}$$
$$= e\left[\lim_{x \to 0}\left(1+\frac{x}{e^x}\right)^{\frac{e^x}{x}}\right]^{\lim_{x \to 0}\frac{1}{e^x}} = e \cdot e = e^2.$$

例 4.2.6 求极限 $\lim_{x \to 0}(\cos x)^{\frac{\pi}{x^2}}$.

解
$$\lim_{x \to 0}(\cos x)^{\frac{\pi}{x^2}} = \lim_{x \to 0}[(1+(\cos x - 1))^{\frac{1}{\cos x - 1}}]^{\pi \cdot \frac{\cos x - 1}{x^2}}$$
$$= [\lim_{x \to 0}(1+(\cos x -1))^{\frac{1}{\cos x -1}}]^{-\pi \lim_{x \to 0}\frac{1-\cos x}{x^2}} = e^{-\frac{\pi}{2}}.$$

4.2.4 初等函数的连续性

前面已经证明六类基本初等函数:常数函数、幂函数、指数函数、对数函数、三角函数、反三角函数都是其定义域上的连续函数.

因此有下面的定理.

定理 4.2.8 一切基本初等函数都是其定义域上的连续函数.

由于任何初等函数都是由基本初等函数经过有限次四则运算与复合运算所得到,所以有如下定理.

定理 4.2.9 任何初等函数都是其定义区间上的连续函数.

注 "任何初等函数都是在其**定义区间**上的连续函数",而不是"任何初等函数都是在其**定义域**上的连续函数".

例如,函数 $f(x)=\sqrt{x^2-1}+\sqrt{1-x^2}$ 是初等函数,其定义域为两点 $x_0=\pm 1$ 构成的集合,在这两点的空心邻域中函数没有定义,无法讨论极限 $\lim\limits_{x\to x_0}f(x)$.

例 4.2.7 求极限 $\lim\limits_{x\to 0}\sqrt{e^x+x+1}$.

解 $\lim\limits_{x\to 0}\sqrt{e^x+x+1}=\sqrt{\lim\limits_{x\to 0}e^x+\lim\limits_{x\to 0}x+1}=\sqrt{e^0+0+1}=\sqrt{2}$.

例 4.2.8 求极限 $\lim\limits_{x\to\infty}a^{x\sin\frac{1}{x}}(a>0)$.

解 由于 $\lim\limits_{x\to\infty}x\sin\dfrac{1}{x}=\lim\limits_{x\to\infty}\dfrac{\sin\frac{1}{x}}{\frac{1}{x}}=1$,所以 $\lim\limits_{x\to\infty}a^{x\sin\frac{1}{x}}=a$.

例 4.2.9 求极限 $\lim\limits_{x\to 0}\dfrac{\ln(1+x)}{x}$.

解 $\lim\limits_{x\to 0}\dfrac{\ln(1+x)}{x}=\lim\limits_{x\to 0}\ln(1+x)^{\frac{1}{x}}=\ln\left[\lim\limits_{x\to 0}(1+x)^{\frac{1}{x}}\right]=\ln e=1$.

习题 4.2

1. 设 f,g 在点 x_0 处连续,证明:

(1) 若 $f(x_0)>g(x_0)$,则存在 $U(x_0;\delta)$,使在其内有 $f(x)>g(x)$;

(2) 若在某 $\overset{\circ}{U}(x_0)$ 上有 $f(x)>g(x)$,则 $f(x_0)\geqslant g(x_0)$.

2. 设 f,g 在区间 I 上连续,记
$$F(x)=\max\{f(x),g(x)\},\quad G(x)=\min\{f(x),g(x)\}.$$
证明:F 和 G 也都在 I 上连续.

3. 求下列极限.

(1) $\lim\limits_{x\to\frac{\pi}{4}}(\sin 2x)^3$;

(2) $\lim\limits_{x\to 2}\sqrt{\dfrac{x^2+5}{x+2}}$;

(3) $\lim\limits_{x\to\frac{\pi}{6}}\ln(2\cos 2x)$;

(4) $\lim\limits_{x\to 0}\dfrac{e^x\cos x+5}{1+x^2+\ln(1-x)}$;

(5) $\lim\limits_{x\to 4}\dfrac{\sqrt{1+2x}-3}{x-4}$;

(6) $\lim\limits_{x\to a}\dfrac{\sin x-\sin a}{x-a}$.

4. 求下列极限.

(1) $\lim\limits_{x\to 0}\ln\dfrac{\sin x}{x}$;

(2) $\lim\limits_{x\to\infty}e^{\frac{1+x}{x^2}}$;

(3) $\lim\limits_{x\to\infty}\left(1+\dfrac{1}{x}\right)^{\frac{x}{2}}$;

(4) $\lim\limits_{x\to 0}(1+\sin x)^{\cot x}$;

(5) $\lim\limits_{x\to\infty}\left(\sin\dfrac{1}{x}+\cos\dfrac{1}{x}\right)^x$;

(6) $\lim\limits_{x\to+\infty}\left(\dfrac{3x+2}{3x-1}\right)^{2x-1}$;

(7) $\lim\limits_{x\to+\infty}(\sqrt{x^2+x}-\sqrt{x^2-x})$;

(8) $\lim\limits_{x\to a}\dfrac{\ln x-\ln a}{x-a}$;

(9) $\lim\limits_{x\to 0}\dfrac{\sqrt{1+x}-\sqrt[3]{1+2x^2}}{\ln(1+3x)}$.

4.3 闭区间上的连续函数

闭区间上的连续函数具有良好的整体性质:有界性、最值性和介值性等,这些性质从几何上看都是十分明显的. 它们有较为重要的应用价值.

4.3.1 有界性定理与最值定理

定理 4.3.1(有界性定理) 若函数 $f(x)$ 在闭区间 $[a,b]$ 上连续,则 $f(x)$ 在 $[a,b]$ 上有界.

证 (反证法)假设 $f(x)$ 在 $[a,b]$ 上无界. 对于正整数 n,存在 $x_n\in[a,b]$,使得

$$f(x_n)>n,\quad n=1,2,\cdots.$$

由此得知 $\lim\limits_{n\to\infty}f(x_n)=+\infty$.

另一方面,因为 $\{x_n\}(\subset[a,b])$ 是有界数列,所以由致密性定理,$\{x_n\}$ 有收敛的子列 $\{x_{n_k}\}$,设 $\lim\limits_{k\to\infty}x_{n_k}=x_0$. 由于

$$a\leqslant x_{n_k}\leqslant b,$$

由极限的保序性推论可得

$$a\leqslant x_0\leqslant b,$$

故由已知,$f(x)$ 在点 x_0 连续. 由海涅定理(归结原则)可导出

$$+\infty=\lim\limits_{n\to\infty}f(x_n)=\lim\limits_{k\to\infty}f(x_{n_k})=\lim\limits_{x\to x_0}f(x)=f(x_0),$$

矛盾. 证毕.

注 定理条件中的区间一定要为闭区间. 若改为开区间或半开半闭区间,则结论不一定成立. 例如,函数 $f(x)=\dfrac{1}{x}$ 在 $(0,1]$ 上连续,但无界.

定义 4.3.1 设函数 $f(x)$ 在数集 I 有定义. 若 $\exists \xi\in I,\forall x\in I$,有

$$f(x)\leqslant f(\xi)\quad\text{或}\quad f(x)\geqslant f(\xi),$$

则称 $f(\xi)$ 是 $f(x)$ 在数集 I 上的**最大值(最小值)**.

例如,函数 $f(x)=\sin x$ 在 $[0,2\pi]$ 上有最大值 1 和最小值 -1;函数 $g(x)=x$ 在 $(0,1)$ 内既无最大值也无最小值.

此例表明,并不是任意一个函数在给定区间上都存在最大值和最小值.

定理 4.3.2(最值定理) 若函数 $f(x)$ 在闭区间 $[a,b]$ 上连续,则 $f(x)$ 在 $[a,b]$ 上一定存在最小值和最大值,即 $\exists\, \xi, \eta \in [a,b]$, $\forall\, x \in [a,b]$,有 $f(\xi) \leqslant f(x) \leqslant f(\eta)$.

证 由定理 4.3.1 和确界原理,存在上确界
$$\sup_{x \in [a,b]} f(x) = M.$$

现在来证明:存在 $\xi \in [a,b]$,使 $f(\xi) = M$. 如果该结论不成立,则对任意 $x \in [a,b]$ 都有 $f(x) < M$. 令
$$g(x) = \frac{1}{M - f(x)}, \quad x \in [a,b].$$

可知函数 g 在 $[a,b]$ 上连续且取正值,故 g 在 $[a,b]$ 上有上界,记为 G,则有 $0 < g(x) = \frac{1}{M - f(x)} \leqslant G$, $x \in [a,b]$.

从而推得
$$f(x) \leqslant M - \frac{1}{G}, \quad x \in [a,b].$$

但这与 M 为 $f([a,b])$ 的上确界相矛盾. 所以必有 $\xi \in [a,b]$,使 $f(\xi) = M$,即 f 在 $[a,b]$ 上有最大值.

同理可证 f 在 $[a,b]$ 上有最小值. 证毕.

4.3.2　零点定理与介值定理

定义 4.3.2 若 x_0 使 $f(x_0) = 0$,则称 x_0 是函数 $f(x)$ 的一个**零点**.

定理 4.3.3(零点定理) 若函数 $f(x)$ 在闭区间 $[a,b]$ 上连续,且 $f(a) \cdot f(b) < 0$,则在区间 (a,b) 内至少存在一点 x_0,使 $f(x_0) = 0$.

证 不妨设 $f(a) < 0$, $f(b) > 0$. 用反证法. 假设 $\forall\, x \in [a,b]$,有 $f(x) \neq 0$. 将闭区间 $[a,b]$ 二等分,分点是 $\frac{a+b}{2}$. 已知 $f\left(\frac{a+b}{2}\right) \neq 0$,如果 $f\left(\frac{a+b}{2}\right) > 0$,则函数 $f(x)$ 在闭区间 $\left[a, \frac{a+b}{2}\right]$ 的两个端点的函数值的符号相反;如果 $f\left(\frac{a+b}{2}\right) < 0$,则函数 $f(x)$ 在闭

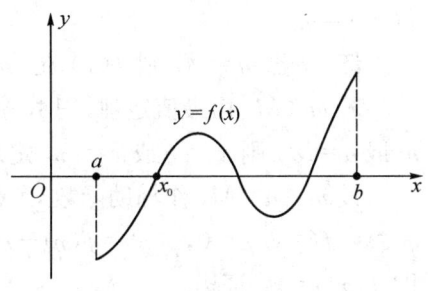

图 4.3.1

区间 $\left[\frac{a+b}{2}, b\right]$ 的两个端点的函数值的符号相反. 于是,两个闭区间 $\left[a, \frac{a+b}{2}\right]$ 与 $\left[\frac{a+b}{2}, b\right]$ 必有一个使函数 $f(x)$ 在其两个端点的函数值的符号相反. 将此闭区间记为 $[a_1, b_1]$,有 $f(a_1) f(b_1) < 0$.

再将 $[a_1, b_1]$ 二等分,必有一个闭区间,函数 $f(x)$ 在其两个端点的函数值的符号相反. 将此闭区间表为 $[a_2, b_2]$,有 $f(a_2)f(b_2)<0$. 用二等分法无限进行下去,得到闭区间列 $\{[a_n, b_n]\}$($a_0=a, b_0=b$),且

(1) $[a, b] \supset [a_1, b_1] \supset \cdots \supset [a_n, b_n] \supset \cdots$;

(2) $\lim\limits_{n \to \infty}(b_n - a_n) = \lim\limits_{n \to \infty} \dfrac{b-a}{2^n} = 0$.

对每个闭区间 $[a_n, b_n]$,有 $f(a_n)f(b_n)<0$. 根据闭区间套定理,存在唯一数 x_0 属于所有的闭区间,且

$$\lim_{n \to \infty} a_n = \lim_{n \to \infty} b_n = x_0.$$

由 $x_0 \in [a, b]$,且 $f(x_0) \neq 0$,不妨设 $f(x_0) > 0$.

一方面,已知函数 $f(x)$ 在 x_0 连续,根据连续函数的保号性,$\exists \delta > 0$,$\forall x \in (x_0-\delta, x_0+\delta)$,有 $f(x)>0$;另一方面,由闭区间套定理推论,当 n 充分大时,有 $[a_n, b_n] \subset (x_0-\delta, x_0+\delta)$. 已知 $f(a_n)f(b_n)<0$,即函数 $f(x)$ 在 $(x_0-\delta, x_0+\delta)$ 中某点的函数值小于 0,矛盾. 于是 $f(x_0)>0$ 不成立.

同理可证 $f(x_0)<0$ 也不成立. 所以闭区间 $[a, b]$ 内至少存在一点 x_0,使 $f(x_0)=0$. 证毕.

注 零点定理的几何解释如图 4.3.1 所示,即连续曲线由 x 轴之下(上)跑到 x 轴之上(下),中间至少要经过 x 轴一次.

定理 4.3.4(介值定理) 若函数 $f(x)$ 在闭区间 $[a, b]$ 上连续,m 与 M 分别是 $f(x)$ 在闭区间 $[a, b]$ 上的最小值与最大值,$\forall \mu: m \leqslant \mu \leqslant M$,则在 $[a, b]$ 上至少存在一点 x_0,使 $f(x_0)=\mu$.

证 若 $m=M$,则 $f(x)$ 在 $[a, b]$ 上是常数函数,显然定理成立.

若 $m<M$,由最值定理,$\exists \xi, \eta \in [a, b]$,使 $f(\xi)=m$,$f(\eta)=M$. 不妨设 $\xi<\eta$,如果 $\mu=m$ 或 $\mu=M$,则 $x_0=\xi$ 或 $x_0=\eta$,定理成立.

设 $m<\mu<M$,作辅助函数 $\varphi(x)=f(x)-\mu$,显然,$\varphi(x)$ 在闭区间 $[\xi, \eta]$ 上连续,且 $\varphi(\xi)=f(\xi)-\mu<0$,$\varphi(\eta)=f(\eta)-\mu>0$. 由零点定理,$\exists x_0 \in (\xi, \eta) \subset [a, b]$,使 $\varphi(x_0)=0$,即 $f(x_0)=\mu$. 证毕.

介值定理说明,闭区间上的连续函数可以取到其最小值与最大值之间的一切值. 反之,如果某个函数能取到其最小值与最大值之间的一切值,它是否一定连续呢?不一定. 例如,函数

$$f(x) = \begin{cases} x, & 0 \leqslant x < 1, \\ 3-x, & 1 \leqslant x \leqslant 2, \\ x, & 2 < x \leqslant 3, \end{cases}$$

$f(x)$ 在 $[0, 3]$ 上的最小值为 0,最大值为 3,且它能取到 0 与 3 之间的一切值,但 $f(x)$ 在

$[0, 3]$ 上不连续(图 4.3.2).

例 4.3.1 设函数 $f(x)$ 在 $[a, b)$ 上连续,且 $f(b-0)$ 存在,证明函数 $f(x)$ 在 $[a, b)$ 上有界.

证 因为 $f(b-0)$ 存在,由函数极限的局部有界性,$\exists M_1 > 0$, $\exists \delta > 0$, $\forall x \in (b-\delta, b)$,有 $|f(x)| \leq M_1$.

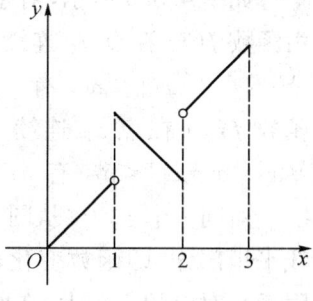

图 4.3.2

又 $f(x)$ 在 $[a, b)$ 上连续,从而 $f(x)$ 在 $[a, b-\delta]$ 上连续.由有界性定理知,$f(x)$ 在 $[a, b-\delta]$ 上有界,即 $\exists M_2 > 0$, $\forall x \in [a, b-\delta]$,有 $|f(x)| \leq M_2$.

于是,$\exists M = \max\{M_1, M_2\} > 0$, $\forall x \in [a, b)$,有 $|f(x)| \leq M$,即 $f(x)$ 在 $[a, b)$ 上有界. 证毕.

例 4.3.2 证明:方程 $x - 2\sin x = a$ ($a > 0$) 至少有一个正实根.

证 设 $f(x) = a - x + 2\sin x$,显然 $f(x)$ 在 **R** 上连续.因为 $f(0) = a > 0$,又 $a > 0$,一定存在 $k \in \mathbf{N}^+$,使 $k\pi > a$,而

$$f(k\pi) = a - k\pi + 2\sin k\pi = a - k\pi < 0.$$

由零点定理知,在 $(0, k\pi)$ 内至少存在一点 x_0,使 $f(x_0) = 0$,即 $x_0 - 2\sin x_0 = a$. 故方程 $x - 2\sin x = a$ ($a > 0$) 至少有一个正实根. 证毕.

例 4.3.3 设函数 $f(x)$ 在闭区间 $[a, b]$ 上连续,$x_1, x_2, \cdots, x_n \in [a, b]$. 证明:$\exists \xi \in [a, b]$,使

$$f(\xi) = \frac{1}{n}[f(x_1) + f(x_2) + \cdots + f(x_n)].$$

证 因为函数 $f(x)$ 在闭区间 $[a, b]$ 上连续,由最值定理,设 m 与 M 分别是 $f(x)$ 在 $[a, b]$ 上的最小值与最大值,则

$$m \leq f(x_1) \leq M, \ m \leq f(x_2) \leq M, \cdots, m \leq f(x_n) \leq M.$$

于是,有

$$m \leq \frac{1}{n}[f(x_1) + f(x_2) + \cdots + f(x_n)] \leq M,$$

根据介值定理,$\exists \xi \in [a, b]$,使

$$f(\xi) = \frac{1}{n}[f(x_1) + f(x_2) + \cdots + f(x_n)].$$

证毕.

4.3.3 一致连续性定理

设函数 $f(x)$ 在区间 I 上连续,则 $\forall x_0 \in I$,$f(x)$ 在点 x_0 连续. 根据连续的定义,$\forall \varepsilon > 0$,$\exists \delta = \delta(\varepsilon, x_0) > 0$,$\forall x: |x - x_0| < \delta$,有 $|f(x) - f(x_0)| < \varepsilon$,这里 $\delta = \delta(\varepsilon, x_0)$ 一般来说不仅依赖于 ε,而且也依赖于 x_0,即与点的位置有关.

如图 4.3.3 所示，对于 $x_1, x_2 \in I$，$\forall \varepsilon > 0$，由函数 $f(x)$ 在点 x_1 连续，$\exists \delta_1 = \delta(\varepsilon, x_1) > 0$，$\forall x: |x - x_1| < \delta_1$，有 $|f(x) - f(x_1)| < \varepsilon$；由函数 $f(x)$ 在点 x_2 连续，$\exists \delta_2 = \delta(\varepsilon, x_2) > 0$，$\forall x: |x - x_2| < \delta_2$，有 $|f(x) - f(x_2)| < \varepsilon$.

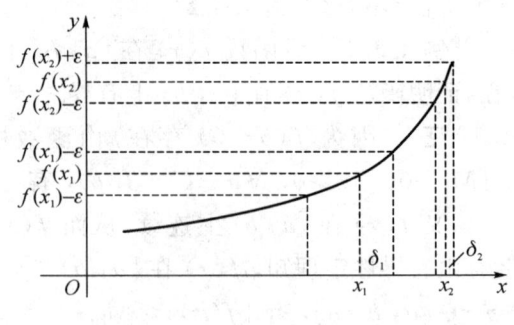

图 4.3.3

对同一个 $\varepsilon > 0$，从图 4.3.3 可以看出，在曲线平坦部分，即函数变化得慢的地方（如 x_1 点附近），对应的 δ 较大；在曲线陡的部分，即函数变化得快的地方（如 x_2 点附近），对应的 δ 较小. 一般地，δ 随着 I 中点的位置不同而不同. 能否在区间 I 上找到一个只依赖于 ε 而与点的位置无关的公共的 $\delta(\varepsilon)$，也就是对区间 I 上每一点都适用的 $\delta(\varepsilon)$ 呢？事实上，对不同的函数与区间，结果是不一样的.

定义 4.3.3 设函数 $f(x)$ 在区间 I 上有定义. 若 $\forall \varepsilon > 0$，$\exists \delta(\varepsilon) > 0$，$\forall x', x'' \in I: |x' - x''| < \delta(\varepsilon)$，有 $|f(x') - f(x'')| < \varepsilon$，则称函数 $f(x)$ 在区间 I 上**一致连续**.

根据一致连续定义，若函数 $f(x)$ 在区间 I 上一致连续，则 $f(x)$ 在 I 上必定连续.

由一致连续定义，函数 $f(x)$ 在区间 I 上不一致连续 $\Leftrightarrow \exists \varepsilon_0 > 0$，$\forall \delta > 0$，$\exists x', x'' \in I: |x' - x''| < \delta$，有 $|f(x') - f(x'')| \geqslant \varepsilon_0$.

例 4.3.4 证明：函数 $f(x) = kx$ $(k \neq 0)$ 在 $(-\infty, +\infty)$ 上一致连续.

证 $\forall \varepsilon > 0$，$\forall x', x'' \in (-\infty, +\infty)$，要使
$$|f(x') - f(x'')| = |k| |x' - x''| < \varepsilon,$$
只要 $|x' - x''| < \dfrac{\varepsilon}{|k|}$，取 $\delta(\varepsilon) = \dfrac{\varepsilon}{|k|}$.

于是，$\forall \varepsilon > 0$，$\exists \delta(\varepsilon) = \dfrac{\varepsilon}{|k|} > 0$，$\forall x', x'' \in (-\infty, +\infty): |x' - x''| < \delta(\varepsilon)$，有
$$|f(x') - f(x'')| < \varepsilon,$$
所以 $f(x) = kx$ 在 $(-\infty, +\infty)$ 上一致连续. 证毕.

例 4.3.5 证明：函数 $f(x) = \sin \dfrac{1}{x}$ 在 $(\alpha, 1)$ $(\alpha > 0)$ 上一致连续，但在 $(0, 1)$ 上不一致连续.

证 $\forall \varepsilon > 0$，$\forall x', x'' \in (\alpha, 1)$，要使
$$|f(x') - f(x'')| = \left|\sin \frac{1}{x'} - \sin \frac{1}{x''}\right| = \left|2\cos \frac{\frac{1}{x'} + \frac{1}{x''}}{2} \sin \frac{\frac{1}{x'} - \frac{1}{x''}}{2}\right|$$
$$\leqslant 2 \times 1 \times \left|\frac{\frac{1}{x'} - \frac{1}{x''}}{2}\right| = \left|\frac{1}{x'} - \frac{1}{x''}\right|$$
$$= \frac{|x' - x''|}{x' x''} < \frac{|x' - x''|}{\alpha^2} < \varepsilon,$$

只要 $|x'-x''|<\alpha^2\varepsilon$，取 $\delta(\varepsilon)=\alpha^2\varepsilon$.

于是，$\forall \varepsilon>0, \exists \delta(\varepsilon)=\alpha^2\varepsilon>0, \forall x', x''\in(\alpha,1):|x'-x''|<\delta(\varepsilon)$，有
$$|f(x')-f(x'')|<\varepsilon,$$

所以 $f(x)=\sin\dfrac{1}{x}$ 在 $(\alpha,1)$ $(\alpha>0)$ 上一致连续.

下面证明 $f(x)=\sin\dfrac{1}{x}$ 在 $(0,1)$ 上不一致连续.

$\exists \varepsilon_0=\dfrac{1}{2}>0, \forall \delta>0, \exists x'=\dfrac{1}{2n\pi}, x''=\dfrac{1}{2n\pi+\dfrac{\pi}{2}}\in(0,1)$，且

$$|x'-x''|=\left|\dfrac{1}{2n\pi}-\dfrac{1}{2n\pi+\dfrac{\pi}{2}}\right|=\dfrac{\dfrac{\pi}{2}}{2n\pi\left(2n\pi+\dfrac{\pi}{2}\right)}<\delta \quad (n\text{ 充分大}),$$

有
$$|f(x')-f(x'')|=\left|\sin 2n\pi-\sin\left(2n\pi+\dfrac{\pi}{2}\right)\right|=1>\varepsilon_0,$$

所以 $f(x)=\sin\dfrac{1}{x}$ 在 $(0,1)$ 上不一致连续. 证毕.

一致连续是一个整体性质，由例 4.3.5 可以看出，函数 $f(x)$ 在区间 I 上的一致连续性，不仅与函数 $f(x)$ 本身的结构有关，而且与所给的区间 I 有关. 以下给出判定函数在某区间上是否一致连续的较实用的定理.

定理 4.3.5 函数 $f(x)$ 定义在区间 I 上，则 $f(x)$ 在 I 上一致连续的充要条件为：对任何数列 $\{x'_n\}, \{x''_n\}\subset I$，若 $\lim\limits_{n\to\infty}(x'_n-x''_n)=0$，则

$$\lim_{n\to\infty}[f(x'_n)-f(x''_n)]=0.$$

证 先证必要性. 若 $f(x)$ 在 I 上一致连续，则

$\forall \varepsilon>0, \exists \delta(\varepsilon)>0, \forall x', x''\in I, |x'-x''|<\delta$，有 $|f(x')-f(x'')|<\varepsilon$.

设 I 上有两个数列 $\{x'_n\}, \{x''_n\}$，满足 $\lim\limits_{n\to\infty}(x'_n-x''_n)=0$，于是对上述 $\delta>0, \exists N>0, \forall n>N, |x'_n-x''_n|<\delta$，由一致连续性条件，有

$$|f(x'_n)-f(x''_n)|<\varepsilon,$$

即
$$\lim_{n\to\infty}[f(x'_n)-f(x''_n)]=0.$$

再证充分性. 设对 I 上任意两个数列 $\{x'_n\}, \{x''_n\}$，若 $\lim\limits_{n\to\infty}(x'_n-x''_n)=0$，有 $\lim\limits_{n\to\infty}[f(x'_n)-f(x''_n)]=0$. 现证 $f(x)$ 在 I 上一致连续.

用反证法. 若 $f(x)$ 在 I 上不一致连续,则

$\exists \varepsilon_0 > 0, \forall \delta > 0, \exists x', x'' \in I, |x'-x''| < \delta,$ 有 $|f(x')-f(x'')| \geqslant \varepsilon_0.$

取 $\delta_1 = 1, \exists x_1', x_1'' \in I, |x_1'-x_1''| < 1,$ 有 $|f(x_1')-f(x_1'')| \geqslant \varepsilon_0$;

取 $\delta_2 = \dfrac{1}{2}, \exists x_2', x_2'' \in I, |x_2'-x_2''| < \dfrac{1}{2},$ 有 $|f(x_2')-f(x_2'')| \geqslant \varepsilon_0$;

……

取 $\delta_n = \dfrac{1}{n}, \exists x_n', x_n'' \in I, |x_n'-x_n''| < \dfrac{1}{n},$ 有 $|f(x_n')-f(x_n'')| \geqslant \varepsilon_0$;

……

于是 $\lim\limits_{n\to\infty}(x_n'-x_n'') = 0$,但是 $\lim\limits_{n\to\infty}[f(x_n')-f(x_n'')] \neq 0$,与所设条件矛盾. 所以 $f(x)$ 在 I 上一致连续. 证毕.

例如,对于前面的例 4.3.5,要证明函数 $f(x) = \sin\dfrac{1}{x}$ 在 $(0, 1)$ 上不一致连续. 我们可以使用定理 4.3.5 来论证.

只要取 $x_n' = \dfrac{1}{2n\pi}, x_n'' = \dfrac{1}{2n\pi + \dfrac{\pi}{2}} \in (0, 1)$,此时

$$|x_n'-x_n''| = \left|\dfrac{1}{2n\pi} - \dfrac{1}{2n\pi + \dfrac{\pi}{2}}\right| = \dfrac{\dfrac{\pi}{2}}{2n\pi\left(2n\pi + \dfrac{\pi}{2}\right)} \to 0, \quad n \to +\infty,$$

但是

$$|f(x_n')-f(x_n'')| = \left|\sin 2n\pi - \sin\left(2n\pi + \dfrac{\pi}{2}\right)\right| = 1 \not\to 0, \quad n \to +\infty.$$

由定理 4.3.5 可知,函数 $f(x) = \sin\dfrac{1}{x}$ 在 $(0, 1)$ 上不一致连续.

例 4.3.6 证明:函数 $f(x) = x^2$ 在 $[0, +\infty)$ 上不一致连续.

证 取 $x_n' = \sqrt{n+1}, x_n'' = \sqrt{n}$ $(n = 1, 2, 3, \cdots)$,于是

$$x_n' - x_n'' = \sqrt{n+1} - \sqrt{n} \to 0, \quad n \to +\infty,$$

但是

$$|f(x_n')-f(x_n'')| = 1 \not\to 0, \quad n \to +\infty.$$

由定理 4.3.5 可知,函数 $f(x) = x^2$ 在 $[0, +\infty)$ 上不一致连续. 证毕.

以上几个例子表明,长度无限的区间上的连续函数不一定一致连续;长度有限的区间上的连续函数也不一定一致连续,但是如果区间为闭区间,则有下面的定理.

定理 4.3.6(一致连续性定理) 若函数 $f(x)$ 在闭区间 $[a, b]$ 上连续,则 $f(x)$ 在 $[a, b]$ 上一致连续.

证 (反证法)假设 $f(x)$ 在 $[a, b]$ 上不一致连续,则

$\exists \varepsilon_0 > 0, \forall \delta > 0, \exists x', x'' \in [a, b] : |x' - x''| < \delta$,有 $|f(x') - f(x'')| \geq \varepsilon_0$.

取 $\delta = 1, \exists x_1', x_1'' \in [a, b] : |x_1' - x_1''| < 1$,有 $|f(x_1') - f(x_1'')| \geq \varepsilon_0$;

$\delta = \dfrac{1}{2}, \exists x_2', x_2'' \in [a, b] : |x_2' - x_2''| < \dfrac{1}{2}$,有 $|f(x_2') - f(x_2'')| \geq \varepsilon_0$;

……

$\delta = \dfrac{1}{n}, \exists x_n', x_n'' \in [a, b] : |x_n' - x_n''| < \dfrac{1}{n}$,有 $|f(x_n') - f(x_n'')| \geq \varepsilon_0$;

……

这样在闭区间 $[a, b]$ 内构造两个数列 $\{x_n'\}$ 与 $\{x_n''\}$.

根据致密性定理,数列 $\{x_n'\}$ 存在收敛的子列 $\{x_{n_k}'\}$,设 $\lim\limits_{k \to \infty} x_{n_k}' = \xi \in [a, b]$. 因为 $|x_{n_k}' - x_{n_k}''| < \dfrac{1}{n_k}$,所以,也有

$$\lim_{k \to \infty} x_{n_k}'' = \xi.$$

一方面,已知函数 $f(x)$ 在 ξ 连续,有

$$\lim_{k \to \infty} |f(x_{n_k}') - f(x_{n_k}'')| = |f(\xi) - f(\xi)| = 0,$$

即当 k 充分大时,有 $|f(x_{n_k}') - f(x_{n_k}'')| < \varepsilon_0$.

另一方面,$\forall k \in \mathbb{N}$,有 $|f(x_{n_k}') - f(x_{n_k}'')| \geq \varepsilon_0$. 矛盾. 因此,函数 $f(x)$ 在闭区间 $[a, b]$ 上一致连续. 证毕.

注 由一致连续性定理知,函数在闭区间上连续与一致连续是等价的.

例 4.3.7 函数 $f(x)$ 在有限开区间 (a, b) 上连续,$f(a+0)$ 与 $f(b-0)$ 存在,证明:$f(x)$ 在 (a, b) 上一致连续.

证 设 $f(a+0) = A, f(b-0) = B$,定义函数

$$F(x) = \begin{cases} A, & x = a, \\ f(x), & a < x < b, \\ B, & x = b, \end{cases}$$

则 $F(x)$ 是闭区间 $[a, b]$ 上的连续函数.

由一致连续性定理,$F(x)$ 在闭区间 $[a, b]$ 上一致连续. 由定义易知,对于一致连续的函数,当定义域缩小时,它的一致连续性仍保持. 于是函数 $F(x)$ 在开区间 (a, b) 上也是一致连续的. 即 $f(x)$ 在 (a, b) 上一致连续. 证毕.

习题 4.3

1. 设函数 $f(x)$ 在 $[0, +\infty)$ 上连续,且 $\lim\limits_{x \to +\infty} f(x)$ 存在,证明:函数 $f(x)$ 在 $[a, +\infty)$ 上有界.

2. 证明:方程 $x^2 \cos x - \sin x = 0$ 在 $\left(\pi, \dfrac{3\pi}{2}\right)$ 内至少有一个实根.

3. 证明:方程 $x = a \sin x + b \ (a, b > 0)$ 至少有一个正根,并且它不超过 $a + b$.

4. 设函数 $f(x)$ 在 $[0, 2a]$ 上连续,且 $f(0) = f(2a)$. 证明:在 $[0, a]$ 上至少存在一点 x_0,使得 $f(x_0)$

$= f(x_0 + a)$.

5. 设函数 $f(x)$ 在闭区间 $[a, b]$ 上连续，$x_1, x_2, \cdots, x_n \in [a, b]$，且 $t_1 + t_2 + \cdots + t_n = 1, t_i > 0, i = 1, 2, \cdots, n$. 证明：$\exists \xi \in [a, b]$，使

$$f(\xi) = t_1 f(x_1) + t_2 f(x_2) + \cdots + t_n f(x_n).$$

6. 设 a_1, a_2, a_3 为正数，$\lambda_1 < \lambda_2 < \lambda_3$. 证明：方程

$$\frac{a_1}{x - \lambda_1} + \frac{a_2}{x - \lambda_2} + \frac{a_3}{x - \lambda_3} = 0$$

在区间 (λ_1, λ_2) 与 (λ_2, λ_3) 内各有一个根.

7. 证明：函数 $f(x) = \cos \sqrt{x}$ 在 $[0, +\infty)$ 上一致连续.

8. 证明：函数 $f(x) = \dfrac{1}{x}$ 在 $(\alpha, 1)$ $(\alpha > 0)$ 上一致连续，但在 $(0, 1)$ 上不一致连续.

9. 设函数 $f(x)$ 在区间 I 上满足利普希茨条件，即存在常数 $L > 0$，使得对 I 上任意两点 x', x'' 都有

$$|f(x') - f(x'')| \leqslant L |x' - x''|.$$

证明：$f(x)$ 在 I 上一致连续.

第 5 章 导数与微分

微分学的基本概念是导数与微分,导数是反映函数相对于自变量的变化快慢程度,而微分则是描述当自变量有微小改变时,函数改变量的近似值.

本章除了阐明导数与微分的概念外,还将建立一整套的微分公式与法则,从而系统地解决初等函数的求导问题.

5.1 导数概念

5.1.1 引例

导数的概念是客观世界事物运动规律在数量关系上的抽象,为了说明导数概念,我们先讨论两个实际问题.

1. 曲线的切线的斜率

设有曲线 C 及 C 上的一点 M,如图 5.1.1 所示. 在点 M 外另取 C 上一动点 N,则直线 MN 称为**割线**. 当动点 N 沿曲线 C 无限趋近于点 M 时,如果割线 MN 有极限位置 MT,直线 MT 就称为曲线 C 在点 M 处的**切线**.

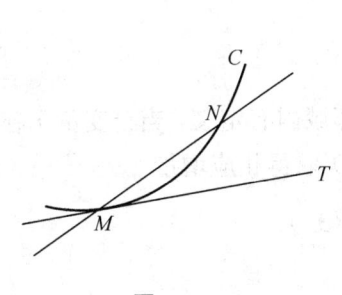

图 5.1.1

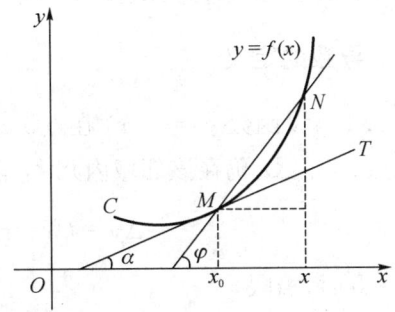

图 5.1.2

现在就曲线 C 为函数 $y = f(x)$ 的图形的情形来讨论切线问题. 设 $M(x_0, y_0)$ 是曲线 C 上的一个点,如图 5.1.2 所示. 根据上述定义要定出曲线 C 在点 M 处的切线,只要定出切线的斜率就行了. 为此,在点 M 外另取 C 上的一动点 $N(x_0 + \Delta x, y_0 + \Delta y)(\Delta x \neq 0)$,设割线 MN 的倾角为 φ,其斜率为

$$\tan \varphi = \frac{\Delta y}{\Delta x} = \frac{f(x_0 + \Delta x) - f(x_0)}{\Delta x},$$

所以当动点 N 沿曲线 C 趋于点 M 时,割线 MN 的倾角 φ 趋近于切线 MT 的倾角 α,故割线 MN 的斜率趋近于切线 MT 的斜率. 因此,曲线 C 在点 $M(x_0, y_0)$ 处的切线斜率为

$$\tan\alpha = \lim_{\Delta x \to 0}\tan\varphi = \lim_{\Delta x \to 0}\frac{\Delta y}{\Delta x} = \lim_{\Delta x \to 0}\frac{f(x_0+\Delta x)-f(x_0)}{\Delta x}. \tag{5.1.1}$$

2. 变速直线运动的瞬时速度

设一物体作变速直线运动,运动规律(函数)是 $s = s(t)$,其中,s 是距离,t 是时间,现在考虑它在时刻 t_0 的瞬时速度.

当时间由 t_0 改变到 $t_0 + \Delta t$ 时,物体在 Δt 这时段内所经过的距离为

$$\Delta s = s(t_0 + \Delta t) - s(t_0),$$

于是物体从 t_0 到 $t_0 + \Delta t$ 这段时间内的平均速度为

$$\bar{v} = \frac{\Delta s}{\Delta t} = \frac{s(t_0+\Delta t)-s(t_0)}{\Delta t}.$$

当 Δt 很小时,可以用 $\bar{v}$ 近似地表示物体在时刻 t_0 的速度. 显然,Δt 越小,平均速度 $\bar{v}$ 越接近于时刻 t_0 的瞬时速度 $v(t_0)$. 当 $\Delta t \to 0$ 时,如果 $\bar{v}$ 的极限存在,就称此极限为物体在时刻 t_0 的瞬时速度,即

$$v(t_0) = \lim_{\Delta t \to 0}\frac{\Delta s}{\Delta t} = \lim_{\Delta t \to 0}\frac{s(t_0+\Delta t)-s(t_0)}{\Delta t}. \tag{5.1.2}$$

上面两个实际例子所涉及的量的具体意义不一样,但从抽象的数学结构来看,它们具有完全相同的形式,即式(5.1.1)与式(5.1.2)如果撇开具体意义(切线斜率和瞬时速度)抽象地加以研究,那么不外乎是函数的增量与自变量的增量之比的极限(自变量的增量趋于零时). 这种特殊结构的极限称为函数的导数.

5.1.2 导数的定义

定义 5.1.1 设函数 $y = f(x)$ 在点 x_0 的某个邻域内有定义,当自变量 x 在点 x_0 处取得增量 Δx(点 $x_0 + \Delta x$ 仍在该邻域内)时,函数 $f(x)$ 取得相应增量

$$\Delta y = f(x_0+\Delta x) - f(x_0).$$

如果当 $\Delta x \to 0$ 时,极限

$$\lim_{\Delta x \to 0}\frac{\Delta y}{\Delta x} = \lim_{\Delta x \to 0}\frac{f(x_0+\Delta x)-f(x_0)}{\Delta x}$$

存在,则称函数 $y = f(x)$ 在点 x_0 处**可导**,并称此极限为**函数 $y = f(x)$ 在点 x_0 处的导数**,记为

$$f'(x_0), \quad y'\big|_{x=x_0}, \quad \frac{\mathrm{d}y}{\mathrm{d}x}\bigg|_{x=x_0} \quad \text{或} \quad \frac{\mathrm{d}f}{\mathrm{d}x}\bigg|_{x=x_0},$$

即

$$f'(x_0) = \lim_{\Delta x \to 0} \frac{f(x_0 + \Delta x) - f(x_0)}{\Delta x}. \tag{5.1.3}$$

若极限(5.1.3)不存在,称函数 $f(x)$ 在 x_0 处**不可导**.

有时为了方便也可将式(5.1.3)改写成

$$f'(x_0) = \lim_{x \to x_0} \frac{f(x) - f(x_0)}{x - x_0} \quad (x = x_0 + \Delta x).$$

$\dfrac{\Delta y}{\Delta x} = \dfrac{f(x_0 + \Delta x) - f(x_0)}{\Delta x}$ 反映的是因变量 y 在以 x_0 和 $x_0 + \Delta x$ 为端点的区间上的**平均变化率**,而导数 $f'(x_0)$ 则是因变量 y 在点 x_0 处的**瞬时变化率**.

根据导数的定义,前述两个实例中的问题可以叙述为:

(1) 曲线 $y = f(x)$ 在 $M(x_0, y_0)$ 处切线的斜率是函数 $y = f(x)$ 在点 x_0 的导数,即

$$\tan \alpha = f'(x_0).$$

(2) 物体在时刻 t_0 的瞬时速度是距离 s 在 t_0 处的导数,即

$$v(t_0) = s'(t_0).$$

例 5.1.1 求函数 $y = x^2$ 在点 $x = x_0$ 处的导数.

解 当 x 由 x_0 改变到 $x_0 + \Delta x$ 时,函数增量为

$$\Delta y = (x_0 + \Delta x)^2 - x_0^2 = 2x_0 \Delta x + (\Delta x)^2,$$

因此

$$f'(x_0) = \lim_{\Delta x \to 0} \frac{\Delta y}{\Delta x} = \lim_{\Delta x \to 0} (2x_0 + \Delta x) = 2x_0.$$

在式(5.1.3)中,如果自变量的增量 Δx 只从大于 0 的方向或只从小于 0 的方向趋近于 0,则有如下定义.

定义 5.1.2 若极限

$$\lim_{\Delta x \to 0^-} \frac{\Delta y}{\Delta x} = \lim_{\Delta x \to 0^-} \frac{f(x_0 + \Delta x) - f(x_0)}{\Delta x}$$

与

$$\lim_{\Delta x \to 0^+} \frac{\Delta y}{\Delta x} = \lim_{\Delta x \to 0^+} \frac{f(x_0 + \Delta x) - f(x_0)}{\Delta x}$$

存在,分别称为函数 $f(x)$ 在点 x_0 处的**左导数**和**右导数**,分别记为 $f'_-(x_0)$ 和 $f'_+(x_0)$,即

$$f'_-(x_0) = \lim_{\Delta x \to 0^-} \frac{f(x_0 + \Delta x) - f(x_0)}{\Delta x} = \lim_{x \to x_0^-} \frac{f(x) - f(x_0)}{x - x_0},$$

$$f'_+(x_0) = \lim_{\Delta x \to 0^+} \frac{f(x_0 + \Delta x) - f(x_0)}{\Delta x} = \lim_{x \to x_0^+} \frac{f(x) - f(x_0)}{x - x_0}.$$

右导数和左导数统称为**单侧导数**.

根据导数的定义和左右极限的性质,有下面的定理.

定理 5.1.1 函数 $f(x)$ 在 x_0 可导的充分必要条件是函数 $f(x)$ 在 x_0 的左、右导数都存在且相等,即 $f'_-(x_0) = f'_+(x_0)$.

例 5.1.2 考察函数 $f(x) = |x|$ 在 $x = 0$ 处的可导情况.

解 当 $x < 0$ 时,$f(x) = |x| = -x$,故 $f(x)$ 在 $x = 0$ 处的左导数为

$$f'_-(0) = \lim_{\Delta x \to 0^-} \frac{-\Delta x}{\Delta x} = -1.$$

而当 $x > 0$ 时,$f(x) = |x| = x$,故 $f(x)$ 在 $x = 0$ 处的右导数为

$$f'_+(0) = \lim_{\Delta x \to 0^+} \frac{\Delta x}{\Delta x} = 1.$$

因此 $f(x) = |x|$ 在 $x = 0$ 处的左右导数都存在但不相等. 由定理 5.1.1,它在 $x = 0$ 处不可导.

例 5.1.3 考察函数

$$f(x) = \begin{cases} x\sin\dfrac{1}{x}, & x > 0, \\ 0, & x \leqslant 0 \end{cases}$$

在 $x = 0$ 处的可导情况.

解 当 $x > 0$ 时,由于

$$\frac{f(x) - f(0)}{x - 0} = \frac{x\sin\dfrac{1}{x}}{x} = \sin\frac{1}{x},$$

当 $x \to 0^+$ 时,$\sin\dfrac{1}{x}$ 不存在极限,即函数在 $x = 0$ 处右导数不存在,故函数 $f(x)$ 在 $x = 0$ 处不可导.

定理 5.1.2 如果函数 $y = f(x)$ 在 x_0 处可导,则 $f(x)$ 在 x_0 处连续.

证 设函数 $y = f(x)$ 在点 x_0 处可导,即

$$\lim_{\Delta x \to 0} \frac{\Delta y}{\Delta x} = f'(x_0)$$

存在,由极限概念及无穷小量性质可知

$$\frac{\Delta y}{\Delta x} = f'(x_0) + \alpha,$$

其中 α 当 $\Delta x \to 0$ 时为无穷小量. 上式两端同乘以 Δx,得

$$\Delta y = f'(x_0)\Delta x + \alpha\Delta x.$$

由此可见,当 $\Delta x \to 0$ 时,$\Delta y \to 0$. 这就是说函数 $y = f(x)$ 在点 x_0 处连续. 证毕.

注 这个定理的逆命题不成立,也就是说一个函数在某一点连续,它不一定在该点处可导.也就是说,函数在某点连续是函数在该点可导的必要条件,但不是充分条件.

例如,函数 $f(x) = |x|$ 在 $x = 0$ 处连续,但在例 5.1.2 中已经看到它在 $x = 0$ 处不可导.

例 5.1.4 设函数

$$f(x) = \begin{cases} x^2 + b, & x > 2, \\ ax + 1, & x \leqslant 2. \end{cases}$$

确定 a, b,使得 $f(x)$ 在 $x = 2$ 处可导.

解 要使 $f(x)$ 在 $x = 2$ 处可导,首先它必须在 $x = 2$ 处连续. 因此有

$$\lim_{x \to 2^+} f(x) = \lim_{x \to 2^+} (x^2 + b) = f(2),$$

即 $4 + b = 2a + 1$.

要使 $f(x)$ 在 $x = 2$ 处可导,必须成立 $f'_-(2) = f'_+(2)$,由定义及上式,得

$$f'_-(2) = \lim_{x \to 2^-} \frac{f(x) - f(2)}{x - 2} = \lim_{x \to 2^-} \frac{ax + 1 - (2a + 1)}{x - 2} = a,$$

$$f'_+(2) = \lim_{x \to 2^+} \frac{f(x) - f(2)}{x - 2} = \lim_{x \to 2^+} \frac{x^2 + b - (2a + 1)}{x - 2}$$

$$= \lim_{x \to 2^+} \frac{x^2 + b - (4 + b)}{x - 2} = \lim_{x \to 2^+} \frac{x^2 - 4}{x - 2} = 4,$$

因此 $a = 4$. 将 $a = 4$ 代入 $4 + b = 2a + 1$,即得 $b = 5$. 这时 $f'(2) = 4$.

如果函数 $y = f(x)$ 在区间 I 的每一点处都可导(对于区间端点,左端点只须存在右导数,右端点只须存在左导数),则称**函数 $f(x)$ 在区间 I 可导**. 这样,对于区间 I 的每一个确定的 x 值,都有一个唯一确定的导数值 $f'(x)$ 与之对应,这就在区间 I 上确定了一个新的函数关系,称之为函数 $f(x)$ 的**导函数**,简称**导数**,记作

$$f'(x), \quad y', \quad \frac{dy}{dx} \quad \text{或} \quad \frac{df(x)}{dx}.$$

把式(5.1.3)中的 x_0 换成 x,即得导函数的定义:

$$f'(x) = \lim_{\Delta x \to 0} \frac{f(x + \Delta x) - f(x)}{\Delta x}.$$

可见,函数 $f(x)$ 在点 x_0 处的导数 $f'(x_0)$ 就是导函数 $f'(x)$ 在 x_0 处的函数值,即

$$f'(x_0) = f'(x)|_{x = x_0}.$$

下面我们根据导数定义来求一些简单函数的导数.

例 5.1.5 求函数 $f(x) = C$(C 为任意常数)的导数.

解 $f'(x) = \lim_{\Delta x \to 0} \frac{f(x + \Delta x) - f(x)}{\Delta x} = \lim_{\Delta x \to 0} \frac{C - C}{\Delta x} = 0.$

即

$$(C)' = 0.$$

例 5.1.6 求函数 $f(x) = x^n$ 的导数(n 为正整数).

解 $\forall x \in \mathbf{R}, \Delta y = (x + \Delta x)^n - x^n$
$$= nx^{n-1}\Delta x + \frac{n(n-1)}{2}x^{n-2}(\Delta x)^2 + \cdots + (\Delta x)^n,$$

$$\frac{\Delta y}{\Delta x} = nx^{n-1} + \frac{n(n-1)}{2}x^{n-2}\Delta x + \cdots + (\Delta x)^{n-1},$$

于是有
$$\lim_{\Delta x \to 0} \frac{\Delta y}{\Delta x} = \lim_{\Delta x \to 0} \left[nx^{n-1} + \frac{n(n-1)}{2}x^{n-2}\Delta x + \cdots + (\Delta x)^{n-1} \right] = nx^{n-1}.$$

即
$$(x^n)' = nx^{n-1}.$$

特别地,当 $n = 1$ 时,有 $(x)' = 1$.

例 5.1.7 求函数 $f(x) = \sin x$ 的导数.

解 $\forall x \in \mathbf{R}, \Delta y = f(x + \Delta x) - f(x) = \sin(x + \Delta x) - \sin x,$

$$\frac{\Delta y}{\Delta x} = \frac{\sin(x + \Delta x) - \sin x}{\Delta x} = \frac{2\cos\left(x + \frac{\Delta x}{2}\right)\sin\frac{\Delta x}{2}}{\Delta x}$$

$$= \cos\left(x + \frac{\Delta x}{2}\right)\frac{\sin\frac{\Delta x}{2}}{\frac{\Delta x}{2}},$$

于是
$$\lim_{\Delta x \to 0} \frac{\Delta y}{\Delta x} = \lim_{\Delta x \to 0} \cos\left(x + \frac{\Delta x}{2}\right)\frac{\sin\frac{\Delta x}{2}}{\frac{\Delta x}{2}}$$

$$= \lim_{\Delta x \to 0} \cos\left(x + \frac{\Delta x}{2}\right) \lim_{\Delta x \to 0} \frac{\sin\frac{\Delta x}{2}}{\frac{\Delta x}{2}}$$

$$= \cos x,$$

即
$$(\sin x)' = \cos x.$$

类似地,有
$$(\cos x)' = -\sin x.$$

例 5.1.8 求函数 $f(x) = \log_a x \,(a > 0, a \neq 1, x > 0)$ 的导数.

解 $\forall x > 0, \Delta y = f(x + \Delta x) - f(x) = \log_a(x + \Delta x) - \log_a x$

$$= \log_a \left(1 + \frac{\Delta x}{x}\right),$$

$$\frac{\Delta y}{\Delta x} = \frac{1}{\Delta x} \log_a \left(1 + \frac{\Delta x}{x}\right) = \frac{1}{x} \cdot \frac{x}{\Delta x} \log_a \left(1 + \frac{\Delta x}{x}\right)$$

$$= \frac{1}{x} \log_a \left(1 + \frac{\Delta x}{x}\right)^{\frac{x}{\Delta x}},$$

于是有
$$\lim_{\Delta x \to 0} \frac{\Delta y}{\Delta x} = \lim_{\Delta x \to 0} \frac{1}{x} \log_a \left(1 + \frac{\Delta x}{x}\right)^{\frac{x}{\Delta x}}$$
$$= \frac{1}{x} \log_a \left[\lim_{\Delta x \to 0} \left(1 + \frac{\Delta x}{x}\right)^{\frac{x}{\Delta x}}\right]$$
$$= \frac{1}{x} \log_a e = \frac{1}{x \ln a},$$

即
$$(\log_a x)' = \frac{1}{x \ln a}.$$

特别地,当 $a = e$ 时,有
$$(\ln x)' = \frac{1}{x}.$$

5.1.3 导数的几何意义

函数 $y = f(x)$ 在点 x_0 处的导数 $f'(x_0)$ 的几何意义是:$f'(x_0)$ 是曲线 $y = f(x)$ 在点 $M(x_0, f(x_0))$ 处的切线的斜率,即

$$k = f'(x_0) = \tan \alpha,$$

其中,α 为切线的倾角,如图 5.1.3 所示.

于是由直线的点斜式方程,可知曲线 $y = f(x)$ 在点 $M(x_0, y_0)$ 处的**切线方程**为

$$y - y_0 = f'(x_0)(x - x_0).$$

如果函数 $f(x)$ 在点 x_0 处连续,且 $\lim\limits_{\Delta x \to 0} \frac{\Delta y}{\Delta x} = \infty$,此时 $f(x)$ 在 x_0 处不可导,但曲线 $y = f(x)$ 在点 $(x_0, f(x_0))$ 处有垂直于 x 轴的切线 $x = x_0$.

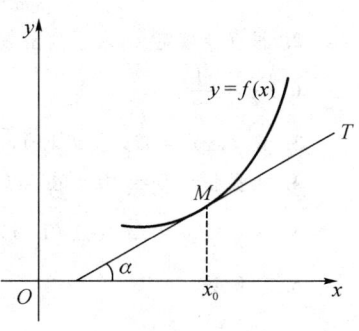

图 5.1.3

过切点 $M(x_0, f(x_0))$ 且垂直于切线的直线称为曲线 $y = f(x)$ 在点 M 处的**法线**. 如果 $f'(x_0) \neq 0$,法线的斜率为 $-\dfrac{1}{f'(x_0)}$,从而**法线方程**为

$$y - y_0 = -\frac{1}{f'(x_0)}(x - x_0).$$

例 5.1.9 已知抛物线 $y = x^2$,试求:

(1) 曲线在点 $(1, 0)$ 处的切线方程和法线方程;

(2) 曲线上哪一点处的切线平行于直线 $y = 6x - 5$?

解 (1) 根据导数的几何意义知道,曲线在 $(1, 0)$ 处的切线斜率为 $k_1 = y'\big|_{x=1} = 2$,所以切线方程为

$$y - 0 = 2(x - 1),$$

即
$$2x - y - 2 = 0.$$

在点 $(1, 0)$ 处法线的斜率为 $k_2 = -\dfrac{1}{k_1} = -\dfrac{1}{2}$，所求法线方程为

$$y - 0 = -\frac{1}{2}(x - 1),$$

即
$$x + 2y - 1 = 0.$$

(2) 设所求的点为 $P_0(x_0, y_0)$，曲线在 P_0 处的切线斜率为

$$k = y' \Big|_{x=x_0} = 2x \Big|_{x=x_0} = 2x_0.$$

切线与直线 $y = 6x - 5$ 平行时，它们的斜率相等，即 $2x_0 = 6$，所以 $x_0 = 3$，此时 $y_0 = 9$，故在点 $P_0(3, 9)$ 处的切线与直线 $y = 6x - 5$ 平行.

习题 5.1

1. 已知 $f'(x_0) = A$，求 $\lim\limits_{h \to 0} \dfrac{f(x_0 + h) - f(x_0 - h)}{h}$.

2. 根据导数定义，求下列函数的导数.

   (1) $y = \dfrac{1}{x}$；　　　　　　　　(2) $y = \sqrt[3]{x^2}$.

3. 设 $f(x) = x^2$，求 $f'(x)$，$f'(-1)$，$f'(2)$.

4. 求抛物线 $y = 10x^2$ 在点 $(-1, 10)$ 处的切线方程和法线方程.

5. 求曲线 $y = \sqrt{x}$ 在点 $(1, 1)$ 处的切线方程，并指出该曲线哪一点处的切线与直线 $y = \dfrac{1}{4}x + 3$ 平行.

6. 设函数

$$f(x) = \begin{cases} x^2, & x \leqslant 2, \\ ax + b, & x > 2, \end{cases}$$

为了使函数 $f(x)$ 在 $x = 2$ 处连续且可导，a, b 应取什么值？

7. 讨论函数在 $x = 0$ 处的连续性和可导性.

   (1) $y = |\sin x|$；

   (2) $y = \begin{cases} x^2 \sin \dfrac{1}{x}, & x \neq 0, \\ 0, & x = 0. \end{cases}$

8. 已知 $f(x) = \begin{cases} x^2, & x \geqslant 0, \\ -x, & x < 0, \end{cases}$ 求 $f'_+(0)$ 及 $f'_-(0)$，又 $f'(0)$ 是否存在？

9. $f(x) = \begin{cases} \sin x, & x < 0, \\ x, & x \geqslant 0, \end{cases}$ 求 $f'(x)$.

5.2 求 导 法 则

在导数定义中给出了计算导数的具体方法. 但是，除了少数几个简单的函数之外，可以

直接用定义较方便地求出导数的函数实在是微乎其微. 因而,有必要研究求函数(特别是初等函数)导数的方法.

在本节中,将先介绍求导数的几个基本法则,以及前文未讨论的几个基本初等函数的导数公式,从而能比较方便地求出初等函数的导数.

5.2.1 导数的四则运算

定理 5.2.1 设函数 $u(x)$ 与 $v(x)$ 在 x 处可导,则

(1) $u(x) \pm v(x)$ 在 x 处也可导,且

$$[u(x) \pm v(x)]' = u'(x) \pm v'(x).$$

(2) $u(x)v(x)$ 在 x 处也可导,且

$$[u(x)v(x)]' = u'(x)v(x) + u(x)v'(x).$$

特别地,当 $v(x) = C$ 是常数时,有

$$[Cu(x)]' = Cu'(x) + v(x)(C)' = Cu'(x).$$

(3) $\dfrac{u(x)}{v(x)} [v(x) \neq 0]$ 在点 x 处也可导,且

$$\left[\frac{u(x)}{v(x)}\right]' = \frac{u'(x)v(x) - u(x)v'(x)}{[v(x)]^2}.$$

特别地,当 $u(x) = 1$ 时,有

$$\left[\frac{1}{v(x)}\right]' = -\frac{v'(x)}{[v(x)]^2}.$$

证 (1) 设 $y = u(x) \pm v(x)$,有

$$\begin{aligned}
\Delta y &= [u(x + \Delta x) \pm v(x + \Delta x)] - [u(x) \pm v(x)] \\
&= [u(x + \Delta x) - u(x)] \pm [v(x + \Delta x) - v(x)] \\
&= \Delta u \pm \Delta v, \\
\frac{\Delta y}{\Delta x} &= \frac{\Delta u}{\Delta x} \pm \frac{\Delta v}{\Delta x}.
\end{aligned}$$

已知函数 $u(x)$ 与 $v(x)$ 在点 x 处可导,有

$$\lim_{\Delta x \to 0} \frac{\Delta u}{\Delta x} = u'(x) \quad \text{与} \quad \lim_{\Delta x \to 0} \frac{\Delta v}{\Delta x} = v'(x),$$

于是,$\lim\limits_{\Delta x \to 0} \dfrac{\Delta y}{\Delta x} = \lim\limits_{\Delta x \to 0} \dfrac{\Delta u}{\Delta x} \pm \lim\limits_{\Delta x \to 0} \dfrac{\Delta v}{\Delta x} = u'(x) \pm v'(x),$

即 $u(x) \pm v(x)$ 在点 x 处也可导,且

$$[u(x) \pm v(x)]' = u'(x) \pm v'(x).$$

(2) 设 $y = u(x)v(x)$，有

$$\Delta y = u(x+\Delta x)v(x+\Delta x) - u(x)v(x)$$
$$= u(x+\Delta x)v(x+\Delta x) - u(x+\Delta x)v(x) + u(x+\Delta x)v(x) - u(x)v(x)$$
$$= u(x+\Delta x)[v(x+\Delta x) - v(x)] + v(x)[u(x+\Delta x) - u(x)]$$
$$= u(x+\Delta x)\Delta v + v(x)\Delta u,$$

$$\frac{\Delta y}{\Delta x} = u(x+\Delta x)\frac{\Delta v}{\Delta x} + v(x)\frac{\Delta u}{\Delta x}.$$

已知函数 $u(x)$ 与 $v(x)$ 在点 x 处可导，有

$$\lim_{\Delta x \to 0} \frac{\Delta u}{\Delta x} = u'(x) \quad \text{与} \quad \lim_{\Delta x \to 0} \frac{\Delta v}{\Delta x} = v'(x),$$

由定理 5.1.2，函数 $u(x)$ 在点 x 处连续，即 $\lim_{\Delta x \to 0} u(x+\Delta x) = u(x)$. 于是

$$\lim_{\Delta x \to 0} \frac{\Delta y}{\Delta x} = \lim_{\Delta x \to 0} u(x+\Delta x) \cdot \lim_{\Delta x \to 0} \frac{\Delta v}{\Delta x} + v(x) \cdot \lim_{\Delta x \to 0} \frac{\Delta u}{\Delta x}$$
$$= u(x)v'(x) + v(x)u'(x),$$

即 $u(x)v(x)$ 在点 x 处也可导，且

$$[u(x)v(x)]' = u(x)v'(x) + v(x)u'(x).$$

(3) 设 $y = \dfrac{u(x)}{v(x)}$，有

$$\Delta y = \frac{u(x+\Delta x)}{v(x+\Delta x)} - \frac{u(x)}{v(x)} = \frac{u(x+\Delta x)v(x) - u(x)v(x+\Delta x)}{v(x)v(x+\Delta x)}$$
$$= \frac{u(x+\Delta x)v(x) - u(x)v(x) + u(x)v(x) - u(x)v(x+\Delta x)}{v(x)v(x+\Delta x)}$$
$$= \frac{[u(x+\Delta x) - u(x)]v(x) - u(x)[v(x+\Delta x) - v(x)]}{v(x)v(x+\Delta x)}$$
$$= \frac{v(x)\Delta u - u(x)\Delta v}{v(x)v(x+\Delta x)}.$$

已知函数 $u(x)$ 与 $v(x)$ 在点 x 处可导，有

$$\lim_{\Delta x \to 0} \frac{\Delta u}{\Delta x} = u'(x) \quad \text{与} \quad \lim_{\Delta x \to 0} \frac{\Delta v}{\Delta x} = v'(x),$$

根据定理 5.1.2，函数 $v(x)$ 在点 x 处连续，即 $\lim_{\Delta x \to 0} v(x+\Delta x) = v(x)$. 于是

$$\lim_{\Delta x \to 0} \frac{\Delta y}{\Delta x} = \frac{\lim_{\Delta x \to 0} \frac{\Delta u}{\Delta x} v(x) - u(x) \lim_{\Delta x \to 0} \frac{\Delta v}{\Delta x}}{v(x) \lim_{\Delta x \to 0} v(x+\Delta x)}$$
$$= \frac{u'(x)v(x) - u(x)v'(x)}{[v(x)]^2},$$

即 $\dfrac{u(x)}{v(x)}$ 在点 x 处也可导,且

$$\left[\dfrac{u(x)}{v(x)}\right]' = \dfrac{u'(x)v(x) - u(x)v'(x)}{[v(x)]^2}.$$

证毕.

应用数学归纳法,可将定理 5.2.1 中的法则(1)、(2)推广到任意有限个可导函数的情形. 例如,若函数 $u_1(x), u_2(x), \cdots, u_n(x)$ 在点 x 处都可导,则 $u_1(x)u_2(x)\cdots u_n(x)$ 在点 x 处也可导,且

$$[u_1(x)u_2(x)\cdots u_n(x)]' = u_1'(x)u_2(x)\cdots u_n(x) + u_1(x)u_2'(x)\cdots u_n(x) + \cdots + u_1(x)u_2(x)\cdots u_n'(x).$$

例 5.2.1 $y = x^3 - 2x^2 + 10x - 9$,求 y'.

解 $y' = (x^3 - 2x^2 + 10x - 9)'$
$= (x^3)' - (2x^2)' + (10x)' - (9)'$
$= 3x^2 - 2 \cdot 2x + 10 - 0$
$= 3x^2 - 4x + 10$.

例 5.2.2 $y = \ln x \cdot \cos x$,求 y'.

解 $y' = (\ln x \cdot \cos x)'$
$= (\ln x)' \cos x + \ln x \cdot (\cos x)'$
$= \dfrac{1}{x} \cdot \cos x - \ln x \cdot \sin x$.

例 5.2.3 $y = 5\log_2 x - 2x^4$,求 y'.

解 $y' = (5\log_2 x - 2x^4)' = (5\log_2 x)' - 2(x^4)'$
$= \dfrac{5}{x \ln 2} - 8x^3$.

例 5.2.4 $y = \tan x$,求 y'.

解 $y' = (\tan x)' = \left(\dfrac{\sin x}{\cos x}\right)' = \dfrac{(\sin x)' \cos x - \sin x (\cos x)'}{\cos^2 x}$
$= \dfrac{\cos^2 x + \sin^2 x}{\cos^2 x} = \dfrac{1}{\cos^2 x} = \sec^2 x$,

即 $(\tan x)' = \sec^2 x.$

这就是正切函数的导数公式.

例 5.2.5 $y = \sec x$,求 y'.

解 $y' = (\sec x)' = \left(\dfrac{1}{\cos x}\right)' = \dfrac{(1)' \cos x - 1 \cdot (\cos x)'}{\cos^2 x}$
$= \dfrac{\sin x}{\cos^2 x} = \sec x \tan x$,

即 $(\sec x)' = \sec x \tan x.$

这就是正割函数的导数公式.

用类似方法,还可求得余切函数及余割函数的导数公式:

$$(\cot x)' = -\csc^2 x,$$
$$(\csc x)' = -\csc x \cot x.$$

5.2.2 反函数的导数

为了解决求指数函数与反三角函数的导数问题,我们给出如下求导法则.

定理 5.2.2 若函数 $x = \varphi(y)$ 在某区间 I_y 内严格单调、可导,且 $\varphi'(y) \neq 0$,则它的反函数 $y = f(x)$ 在对应的区间 I_x 内也可导,且

$$f'(x) = \frac{1}{\varphi'(y)}.$$

证 由于函数 $x = \varphi(y)$ 在区间 I_y 内严格单调、可导,则它在区间 I_y 内一定是严格单调且连续,因而反函数 $y = f(x)$ 在对应的区间 I_x 内也是严格单调且连续的.

任取 $x \in I_x$,给 x 以增量 $\Delta x (\Delta x \neq 0, x + \Delta x \in I_x)$,则由函数 $y = f(x)$ 的严格单调性知函数的增量 $\Delta y \neq 0$,于是有

$$\frac{\Delta y}{\Delta x} = \frac{1}{\frac{\Delta x}{\Delta y}}.$$

因 $y = f(x)$ 连续,故

$$\lim_{\Delta x \to 0} \Delta y = 0,$$

从而

$$f'(x) = \lim_{\Delta x \to 0} \frac{\Delta y}{\Delta x} = \lim_{\Delta y \to 0} \frac{1}{\frac{\Delta x}{\Delta y}} = \frac{1}{\varphi'(y)}.$$

证毕.

上述的结论可以简单地说成:互为反函数的两个函数其导数互为倒数.

例 5.2.6 求指数函数 $y = a^x (a > 0, a \neq 1)$ 的导数.

解 指数函数 $y = a^x$ 是对数函数 $x = \log_a y$ 的反函数. 函数 $x = \log_a y$ 在区间 $0 < y < +\infty$ 内严格单调、可导,且

$$(\log_a y)' = \frac{1}{y \ln a} \neq 0.$$

因此,由反函数求导法则,在对应区间 $-\infty < x < +\infty$ 内有

$$(a^x)' = \frac{1}{(\log_a y)'} = y \ln a = a^x \ln a,$$

即

$$(a^x)' = a^x \ln a.$$

特别地，当 $a = e$ 时，有
$$(e^x)' = e^x.$$

例 5.2.7 求 $y = \arcsin x$ 和 $y = \arctan x$ 的导数.

解 $y = \arcsin x$ 是 $x = \sin y$ 的反函数. 因为函数 $x = \sin y$ 在区间 $-\dfrac{\pi}{2} < y < \dfrac{\pi}{2}$ 内严格单调增加、可导，且
$$(\sin y)' = \cos y > 0.$$
由反函数求导法则，在对应区间 $-1 < x < 1$ 内有
$$(\arcsin x)' = \frac{1}{(\sin y)'} = \frac{1}{\cos y} = \frac{1}{\sqrt{1-\sin^2 y}} = \frac{1}{\sqrt{1-x^2}},$$
即
$$(\arcsin x)' = \frac{1}{\sqrt{1-x^2}}.$$

类似地，将 $y = \arctan x$ 看成 $x = \tan y$ 的反函数，便可得到
$$(\arctan x)' = \frac{1}{(\tan y)'} = \frac{1}{\sec^2 y} = \frac{1}{1+\tan^2 y} = \frac{1}{1+x^2}.$$

不难由同样方法得到
$$(\arccos x)' = -\frac{1}{\sqrt{1-x^2}}$$
和
$$(\operatorname{arccot} x)' = -\frac{1}{1+x^2}.$$

5.2.3 复合函数的导数

由简单函数复合而成的复合函数的求导问题将借助于下面的重要法则加以解决.

定理 5.2.3 如果函数 $y = f(u)$ 在 u 处可导，函数 $u = g(x)$ 在 x 处可导，则复合函数 $y = f[g(x)]$ 在 x 处也可导，且
$$\{f[g(x)]\}' = f'(u) \cdot g'(x).$$

证 已知函数 $y = f(u)$ 在 u 处可导，即
$$\lim_{\Delta u \to 0} \frac{\Delta y}{\Delta u} = f'(u) \quad (\Delta u \neq 0),$$
根据极限与无穷小的关系有
$$\frac{\Delta y}{\Delta u} = f'(u) + \alpha,$$
其中 $\lim\limits_{\Delta u \to 0} \alpha = 0$. 用 Δu 同乘以上式两边，得

$$\Delta y = f'(u)\Delta u + \alpha \cdot \Delta u, \qquad (5.2.1)$$

由于 $\Delta u = 0$ 时，$\Delta y = f(u+\Delta u) - f(u) = 0$，不妨规定当 $\Delta u = 0$ 时 $\alpha = 0$，式(5.2.1)对 $\Delta u = 0$ 也成立.

用 $\Delta x (\Delta x \neq 0)$ 同除式(5.2.1)两边，得

$$\frac{\Delta y}{\Delta x} = f'(u)\frac{\Delta u}{\Delta x} + \alpha \cdot \frac{\Delta u}{\Delta x}.$$

根据函数在某点可导必在该点连续的性质知，当 $\Delta x \to 0$ 时，$\Delta u \to 0$ 从而可以推知

$$\lim_{\Delta x \to 0} \alpha = \lim_{\Delta u \to 0} \alpha = 0,$$

于是

$$\lim_{\Delta x \to 0} \frac{\Delta y}{\Delta x} = \lim_{\Delta x \to 0} \left[f'(u)\frac{\Delta u}{\Delta x} + \alpha \cdot \frac{\Delta u}{\Delta x} \right]$$

$$= f'(u)\lim_{\Delta x \to 0}\frac{\Delta u}{\Delta x} + \lim_{\Delta x \to 0}\alpha \cdot \lim_{\Delta x \to 0}\frac{\Delta u}{\Delta x}$$

$$= f'(u)g'(x) + 0 \cdot g'(x)$$

$$= f'(u)g'(x),$$

即复合函数 $f[g(x)]$ 在 x 可导，且 $\{f[g(x)]\}' = f'(u)g'(x)$. 证毕.

上述的结论可以简单地说成：复合函数的导数等于函数对中间变量的导数乘以中间变量对自变量的导数.

注 复合函数的求导公式也可以写作

$$\frac{\mathrm{d}y}{\mathrm{d}x} = \frac{\mathrm{d}y}{\mathrm{d}u} \cdot \frac{\mathrm{d}u}{\mathrm{d}x},$$

称之为链式法则.

要注意，$f'[g(x)]$ 与 $\{f[g(x)]\}'$ 的含义是不同的，不可混用.

例 5.2.8 求函数 $y = \sin^3 x$ 的导数.

解 函数 $y = \sin^3 x$ 是函数 $y = u^3$ 与 $u = \sin x$ 的复合函数. 由复合函数求导法则，有

$$(\sin^3 x)' = (u^3)' \cdot (\sin x)' = 3u^2 \cdot \cos x = 3\sin^2 x \cos x.$$

例 5.2.9 求对数函数 $y = \ln\sin x$ 的导数.

解 函数 $y = \ln \sin x$ 是函数 $y = \ln u$ 与 $u = \sin x$ 的复合函数，因此

$$(\ln \sin x)' = (\ln u)'(\sin x)' = \frac{1}{u} \cdot (\cos x) = \frac{\cos x}{\sin x} = \cot x.$$

对复合函数的分解熟练掌握后，在运算过程中不必再写出中间变量，可以采用下面例题的形式来计算.

例 5.2.10 求 $y = \sqrt{x^2 + a^2}$ 的导数.

解 $y' = \left[(x^2+a^2)^{\frac{1}{2}}\right]' = \frac{1}{2}(x^2+a^2)^{-\frac{1}{2}}(x^2+a^2)' = \frac{x}{\sqrt{x^2+a^2}}.$

例 5.2.11 求 $y = \arctan \dfrac{1}{x}$ 的导数.

解 $y' = \left(\arctan \dfrac{1}{x}\right)' = \dfrac{1}{1+\left(\dfrac{1}{x}\right)^2} \cdot \left(\dfrac{1}{x}\right)' = \dfrac{1}{1+\left(\dfrac{1}{x}\right)^2} \cdot \left(-\dfrac{1}{x^2}\right)$

$= -\dfrac{1}{1+x^2}.$

应用数学归纳法,可将复合函数的求导法则推广到多个中间变量的情形. 我们以两个中间变量为例:

若 $y = f(u), u = \varphi(v), v = \psi(x)$ 都可导,则复合函数 $y = f\{\varphi[\psi(x)]\}$ 的导数为

$$\dfrac{\mathrm{d}y}{\mathrm{d}x} = \dfrac{\mathrm{d}y}{\mathrm{d}u} \cdot \dfrac{\mathrm{d}u}{\mathrm{d}v} \cdot \dfrac{\mathrm{d}v}{\mathrm{d}x}.$$

例 5.2.12 求 $y = \cos(\ln \ln x)$ 的导数.

解 函数 $y = \cos(\ln \ln x)$ 是函数 $y = \cos u, u = \ln v$ 与 $v = \ln x$ 的复合函数,因此

$y' = (\cos u)'(\ln v)'(\ln x)' = -\sin u \cdot \dfrac{1}{v} \cdot \dfrac{1}{x}$

$= -\dfrac{\sin(\ln \ln x)}{x \ln x}.$

熟练掌握复合函数求导法则后,也可以按照复合的前后次序,对函数由外向里逐层求导,直接得出最后结果.

例 5.2.13 求 $y = \mathrm{e}^{\arctan \sqrt{x}}$ 的导数.

解 $y' = (\mathrm{e}^{\arctan \sqrt{x}})' = \mathrm{e}^{\arctan \sqrt{x}} (\arctan \sqrt{x})'$

$= \mathrm{e}^{\arctan \sqrt{x}} \cdot \dfrac{1}{1+(\sqrt{x})^2} \cdot (\sqrt{x})'$

$= \mathrm{e}^{\arctan \sqrt{x}} \cdot \dfrac{1}{1+x} \cdot \dfrac{1}{2} x^{\frac{1}{2}-1}$

$= \dfrac{\mathrm{e}^{\arctan \sqrt{x}}}{2(1+x)\sqrt{x}}.$

例 5.2.14 求 $y = x^\alpha$ (α 为实数)的导数.

解 因为 $y = x^\alpha = \mathrm{e}^{\alpha \ln x}$ 可以看成由指数函数 $y = \mathrm{e}^u$ 与对数函数 $u = \alpha \ln x$ 复合而成. 由复合函数求导法则,得

$y' = (\mathrm{e}^{\alpha \ln x})' = \mathrm{e}^{\alpha \ln x} \cdot (\alpha \ln x)' = x^\alpha \cdot \alpha \cdot \dfrac{1}{x} = \alpha x^{\alpha-1},$

即

$$(x^\alpha)' = \alpha x^{\alpha-1}.$$

例 5.2.15 设 $y = u(x)^{v(x)}, u(x) > 0$, 且 $u(x)$ 和 $v(x)$ 均可导,试求此函数的导数.

解 $y' = [u(x)^{v(x)}]' = [\mathrm{e}^{v(x) \ln u(x)}]' = \mathrm{e}^{v(x) \ln u(x)} [v(x) \ln u(x)]'$

$$= u(x)^{v(x)}\left[v'(x)\ln u(x) + v(x)\frac{u'(x)}{u(x)}\right]$$
$$= u(x)^{v(x)}\left[v'(x)\ln u(x) + u(x)^{v(x)-1}u'(x)v(x)\right].$$

形如 $y = f(x) = u(x)^{v(x)}$，$u(x) > 0$ 的函数称为**幂指函数**，对于幂指函数的求导，可用例 5.2.15 解法将幂指函数表示为指数形式构成复合函数再求导.

5.2.4 基本求导法则与公式

现在将前面讲过的一些基本初等函数的求导法则和求导公式汇总在一起，以便记忆和使用.

1. 基本求导法则

(1) $(u \pm v)' = u' \pm v'$;

(2) $(uv)' = u'v + uv'$, $(Cu)' = Cu'$ (C 为常数);

(3) $\left(\dfrac{u}{v}\right)' = \dfrac{u'v - uv'}{v^2}$ ($v \neq 0$);

(4) 反函数导数 $\dfrac{dy}{dx} = \dfrac{1}{\dfrac{dx}{dy}}$;

(5) 复合函数导数 $\dfrac{dy}{dx} = \dfrac{dy}{du} \cdot \dfrac{du}{dx}$.

2. 基本初等函数导数公式

(1) $(C)' = 0$ (C 为常数);

(2) $(x^\alpha)' = \alpha x^{\alpha-1}$ (α 为实数，$\alpha \neq 0$)，$\left(\dfrac{1}{x}\right)' = -\dfrac{1}{x^2}$，$(\sqrt{x})' = \dfrac{1}{2\sqrt{x}}$;

(3) $(\log_a x)' = \dfrac{1}{x \ln a}$ ($a > 0$, $a \neq 1$)，$(\ln x)' = \dfrac{1}{x}$;

(4) $(a^x)' = a^x \ln a$ ($a > 0$, $a \neq 1$)，$(e^x)' = e^x$;

(5) $(\sin x)' = \cos x$，$(\cos x)' = -\sin x$;

(6) $(\tan x)' = \dfrac{1}{\cos^2 x} = \sec^2 x$，$(\cot x)' = -\dfrac{1}{\sin^2 x} = -\csc^2 x$;

(7) $(\sec x)' = \sec x \tan x$，$(\csc x)' = -\csc x \cot x$;

(8) $(\arcsin x)' = \dfrac{1}{\sqrt{1-x^2}}$，$(\arccos x)' = -\dfrac{1}{\sqrt{1-x^2}}$ ($-1 < x < 1$);

(9) $(\arctan x)' = \dfrac{1}{1+x^2}$，$(\text{arccot } x)' = -\dfrac{1}{1+x^2}$.

下面再举几个综合运用这些法则和导数公式的例子.

例 5.2.16 求函数 $y = \dfrac{x}{2}\sqrt{a^2 - x^2} + \dfrac{a^2}{2} \arcsin \dfrac{x}{a}$ ($a > 0$) 的导数.

解 $y' = \left(\dfrac{x}{2}\sqrt{a^2 - x^2}\right)' + \left(\dfrac{a^2}{2} \arcsin \dfrac{x}{a}\right)'$

$= \dfrac{1}{2}\sqrt{a^2 - x^2} - \dfrac{1}{2}\dfrac{x^2}{\sqrt{a^2 - x^2}} + \dfrac{a^2}{2\sqrt{a^2 - x^2}}$

$$= \sqrt{a^2 - x^2}.$$

例 5.2.17 求 $y = 3^x \sin 2x + \ln\sqrt{\dfrac{2x-1}{x+1}}$ 的导数.

解 $y' = (3^x)' \sin 2x + 3^x (\sin 2x)' + \dfrac{1}{2}[\ln(2x-1) - \ln(x+1)]'$

$= 3^x \ln 3 \cdot \sin 2x + 3^x \cdot 2\cos 2x + \dfrac{1}{2}\left(\dfrac{2}{2x-1} - \dfrac{1}{x+1}\right)$

$= 3^x (\ln 3 \cdot \sin 2x + 2\cos 2x) + \dfrac{3}{2(2x-1)(x+1)}.$

习题 5.2

1. 求下列函数的导数.

(1) $y = x^4 + \sqrt[3]{x} - 2\cos x + \ln x + 5$;　　(2) $y = \sqrt[3]{x^2} - \dfrac{1}{x} + e^2$;

(3) $y = 5\sqrt{x}\sin x$;　　(4) $y = \sin 2x \cdot \ln x$;

(5) $y = \dfrac{\ln x}{x^3}$;　　(6) $y = \dfrac{x\sin x}{1+\cos x}$;

(7) $y = \dfrac{x^4}{3} - \dfrac{4}{x^3}$;　　(8) $y = \dfrac{x^2-1}{x^2+1}$.

2. 求下列函数在给定点处的导数值.

(1) $y = x(x-1)(x-2)(x-3)$, 求 $y'\big|_{x=0}$.

(2) $f(x) = \dfrac{3}{5-x} + \dfrac{x^2}{5}$, 求 $f'(0)$ 和 $f'(2)$.

3. 求曲线 $y = 2\sin x + x^2$ 在点 $x = 0$ 处的切线方程和法线方程.

4. 在曲线 $y = \dfrac{1}{1+x^2}$ 上求一点, 使得通过该点的切线平行于 x 轴.

5. 求下列函数的导数.

(1) $y = (2x^3 + 7)^{10}$;　　(2) $y = \ln\tan x$;

(3) $y = \sqrt{a^2 - x^2}$;　　(4) $y = \sqrt[3]{1-2x^2}$;

(5) $y = \left(\dfrac{x}{2x+1}\right)^n$;　　(6) $y = \ln(x + \sqrt{x^2 + a^2})$;

(7) $y = \arcsin 3x^2$;　　(8) $y = \arctan \dfrac{1+x}{1-x}$;

(9) $y = \ln\cos(e^x)$;　　(10) $y = e^{\sin\frac{1}{x}}$;

(11) $y = \tan^3 \ln x$;　　(12) $y = \ln[\ln(\ln x)]$;

(13) $y = e^{2x} + e^{-\frac{1}{x}}$;　　(14) $y = e^{(1-\sin x)^{\frac{1}{2}}}$;

(15) $y = 3x^3 \arcsin x + (x^2 + 2)\sqrt{1 - x^2}$;　　(16) $y = e^{2x} \cos 3x$;

(17) $y = \dfrac{1}{\sqrt{1-x^2}}$;　　(18) $y = \dfrac{1-\ln x}{1+\ln x}$;

(19) $y = \left(\arcsin \dfrac{x}{2}\right)^2$;　　(20) $y = e^{\arctan\sqrt{x}}$;

(21) $y = \sin^2 x \cdot \sin x^2$;

(22) $y = x\arcsin \dfrac{x}{2} + \sqrt{4-x^2}$;

(23) $y = \cos\ln(1+2x)$.

6. 证明:(1) 可导的偶函数的导数是奇函数;

(2) 可导的奇函数的导数是偶函数.

7. 证明:可导的周期函数的导数是周期函数.

8. 设 $f(x)$ 可导,求下列函数的导数 $\dfrac{dy}{dx}$.

(1) $y = f(x^2)$;

(2) $y = f(\sin^2 x) + f(\cos^2 x)$;

(3) $y = f(e^x + x^e)$;

(4) $y = f(e^x) e^{f(x)}$.

9. 已知 $\psi(x) = a^{f^2(x)}$,且 $f'(x) = \dfrac{1}{f(x)\ln a}$,证明:$\psi'(x) = 2\psi(x)$.

5.3 隐函数与参数方程确定函数的导数

5.3.1 隐函数的导数

前面我们所遇到的函数大多都表示成 $y = f(x)$ 的形式,这种函数称为**显函数**.

在一定的条件下,关于两个变量 x 与 y 的二元方程也可以确定 y 为 x 的函数. 例如在方程 $2x - y + 1 = 0$ 中,任给 x 一个值,相应地就有一个确定的 y 值与之对应,所以这个方程确定了 y 是 x 的一个函数. 但是,并非每一个二元方程一定能确定 y 是 x 的函数. 方程 $x^2 + y^2 + 1 = 0$ 就是一例,因为没有 x 与 y 的一对实数值能满足这个方程.

一般地,如果变量 x 和 y 满足一个方程 $F(x,y) = 0$,在一定条件下,当 x 取某区间内的任一值时,相应地总有满足这个方程的唯一的 y 值存在,那么就称方程 $F(x,y) = 0$ 在该区间内确定了一个**隐函数 $y = y(x)$**.

有些方程所确定的隐函数是比较容易转化成显函数的,例如从方程 $2x - y + 1 = 0$ 解出 $y = 2x + 1$,就把隐函数化成了显函数. 把一个隐函数化成显函数称为**隐函数的显化**. 但是,并非每一个隐函数都能显化. 例如,方程 $xy - e^x + e^y = 0$ 所确定的隐函数就不能显化. 关于隐函数的存在性、连续性和可微性等理论问题将在后续章节讲述. 本节所讨论的隐函数都是存在的、可导的.

下面介绍隐函数求导法. 把方程 $F(x,y) = 0$ 所确定的隐函数 $y = f(x)$ 代入原方程,有

$$F[x, f(x)] \equiv 0,$$

应用复合函数求导法则对恒等式两边求导数,可求得隐函数的导数. 下面通过具体例子说明隐函数的求导.

例 5.3.1 求由方程 $xy - e^x + e^y = 0$ 所确定的隐函数 $y = y(x)$ 的导数.

解 方程两边对 x 求导,由复合函数求导法则(注意到 y 是 x 的函数),有

$$y + xy' - e^x + e^y \cdot y' = 0,$$

解得 $$y' = \frac{e^x - y}{x + e^y} \quad (x + e^y \neq 0).$$

例 5.3.2 求由方程 $y^5 + 2y - x = 0$ 所确定的隐函数 $y = y(x)$ 的导数 $\dfrac{dy}{dx}$,并求 $\dfrac{dy}{dx}\bigg|_{x=0}$.

解 方程两边对 x 求导,得 $5y^4 \dfrac{dy}{dx} + 2\dfrac{dy}{dx} - 1 = 0$,

解得 $$\frac{dy}{dx} = \frac{1}{5y^4 + 2}.$$

当 $x = 0$ 时,由原方程得 $y = 0$,因此

$$\frac{dy}{dx}\bigg|_{x=0} = \frac{1}{2}.$$

例 5.3.3 求双曲线 $\dfrac{x^2}{a^2} - \dfrac{y^2}{b^2} = 1$ 在点 $(x_0, y_0)(y_0 \neq 0)$ 处的切线方程.

解 由导数的几何意义,所求切线的斜率为

$$k = y'\big|_{x=x_0},$$

双曲线方程两边对 x 求导,得 $\dfrac{2x}{a^2} - \dfrac{2yy'}{b^2} = 0$,

解得 $$y' = \frac{b^2 x}{a^2 y}.$$

因此在点 $(x_0, y_0)(y_0 \neq 0)$ 处的切线斜率 $k = \dfrac{b^2 x_0}{a^2 y_0}$.

从而所求的切线方程为 $y - y_0 = \dfrac{b^2 x_0}{a^2 y_0}(x - x_0)$,

即 $$\frac{x_0 x}{a^2} - \frac{y_0 y}{b^2} = \frac{x_0^2}{a^2} - \frac{y_0^2}{b^2}.$$

又点 (x_0, y_0) 在双曲线上,所以 $\dfrac{x_0^2}{a^2} - \dfrac{y_0^2}{b^2} = 1$. 于是,所求的切线方程为

$$\frac{x_0 x}{a^2} - \frac{y_0 y}{b^2} = 1.$$

幂指函数 $y = f(x) = u(x)^{v(x)} [u(x) > 0]$ 的求导,在上一节介绍的方法是将幂指函数表示为指数形式构成复合函数再求导. 这里还可用**对数求导法**计算,方法是:先将函数的两

边取对数,然后用隐函数求导法则求其导数,这样比较简便. 具体过程如下:

先将函数表达式 $y = u(x)^{v(x)}$ 两边取对数,有

$$\ln y = v(x) \cdot \ln u(x),$$

两边分别对 x 求导,则

$$\frac{y'}{y} = v'(x) \ln u(x) + v(x) \frac{u'(x)}{u(x)},$$

因此

$$y' = y \left[v'(x) \ln u(x) + v(x) \frac{u'(x)}{u(x)} \right]$$
$$= u(x)^{v(x)} [v'(x) \ln u(x) + u(x)^{v(x)-1} u'(x) v(x)].$$

例 5.3.4 求幂指函数 $y = x^x (x > 0)$ 的导数.

解 两边取对数,得 $\ln y = x \ln x.$

上式两边对 x 求导,得 $\dfrac{1}{y} \cdot y' = \ln x + 1.$

于是 $y' = y(\ln x + 1) = x^x (\ln x + 1).$

对数求导法还可应用于计算由多个因式的积、商、乘方、开方等构成函数的导数,如下面的例子.

例 5.3.5 求 $y = \sqrt{\dfrac{(x-1)(x-2)}{(x-3)(x-4)}}$ $(x > 4)$ 的导数.

解 两边取对数,得

$$\ln y = \frac{1}{2} [\ln(x-1) + \ln(x-2) - \ln(x-3) - \ln(x-4)],$$

上式两边对 x 求导,注意到 y 是 x 的函数,得

$$\frac{1}{y} y' = \frac{1}{2} \left(\frac{1}{x-1} + \frac{1}{x-2} - \frac{1}{x-3} - \frac{1}{x-4} \right),$$

于是

$$y' = \frac{y}{2} \left(\frac{1}{x-1} + \frac{1}{x-2} - \frac{1}{x-3} - \frac{1}{x-4} \right)$$
$$= \frac{1}{2} \sqrt{\frac{(x-1)(x-2)}{(x-3)(x-4)}} \left(\frac{1}{x-1} + \frac{1}{x-2} - \frac{1}{x-3} - \frac{1}{x-4} \right).$$

5.3.2 参数方程确定函数的导数

在力学中讨论物体运动的轨迹时,常遇到参数方程. 例如,把物体以初速度 v_0,仰角为 φ 抛射出去,忽略空气阻力,则抛射运动的轨迹可表示为

$$\begin{cases} x = v_0 t\cos\varphi, \\ y = v_0 t\sin\varphi - \dfrac{1}{2}gt, \end{cases} \tag{5.3.1}$$

其中，t 是物体运动的时间，g 是重力加速度．x 和 y 分别是运动物体在铅直平面上的位置的横坐标和纵坐标(图 5.3.1)．

在式(5.3.1)中，x 和 y 都是 t 的函数，因此 y 与 x 之间存在着确定的函数关系，这样参数方程 (5.3.1)就确定了 y 与 x 之间的这种函数关系，消去式(5.3.1)中的 t，得

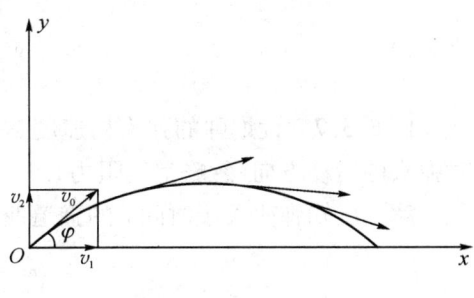

图 5.3.1

$$y = \tan\varphi \cdot x - \frac{\sec^2\varphi}{2v_0^2}gx^2,$$

这就是参数方程(5.3.1)所确定的函数的显式表示．

一般地，若参数方程

$$\begin{cases} x = \varphi(t), \\ y = \psi(t), \end{cases} \quad \alpha \leqslant t \leqslant \beta$$

确定了 y 是 x 的函数，则称此函数为由**参数方程所确定的函数**．

若 $x = \varphi(t)$ 与 $y = \psi(t)$ 都可导，且 $\varphi'(t) \neq 0$，又 $x = \varphi(t)$ 存在反函数 $t = \varphi^{-1}(x)$，则 y 是 x 的复合函数，即

$$y = \psi(t), \quad t = \varphi^{-1}(x).$$

由复合函数与反函数的求导法则，有

$$\frac{\mathrm{d}y}{\mathrm{d}x} = \frac{\mathrm{d}y}{\mathrm{d}t} \cdot \frac{\mathrm{d}t}{\mathrm{d}x} = \psi'(t)[\varphi^{-1}(x)]' = \psi'(t) \cdot \frac{1}{\varphi'(t)} = \frac{\psi'(t)}{\varphi'(t)}, \tag{5.3.2}$$

这就是参数方程所确定的函数的求导公式．

例 5.3.6 求双曲线 $\begin{cases} x = \sec t, \\ y = \tan t \end{cases}$ 在 $t = \dfrac{\pi}{4}$ 处的切线方程和法线方程．

解 由参数方程的求导公式，得

$$\frac{\mathrm{d}y}{\mathrm{d}x} = \frac{(\tan t)'}{(\sec t)'} = \frac{\sec^2 t}{\sec t \cdot \tan t} = \frac{1}{\sin t}.$$

当 $t = \dfrac{\pi}{4}$ 时，$x = \sqrt{2}$，$y = 1$，双曲线上点 $(\sqrt{2}, 1)$ 处切线斜率为

$$k = \frac{\mathrm{d}y}{\mathrm{d}x}\bigg|_{t=\frac{\pi}{4}} = \frac{1}{\sin t}\bigg|_{t=\frac{\pi}{4}} = \sqrt{2}.$$

于是所求切线方程为 $\qquad y - 1 = \sqrt{2}(x - \sqrt{2}),$

化简，得
$$y = \sqrt{2}x - 1.$$

法线方程为
$$y - 1 = -\frac{1}{\sqrt{2}}(x - \sqrt{2}),$$

化简得
$$y = -\frac{1}{\sqrt{2}}x + 2.$$

例 5.3.7 设炮弹的弹头初速度是 v_0，沿着与地面成 α 角的方向抛射出去，求在时刻 t_0 时弹头的运动方向（忽略空气阻力）.

解 已知弹头关于时间 t 的弹道曲线的参数方程是
$$\begin{cases} x = v_0 t \cos\alpha, \\ y = v_0 t \sin\alpha - \frac{1}{2}gt^2. \end{cases}$$

由参数方程求导公式，得
$$\frac{\mathrm{d}y}{\mathrm{d}x} = \frac{v_0 \sin\alpha - gt}{v_0 \cos\alpha} = \tan\alpha - \frac{gt}{v_0 \cos\alpha}.$$

设在时刻 t_0 弹头的运动方向与地面的夹角为 φ，则
$$\tan\varphi = \tan\alpha - \frac{gt_0}{v_0 \cos\alpha}$$

或
$$\varphi = \arctan\left(\tan\alpha - \frac{gt_0}{v_0 \cos\alpha}\right).$$

习题 5.3

1. 求由下列方程所确定的隐函数的导数 $\frac{\mathrm{d}y}{\mathrm{d}x}$.

   (1) $xy + 3x^2 - 5y - 7 = 0$；   (2) $e^y = xy$；

   (3) $y = x\ln y$；   (4) $y = 1 + x\sin y$.

2. 求方程 $x^2 + xy + y^2 = 4$ 确定的曲线上点 $(2, -2)$ 处的切线方程与法线方程.

3. 利用对数求导法，求下列函数的导数.

   (1) $y = x^{\sin x}\ (x > 0)$；   (2) $y = \sqrt[3]{\dfrac{x^2}{x-a}}$；

   (3) $y = (\ln x)^x$；   (4) $y = (\sin x)^{x^2}$；

   (5) $y = \dfrac{(x+5)^2 (x-4)^{\frac{1}{3}}}{(x+2)^5 (x+4)^{\frac{1}{2}}}\ (x > 4)$.

4. 求由下列参数方程所确定的函数的导数 $\dfrac{\mathrm{d}y}{\mathrm{d}x}$.

   (1) $\begin{cases} x = a\cos t, \\ y = b\sin t; \end{cases}$ (2) $\begin{cases} x = 2t - t^2, \\ y = 3t - t^3. \end{cases}$

5. 求椭圆 $\dfrac{x^2}{a^2} + \dfrac{y^2}{b^2} = 1$ 上一点 $\left(\dfrac{a}{\sqrt{2}}, \dfrac{b}{\sqrt{2}}\right)$ 的切线斜率 k.

6. 设一质点的运动轨迹由参数方程 $\begin{cases} x = t - \sin t, \\ y = 1 - 2\cos t \end{cases}$ 给出,求该质点在时刻 $t = \dfrac{\pi}{2}$ 的速度.

5.4 微 分

在理论研究和实际应用中,常常会遇到这样的问题:当自变量 x 有微小增量时,求函数增量的近似值.对于较复杂的函数来说,求出其值并非易事.如何做到既能把问题简单化,又能得到合乎实际需要的合理近似呢?微分是实现这种功能的一种数学工具.

5.4.1 微分的概念

先看一个具体例子.一块正方形金属薄片受温度变化的影响,其边长由 x_0 变到 $x_0 + \Delta x$(图 5.4.1)时,求此薄片的面积 s 的增量的近似值.

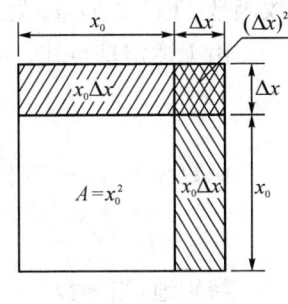

图 5.4.1

解 边长为 x 的正方形薄片的面积 $s = x^2$,当边长从 x_0 变到 $x_0 + \Delta x$ 时,面积 s 有相应的增量

$$\Delta s = (x_0 + \Delta x)^2 - x_0^2 = 2x_0 \Delta x + (\Delta x)^2.$$

上式右边由两个部分组成:

第一部分 $2x_0 \Delta x$ 是 Δx 的线性函数;

第二部分 $(\Delta x)^2$ 是比 Δx 高阶的无穷小(当 $\Delta x \to 0$ 时),所以当 $|\Delta x|$ 很小时,Δs 可以近似地用 $2x_0 \Delta x$ 来代替,即

$$\Delta s \approx 2x_0 \Delta x.$$

由此我们引入如下微分定义.

定义 5.4.1 若函数 $y = f(x)$ 在 x_0 的增量 Δy 与自变量 x 的增量 Δx 之间有关系式

$$\Delta y = A \Delta x + o(\Delta x), \tag{5.4.1}$$

其中,A 是与 Δx 无关的常数,称函数 $f(x)$ 在 x_0 **可微**,$A\Delta x$ 称为函数 $f(x)$ 在 x_0 的**微分**,记作 $\mathrm{d}y$,即

$$\mathrm{d}y = A \Delta x.$$

由微分的定义可知,当 $\Delta x \to 0$ 时,函数的增量 Δy 与微分 $\mathrm{d}y$ 的差是一个比 Δx 高阶的无穷小量 $o(\Delta x)$,由于 $\mathrm{d}y$ 是 Δx 的线性函数,所以也称 $\mathrm{d}y$ 是 Δy 的**线性主要部分**.

定理 5.4.1 函数 $y = f(x)$ 在点 x_0 可微的充要条件是函数 $y = f(x)$ 在点 x_0 可导,且式(5.4.1)中的 $A = f'(x_0)$.

证 先证必要性.若函数 $f(x)$ 在点 x_0 可微,由式(5.4.1),两边同除以 Δx,并令 $\Delta x \to 0$,可得

$$A = \lim_{\Delta x \to 0} \frac{\Delta y}{\Delta x} = f'(x_0),$$

因此,如果函数 $f(x)$ 在点 x_0 可微,则在 x_0 也一定可导,且 $A = f'(x_0)$.

再证充分性. 如果 $y = f(x)$ 在点 x_0 可导,即

$$\lim_{\Delta x \to 0} \frac{\Delta y}{\Delta x} = f'(x_0)$$

存在,则根据极限与无穷小的关系,上式可写成

$$\frac{\Delta y}{\Delta x} = f'(x_0) + \alpha,$$

其中 $\alpha \to 0 (\Delta x \to 0)$. 于是有

$$\Delta y = f'(x_0)\Delta x + \alpha \Delta x = f'(x_0)\Delta x + o(\Delta x),$$

故函数 $f(x)$ 在点 x_0 处也是可微的. 证毕.

由上述定理可知,函数 $f(x)$ 在 x_0 可微与可导是等价的,并且函数 $f(x)$ 在 x_0 的微分

$$\mathrm{d}y = f'(x_0)\Delta x.$$

函数 $y = f(x)$ 在任意点 x 的微分称为**函数的微分**,记作 $\mathrm{d}y$ 或 $\mathrm{d}f(x)$,即

$$\mathrm{d}y = f'(x)\Delta x.$$

特别地,当函数 $y = x$ 时,有

$$\mathrm{d}x = x'\Delta x = \Delta x,$$

因此自变量的微分 $\mathrm{d}x$ 就等于自变量的增量 Δx. 于是,函数的微分又可记作

$$\mathrm{d}y = f'(x)\mathrm{d}x,$$

从而有

$$\frac{\mathrm{d}y}{\mathrm{d}x} = f'(x),$$

即函数的导数 $f'(x)$ 等于函数的微分 $\mathrm{d}y$ 与自变量的微分 $\mathrm{d}x$ 的商. 因此,导数也称为**微商**. 在这之前我们把 $\frac{\mathrm{d}y}{\mathrm{d}x}$ 作为一个整体符号,有了微分概念后,符号 $\frac{\mathrm{d}y}{\mathrm{d}x}$ 就有了商的意义.

例 5.4.1 求函数 $y = x^2 + 2$ 在 $x = 3$ 处的微分.

解 函数 $y = x^2 + 2$ 在 $x = 3$ 处的微分为

$$\mathrm{d}y = (x^2 + 2)' \Big|_{x=3} \mathrm{d}x = 6\mathrm{d}x.$$

例 5.4.2 求函数 $y = \pi r^2$ 当 $r = 30, \Delta r = 0.01$ 时的微分.

解 在任一点 r,有 $\quad \mathrm{d}y = 2\pi r \mathrm{d}r.$

当 $r = 30, \Delta r = 0.01$ 时,由于 $\mathrm{d}r = \Delta r$,所以

$$\mathrm{d}y \Big|_{\substack{r=30 \\ \Delta r=0.01}} = 2\pi r \Delta r \Big|_{\substack{r=30 \\ \Delta r=0.01}} = 2\pi \times 30 \times 0.01 = 0.6\pi \approx 1.88.$$

下面给出微分的几何意义.

如图 5.4.2 所示，MT 是曲线 $y = f(x)$ 在点 $M(x_0, f(x_0))$ 的切线. 已知切线 MT 的斜率 $\tan \alpha = \dfrac{PQ}{MQ} = f'(x_0)$.

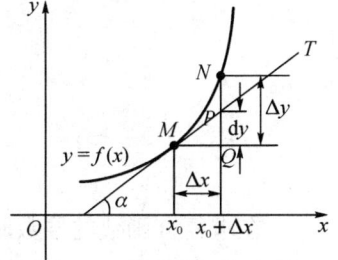

图 5.4.2

$$\Delta y = f(x_0 + \Delta x) - f(x_0) = NQ,$$
$$\mathrm{d}y = f'(x_0)\Delta x = \tan \alpha \Delta x = \dfrac{PQ}{\Delta x}\Delta x = PQ.$$

由此可见，$\mathrm{d}y = PQ$ 是曲线 $y = f(x)$ 在点 $M(x_0, y_0)$ 的切线 MT 的纵坐标的增量. 因此，用 $\mathrm{d}y$ 近似代替 Δy，就是用在点 $M(x_0, y_0)$ 处切线的纵坐标增量 PQ 近似代替函数 $f(x)$ 的增量 NQ.

由于

$$\lim_{\Delta x \to 0} \dfrac{\Delta y - \mathrm{d}y}{\Delta x} = \lim_{\Delta x \to 0} \dfrac{NP}{MQ} = f'(x_0) \lim_{\Delta x \to 0} \dfrac{NP}{PQ} = 0,$$

所以当 $f'(x_0) \neq 0$ 时，$\lim\limits_{\Delta x \to 0} \dfrac{NP}{PQ} = 0$. 这就说明了当自变量增量 $\Delta x \to 0$ 时，线段 NP 的长度比线段 PQ 的长度小得多. 因此，当自变量增量 Δx 足够小时，用 PQ 近似代替 NQ 的近似程度就足够好.

5.4.2 微分的运算

已知可微与可导是等价的，且 $\mathrm{d}y = f'(x)\mathrm{d}x$，由导数公式可得到相应的微分公式. 由导数运算法则可得到如下微分运算法则.

设 $u = u(x)$，$v = v(x)$ 都可导，则有

(1) $\mathrm{d}(u \pm v) = \mathrm{d}u \pm \mathrm{d}v$；

(2) $\mathrm{d}(uv) = v\mathrm{d}u + u\mathrm{d}v$；

(3) $\mathrm{d}\left(\dfrac{u}{v}\right) = \dfrac{v\mathrm{d}u - u\mathrm{d}v}{v^2} (v \neq 0)$.

由复合函数的求导法则也不难得到复合函数的微分法则.

设 $y = f(x)$ 及 $u = g(x)$ 都可导，则复合函数 $y = f[g(x)]$ 的微分为

$$\mathrm{d}y = f'(u)g'(x)\mathrm{d}x.$$

由于 $g'(x)\mathrm{d}x = \mathrm{d}u$，所以复合函数 $y = f[g(x)]$ 的微分公式也可以写成

$$\mathrm{d}y = f'(u)\mathrm{d}u.$$

由此可见，无论 u 是自变量还是中间变量，它的微分形式都是 $\mathrm{d}y = f'(u)\mathrm{d}u$，这一性质称为**一阶微分形式不变性**.

例 5.4.3 设 $y = \sin \sqrt{x}$，求 $\mathrm{d}y$.

解 把 $\sqrt{x}$ 看作中间变量 u，则

$$dy = d(\sin u) = \cos u du = \cos \sqrt{x} d\sqrt{x}$$
$$= \cos \sqrt{x} \cdot \frac{1}{2\sqrt{x}} dx$$
$$= \frac{\cos \sqrt{x}}{2\sqrt{x}} dx.$$

在求复合函数的导数时,可以不写出中间变量,在求复合函数的微分时,类似地也可以不写出中间变量. 下面我们用这种方法,即一阶微分形式的不变性来求函数的微分.

例 5.4.4 设 $y = \ln(\sin x)$,求 dy.

解 $dy = d\ln(\sin x) = \frac{1}{\sin x} d\sin x = \frac{1}{\sin x} \cos x dx = \cot x dx$.

例 5.4.5 设 $y = e^{1-3x} \cos x$,求 dy.

解 $dy = d(e^{1-3x} \cos x) = \cos x d(e^{1-3x}) + e^{1-3x} d(\cos x)$
$= (\cos x) e^{1-3x}(-3dx) + e^{1-3x}(-\sin x dx)$
$= -e^{1-3x}(3\cos x + \sin x) dx.$

例 5.4.6 求由方程 $\sin y^2 = \cos \sqrt{x}$ 确定的隐函数 $y = y(x)$ 的微分 dy.

解 对方程 $\sin y^2 = \cos \sqrt{x}$ 的两边求微分,即
$$d(\sin y^2) = d(\cos \sqrt{x}).$$

应用一阶微分的形式不变性,有
$$d(\sin y^2) = \cos y^2 \cdot 2y dy,$$
$$d(\cos \sqrt{x}) = -\frac{\sin \sqrt{x}}{2\sqrt{x}} dx,$$

因此
$$2y(\cos y^2) dy = -\frac{\sin \sqrt{x}}{2\sqrt{x}} dx,$$

所以
$$dy = -\frac{\sin \sqrt{x}}{4\sqrt{x} y \cos y^2} dx.$$

5.4.3 微分在近似计算中的应用

1. 函数的近似计算

若函数 $y = f(x)$ 在 x_0 可微,则 $\Delta y = dy + o(\Delta x)$,由于
$$\Delta y = f(x_0 + \Delta x) - f(x_0), \quad dy = f'(x_0) \Delta x,$$

有
$$f(x_0 + \Delta x) - f(x_0) = f'(x_0) \Delta x + o(\Delta x)$$

或
$$f(x_0 + \Delta x) = f(x_0) + f'(x_0) \Delta x + o(\Delta x).$$

设 $x = x_0 + \Delta x$,即 $\Delta x = x - x_0$,那么上式可改写为

$$f(x) = f(x_0) + f'(x_0)(x - x_0) + o(x - x_0),$$

当 $x \approx x_0$ 时,有
$$f(x) \approx f(x_0) + f'(x_0)(x - x_0). \tag{5.4.2}$$

式(5.4.2)就是函数 $f(x)$ 的近似计算公式. 从导数几何意义可知,当 x 与 x_0 充分接近时,这里用曲线 $y = f(x)$ 在点 $(x_0, f(x_0))$ 处的切线来近似代替曲线(在点 $(x_0, f(x_0))$ 附近),即"以直代曲". 式(5.4.2)所表达的近似法也称为切线近似法.

例 5.4.7 求 $\sin 31°$ 的近似值.

解 函数 $f(x) = \sin x$. 设 $x_0 = 30°$, $x = 31°$, $x - x_0 = 1° = \dfrac{\pi}{180}$,

$$f'(x) = \cos x, \quad f'(30°) = \cos 30°.$$

由公式(5.4.2),有
$$\sin 31° \approx \sin 30° + \cos 30° \cdot \dfrac{\pi}{180}.$$

已知 $\sin 30° = \dfrac{1}{2} = 0.5$, $\cos 30° = \dfrac{\sqrt{3}}{2}$,则

$$\sin 31° \approx \dfrac{1}{2} + \dfrac{\sqrt{3}}{2} \cdot \dfrac{\pi}{180} \approx 0.5000 + 0.0152 = 0.5152.$$

在式(5.4.2)中取 $x_0 = 0$,当 $|x|$ 充分小时,得
$$f(x) \approx f(0) + f'(0)x. \tag{5.4.3}$$

应用式(5.4.3)可以推得几个常用的近似公式(当 $|x|$ 充分小时):

$\sin x \approx x$; $\quad \tan x \approx x$; $\quad \dfrac{1}{1+x} \approx 1 - x$;

$e^x \approx 1 + x$; $\quad \ln(1+x) \approx x$; $\quad \sqrt[n]{1 \pm x} \approx 1 \pm \dfrac{x}{n}$.

例 5.4.8 求 $\sqrt{1.05}$ 的近似值.

解 由于 $\sqrt{1.05} = \sqrt{1 + 0.05}$,取 $x = 0.05$,其值较小,利用近似公式 $\sqrt[n]{1 \pm x} \approx 1 \pm \dfrac{x}{n}$ ($n = 2$ 的情形),便得

$$\sqrt{1.05} \approx 1 + \dfrac{1}{2} \times 0.05 = 1.025.$$

注 $\sqrt{1.05}$ 的准确值是 1.02470.

2. 误差估计

在生产实践中,由实际测量和计算所得的数一般都是近似的. 使用这些近似值时,要估计出它与准确值的差,此即误差估计问题.

如果某个量的准确值为 A,它的近似值为 a,则 $|A - a|$ 称为 a 的**绝对误差**,而绝对误差与 $|a|$ 的比值 $\dfrac{|A-a|}{|a|}$ 称为 a 的**相对误差**.

实际上,某个量的准确值往往是无法知道的,于是绝对误差和相对误差也就无法求得.

但是根据测量仪器的精确度等因素,有时能够确定误差在某一个范围内. 如果某个量的准确值是 A, 测得它的近似值是 a, 又知道它的误差不超过 δ_A, 即

$$|A - a| < \delta_A,$$

那么, δ_A 称为测量 A 的**绝对误差限**, 而 $\dfrac{\delta_A}{|a|}$ 称为测量 A 的**相对误差限**.

通常根据直接测量的 x 值按公式 $y = f(x)$ 计算 y 值时, 如果已知测量 x 的绝对误差限是 δ_x, 即 $|\Delta x| \leqslant \delta_x$, 则当 $y' \neq 0$ 时, y 的绝对误差 $|\Delta y| \approx |dy| = |y'| \cdot |\Delta x| \leqslant |y'|\delta_x$, 即 y 的绝对误差限约为

$$\delta_y = |y'| \cdot \delta_x,$$

y 的相对误差限约为

$$\frac{\delta_y}{|y|} = \left|\frac{y'}{y}\right|\delta_x.$$

绝对误差限和相对误差限有时也简称为绝对误差和相对误差.

例 5.4.9 有一立方体金属工件, 测得它的边长为 10 ± 0.01 cm, 求它的体积并估计绝对误差和相对误差.

解 体积 $v = x^3 = 10^3 = 1\,000\,(\text{cm}^3)$, 由已知 $\delta_x = 0.01$ cm, 所以, v 的绝对误差为

$$\delta_v = 3x^2 \delta_x = 3 \times 10^2 \times 0.01 = 3\,(\text{cm}^3),$$

v 的相对误差为

$$\frac{\delta_v}{v} = \frac{3}{1\,000} = 0.3\%.$$

习题 5.4

1. 求 $y = x(x^2 - 1)$ 在 $x = 2$ 处, 当 Δx 分别为 0.1 和 0.01 时的 Δy 及 dy.

2. 求下列函数的微分.

(1) $y = \sec x$;　　　　　　　　　　(2) $y = \cos^3 \dfrac{x}{2}$;

(3) $y = e^{\sqrt{x}} \sqrt{2x}$;　　　　　　　　(4) $y = \ln(1 + e^{x^2})$;

(5) $y = \sin(2x + 1)$;　　　　　　(6) $y = e^{\sin x}$;

(7) $y = e^{-ax} \sin bx$;　　　　　　(8) $y = \dfrac{1}{x} + 2\sqrt{x}$.

3. 将适当的函数填入下列括号内, 使等式成立.

(1) $d(\quad) = 2x dx$;　　　　　　(2) $d(\quad) = \dfrac{1}{x} dx$;

(3) $d(\quad) = \dfrac{1}{x^2} dx$;　　　　　(4) $d(\quad) = \dfrac{1}{\cos^2 x} dx$;

(5) $d(\quad) = \dfrac{1}{\sqrt{x}} dx$;　　　　　(6) $d(\quad) = \dfrac{1}{1+x^2} dx$;

(7) $d(\quad) = a^x dx$;　　　　　　(8) $de^{4x} = (\quad)d(4x) = (\quad)dx$.

4. 求下列各式的近似值.

(1) $\sin 30°30'$;　　　　　　　　(2) $\sqrt[3]{998.5}$;

(3) arctan 1.05; (4) ln 1.03.

5. 有一半径 $R = 10$ cm 的金属球，加热后半径增大了 0.001 cm，问球的体积增加了多少？

6. 设圆钢的截面直径 $D = 50.00$ mm，测量 D 的绝对误差为 0.04 mm，试计算其截面积，并估计其绝对误差和相对误差．

7. 为使立方体体积的相对误差不超过 $1‰$，其边长的相对误差应达到怎样的精度？

5.5 高阶导数与高阶微分

5.5.1 高阶导数

一个函数的导函数仍然是一个函数，因此在需要的情况下，可以对该导数进行求导．例如，设物体的运动方程为 $s = s(t)$，则物体的运动速度为 $v(t) = s'(t)$，而速度在时刻 t_0 的变化率

$$\lim_{\Delta t \to 0} \frac{v(t_0 + \Delta t) - v(t_0)}{\Delta t} = \lim_{t \to t_0} \frac{v(t) - v(t_0)}{t - t_0}$$

就是运动物体在时刻 t_0 的加速度．因此，加速度是速度函数的导数，即它是路程 $s(t)$ 导函数的导数，由此引出高阶导数的概念．

定义 5.5.1 若函数 f 的导函数 f' 在点 x_0 可导，则称 f' 在点 x_0 的导数为 f 在点 x_0 的**二阶导数**，记作 $f''(x_0)$，即

$$\lim_{x \to x_0} \frac{f'(x) - f'(x_0)}{x - x_0} = f''(x_0),$$

同时称 f 在点 x_0 的**二阶可导**．

若 f 在区间 I 上每一点都二阶可导，则得到一个定义在 I 上的**二阶可导函数**，记作 $f''(x), x \in I$，或者简记为 f''．类似地，二阶导函数 $f''(x)$ 的导数，称为**三阶导数**，记作 $f'''(x)$．

一般地，f 的 $n-1$ 阶导函数 $f^{(n-1)}(x)$ 的导数称为 f 的 **n 阶导函数**（或简称 **n 阶导数**）．二阶以及二阶以上的导数都称为**高阶导数**，函数 f 在点 x_0 处的 n 阶导数记作

$$y^{(n)}\Big|_{x=x_0}, \quad f^{(n)}(x_0), \quad \frac{\mathrm{d}^n y}{\mathrm{d} x^n}\Big|_{x=x_0} \quad \text{或} \quad \frac{\mathrm{d}^n f}{\mathrm{d} x^n}\Big|_{x=x_0}.$$

相应地，n 阶导函数记作

$$y^{(n)}, \quad f^{(n)}(x), \quad \frac{\mathrm{d}^n y}{\mathrm{d} x^n} \quad \text{或} \quad \frac{\mathrm{d}^n f}{\mathrm{d} x^n}.$$

例 5.5.1 求幂函数 $y = x^n$（n 为正整数）的各阶导数．

解 由函数的求导公式得

$$y' = nx^{n-1},$$
$$y'' = n(n-1)x^{n-2},$$
$$\vdots$$
$$y^{(n-1)} = [y^{(n-2)}]' = n(n-1)\cdots 2x,$$
$$y^{(n)} = [y^{(n-1)}]' = [n(n-1)\cdots 2x]' = n!,$$
$$y^{(n+1)} = y^{(n+2)} = \cdots = 0.$$

例 5.5.2 求 $y = \sin x$ 的 n 阶导数.

解 $y' = \cos x = \sin\left(x + \dfrac{\pi}{2}\right),$

$$y'' = \left[\sin\left(x + \dfrac{\pi}{2}\right)\right]' = \cos\left(x + \dfrac{\pi}{2}\right) = \sin\left(x + 2\times\dfrac{\pi}{2}\right),$$
$$y''' = \left[\sin\left(x + 2\cdot\dfrac{\pi}{2}\right)\right]' = \cos\left(x + 2\cdot\dfrac{\pi}{2}\right) = \sin\left(x + 3\times\dfrac{\pi}{2}\right),$$
$$\vdots$$

一般地,可得
$$y^{(n)} = \sin\left(x + n\cdot\dfrac{\pi}{2}\right),$$

即
$$\sin^{(n)} x = \sin\left(x + n\cdot\dfrac{\pi}{2}\right).$$

同理,得
$$\cos^{(n)} x = \cos\left(x + n\cdot\dfrac{\pi}{2}\right).$$

例 5.5.3 求 $y = e^x$ 的 n 阶导数.

解 $y' = e^x,\ y'' = e^x,\ y''' = e^x,\ y^{(4)} = e^x,\ \cdots$

一般地,可得
$$y^{(n)} = e^x,$$

即
$$(e^x)^{(n)} = e^x.$$

例 5.5.4 求 $y = \ln(1+x)$ 的 n 阶导数.

解
$$y' = \dfrac{1}{1+x},$$
$$y'' = -\dfrac{1}{(1+x)^2},$$
$$y''' = \dfrac{1\times 2}{(1+x)^3},$$
$$y^{(4)} = -\dfrac{1\times 2\times 3}{(1+x)^4}.$$

一般地,可得
$$y^{(n)} = (-1)^{n-1}\cdot\dfrac{(n-1)!}{(1+x)^n},$$

即
$$[\ln(1+x)]^{(n)} = (-1)^{n-1}\cdot\dfrac{(n-1)!}{(1+x)^n}.$$

通常规定 $0! = 1$,所以这个公式当 $n = 1$ 时也成立.

例 5.5.5 求由方程 $x - y + \dfrac{1}{2}\sin y = 0$ 所确定的隐函数 $y = y(x)$ 的二阶导数 y''.

解 方程两边对 x 求导,得
$$1 - y' + \frac{1}{2}\cos y \cdot y' = 0,$$

于是
$$y' = \frac{2}{2 - \cos y}.$$

上式两边再对 x 求导,得
$$y'' = \frac{-2\sin y \cdot y'}{(2 - \cos y)^2} = \frac{-4\sin y}{(2 - \cos y)^3}.$$

1. 高阶导数的运算法则

如果函数 $u = u(x)$ 及 $v = v(x)$ 都在点 x 处具有 n 阶导数,由乘积的导数公式,有
$$(uv)' = u'v + uv',$$
$$(uv)'' = u''v + 2u'v' + uv'',$$
$$(uv)''' = u'''v + 3u''v' + 3u'v'' + uv''',$$

用数学归纳法可以证明
$$(uv)^{(n)} = u^{(n)}v + nu^{(n-1)}v' + \frac{n(n-1)}{2!}u^{(n-2)}v'' + \cdots +$$
$$\frac{n(n-1)\cdots(n-k+1)}{k!}u^{(n-k)}v^{(k)} + \cdots + uv^{(n)}$$
$$= C_n^0 u^{(n)}v + C_n^1 u^{(n-1)}v' + C_n^2 u^{(n-2)}v'' + \cdots + C_n^k u^{(n-k)}v^{(k)} + \cdots + C_n^n uv^{(n)}$$
$$= \sum_{k=0}^{n} C_n^k u^{(n-k)} v^{(k)},$$

上式称为**莱布尼兹(Leibniz)公式**,其中 $C_n^k = \dfrac{n(n-1)\cdots(n-k+1)}{k!}$.

规定:$f^{(0)}(x) = f(x)$,即函数 $f(x)$ 的"0 阶"导数就是函数 $f(x)$ 本身.

例 5.5.6 $y = x^2 \cos x$,求 $y^{(50)}$.

解 设 $u = \cos x$,$v = x^2$,则
$$u^{(n)} = \cos\left(x + n \cdot \frac{\pi}{2}\right),$$
$$v' = 2x, \quad v'' = 2, \quad v^{(k)} = 0 \quad (k = 3, 4, \cdots, 50),$$

由莱布尼兹公式,有
$$y^{(50)} = x^2 \cos\left(x + 50 \times \frac{\pi}{2}\right) + C_{50}^1 \cdot 2x \cos\left(x + 49 \times \frac{\pi}{2}\right) + C_{50}^2 \cdot 2\cos\left(x + 48 \times \frac{\pi}{2}\right)$$
$$= -x^2 \cos x + 50 \cdot 2x(-\sin x) + 1\,225 \cdot 2\cos x$$
$$= -x^2 \cos x - 100x\sin x + 2\,450\cos x.$$

例 5.5.7 讨论函数

$$f(x) = \begin{cases} x^2, & x \geqslant 0, \\ -x^2, & x < 0 \end{cases}$$

的高阶导数.

解 当 $x > 0$ 时, $f'(x) = 2x$, $f''(x) = 2$, $f^{(k)}(x) \equiv 0 (k \geqslant 3)$;

当 $x < 0$ 时, $f'(x) = -2x$, $f''(x) = -2$, $f^{(k)}(x) \equiv 0 (k \geqslant 3)$.

当 $x = 0$ 时,由左右导数定义不难求得 $f'_+(0) = f'_-(0) = f'(0) = 0$,而当 $n \geqslant 2$ 时, $f^{(n)}(0)$ 不存在,整理后得

$$f'(x) = \begin{cases} 2x, & x > 0, \\ 0, & x = 0, \\ -2x, & x < 0, \end{cases}$$

$$f''(x) = \begin{cases} 2, & x > 0, \\ 不存在, & x = 0, \\ -2x, & x < 0, \end{cases}$$

当 $n \geqslant 3$ 时, $f^{(n)}(x) = 0 (x \neq 0)$, $f^{(n)}(0)$ 不存在.

2. 参数方程确定函数的高阶导数

设 φ, ψ 在 $[\alpha, \beta]$ 上都是二阶可导,则由参数方程

$$\begin{cases} x = \varphi(t), \\ y = \psi(t) \end{cases}$$

所确定的函数的一阶导数 $\dfrac{dy}{dx} = \dfrac{\psi'(t)}{\varphi'(t)}$,可进一步构造参数方程

$$\begin{cases} x = \varphi(t), \\ \dfrac{dy}{dx} = \dfrac{\psi'(t)}{\varphi'(t)}. \end{cases}$$

对它再使用参数方程确定函数的求导公式,得

$$\frac{d^2 y}{dx^2} = \frac{d}{dx}\left(\frac{dy}{dx}\right) = \frac{\dfrac{d}{dt}\left(\dfrac{\psi'}{\varphi'}\right)}{\dfrac{dx}{dt}} = \frac{\left[\dfrac{\psi'(t)}{\varphi'(t)}\right]'}{\varphi'(t)}$$

$$= \frac{\psi''(t)\varphi'(t) - \psi'(t)\varphi''(t)}{[\varphi'(t)]^3}. \tag{5.5.1}$$

例 5.5.8 试求由摆线参数方程

$$\begin{cases} x = a(t - \sin t), \\ y = a(1 - \cos t) \end{cases}$$

所确定的函数 $y = y(x)$ 的二阶导数.

解 由参数方程确定函数的求导公式,得

$$\frac{dy}{dx} = \frac{[a(1-\cos t)]'}{[a(t-\sin t)]'} = \frac{\sin t}{1-\cos t} = \cot\frac{t}{2} \quad (t \neq 2n\pi, n \text{ 为整数}).$$

再次求导,有

$$\frac{d^2 y}{dx^2} = \frac{\left(\cot\frac{t}{2}\right)'}{[a(t-\sin t)]'} = \frac{-\frac{1}{2}\csc^2\frac{t}{2}}{a(1-\cos t)} = -\frac{1}{4a}\csc^4\frac{t}{2} \quad (t \neq 2n\pi, n \text{ 为整数}).$$

5.5.2 高阶微分

类似于高阶导数的定义方法,我们将前面所定义的函数 $y = f(x)$ 的微分

$$dy = f'(x)dx, \tag{5.5.2}$$

称为**一阶微分**,其中变量 x 和 dx 相互独立.将一阶微分 dy 只看作 x 的函数,若 f 二阶可导,那么 dy 对自变量 x 的微分为

$$d(dy) = d[f'(x)dx] = f''(x)dx \cdot dx = f''(x)(dx)^2,$$

记 $d^2 y = d(dy)$,$dx^2 = (dx)^2$,则有

$$d^2 y = f''(x)dx^2, \tag{5.5.3}$$

称它为函数 f 的**二阶微分**.

注 注意区分 dx^2,$d^2 x$,$d(x^2)$,三者意义不同.$dx^2 = (dx)^2$,$d^2 x$ 表示 x 的二阶微分 $[d^2 x = d(dx) = 0]$;而 $d(x^2)$ 表示 x^2 的一阶微分 $[d(x^2) = 2xdx]$,要注意区分.

类似地可定义函数 f 的**三阶微分 $d^3 y = f'''(x)dx^3$**.

一般地,我们将函数 $y = f(x)$ 的 $n-1$ 阶微分的微分定义为 **n 阶微分**,记作 $d^n y$,即

$$d^n y = d(d^{n-1} y) = d(f^{(n-1)}(x)dx^{n-1}) = f^{(n)}(x)dx^n,$$

其中 $dx^n = (dx)^n$.若将它写成 $\dfrac{d^n y}{dx^n} = f^{(n)}(x)$ 时,就与 n 阶导数的记法一致.

我们将二阶及二阶以上的微分统称为**高阶微分**.

一阶微分具有形式不变性,但是高阶微分就不具备这个性质.以二阶微分为例,当 x 为 $y = f(x)$ 的自变量时,

$$d^2 y = f''(x)dx^2. \tag{5.5.4}$$

当 x 为复合函数 $y = f(x)$,$x = \varphi(t)$ 的中间变量时,$y = f[\varphi(t)]$ 作为 t 的函数,关于 t 的一阶微分可以写作

$$dy = f'(x)dx,$$

其中 $dx = \varphi'(t)dt$;而 $y = f[\varphi(t)]$ 对 t 的二阶微分为

$$d^2 y = \{f[\varphi(t)]\}'' dt^2 = \{f'[\varphi(t)] \cdot \varphi'(t)\}' dt^2$$
$$= \{f''[\varphi(t)] \cdot [\varphi'(t)]^2 + f'[\varphi(t)] \cdot \varphi''(t)\} dt^2$$
$$= f''(x) dx^2 + f'(x) d^2 x, \qquad (5.5.5)$$

比式(5.5.4)多了一项,这说明二阶微分已不再具有形式不变性.

例 5.5.9 设 $y = f(x) = \sin x$, $x = \varphi(t) = t^2$. 分别依式(5.5.4)和式(5.5.5)求 $d^2 y$.

解 由 $y = \sin t^2$, 得 $y' = 2t\cos t^2$, $y'' = 2\cos t^2 - 4t^2 \sin t^2$, 依式(5.5.4)可得

$$d^2 y = (2\cos t^2 - 4t^2 \sin t^2) dt^2.$$

依式(5.5.5)可得

$$d^2 y = f''(x) dx^2 + f'(x) d^2 x = -\sin x dx^2 + \cos x d^2 x$$
$$= -\sin t^2 \cdot (2t dt)^2 + \cos t^2 \cdot 2 dt^2$$
$$= (2\cos t^2 - 4t^2 \sin t^2) dt^2.$$

习题 5.5

1. 求下列函数的二阶导数.

(1) $y = ax + b$; 　　　　　　　　(2) $y = \cos^2 x$;

(3) $y = \sqrt{2x - x^2}$; 　　　　　　(4) $y = e^{2x-1}$;

(5) $y = e^{-x} \cos x$; 　　　　　　　(6) $y = \sin ax + \cos bx$;

(7) $y = e^{\sqrt{x}} + e^{-\sqrt{x}}$; 　　　　　　(8) $y = x \ln x$;

(9) $y = \dfrac{1}{x^3 + 1}$; 　　　　　　(10) $y = (1 + x^2) \arctan x$.

2. (1) 设 $y = \tan x$, 求 $y'' \big|_{x = \frac{\pi}{4}}$.

(2) 设 $y = \arctan x$, 求 $y'(0)$, $y''(0)$.

3. 设 $y = \ln(1 + x^2)$, 求 $y''(0)$.

4. 设一质点作简谐运动,其运动规律为 $s = A\sin \omega t$ (A, ω 是常数),求该质点在时刻 t 的速度和加速度.

5. 一质点按规律 $s = \dfrac{1}{2}(e^t - e^{-t})$ 作直线运动,试证它的加速度 a 等于 s.

6. 验证函数 $y = e^x \sin x$ 满足关系式 $y'' - 2y' + 2y = 0$.

7. 求下列函数的 n 阶导数.

(1) $y = a^x$;

(2) $y = \dfrac{2 + 3x}{1 + x}$;

(3) $y = a_0 x^n + a_1 x^{n-1} + \cdots + a_n$, 其中 $a_0, a_1, \cdots, a_n$ 都是常数;

(4) $y = e^{ax}$ (a 是常数).

8. 求由下列方程所确定的隐函数的二阶导数 $\dfrac{d^2 y}{dx^2}$.

(1) $x^2 + y^2 = r^2$； (2) $y^2 = 2px$；

(3) $x - y + \dfrac{1}{2}\sin y = 0$； (4) $y = 1 + xe^y$.

9. 求由下列参数方程所确定的函数的二阶导数 $\dfrac{d^2 y}{dx^2}$.

(1) $\begin{cases} x = a\cos t, \\ y = b\sin t; \end{cases}$ (2) $\begin{cases} x = 2t - t^2, \\ y = 3t - t^3. \end{cases}$

第 6 章 微分中值定理及其应用

第 5 章讨论了导数和微分的概念及其计算方法. 本章将应用导数研究函数曲线的某些特性, 并应用这些知识解决一些实际问题. 在研究过程中微分中值定理起到重要的桥梁作用. 因此本章先介绍微分学的几个中值定理, 它们是导数应用的理论基础.

6.1 微分中值定理

6.1.1 极值与费马定理

定义 6.1.1 若函数 f 在点 x_0 的某邻域 $U(x_0)$ 内对一切 $x \in U(x_0)$ 有

$$f(x_0) \geqslant f(x) \quad [f(x_0) \leqslant f(x)],$$

则称函数 f 在点 x_0 取得**极大(小)值**, x_0 是函数的**极大(小)值点**. 极大值、极小值统称为**极值**, 极大值点、极小值点统称为**极值点**.

由定义, 所谓极大或极小是指在 x_0 附近的一个局部范围内的函数值的大小关系, 因而极值是一个局部概念. 在整个定义区间上, 函数 $f(x)$ 可能有很多极大值(或极小值), 但只能有一个最大值(如果存在最大值)和一个最小值(如果存在最小值). 极大值不一定是最大值, 极小值也不一定是最小值, 极大值也不一定比极小值大.

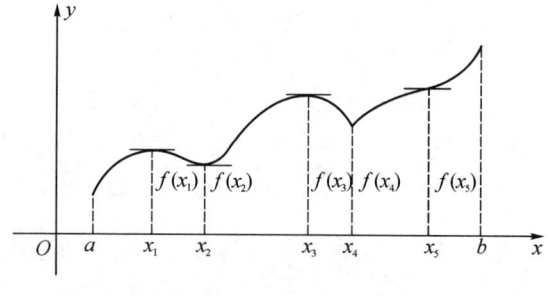

图 6.1.1

如图 6.1.1 所示, 函数 $f(x)$ 在 x_1 取的极大值 $f(x_1)$ 比在 x_4 取得的极小值 $f(x_4)$ 要小. 在几何上极大值对应于函数曲线的峰顶, 极小值对应于函数曲线的谷底.

从图中还可以看到, 在函数取得极值处, 凡是有切线的都是水平切线. 但是有水平切线的地方, 函数不一定取得极值. 如图 6.1.1 中的点 x_5 不是极值点, 而曲线在点 x_5 的切线是水平的.

定理 6.1.1 [费马(Fermat)定理] 设 x_0 是 $f(x)$ 的一个极值点, 且 $f(x)$ 在 x_0 处可导, 则

$$f'(x_0) = 0.$$

证 不妨设 x_0 是 $f(x)$ 的极大值点,则在 x_0 的某个邻域 $U(x_0, \delta)$ 上 $f(x)$ 有定义,且满足
$$f(x) \leqslant f(x_0).$$

当 $x < x_0$ 时,有 $\dfrac{f(x) - f(x_0)}{x - x_0} \geqslant 0$;当 $x > x_0$ 时,有 $\dfrac{f(x) - f(x_0)}{x - x_0} \leqslant 0$.

因为 $f(x)$ 在 x_0 可导,所以 $f'(x_0) = f'_+(x_0) = f'_-(x_0)$,由极限的保号性,有
$$f'_-(x_0) = \lim_{x \to x_0^-} \frac{f(x) - f(x_0)}{x - x_0} \geqslant 0,$$
$$f'_+(x_0) = \lim_{x \to x_0^+} \frac{f(x) - f(x_0)}{x - x_0} \leqslant 0,$$

因此
$$f'(x_0) = 0.$$

同理可证 x_0 为极小值点的情况. 证毕.

费马定理的几何意义 若函数 $f(x)$ 曲线在极值点 $x = x_0$ 可导,那么函数曲线在该点的切线平行于 x 轴.

我们称满足方程 $f'(x) = 0$ 的点为**稳定点**. 费马定理说明,在 $f(x)$ 可导的前提下,函数 $f(x)$ 的极值点是稳定点. 同时可以看到,当 $f(x)$ 可导时,条件"$f'(x_0) = 0$"只是 $f(x)$ 存在极值点的必要条件而并非是充分条件.

例如,对于函数 $f(x) = x^3$,点 $x_0 = 0$ 是稳定点,但却不是极值点.

6.1.2 罗尔定理

定理 6.1.2 [罗尔(Rolle)中值定理] 如果函数 $f(x)$ 满足下列条件:
(1) 在闭区间 $[a, b]$ 上连续;
(2) 在开区间 (a, b) 内可导;
(3) $f(a) = f(b)$,

则在 (a, b) 内至少存在一点 ξ,使得
$$f'(\xi) = 0.$$

罗尔中值定理的几何意义 若函数 $y = f(x)$ 的曲线在闭区间 $[a, b]$ 上连续,曲线上除端点外处处具有不垂直于 x 轴的切线,且在闭区间 $[a, b]$ 的两个端点 a 与 b 的函数值相等,即 $f(a) = f(b)$,则在函数曲线上至少有一点,过该点的切线平行 x 轴 (图 6.1.2).

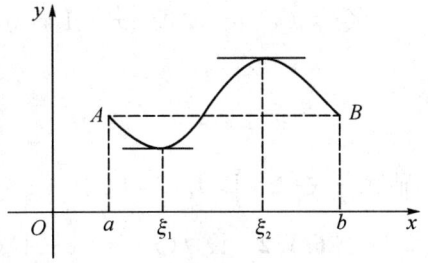

图 6.1.2

证 由于函数 $f(x)$ 在闭区间 $[a, b]$ 上连续,根据闭区间上连续函数的最大值和最小值定理,$f(x)$ 在 $[a, b]$ 上必定取得它的最大值 M 和最小值 m. 这

样,只有两种可能情形:

(1) 若 $M = m$,则 $f(x)$ 在 $[a,b]$ 上恒等于常数 M. 因此,任意 $x \in (a,b)$,有 $f'(x) = 0$,所以,任取 $\xi \in (a,b)$,有 $f'(\xi) = 0$.

(2) 若 $M > m$,因为 $f(a) = f(b)$,所以 M 与 m 中至少有一个不等于 $f(a)$,不妨设 $M \neq f(a)$,则在 (a,b) 内至少存在一点 ξ,使得 $f(\xi) = M$. 因此,ξ 是 $f(x)$ 的极大值点. 由费马定理,有

$$f'(\xi) = 0.$$

证毕.

注 定理的三个条件缺一不可,否则定理的结论就可能不成立. 图 6.1.3 给出了三个函数曲线分别不满足三个条件的图形,由图形可直观看到,函数曲线上均不存在 ξ,使 $f'(\xi) = 0$.

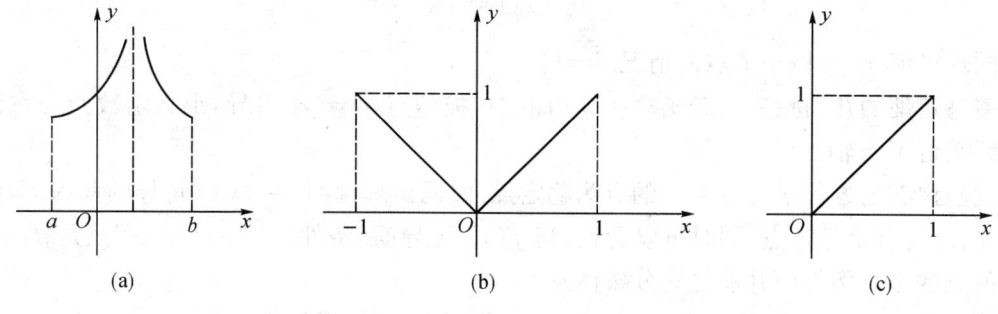

图 6.1.3

例 6.1.1 验证:函数 $f(x) = 2x^2 - x - 3$ 在区间 $[-1, 1.5]$ 上满足罗尔定理的三个条件,并求出满足 $f'(\xi) = 0$ 的 ξ 点.

解 因为 $f(x) = 2x^2 - x - 3$ 是多项式,所以在 $(-\infty, +\infty)$ 上可导,故它在 $[-1, 1.5]$ 上连续,且在 $(-1, 1.5)$ 内可导. 又

$$f(-1) = f(1.5) = 0,$$

因此,$f(x)$ 满足罗尔定理的三个条件. 而

$$f'(x) = 4x - 1.$$

令 $f'(x) = 0$,即 $4x - 1 = 0$,得

$$x = \frac{1}{4},$$

显然 $\frac{1}{4} \in (-1, 1.5)$,取 $\xi = \frac{1}{4}$,就有 $f'(\xi) = 0$.

例 6.1.2 设 $f(x) = (x-1)(x-2)(x-3)$,不求导数判断 $f'(x) = 0$ 实根的个数,并指出其所在范围.

解 因为 $f(1) = f(2) = f(3) = 0$,所以 $f(x)$ 在 $[1, 2]$,$[2, 3]$ 上满足罗尔定理条件,因此 $f'(x) = 0$ 在 $(1, 2)$ 内至少有一个实根,在 $(2, 3)$ 内至少有一个实根.

又因 $f'(x)$ 为二次多项式,故 $f'(x)=0$ 只能有两个实根,分别在区间 $(1,2)$ 及 $(2,3)$ 内.

例 6.1.3 证明:方程 $x^5-5x+1=0$ 有且仅有一个小于 1 的正实根.

证 设 $f(x)=x^5-5x+1$,则 $f(x)$ 在 $[0,1]$ 上连续,且 $f(0)=1$,$f(1)=-3$. 由零点定理,$\exists\ x_0\in(0,1)$ 使 $f(x_0)=0$,即 x_0 为方程的小于 1 的正实根.

设另有 $x_1\in(0,1)$,$x_1\neq x_0$,使 $f(x_1)=0$. 因为 $f(x)$ 在 x_0,x_1 之间满足罗尔定理的条件,所以 $\exists\ \xi$(ξ 介于 x_0,x_1 之间),使得 $f'(\xi)=0$.

但这与 $f'(x)=5(x^4-1)<0$,$x\in(0,1)$ 矛盾,故符合题意的正实根只有一个,命题得证.

6.1.3 拉格朗日中值定理

若函数 $f(x)$ 不满足罗尔定理中的条件 $f(a)=f(b)$,那么由图 6.1.4 可以看出,弦 AB 不是水平状态,此时在连续曲线 $y=f(x)$ 上存在点 $M(\xi,f(\xi))$,曲线在点 M 处的切线平行于弦 AB,由于曲线在点 M 处切线的斜率为 $f'(\xi)$,弦 AB 的斜率为 $\dfrac{f(b)-f(a)}{b-a}$,因此

$$f'(\xi)=\frac{f(b)-f(a)}{b-a}.$$

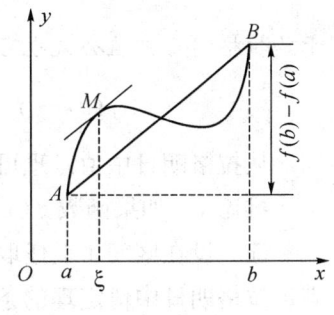

图 6.1.4

于是,将罗尔定理推广得到下面的定理.

定理 6.1.3[拉格朗日(Lagrange)中值定理] 如果函数 $f(x)$ 满足下列条件:
(1) 在闭区间 $[a,b]$ 上连续;
(2) 在开区间 (a,b) 内可导,
则在 (a,b) 内至少存在一点 ξ,使得

$$f'(\xi)=\frac{f(b)-f(a)}{b-a}. \tag{6.1.2}$$

显然,如果在拉格朗日中值定理中加上条件 $f(a)=f(b)$,那么该定理就成为罗尔定理,可见,罗尔定理是拉格朗日中值定理的特例. 因此,定理证明的基本思路是构造一个辅助函数,使其满足罗尔定理的条件,然后利用罗尔定理给出证明.

证 作辅助函数

$$\varphi(x)=f(x)-f(a)-\frac{f(b)-f(a)}{b-a}(x-a),$$

容易验证 $\varphi(x)$ 在 $[a,b]$ 连续,在 (a,b) 可导,且 $\varphi(a)=\varphi(b)=0$,根据罗尔定理,在 (a,b) 内至少存在一点 ξ,使 $\varphi'(\xi)=0$. 而

$$\varphi'(x)=f'(x)-\frac{f(b)-f(a)}{b-a},$$

于是 $\varphi'(\xi) = f'(\xi) - \dfrac{f(b)-f(a)}{b-a} = 0$,

即
$$f'(\xi) = \frac{f(b)-f(a)}{b-a}.$$

证毕.

注 式(6.1.2)对 $a > b$ 也成立. 式(6.1.2)也可称为**拉格朗日中值公式**. 式(6.1.2)也可写成
$$f(b) - f(a) = f'(\xi)(b-a), \quad \xi 在 a 与 b 之间.$$

由于 ξ 在 a 与 b 之间,因此可以将 ξ 表示成
$$\xi = a + \theta(b-a), \quad 0 < \theta < 1.$$

于是拉格朗日中值公式也可改写成
$$f(b) - f(a) = f'[a+\theta(b-a)](b-a), \quad 0 < \theta < 1.$$

从拉格朗日中值定理可以导出以下两个推论.

推论 1 如果函数 $f(x)$ 在区间 I 上的导数恒为零,那么 $f(x)$ 在区间 I 上是一个常数.

证 设在区间 I 上任取两点 x_1, x_2,不妨设 $x_1 < x_2$,则函数 $f(x)$ 在区间 $[x_1, x_2]$ 上满足拉格朗日中值定理的条件,由式(6.1.2),得
$$f(x_2) - f(x_1) = f'(\xi)(x_2 - x_1), \quad x_1 < \xi < x_2.$$

由于 $f'(x) \equiv 0$,所以 $f'(\xi) = 0$,于是
$$f(x_2) = f(x_1).$$

又由于 x_1, x_2 是 I 上任意两点,故 $f(x)$ 在 I 上的函数值总是相等的,即 $f(x)$ 在区间 I 上是一个常数. 证毕.

推论 2 如果函数 $f(x)$ 和 $g(x)$ 在区间 I 上的导函数处处相等,即 $f'(x) = g'(x)$,则 $f(x)$ 和 $g(x)$ 在 I 上只相差一个常数,即存在一个常数 C,使得 $f(x) = g(x) + C$.

证 令 $F(x) = f(x) - g(x)$,则
$$F'(x) = f'(x) - g'(x) = 0, \quad \forall x \in I.$$

由推论 1 知 $F(x) \equiv C$,即
$$f(x) = g(x) + C.$$

证毕.

例 6.1.4 验证函数 $f(x) = \arctan x$ 在区间 $[0,1]$ 上满足拉格朗日中值定理,并求满足条件的 ξ.

解 $f(x) = \arctan x$ 在 $[0,1]$ 上连续,在 $(0,1)$ 内可导,故 $f(x)$ 满足拉格朗日中值定理的条件. 又

$$f(0) = 0, \quad f(1) = \frac{\pi}{4}, \quad f'(x) = \frac{1}{1+x^2},$$

由
$$f(1) - f(0) = f'(\xi) \cdot (1-0), \quad 0 < \xi < 1,$$

得
$$\frac{\pi}{4} = f'(\xi) = \frac{1}{1+\xi^2},$$

故
$$\xi = \sqrt{\frac{4}{\pi} - 1} \in (0, 1).$$

例 6.1.5 证明：$\arcsin x + \arccos x = \frac{\pi}{2}, x \in [-1, 1]$.

证 设 $f(x) = \arcsin x + \arccos x, x \in [-1, 1]$. 由于
$$f'(x) = \frac{1}{\sqrt{1-x^2}} + \left(-\frac{1}{\sqrt{1-x^2}}\right) = 0,$$

所以 $f(x) \equiv C, x \in (-1, 1)$.

又因为 $f(0) = \arcsin 0 + \arccos 0 = \frac{\pi}{2}$，则 $C = \frac{\pi}{2}$. 另有 $f(1) = f(-1) = \frac{\pi}{2}$，故
$$\arcsin x + \arccos x = \frac{\pi}{2}, \quad x \in [-1, 1].$$

证毕.

例 6.1.6 证明：$|\sin x - \sin y| \leqslant |x - y|$.

证 设 $f(t) = \sin t$, 对任意 x, y（不妨设 $x < y$），显然 $f(t) = \sin t$ 在 $[x, y]$ 上满足拉格朗日中值定理的条件，根据定理，有
$$f(x) - f(y) = f'(\xi)(x - y), \quad x < \xi < y.$$

由于 $f'(t) = \cos t$, 因此上式即
$$\sin x - \sin y = \cos \xi \cdot (x - y),$$

则
$$|\sin x - \sin y| = |\cos \xi| \cdot |x - y| \leqslant |x - y|.$$

证毕.

可见，应用拉格朗日中值定理可以证明某些不等式. 证明的思路是：先根据所证明的不等式构造一个辅助函数，并确定自变量的变化区间，再对辅助函数在所确定的区间上应用拉格朗日中值定理，便得到一个含有 ξ 的等式，最后对 ξ 进行适当的缩放，即可得到所要证明的不等式.

6.1.4 柯西中值定理

定理 6.1.4(柯西中值定理) 如果函数 $f(x), g(x)$ 满足条件：
(1) 在闭区间 $[a, b]$ 上连续；

(2) 在开区间 (a,b) 内可导,并且对任意 $x \in (a,b)$,有 $g'(x) \neq 0$,则在 (a,b) 内至少存在一点 ξ,使

$$\frac{f'(\xi)}{g'(\xi)} = \frac{f(b)-f(a)}{g(b)-g(a)}. \tag{6.1.3}$$

证 先证 $g(b) \neq g(a)$. 假设 $g(b) = g(a)$,由已知条件,根据罗尔定理,在 (a,b) 内至少存在一点 c,使得 $g'(c) = 0$,与条件(2)矛盾,故 $g(b) \neq g(a)$.

作辅助函数

$$F(x) = f(x) - f(a) - \frac{f(b)-f(a)}{g(b)-g(a)}[g(x)-g(a)].$$

易见 $F(x)$ 在 $[a,b]$ 满足罗尔定理的条件,故存在 $\xi \in (a,b)$,使得

$$F'(\xi) = f'(\xi) - \frac{f(b)-f(a)}{g(b)-g(a)}g'(\xi) = 0.$$

因为 $g'(\xi) \neq 0$,把上式改写即得式(6.1.3). 证毕.

注 1 柯西中值定理有着与前两个中值定理相类似的几何意义. 只是现在要把 f, g 这两个函数写成以 x 为参数的参量方程

$$\begin{cases} u = g(x), \\ v = f(x). \end{cases}$$

在 uOv 平面上表示一段曲线(图 6.1.5).

由于式(6.1.3)右边的 $\frac{f(b)-f(a)}{g(b)-g(a)}$ 表示连接该曲线两端的弦 AB 的斜率,而式(6.1.3)左边的 $\frac{f'(\xi)}{g'(\xi)} = \frac{\mathrm{d}v}{\mathrm{d}u}\Big|_{x=\xi}$ 则表示该曲线上与 $x=\xi$ 相对应的一点 $C(g(\xi), f(\xi))$ 处的切线的斜率. 因此式(6.1.3)即表示上述切线与弦 AB 互相平行.

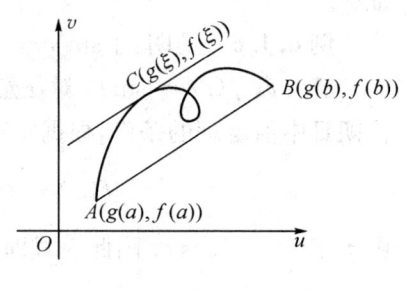

图 6.1.5

注 2 当 $a > b$ 时,柯西中值定理的结论仍成立.

注 3 如果取函数 $g(x) = x$,柯西中值定理就变成拉格朗日中值定理了,所以柯西中值定理是拉格朗日中值定理的推广,罗尔中值定理是拉格朗日中值定理的特殊情况[要求 $f(a) = f(b)$]. 拉格朗日中值定理是中值定理的核心定理,称它们为**微分中值定理**.

例 6.1.7 设函数 $f(x)$ 在 $[0,1]$ 上连续,在 $(0,1)$ 内可导,证明:至少存在一点 $\xi \in (0,1)$,使 $f'(\xi) = 2\xi[f(1)-f(0)]$.

证 结论可变形为

$$\frac{f(1)-f(0)}{1-0} = \frac{f'(\xi)}{2\xi} = \frac{f'(x)\big|_{x=\xi}}{(x^2)'\big|_{x=\xi}}.$$

因此,设 $g(x) = x^2$,则 $f(x), g(x)$ 在 $[0, 1]$ 上满足柯西中值定理的条件,由柯西中值定理,至少存在一点 $\xi \in (0, 1)$,使

$$\frac{f(1) - f(0)}{1 - 0} = \frac{f'(\xi)}{2\xi}.$$

即 $f'(\xi) = 2\xi[f(1) - f(0)]$. 证毕.

6.1.5 导函数性质

定理 6.1.5(导函数极限定理) 设函数 f 在点 x_0 的某邻域 $U(x_0)$ 内连续,在 $\mathring{U}(x_0)$ 内可导,且极限 $\lim\limits_{x \to x_0} f'(x)$ 存在,则 f 在点 x_0 可导,且

$$f'(x_0) = \lim_{x \to x_0} f'(x). \tag{6.1.4}$$

证 由于 f 在 $\mathring{U}(x_0)$ 内可导,任取 $x \in \mathring{U}_+(x_0)$,$f(x)$ 在 $[x_0, x]$ 上满足拉格朗日定理条件,则存在 $\xi \in (x_0, x)$,使得

$$\frac{f(x) - f(x_0)}{x - x_0} = f'(\xi). \tag{6.1.5}$$

由于 $x_0 < \xi < x$,因此当 $x \to x_0^+$ 时,有 $\xi \to x_0^+$,对式(6.1.5)两边取极限,便得

$$f'_+(x_0) = \lim_{x \to x_0^+} \frac{f(x) - f(x_0)}{x - x_0} = \lim_{x \to x_0^+} f'(\xi) = f'(x_0 + 0).$$

同理可得 $\qquad f'_-(x_0) = f'(x_0 - 0).$

由已知,设 $\lim\limits_{x \to x_0} f'(x) = k$,则 $f'(x_0 + 0) = f'(x_0 - 0) = k$,从而

$$f'_+(x_0) = f'_-(x_0) = k,$$

即 $f'(x_0) = k$. 证毕.

由定理证明过程可以看到,导函数极限定理容易分解为左(右)导函数极限定理. 例如:

例如,若函数 f 在点 x_0 的右邻域 $U_+(x_0)$ 内连续,在 $\mathring{U}_+(x_0)$ 内可导,且 $f'(x_0 + 0)$ 存在,则 f 在点 x_0 存在右导数,且 $f'_+(x_0) = f'(x_0 + 0)$.

导函数极限定理适合于求分段函数的导数.

例 6.1.8 求分段函数

$$f(x) = \begin{cases} x + \sin x^2, & x \leqslant 0, \\ \ln(1 + x), & x > 0 \end{cases}$$

的导数.

解 首先有

$$f'(x) = \begin{cases} 1 + 2x\cos x^2, & x < 0, \\ \dfrac{1}{1+x}, & x > 0. \end{cases}$$

再考虑 f 在 $x = 0$ 处的导数. 此前, 只能用导数定义来处理, 现在可用导函数极限定理计算. 由于

$$\lim_{x \to 0^+} f(x) = \lim_{x \to 0^+} \ln(1+x) = 0 = f(0),$$

$$\lim_{x \to 0^-} f(x) = \lim_{x \to 0^-} (x + \sin x^2) = 0 = f(0),$$

因此 f 在 $x = 0$ 处连续. 又因

$$f'(0-0) = \lim_{x \to 0^-} (1 + 2x\cos x^2) = 1,$$

$$f'(0+0) = \lim_{x \to 0^+} \frac{1}{1+x} = 1,$$

所以 $\lim_{x \to 0} f'(x) = 1$. 依据导函数极限定理, 有 f 在 $x = 0$ 处可导, 且 $f'(0) = 1$.

定理 6.1.6(导函数介值定理, 达布定理) 若函数 f 在 $[a, b]$ 上可导, 且 $f'_+(a) \neq f'_-(b)$, k 为介于 $f'_+(a)$, $f'_-(b)$ 之间任一实数, 则至少存在一点 $\xi \in (a, b)$, 使得 $f'(\xi) = k$.

证 设 $F(x) = f(x) - kx$, 则 $F(x)$ 在 $[a, b]$ 上可导, 且

$$F'_+(a) \cdot F'_-(b) = [f'_+(a) - k][f'_-(b) - k] < 0.$$

不妨设 $F'_+(a) > 0$, $F'_-(b) < 0$.

由 $F'_+(a) = \lim_{x \to a^+} \dfrac{F(x) - F(a)}{x - a} > 0$, 根据极限保号性, 存在正数 δ, 对 $x_1 \in \mathring{U}_+(a, \delta)$ 有 $\dfrac{F(x_1) - F(a)}{x_1 - a} > 0$, 从而有 $F(x_1) > F(a)$.

类似地, 由 $F'_-(b) < 0$, 存在 $x_2 \in \mathring{U}_-(b)$, 且 $x_1 < x_2$, 使得 $F(x_2) > F(b)$.

因为 F 在 $[a, b]$ 上可导, 所以连续. 根据最值定理, 存在一点 $\xi \in [a, b]$, 使 F 在点 ξ 取得最大值. 由于 $F(x_1) > F(a)$, 且 $F(x_2) > F(b)$, 可知 $\xi \neq a, b$. 说明 ξ 是 F 的极大值点. 由费马定理得 $F'(\xi) = 0$, 即

$$F'(\xi) = k, \quad \xi \in (a, b).$$

证毕.

习题 6.1

1. 验证罗尔定理对函数 $f(x) = \ln\sin x$ 在区间 $\left[\dfrac{\pi}{6}, \dfrac{5\pi}{6}\right]$ 上的正确性.

2. 验证拉格朗日中值定理对函数 $f(x) = \ln x$ 在区间 $[1, e]$ 上的正确性.

3. 设 $f(x) = \sin x$, $0 \leqslant x \leqslant \dfrac{\pi}{2}$, 求 ξ 的值使拉格朗日公式成立.

4. 证明:恒等式 $3\arccos x - \arccos(3x - 4x^3) = \pi$, $x \in \left[-\dfrac{1}{2}, \dfrac{1}{2}\right]$.

5. 证明:方程 $5x^4 - 4x + 1 = 0$ 在 0 与 1 之间至少有一个实根.

6. 设 $p(x)$ 为多项式函数,证明若方程 $p'(x) = 0$ 没有实根,则方程 $p(x) = 0$ 至多有一个实根.

7. 证明下列不等式.

(1) 当 $x > 0$ 时,$\dfrac{x}{1+x} < \ln(1+x) < x$;

(2) 当 $x > 1$ 时,$e^x > ex$;

(3) $\arctan x_2 - \arctan x_1 \leqslant x_2 - x_1 \ (x_1 < x_2)$;

(4) 当 $x \neq 0$ 时,$e^x > 1 + x$.

8. 若函数 $f(x)$ 在 a 的某邻域内连续,除点 a 外可导,且 $\lim\limits_{x \to a} f'(x) = l$,则函数 $f(x)$ 在点 a 可导,且 $f'(a) = l$.

9. 证明:若 $c_0 + \dfrac{c_1}{2} + \dfrac{c_2}{3} + \cdots + \dfrac{c_n}{n+1} = 0$,$c_0, c_1, \cdots, c_n$ 是常数,则方程

$$c_0 + c_1 x + c_2 x^2 + \cdots + c_n x^n = 0$$

在 $(0, 1)$ 内至少有一个实根.

6.2 洛必达法则

在计算一个分式函数 $\dfrac{f(x)}{g(x)}$ 的极限时,若函数 $f(x)$,$g(x)$ 当 $x \to x_0$(或 $x \to \infty$)时都趋于零或都趋于无穷大,那么极限 $\lim\limits_{\substack{x \to x_0 \\ (x \to \infty)}} \dfrac{f(x)}{g(x)}$ 可能存在也可能不存在,通常称这类极限为**未定式**,分别记为 $\dfrac{0}{0}$ 型未定式或 $\dfrac{\infty}{\infty}$ 型未定式,简称 $\dfrac{0}{0}$ 型或 $\dfrac{\infty}{\infty}$ 型.

例如,$\lim\limits_{x \to 0} \dfrac{\sin x}{x}$ 就是 $\dfrac{0}{0}$ 型,$\lim\limits_{x \to +\infty} \dfrac{\ln x}{x}$ 就是 $\dfrac{\infty}{\infty}$ 型.这类极限不能用通常的极限运算法则求得.这一节我们将利用柯西中值定理推导出求未定式极限的法则——**洛必达(L'Hospital)法则**.

6.2.1 $\dfrac{0}{0}$ 型未定式

定理 6.2.1(洛必达法则 1) 若函数 $f(x)$ 和 $g(x)$ 满足:

(1) $\lim\limits_{x \to x_0} f(x) = 0$,$\lim\limits_{x \to x_0} g(x) = 0$;

(2) 在点 x_0 的某个去心领域内 $f'(x)$ 和 $g'(x)$ 都存在,且 $g'(x) \neq 0$;

(3) $\lim\limits_{x \to x_0} \dfrac{f'(x)}{g'(x)} = A$ (A 可为实数,也可为 $\pm\infty$,∞),

那么

$$\lim_{x \to x_0} \dfrac{f(x)}{g(x)} = \lim_{x \to x_0} \dfrac{f'(x)}{g'(x)} = A.$$

证 因为 $\lim\limits_{x\to x_0}\dfrac{f(x)}{g(x)}$ 与 $f(x_0)$ 及 $g(x_0)$ 无关,所以可对函数 $f(x)$, $g(x)$ 在 x_0 作连续延拓,即补充定义 $f(x_0)=g(x_0)=0$,于是由条件(1)、(2)可知,$f(x)$ 与 $g(x)$ 在点 x_0 的某个邻域内是连续的. 设 x 为该邻域内的任意一点,则 $f(x)$ 与 $g(x)$ 在以 x 和 x_0 为端点的闭区间上满足柯西中值定理的条件,因此有

$$\frac{f(x)}{g(x)}=\frac{f(x)-f(x_0)}{g(x)-g(x_0)}=\frac{f'(\xi)}{g'(\xi)}\quad(\xi\text{ 介于 }x\text{ 和 }x_0\text{ 之间}),$$

故当 $x\to x_0$ 时,$\xi\to x_0$,上式两端取极限得

$$\lim_{x\to x_0}\frac{f(x)}{g(x)}=\lim_{\xi\to x_0}\frac{f'(\xi)}{g'(\xi)}=\lim_{x\to x_0}\frac{f'(x)}{g'(x)}=A.$$

证毕.

注 1 如果 $\dfrac{f'(x)}{g'(x)}$ 当 $x\to x_0$ 时,仍是 $\dfrac{0}{0}$ 型,且 $f'(x)$, $g'(x)$ 仍满足洛必达法则条件,则

$$\lim_{x\to x_0}\frac{f(x)}{g(x)}=\lim_{x\to x_0}\frac{f'(x)}{g'(x)}=\lim_{x\to x_0}\frac{f''(x)}{g''(x)},$$

且可以依次类推.

注 2 若将法则 1 中 $x\to x_0$ 换成 $x\to x_0^+$, $x\to x_0^-$, $x\to\pm\infty$, $x\to\infty$,只要相应地修正条件(2)中的邻域,也可得到同样的结论.

例 6.2.1 求 $\lim\limits_{x\to 0}\dfrac{a^x-b^x}{x}$ $(a>0, b>0)$.

解 这是 $\dfrac{0}{0}$ 型未定式,由洛必达法则 1,得

$$\lim_{x\to 0}\frac{a^x-b^x}{x}=\lim_{x\to 0}\frac{(a^x-b^x)'}{(x)'}=\lim_{x\to 0}\frac{a^x\ln a-b^x\ln b}{1}$$
$$=\ln a-\ln b=\ln\frac{a}{b}.$$

例 6.2.2 求 $\lim\limits_{x\to 0}\dfrac{\tan x-x}{x-\sin x}$.

解 这是 $\dfrac{0}{0}$ 型未定式,由洛必达法则 1,得

$$\lim_{x\to 0}\frac{\tan x-x}{x-\sin x}=\lim_{x\to 0}\frac{\dfrac{1}{\cos^2 x}-1}{1-\cos x}=\lim_{x\to 0}\frac{\dfrac{1-\cos^2 x}{\cos^2 x}}{1-\cos x}=\lim_{x\to 0}\frac{1+\cos x}{\cos^2 x}=2.$$

由此例可以看出,分子、分母求导后要注意化简,然后再取极限. 这样可以简化运算.

例 6.2.3 求 $\lim\limits_{x\to 1}\dfrac{x^3-3x+2}{x^3-x^2-x+1}$.

解 这是 $\dfrac{0}{0}$ 型未定式,由洛必达法则1,得

$$\lim_{x\to 1}\frac{x^3-3x+2}{x^3-x^2-x+1}=\lim_{x\to 1}\frac{3x^2-3}{3x^2-2x-1}=\lim_{x\to 1}\frac{6x}{6x-2}=\frac{3}{2}.$$

本例两次应用了洛必达法则,注意每次应用前要检查它是否仍为未定式,如果已经不是,继续使用法则$\left(\text{如本例中}\lim\limits_{x\to 1}\dfrac{6x}{6x-2}\right)$,将出现错误的结果.

例 6.2.4 求 $\lim\limits_{x\to +\infty}\dfrac{\dfrac{1}{x}}{\dfrac{\pi}{2}-\arctan x}$.

解 这是 $\dfrac{0}{0}$ 型未定式,由洛必达法则1,得

$$\lim_{x\to+\infty}\frac{\dfrac{1}{x}}{\dfrac{\pi}{2}-\arctan x}=\lim_{x\to+\infty}\frac{-\dfrac{1}{x^2}}{-\dfrac{1}{1+x^2}}=\lim_{x\to+\infty}\frac{1+x^2}{x^2}=1.$$

6.2.2 $\dfrac{\infty}{\infty}$ 型未定式

定理 6.2.2(洛必达法则 2) 若函数 $f(x)$ 和 $g(x)$ 满足:

(1) $\lim\limits_{x\to x_0}f(x)=\lim\limits_{x\to x_0}g(x)=\infty$;

(2) 在点 x_0 的某个去心邻域内 $f'(x)$ 和 $g'(x)$ 都存在,且 $g'(x)\neq 0$;

(3) $\lim\limits_{x\to x_0}\dfrac{f'(x)}{g'(x)}=A$($A$ 可为实数,也可为 $\pm\infty$,∞),

那么

$$\lim_{x\to x_0}\frac{f(x)}{g(x)}=\lim_{x\to x_0}\frac{f'(x)}{g'(x)}=A.$$

证 只证明 $x\to x_0^-$ 情况. 同法可证 $x\to x_0^+$ 情况.

先设 A 为实数,由条件(3),$\forall \varepsilon>0$,$\exists x_1\in \overset{\circ}{U}_-(x_0)$,$\forall x: x_1<x<x_0$,有

$$\left|\frac{f'(x)}{g'(x)}-A\right|<\varepsilon. \tag{6.2.1}$$

由条件(2),函数 $f(x)$ 与 $g(x)$ 在 $[x_1,x]$ 满足柯西中值定理的条件,有

$$\exists c\in(x_1,x)\subset(x_1,x_0), \quad 使得 \frac{f(x)-f(x_1)}{g(x)-g(x_1)}=\frac{f'(c)}{g'(c)},$$

从而

$$\frac{f(x)-f(x_1)}{g(x)-g(x_1)}-A=\frac{f'(c)}{g'(c)}-A, \quad x_1<c<x.$$

用 $g(x)-g(x_1)$ 乘以上式两边,有

$$f(x)-f(x_1)-A[g(x)-g(x_1)]=\left[\frac{f'(c)}{g'(c)}-A\right][g(x)-g(x_1)],$$

即 $$f(x)-Ag(x)=\left[\frac{f'(c)}{g'(c)}-A\right][g(x)-g(x_1)]+[f(x_1)-Ag(x_1)].$$

对上式除以 $g(x)$，有

$$\frac{f(x)}{g(x)}-A=\left[\frac{f'(c)}{g'(c)}-A\right]\left[1-\frac{g(x_1)}{g(x)}\right]+\frac{f(x_1)-Ag(x_1)}{g(x)}. \tag{6.2.2}$$

由条件(1)有 $\lim\limits_{x\to x_0^-}\dfrac{g(x_1)}{g(x)}=0$ 与 $\lim\limits_{x\to x_0^-}\dfrac{f(x_1)-Ag(x_1)}{g(x)}=0.$

从而，对上述的 $\varepsilon>0$，$\exists x_2>x_1$，$\forall x: x_2<x<x_0$，同时有

$$\left|\frac{g(x_1)}{g(x)}\right|<1 \quad \text{与} \quad \left|\frac{f(x_1)-Ag(x_1)}{g(x)}\right|<\varepsilon.$$

由于 $c\in(x_1,x)\subset(x_1,x_0)$，由式(6.2.1)，有

$$\left|\frac{f'(c)}{g'(c)}-A\right|<\varepsilon.$$

于是对 $\forall x: x_2<x<x_0$，由式(6.2.2)，有

$$\left|\frac{f(x)}{g(x)}-A\right|\leqslant\left|\frac{f'(c)}{g'(c)}-A\right|\cdot\left[1+\left|\frac{g(x_1)}{g(x)}\right|\right]+\left|\frac{f(x_1)-Ag(x_1)}{g(x)}\right|$$

$$<\varepsilon(1+1)+\varepsilon=3\varepsilon,$$

即 $$\lim_{x\to x_0^-}\frac{f(x)}{g(x)}=A.$$

同法可证 $$\lim_{x\to x_0^+}\frac{f(x)}{g(x)}=A.$$

于是 $$\lim_{x\to x_0}\frac{f(x)}{g(x)}=\lim_{x\to x_0}\frac{f'(x)}{g'(x)}=A.$$

类似地可以证明当 $A=\pm\infty$ 或 ∞ 的情形．证毕．

注1 从定理的证明过程可以看到，若当 $x\to x_0^-$ 时 $g(x)\to\infty$，此时对 $f(x)$ 的变化趋势没有任何要求．也就是说，无论此时 $f(x)$ 有无极限、有界无界，只要条件(2)(3)存在，洛必达法则2都是有效的．因此，洛必达法则2的使用范围可以扩展为"$\dfrac{*}{\infty}$ 型"极限，"$*$"代表任意变化类型．

注2 洛必达法则2对于 $x\to\pm\infty$，$x\to\infty$ 等情形也有相同的结论．

例 6.2.5 求 $\lim\limits_{x\to+\infty}\dfrac{\ln x}{x^n}$ $(n>0)$.

解 这是 $\dfrac{\infty}{\infty}$ 型未定式，利用洛必达法则2，得

$$\lim_{x\to+\infty}\frac{\ln x}{x^n}=\lim_{x\to+\infty}\frac{\frac{1}{x}}{nx^{n-1}}=\lim_{x\to+\infty}\frac{1}{nx^n}=0.$$

例 6.2.6 求 $\lim\limits_{x\to+\infty}\dfrac{x^n}{\mathrm{e}^x}$ (n 为正整数).

解 这是 $\dfrac{\infty}{\infty}$ 型未定式,利用洛必达法则 2,得

$$\lim_{x\to+\infty}\frac{x^n}{\mathrm{e}^x}=\lim_{x\to+\infty}\frac{nx^{n-1}}{\mathrm{e}^x}=\lim_{x\to+\infty}\frac{n(n-1)x^{n-2}}{\mathrm{e}^x}=\cdots=\lim_{x\to+\infty}\frac{n!}{\mathrm{e}^x}=0.$$

事实上,如果例 6.2.6 中的 n 不是正整数,而是任意正数,极限仍为零.

上两例说明,当 $x\to+\infty$ 时,对数函数 $\ln x$、幂函数 x^n、指数函数 e^x 均为无穷大量,但这三个函数增大的"速度"是很不一样的,幂函数增大的"速度"比对数函数快得多,而指数函数增大的"速度"又比幂函数快得多.

洛必达法则虽然是求未定式的一种有效方法,但若能与其他求极限的方法结合使用,效果会更好.例如,能化简时应尽可能先化简,可以应用等价无穷小量替换或重要极限时,应尽量应用,以使运算尽可能简捷.

例 6.2.7 求 $\lim\limits_{x\to 0}\dfrac{\tan x-x}{x^2\tan x}$.

解 $\lim\limits_{x\to 0}\dfrac{\tan x-x}{x^2\tan x}=\lim\limits_{x\to 0}\dfrac{\tan x-x}{x^3}=\lim\limits_{x\to 0}\dfrac{\sec^2 x-1}{3x^2}=\dfrac{1}{3}\lim\limits_{x\to 0}\dfrac{\tan^2 x}{x^2}=\dfrac{1}{3}.$

6.2.3 其他类型的未定式

未定式除了以上两种基本类型之外,还有 $0\cdot\infty$ 型,$\infty-\infty$ 型,1^∞ 型,0^0 型,∞^0 型等.后面几种类型未定式均可转化为 $\dfrac{0}{0}$ 型或 $\dfrac{\infty}{\infty}$ 型未定式来处理.

1. $0\cdot\infty$ 型

设 $\lim f(x)=0$,$\lim g(x)=\infty$,则

$$f(x)\cdot g(x)=\frac{f(x)}{\frac{1}{g(x)}}\left(\frac{0}{0}\text{型}\right)=\frac{g(x)}{\frac{1}{f(x)}}\left(\frac{\infty}{\infty}\text{型}\right)$$

其中 $\lim$ 表示某种自变量趋向时的极限.

例 6.2.8 求 $\lim\limits_{x\to 0^+}x\ln x$.

解 这是 $0\cdot\infty$ 型未定式,故转化为 $\dfrac{\infty}{\infty}$ 型后再利用洛必达法则计算,有

$$\lim_{x\to 0^+}x\ln x=\lim_{x\to 0^+}\frac{\ln x}{\frac{1}{x}}=\lim_{x\to 0^+}\frac{\frac{1}{x}}{-\frac{1}{x^2}}=-\lim_{x\to 0^+}x=0.$$

2. $\infty - \infty$ 型

设 $\lim f(x) = \infty$, $\lim g(x) = \infty$, 则

$$f(x) - g(x) = \frac{1}{\dfrac{1}{f(x)}} - \frac{1}{\dfrac{1}{g(x)}} = \frac{\dfrac{1}{g(x)} - \dfrac{1}{f(x)}}{\dfrac{1}{f(x)} \cdot \dfrac{1}{g(x)}} \quad \left(\frac{0}{0} \text{ 型}\right)$$

例 6.2.9 求 $\lim\limits_{x \to \frac{\pi}{2}} (\sec x - \tan x)$.

解 这是 $\dfrac{\infty}{\infty}$ 型未定式,适当变形后通分,转化为 $\dfrac{0}{0}$ 型后再应用洛必达法则,有

$$\lim_{x \to \frac{\pi}{2}} (\sec x - \tan x) = \lim_{x \to \frac{\pi}{2}} \frac{1 - \sin x}{\cos x} = \lim_{x \to \frac{\pi}{2}} \frac{-\cos x}{-\sin x} = 0.$$

3. 1^∞, 0^0, ∞^0 型

它们都是来源于幂指函数 $f(x)^{g(x)}$ 的极限,一般先取对数或写成指数形式,再求极限.

例 6.2.10 求下列极限.

(1) $\lim\limits_{x \to e} (\ln x)^{\frac{1}{1-\ln x}}$; (2) $\lim\limits_{x \to 0^+} x^x$; (3) $\lim\limits_{x \to 0^+} \left(\dfrac{1}{x}\right)^{\tan x}$.

解 (1) 这是 1^∞ 型未定式. 设 $y = (\ln x)^{\frac{1}{1-\ln x}}$, 则

$$\lim_{x \to e} y = \lim_{x \to e} e^{\ln(\ln x)^{\frac{1}{1-\ln x}}} = \lim_{x \to e} e^{\frac{\ln \ln x}{1-\ln x}} = e^{\lim\limits_{x \to e} \frac{\ln \ln x}{1-\ln x}} = e^{\lim\limits_{x \to e} \frac{\frac{1}{\ln x} \cdot \frac{1}{x}}{-\frac{1}{x}}} = e^{-1}.$$

(2) 这是 0^0 型未定式. 设 $y = x^x$, 取对数得

$$\ln y = x \ln x.$$

由例 6.2.8, 得

$$\lim_{x \to 0^+} \ln y = \lim_{x \to 0^+} x \ln x = 0.$$

则

$$\lim_{x \to 0^+} y = \lim_{x \to 0^+} e^{\ln y} = e^{\lim\limits_{x \to 0^+} \ln y} = e^0 = 1.$$

(3) 这是 ∞^0 型未定式,则

$$\lim_{x \to 0^+} \left(\frac{1}{x}\right)^{\tan x} = \lim_{x \to 0^+} e^{\tan x \ln \frac{1}{x}} = \lim_{x \to 0^+} e^{\frac{-\ln x}{\cot x}} = e^{\lim\limits_{x \to 0^+} \frac{-\ln x}{\cot x}}$$

$$= e^{\lim\limits_{x \to 0^+} \frac{-\frac{1}{x}}{-\csc^2 x}} = e^{\lim\limits_{x \to 0^+} \frac{\sin x}{x} \cdot \sin x} = e^0 = 1.$$

从上述各例中可以看出,洛必达法则是求未定式的有力工具. 但值得注意的是,当 $\lim \dfrac{f'(x)}{g'(x)}$ 不存在时(等于无穷大的情况除外), $\lim \dfrac{f(x)}{g(x)}$ 仍可能存在.

例如, $\lim\limits_{x \to +\infty} \dfrac{x + \sin x}{x} = \lim\limits_{x \to +\infty} \left(1 + \dfrac{\sin x}{x}\right) = 1$, 但极限

$$\lim_{x \to +\infty} \frac{(x+\sin x)'}{(x)'} = \lim_{x \to +\infty} \frac{1+\cos x}{1}$$

不存在,因而不能使用洛必达法则.

最后指出,对于数列的未定式,可利用函数极限的归结原则(海涅定理),通过先求相应形式的函数极限而得到结果.

例 6.2.11 求数列极限 $\lim\limits_{n \to \infty} \left(1 + \frac{1}{n} + \frac{1}{n^2}\right)^n$.

解 先求对应的函数极限 $\lim\limits_{x \to +\infty} \left(1 + \frac{1}{x} + \frac{1}{x^2}\right)^x$ (1^∞ 型):

$$\lim_{x \to +\infty} \left(1 + \frac{1}{x} + \frac{1}{x^2}\right)^x = \lim_{x \to +\infty} e^{x \ln\left(1 + \frac{1}{x} + \frac{1}{x^2}\right)} = e^{\lim\limits_{x \to +\infty} x \ln\left(1 + \frac{1}{x} + \frac{1}{x^2}\right)}$$

$$= e^{\lim\limits_{x \to +\infty} \frac{\ln(1+x+x^2) - \ln x^2}{\frac{1}{x}}} = e^{\lim\limits_{x \to +\infty} \frac{\frac{2x+1}{1+x+x^2} - \frac{2}{x}}{-\frac{1}{x^2}}}$$

$$= e^{\lim\limits_{x \to +\infty} \frac{x^2 + 2x}{x^2 + x + 1}} = e,$$

所以由归结原则可得

$$\lim_{n \to \infty} \left(1 + \frac{1}{n} + \frac{1}{n^2}\right)^n = \lim_{x \to +\infty} \left(1 + \frac{1}{x} + \frac{1}{x^2}\right)^x = e.$$

注 不能在数列形式下直接用洛必达法则,因为对于离散变量 $n \in \mathbf{N}^+$ 求导数是没有意义的.

习题 6.2

1. 利用洛必达法则求下列极限.

(1) $\lim\limits_{x \to 0} \dfrac{\sin ax}{\sin bx}$ $(b \neq 0)$;

(2) $\lim\limits_{x \to 0} \dfrac{\sin x - x \cos x}{\sin^3 x}$;

(3) $\lim\limits_{x \to \frac{\pi}{2}} \dfrac{\tan x}{\tan 3x}$;

(4) $\lim\limits_{x \to 0^+} \dfrac{\ln \cot x}{\ln x}$;

(5) $\lim\limits_{x \to +\infty} \dfrac{\ln(1+e^x)}{\sqrt{1+x^2}}$;

(6) $\lim\limits_{x \to 0^+} x^n \ln x$ $(n > 0)$;

(7) $\lim\limits_{x \to 0} x^2 e^{\frac{1}{x^2}}$;

(8) $\lim\limits_{x \to \frac{\pi}{2}} (\sec x - \tan x)$;

(9) $\lim\limits_{x \to 1} \left(\dfrac{1}{\ln x} - \dfrac{1}{x-1}\right)$;

(10) $\lim\limits_{x \to \infty} x^{\frac{1}{x}}$;

(11) $\lim\limits_{x \to 0^+} (\tan x)^{\sin x}$;

(12) $\lim\limits_{x \to 0^+} (\cos \sqrt{x})^{\frac{1}{x}}$;

(13) $\lim\limits_{x \to 1} x^{\frac{1}{1-x}}$;

(14) $\lim\limits_{x \to \infty} \left(1 + \dfrac{m}{x}\right)^x$ (m 是常数).

2. 验证极限 $\lim\limits_{x \to 0} \dfrac{x^2 \sin \dfrac{1}{x}}{\sin x}$ 存在,但不能用洛必达法则得出.

3. 问 c 取何值,有极限 $\lim\limits_{x \to \infty} \left(\dfrac{x+c}{x-c}\right)^x = 4$?

4. 设

$$f(x) = \begin{cases} \dfrac{g(x)}{x}, & x \neq 0, \\ 0, & x = 0, \end{cases}$$

且已知 $g(0) = g'(0) = 0$,$g''(0) = 3$,试求 $f'(0)$.

6.3 泰勒公式

多项式函数是各类函数中最简单的一种,因为多项式函数的运算只有加、减、乘三种运算. 如果能用多项式近似代替某些较为复杂的函数,而误差又能满足要求,这对函数性态的研究和函数值的近似计算都有重要意义. 而泰勒中值定理(公式)就是用多项式近似表达一个函数的一种有效的方法.

6.3.1 带佩亚诺型余项的泰勒公式

我们在学习导数和微分概念时已经知道,如果函数 f 在点 x_0 可导,则有

$$f(x) = f(x_0) + f'(x_0)(x - x_0) + o(x - x_0),$$

即在点 x_0 附近,用一次多项式 $f(x_0) + f'(x_0)(x - x_0)$ 近似代替函数 $f(x)$ 时,其误差为 $(x - x_0)$ 的高阶无穷小量. 然而在很多时候,为了提高精确度,取一次多项式逼近是不够的,往往需要用高次的多项式去逼近,并要求误差为 $o[(x-x_0)^n]$,其中 n 为多项式的次数. 为此,我们先针对某个 n 次多项式函数

$$P_n(x) = a_0 + a_1(x - x_0) + a_2(x - x_0)^2 + \cdots + a_n(x - x_0)^n \tag{6.3.1}$$

进行考察.

逐次求 $P_n(x)$ 在点 x_0 处的各阶导数,得到

$$P_n(x_0) = a_0,\ p_n'(x_0) = a_1,\ p_n''(x_0) = 2!a_2,\ \cdots,\ p_n^{(n)}(x_0) = n!a_n,$$

对应地

$$a_0 = p_n(x_0),\ a_1 = \frac{p_n'(x_0)}{1!},\ a_2 = \frac{p_n''(x_0)}{2!},\ \cdots,\ a_n = \frac{p_n^{(n)}(x_0)}{n!},$$

即有

$$P_n(x) = P_n(x_0) + \frac{P_n'(x_0)}{1!}(x - x_0) + \frac{P_n''(x_0)}{2!}(x - x_0)^2 + \cdots + \frac{P_n^{(n)}(x_0)}{n!}(x - x_0)^n.$$

可以看到,多项式函数 $p_n(x)$ 的各项系数可由其在点 x_0 的各阶导数值唯一确定.

对于任意的某个函数 $f(x)$(不一定是多项式函数),设它在点 x_0 存在 n 阶导数,总能够

仿照上面的讨论,形式地构造出一个相应的 n 次多项式

$$T_n(x) = f(x_0) + \frac{f'(x_0)}{1!}(x-x_0) + \frac{f''(x_0)}{2!}(x-x_0)^2 + \cdots +$$

$$\frac{f^{(n)}(x_0)}{n!}(x-x_0)^n, \tag{6.3.2}$$

称之为函数 $f(x)$ 在点 x_0 处的 **n 次泰勒(Taylor)多项式**,$T_n(x)$ 的各项系数 $\frac{f^{(k)}(x_0)}{k!}(k=1,2,\cdots,n)$ 称为**泰勒系数**. 我们将考虑用泰勒多项式 $T_n(x)$ 近似代替函数 $f(x)$,由此需要考虑它们之间的差 $f(x)-T_n(x)$,记作

$$R_n(x) = f(x) - T_n(x),$$

称之为函数 $f(x)$ 在点 x_0 处的 **n 次泰勒余项**.

由上面对多项式系数的讨论可以知道, $f(x)$ 与其泰勒多项式 $T_n(x)$ 在点 x_0 有相同的函数值和相同的 n 阶导数值,即

$$f^{(k)}(x_0) = T_n^{(k)}(x_0), \quad k=0,1,2,\cdots,n. \tag{6.3.3}$$

下面将要证明 $R_n(x) = f(x) - T_n(x) = o((x-x_0)^n)$,即以式(6.3.2)所示的泰勒多项式逼近 $f(x)$ 时,其误差为关于 $(x-x_0)^n$ 的高阶无穷小量.

定理 6.3.1 若函数 $f(x)$ 在点 x_0 存在 n 阶导数,则 $\forall x \in U(x_0)$,有

$$f(x) = T_n(x) + o((x-x_0)^n),$$

即

$$f(x) = f(x_0) + f'(x_0)(x-x_0) + \frac{f''(x_0)}{2!}(x-x_0)^2 + \cdots +$$

$$\frac{f^{(n)}(x_0)}{n!}(x-x_0)^n + o((x-x_0)^n). \tag{6.3.4}$$

证 只需证明 $R_n(x) = f(x) - T_n(x) = o((x-x_0)^n)$,设 $Q_n(x) = (x-x_0)^n$,则只要证

$$\lim_{x \to x_0} \frac{R_n(x)}{Q_n(x)} = 0.$$

因为 $f^{(n)}(x_0)$ 存在,所以在点 x_0 的某邻域 $U(x_0)$ 内 $f(x)$ 存在直到 $(n-1)$ 阶的导函数. 因此在 $U(x_0)$ 内存在 $R_n(x), R_n'(x), \cdots, R_n^{(n-1)}(x)$. 由关系式(6.3.3)可知

$$R_n(x_0) = R_n'(x_0) = \cdots = R_n^{(n)}(x_0) = 0,$$

并易知

$$Q_n(x_0) = Q_n'(x_0) = \cdots = Q_n^{(n-1)}(x_0) = 0, Q_n^{(n)}(x_0) = n!.$$

所以 $R_n(x), R_n'(x), \cdots, R_n^{(n-1)}(x)$ 以及 $Q_n^{(k)}(x)(k=0,1,2,\cdots,n-1)$ 当 $x \to x_0$ 时都

是无穷小量. 于是,当 $x \in \mathring{U}(x_0)$ 且 $x \to x_0$ 时,可使用洛必达法则 $n-1$ 次,得到

$$\lim_{x \to x_0} \frac{R_n(x)}{Q_n(x)} = \lim_{x \to x_0} \frac{R_n'(x)}{Q_n'(x)} = \cdots = \lim_{x \to x_0} \frac{R_n^{(n-1)}(x)}{Q_n^{(n-1)}(x)}$$

$$= \lim_{x \to x_0} \frac{f^{(n-1)}(x) - [f^{(n-1)}(x_0) + f^{(n)}(x_0)(x - x_0)]}{n(n-1)\cdots 2(x - x_0)}$$

$$= \frac{1}{n!} \lim_{x \to x_0} \left[\frac{f^{(n-1)}(x) - f^{(n-1)}(x_0)}{x - x_0} - f^{(n)}(x_0) \right]$$

$$= 0.$$

命题得证.

定理所证的式(6.3.4)称为函数 $f(x)$ 在点 x_0 处的**泰勒公式**,$R_n(x)$ 也称为**泰勒公式的余项**,形如 $o((x - x_0)^n)$ 的余项称为**佩亚诺(Peano)型余项**. 所以式(6.3.4)又称为**带有佩亚诺型余项的泰勒公式**.

注1 佩亚诺型余项 $o((x - x_0)^n)$ 只是给出余项(误差)的定性描述,它不能估算余项 $R_n(x)$ 的数值,后续将进一步给出定量描述公式.

注2 在满足定理6.3.1的条件时,函数 $f(x)$ 在点 x_0 处的泰勒多项式的系数是唯一确定的. 事实上,若 $f(x)$ 在某邻域 $U(x_0)$ 内有定义,且有

$$f(x) = a_0 + a_1(x - x_0) + a_2(x - x_0)^2 + \cdots + a_n(x - x_0)^n + o((x - x_0)^n) \quad (x \to x_0),$$

则下列表达式右端的极限是存在的:

$$a_0 = \lim_{x \to x_0} f(x),$$

$$a_1 = \lim_{x \to x_0} \frac{f(x) - a_0}{x - x_0},$$

$$\vdots$$

$$a_n = \lim_{x \to x_0} \frac{f(x) - [a_0 + a_1(x - x_0) + a_2(x - x_0)^2 + \cdots + a_{n-1}(x - x_0)^{n-1}]}{(x - x_0)^n}.$$

又根据极限的唯一性定理,可知这些系数 $a_i (i = 1, 2, \cdots, n)$ 是唯一确定的. 因此,定理6.3.1结论中函数 $f(x)$ 在点 x_0 处的泰勒多项式的系数唯一确定.

特别地,当 $x_0 = 0$ 时,泰勒公式为

$$f(x) = f(0) + f'(0)x + \frac{f''(0)}{2!}x^2 + \cdots + \frac{f^{(n)}(0)}{n!}x^n + o(x^n). \tag{6.3.6}$$

它也称为**(带有佩亚诺余项的)麦克劳林(Maclaurin)公式**.

例6.3.1 验证下列函数的麦克劳林公式.

(1) $e^x = 1 + x + \frac{x^2}{2!} + \cdots + \frac{x^n}{n!} + o(x^n)$;

(2) $\sin x = x - \frac{x^3}{3!} + \frac{x^5}{5!} + \cdots + (-1)^{m-1} \frac{x^{2m-1}}{(2m-1)!} + o(x^{2m})$;

(3) $\cos x = 1 - \dfrac{x^2}{2!} + \dfrac{x^4}{4!} + \cdots + (-1)^m \dfrac{x^{2m}}{(2m)!} + o(x^{2m+1})$;

(4) $\ln(1+x) = x - \dfrac{x^2}{2} + \dfrac{x^3}{3} + \cdots + (-1)^{n-1} \dfrac{x^n}{n} + o(x^n)$;

(5) $(1+x)^{\alpha} = 1 + \alpha x + \dfrac{\alpha(\alpha-1)}{2!} x^2 + \cdots + \dfrac{\alpha(\alpha-1)\cdots(\alpha-n+1)}{n!} x^n + o(x^n)$;

(6) $\dfrac{1}{1-x} = 1 + x + x^2 + \cdots + x^n + o(x^n)$.

证 选其中的公式(2)和(4)来验证,其余类似可证.

(2) 设 $f(x) = \sin x$, 由于 $f^{(k)}(x) = \sin\left(x + \dfrac{k\pi}{2}\right)$, 因此

$$f^{(2k)}(0) = 0, \quad f^{(2k-1)}(0) = (-1)^{k-1}, \quad k = 1, 2, \cdots, n,$$

把它们代入公式(6.3.6),便得到 $\sin x$ 的麦克劳林公式.

注 由于这里有 $T_{2m-1}(x) = T_{2m}(x)$, 因此公式中的余项可以写作 $o(x^{2m-1})$, 也可以写作 $o(x^{2m})$. 关于公式(6.3.4)中的余项可作同样说明.

(4) 设 $f(x) = \ln(1+x)$. 由于

$$f'(x) = \dfrac{1}{1+x}, \cdots, f^{(k)}(x) = (-1)^{k-1}(k-1)!(1+x)^{-k}, \quad k = 1, 2, \cdots, n,$$

因此 $\quad f^{(k)}(0) = (-1)^{k-1}(k-1)!, \quad k = 1, 2, \cdots, n.$

把它们代入公式(6.3.6),便得到麦克劳林公式. 证毕.

上述例子通过直接运算获得麦克劳林公式,根据定理 6.3.1 的注 2 泰勒多项式系数唯一性的说明,我们可以使用上述已知麦克劳林公式间接求其他较复杂函数的麦克劳林公式或泰勒公式,还可用已知麦克劳林公式求某些类型的极限.

例 6.3.2 写出 $f(x) = \mathrm{e}^{-\frac{x^2}{2}}$ 的麦克劳林公式,并求 $f^{(98)}(0)$ 与 $f^{(99)}(0)$.

解 用 $\left(-\dfrac{x^2}{2}\right)$ 替换例 6.3.1 公式(1)中的 x, 便得

$$\mathrm{e}^{-\frac{x^2}{2}} = 1 - \dfrac{x^2}{2} + \dfrac{x^4}{2^2 \times 2!} + \cdots + (-1)^n \cdot \dfrac{x^{2n}}{2^n n!} + o(x^{2n}).$$

根据定理 6.3.1 注 2 知道,上式即为所求的麦克劳林公式.

由泰勒公式系数的定义,在上述 $f(x)$ 的麦克劳林公式中, x^{98} 与 x^{99} 的系数分别为

$$\dfrac{1}{98!} f^{(98)}(0) = (-1)^{49} \dfrac{1}{2^{49} \times 49!}, \quad \dfrac{1}{99!} f^{(99)}(0) = 0.$$

由此得到 $f^{(98)}(0) = -\dfrac{98!}{2^{49} \times 49!}$, $f^{(99)}(0) = 0$.

例 6.3.3 求 $\ln x$ 在 $x = 2$ 处的泰勒公式.

解 由于 $\ln x = \ln[2 + (x-2)] = \ln 2 + \ln\left(1 + \dfrac{x-2}{2}\right)$, 因此

$$\ln x = \ln 2 + \frac{1}{2}(x-2) - \frac{1}{2\times 2^2}(x-2)^2 + \cdots + (-1)^{n-1}\frac{1}{n\cdot 2^n}(x-2)^n + o[(x-2)^n].$$

上式即为所求的泰勒公式.

例 6.3.4 求极限 $\lim\limits_{x\to 0}\dfrac{\cos x - e^{-\frac{x^2}{2}}}{x^4}$.

解法 1 这是 $\dfrac{0}{0}$ 型未定式极限问题. 需要使用 4 次洛必达法则：

$$\lim_{x\to 0}\frac{\cos x - e^{-\frac{x^2}{2}}}{x^4} = \lim_{x\to 0}\frac{-\sin x + x e^{-\frac{x^2}{2}}}{4x^3} \quad \left(\text{仍为}\ \frac{0}{0}\ \text{型}\right)$$

$$= \lim_{x\to 0}\frac{-\cos x + e^{-\frac{x^2}{2}} - x^2 e^{-\frac{x^2}{2}}}{12x^2} \quad \left(\text{仍为}\ \frac{0}{0}\ \text{型}\right)$$

$$= \lim_{x\to 0}\frac{\sin x - 3x e^{-\frac{x^2}{2}} + x^3 e^{-\frac{x^2}{2}}}{24x} \quad \left(\text{仍为}\ \frac{0}{0}\ \text{型}\right)$$

$$= \lim_{x\to 0}\frac{-\cos x - 3 e^{-\frac{x^2}{2}} + 6x^2 x^2 e^{-\frac{x^2}{2}} - x^4 e^{-\frac{x^2}{2}}}{24}$$

$$= -\frac{1}{12}.$$

解法 2 采用泰勒公式，由于分式的分母为 x^4，只需将分子中的 $\cos x$ 和 $e^{-\frac{x^2}{2}}$ 分别用带有佩亚诺型余项的四阶麦克劳林公式表示，即

$$\cos x = 1 - \frac{x^2}{2!} + \frac{x^4}{4!} + o(x^4),$$

$$e^{-\frac{x^2}{2}} = 1 + \left(-\frac{x^2}{2}\right) + \frac{1}{2!}\left(-\frac{x^2}{2}\right)^2 + o(x^4),$$

于是

$$\cos x - e^{-\frac{x^2}{2}} = -\frac{1}{12}x^4 + o(x^4),$$

上式作运算时，两个比 x^4 高阶的无穷小的代数和仍为 $o(x^4)$，故

$$\lim_{x\to 0}\frac{\cos x - e^{-\frac{x^2}{2}}}{x^4} = \lim_{x\to 0}\frac{-\frac{1}{12}x^4 + o(x^4)}{x^4} = -\frac{1}{12}.$$

6.3.2 带拉格朗日型余项的泰勒公式

前面我们从微分近似出发，推广得到用 n 次多项式逼近函数的泰勒公式(6.3.4). 它的佩亚诺型余项只是定性地告诉我们：当 $x \to x_0$ 时，余项(误差)是较 $(x-x_0)^n$ 高阶的无穷小量. 现在我们将进一步为泰勒公式构造一个**定量描述**的余项，以便对误差进行具体计算或估计.

定理 6.3.2(泰勒中值定理) 若函数 f 在 $[a,b]$ 上存在 n 阶连续导函数,在 (a,b) 内存在 $n+1$ 阶导函数,则对任意给定的 $x, x_0 \in [a,b]$,至少存在一点 ξ 在 x 和 x_0 之间,使得

$$f(x) = f(x_0) + f'(x_0)(x-x_0) + \frac{f''(x_0)}{2!}(x-x_0)^2 + \cdots +$$
$$\frac{f^{(n)}(x_0)}{n!}(x-x_0)^n + \frac{f^{(n+1)}(\xi)}{(n+1)!}(x-x_0)^{n+1}. \tag{6.3.7}$$

证 作辅助函数

$$F(t) = f(x) - \left[f(t) + f'(t)(x-t) + \cdots + \frac{f^{(n)}(t)}{n!}(x-t)^n\right],$$
$$G(t) = (x-t)^{n+1}.$$

所要证明的式(6.3.7)即为

$$F(x_0) = \frac{f^{(n+1)}(\xi)}{(n+1)!}G(x_0) \quad \text{或} \quad \frac{F(x_0)}{G(x_0)} = \frac{f^{(n+1)}(\xi)}{(n+1)!}.$$

不妨设 $x_0 < x$,则 $F(t)$ 与 $G(t)$ 在 $[x_0, x]$ 上连续,在 (x_0, x) 内可导,且

$$F'(t) = -\frac{f^{(n+1)}(t)}{n!}(x-t)^n,$$
$$G'(t) = -(n+1)(x-t)^n \neq 0.$$

又因 $F(x) = G(x) = 0$,所以由柯西中值定理证得

$$\frac{F(x_0)}{G(x_0)} = \frac{F(x_0) - F(x)}{G(x_0) - G(x)} = \frac{F'(\xi)}{G'(\xi)} = \frac{f^{(n+1)}(\xi)}{(n+1)!},$$

其中 $\xi \in (x_0, x) \subset (a, b)$. 证毕.

注 1 式(6.3.7)同样称为**泰勒公式**,它的余项为

$$R_n(x) = f(x) - T_n(x) = \frac{f^{(n+1)}(\xi)}{(n+1)!}(x-x_0)^{n+1},$$
$$\xi = x_0 + \theta(x - x_0), \quad 0 < \theta < 1,$$

该余项称为**拉格朗日型余项**. 所以式(6.3.7)又称为**带有拉格朗日型余项的泰勒公式**.

注 2 特别地,当 $n = 0$ 时,式(6.3.7)即为拉格朗日中值公式

$$f(x) - f(x_0) = f'(\xi)(x - x_0),$$

所以,泰勒中值定理可以看作拉格朗日中值定理的推广.

注 3 当 $x_0 = 0$ 时,得到泰勒公式

$$f(x) = f(0) + f'(0)x + \frac{f''(0)}{2!}x^2 + \cdots + \frac{f^{(n)}(0)}{n!}x^n +$$
$$\frac{f^{(n+1)}(\theta x)}{(n+1)!}x^{n+1}, \quad 0 < \theta < 1. \tag{6.3.8}$$

式(6.3.8)也称为(带有拉格朗日余项的)麦克劳林公式.

例 6.3.5 把例 6.3.1 中 6 个麦克劳林公式改写为带有拉格朗日型余项的形式.

解 (1) $f(x) = e^x$,由 $f^{(n+1)}(x) = e^x$,得到

$$e^x = 1 + x + \frac{x^2}{2!} + \cdots + \frac{x^n}{n!} + \frac{e^{\theta x}}{(n+1)!} x^{n+1}, \quad 0 < \theta < 1, x \in (-\infty, +\infty).$$

(2) $f(x) = \sin x$,由 $f^{(2m+1)}(x) = \sin\left(x + \frac{2m+1}{2}\pi\right) = (-1)^m \cos x$,得到

$$\sin x = x - \frac{x^3}{3!} + \frac{x^5}{5!} - \cdots + (-1)^{m-1} \frac{x^{2m-1}}{(2m-1)!} +$$

$$(-1)^m \frac{\cos \theta x}{(2m+1)!} x^{2m+1}, \quad 0 < \theta < 1, x \in (-\infty, +\infty).$$

(3) 类似于 $\sin x$,可得

$$\cos x = 1 - \frac{x^2}{2!} + \frac{x^4}{4!} + \cdots + (-1)^m \frac{x^{2m}}{(2m)!} +$$

$$(-1)^{m+1} \frac{\cos \theta x}{(2m+2)!} x^{2m+2}, \quad 0 < \theta < 1, x \in (-\infty, +\infty).$$

(4) $f(x) = \ln(1+x)$,由 $f^{(n+1)}(x) = (-1)^n n! (1+x)^{-n-1}$,得到

$$\ln(1+x) = x - \frac{x^2}{2} + \frac{x^3}{3} + \cdots + (-1)^{n-1} \frac{x^n}{n} +$$

$$(-1)^n \frac{x^{n+1}}{(n+1)(1+\theta x)^{n+1}}, \quad 0 < \theta < 1, x > -1.$$

(5) $f(x) = (1+x)^\alpha$,由 $f^{(n+1)}(x) = \alpha(\alpha-1)\cdots(\alpha-n)(1+x)^{\alpha-n-1}$,得到

$$(1+x)^\alpha = 1 + \alpha x + \frac{\alpha(\alpha-1)}{2!} x^2 + \cdots + \frac{\alpha(\alpha-1)\cdots(\alpha-n+1)}{n!} x^n +$$

$$\frac{\alpha(\alpha-1)\cdots(\alpha-n)}{(n+1)!} (1+\theta x)^{\alpha-n-1} x^{n+1}, \quad 0 < \theta < 1, x > -1.$$

(6) $f(x) = \frac{1}{1-x}$,由 $f^{(n+1)}(x) = \frac{(n+1)!}{(1-x)^{n+2}}$,得到

$$\frac{1}{1-x} = 1 + x + x^2 + \cdots + x^n + \frac{x^{n+1}}{(1-\theta x)^{n+2}}, \quad 0 < \theta < 1, x < 1.$$

注 泰勒公式的拉格朗日型余项和佩亚诺型余项具有以下不同特点:

(1) 从定理的条件看,泰勒公式的佩亚诺型余项成立的条件是函数 f 在点 x_0 存在直至 n 阶导数;而拉格朗日型余项成立则要求函数 f 在 $[a, b]$ 上存在直至 n 阶的连续导函数,在 (a, b) 内存在 $n+1$ 阶导函数;后者所需条件比前者强.

(2) 从余项形式看,佩亚诺型余项 $o((x-x_0)^n)$ 是以高阶无穷小量的形式给出的,是一种定性的描述;而拉格朗日型余项是用 $(n+1)$ 阶导数形式给出的,利用这类余项对用泰勒多项式逼近函数时产生的误差可以给出定量的估计.

(3) 从应用方面看,佩亚诺型余项在求极限时用得较多;而拉格朗日型余项在近似计算估计误差时用得较多.

6.3.3 泰勒公式的应用

这里只讨论泰勒公式在近似计算上的应用.本章后续内容还将借助泰勒公式研究函数的极值与凸性.

例 6.3.6 (1) 计算 e 的值,使其误差不超过 10^{-6};

(2) 证明数 e 为无理数.

解 (1)由例 6.3.5 公式(1),当 $x=1$ 时,有

$$e = 1 + 1 + \frac{1}{2!} + \frac{1}{3!} + \cdots + \frac{1}{n!} + \frac{e^\theta}{(n+1)!} \quad \theta \in (0,1), \quad (6.3.9)$$

故 $R_n(1) = \frac{e^\theta}{(n+1)!} < \frac{3}{(n+1)!}$. 当 $n=9$ 时,便有

$$R_9(1) < \frac{3}{10!} = \frac{3}{3\,628\,800} < 10^{-6}.$$

从而略去 $R_9(1)$ 而求得 e 的近似值为

$$e \approx 1 + 1 + \frac{1}{2!} + \frac{1}{3!} + \cdots + \frac{1}{9!} \approx 2.718\,285.$$

(2) 由式(6.3.9)两边乘 $n!$ 再整理可得

$$n!e - (n! + n! + 3 \times 4 \cdots \cdot n + \cdots + n + 1) = \frac{e^\theta}{n+1}.$$

假设 e 为有理数,有 $e = \frac{p}{q}$ (p, q 为正整数),则当 $n > q$ 时,$n!e$ 为正整数,从而上式左端为整数.

因为 $\frac{e^\theta}{n+1} < \frac{e}{n+1} < \frac{3}{n+1}$,所以当 $n \geq 2$ 时,$\frac{e^\theta}{n+1} < 1$,则上式右端不是整数,矛盾.从而 e 只能是无理数. 证毕.

需要注意的是,泰勒公式只是一种局部性质,因此在用它进行近似计算时,x 不能远离 x_0,否则效果会比较差.

例如在 $\ln(1+x)$ 的泰勒公式中,令 $x=1$,取其前 10 项计算 $\ln 2$ 的近似值,可得

$$\ln 2 \approx 1 - \frac{1}{2} + \frac{1}{3} - \cdots + \frac{1}{9} - \frac{1}{10} = 0.645\,634\,92\cdots,$$

与 $\ln 2 = 0.693\,147\,18\cdots$ 相比,误差较大.

但是,如果选用如下形式泰勒公式:

$$\ln\frac{1+x}{1-x} = \ln(1+x) - \ln(1-x)$$
$$= \left(x - \frac{x^2}{2} + \cdots - \frac{x^{2n}}{2n}\right) - \left(-x - \frac{x^2}{2} - \cdots - \frac{x^{2n}}{2n}\right) + o(x^{2n})$$
$$= 2\left(x + \frac{x^3}{3} + \cdots + \frac{x^{2n-1}}{2n-1}\right) + o(x^{2n}).$$

令 $x = \frac{1}{3}$，取其前两项，有 $\ln 2 \approx 2\left[\frac{1}{3} + \frac{1}{3}\left(\frac{1}{3}\right)^3\right] = 0.69135\cdots$，取其前 4 项，有

$$\ln 2 \approx 2\left[\frac{1}{3} + \frac{1}{3}\left(\frac{1}{3}\right)^3 + \frac{1}{5}\left(\frac{1}{3}\right)^5 + \frac{1}{7}\left(\frac{1}{3}\right)^7\right] = 0.69313475\cdots,$$

逼近的效果比前面更好.

因此，使用泰勒公式进行近似计算时，应选取恰当形式的泰勒公式，使 x 取值靠近 x_0，这样近似的效果更好更明显.

习题 6.3

1. 按 $(x+1)$ 的幂展开多项式 $f(x) = x^5 - x^2 + 2x - 1$.
2. 求函数 $f(x) = e^{-x}$ 按 $(x-a)$ 的幂展开的六阶泰勒公式.
3. 求下列函数的麦克劳林公式.
   (1) $f(x) = xe^x$；   (2) $f(x) = \tan x$（展开到三阶）.
4. 应用三阶泰勒公式近似计算下列各数，并估计误差.
   (1) $\sqrt[3]{30}$；   (2) $\sin 18°$.
5. 利用泰勒公式求下列极限.
   (1) $\lim\limits_{x\to 0}\dfrac{\sin x - x\cos x}{\sin^3 x}$；   (2) $\lim\limits_{x\to 0}\dfrac{\cos x - e^{-\frac{x^2}{2}}}{x^2[x+\ln(1-x)]}$；
   (3) $\lim\limits_{x\to\infty}\left[x - x^2\ln\left(1+\dfrac{1}{x}\right)\right]$.
6. 确定常数 a, b，使 $\lim\limits_{x\to\infty}(\sqrt{2x^2+4x-1} - ax - b) = 0$.

6.4 函数的单调性

第 1 章介绍了函数在区间上单调的概念，本节介绍运用导数判定函数单调性的方法.

设曲线 $y = f(x)$ 上每一点都存在切线. 若切线与 x 轴正方向的夹角都是锐角，即切线的斜率 $f'(x) > 0$（只在个别点处切线斜率是零），则曲线是上升的，即函数 $f(x)$ 是单调增加的，如图 6.4.1 所示. 若切线斜率 $f'(x) < 0$（只在个别点处切线斜率是零），则曲线是下降的，即函数 $f(x)$ 是单调减少的，如图 6.4.2 所示. 由此可见，考察导数的符号能够判别函

数的单调性.

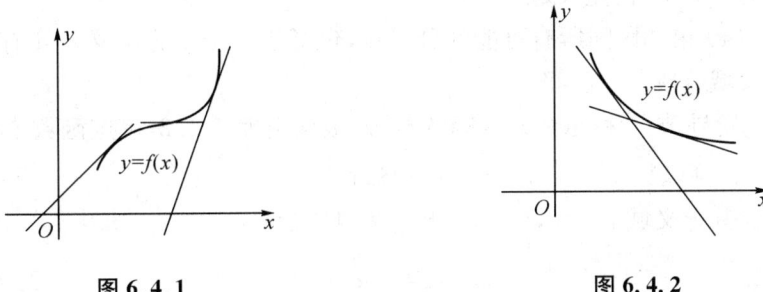

图 6.4.1   图 6.4.2

定理 6.4.1 设 $f(x)$ 在区间 I 上可导,则 $f(x)$ 在 I 上单调增加(减少)的充要条件是
$$f'(x) \geqslant 0 \ (\leqslant 0).$$

证 先证必要性. 不妨设 f 为增函数,从而对每一个 $x_0 \in I$,当 $x \neq x_0$ 时,有
$$\frac{f(x)-f(x_0)}{x-x_0} \geqslant 0,$$
令 $x \to x_0$,得 $f'(x_0) \geqslant 0$,即 $f'(x) \geqslant 0 \ (\forall x \in I)$.

再证充分性. 设 $f(x)$ 在区间 I 上有 $f'(x) \geqslant 0$,则对任意 $x_1, x_2 \in I$(不妨设 $x_1 < x_2$),应用拉格朗日中值定理,存在 $\xi \in (x_1, x_2) \subset I$,使得
$$f(x_2) - f(x_1) = f'(\xi)(x_2 - x_1) \geqslant 0,$$
从而 f 在 I 上为单调增加函数. 单调减少情况类似可证. 证毕.

例 6.4.1 设 $f(x) = x^3 - x$. 试讨论函数 f 的单调区间.

解 由于
$$f'(x) = 3x^2 - 1 = (\sqrt{3}x + 1)(\sqrt{3}x - 1).$$

因此,当 $x \in \left(-\infty, -\frac{1}{\sqrt{3}}\right]$ 时,$f'(x) \geqslant 0$,f 递增;

当 $x \in \left[-\frac{1}{\sqrt{3}}, \frac{1}{\sqrt{3}}\right]$ 时,$f'(x) \leqslant 0$,f 递减;

当 $x \in \left[\frac{1}{\sqrt{3}}, +\infty\right)$ 时,$f'(x) \geqslant 0$,f 递增.

定理 6.4.2 设函数在区间 I 上可导,若对一切 $x \in I$,有 $f'(x) > 0 \ (f'(x) < 0)$,则 f 在 I 上严格单调增加(减少).

本定理运用定理 6.4.1 充分性证明类似过程可证.

注 1 定理 6.4.2 只是函数严格单调的充分条件而不是必要条件. 例如函数 $f(x) = x^3$ 在上 **R** 严格增加. 但是 $\forall x \in \mathbf{R}, f'(x) = 3x^2 \geqslant 0$.

注 2 若 $f(x)$ 在开区间 (a, b) 上(严格)单调增加(减少),且在点 a 右连续,则 f 在 $[a, b)$ 上亦为(严格)单调增加(减少). 对右端点 b 也有类似结果.

讨论函数 $y = f(x)$ 的严格单调区间可按下列步骤进行：

(1) 确定函数 $f(x)$ 的定义域；

(2) 求出 $f(x)$ 单调区间所有可能的分界点(包括使 $y' = 0$ 的点及 y' 不存在的点)，并根据分界点把定义域分成若干区间；

(3) 判断一阶导数 y' 在每个开区间的符号，根据定理 6.4.2，确定函数 $f(x)$ 的单调性.

例 6.4.2 讨论函数 $y = \sqrt[3]{x^2}$ 的严格单调性.

解 函数在其定义域 $(-\infty, +\infty)$ 上连续，且

$$y' = \frac{2}{3\sqrt[3]{x}},$$

故 $x = 0$ 时 y' 不存在.

当 $x \in (-\infty, 0)$ 时，$y' < 0$，函数在 $(-\infty, 0]$ 上严格单调减少；

当 $x \in (0, +\infty)$ 时，$y' > 0$，函数在 $[0, +\infty)$ 上严格单调增加.

例 6.4.1 中，$x_1 = -\frac{1}{\sqrt{3}}$ 和 $x_2 = \frac{1}{\sqrt{3}}$ 是函数 $f(x) = x^3 - x$ 的单调区间的分界点，在这两点处 $f'(x) = 0$. 例 6.4.2 中，$x = 0$ 是函数 $y = \sqrt[3]{x^2}$ 的单调区间的分界点，在该点处导数不存在.

利用函数的单调性我们还可以证明一些不等式.

例 6.4.3 证明：不等式

$$e^x > 1 + x, \quad x \neq 0.$$

证 设 $f(x) = e^x - 1 - x$，则 $f'(x) = e^x - 1$.

当 $x \in (0, +\infty)$ 时，$f'(x) > 0$，$f(x)$ 在 $(0, +\infty)$ 上严格单调增加，又由于 $f(x)$ 在 $x = 0$ 处连续，故 $f(x)$ 在 $[0, +\infty)$ 上严格单调增加，则当 $x > 0$ 时，

$$f(x) > f(0) = 0.$$

类似可证，当 $x < 0$ 时，$f(x) > 0$，从而证得

$$e^x > 1 + x, x \neq 0.$$

证毕.

例 6.4.4 证明：方程 $x^5 + x + 1 = 0$ 在 $(-\infty, +\infty)$ 内有且仅有一个实根.

证 设 $f(x) = x^5 + x + 1$，$f(x)$ 在 $[-1, 0]$ 上连续，且 $f(-1) = -1 < 0$，$f(0) = 1 > 0$. 根据零点定理，$f(x) = 0$ 在 $(-1, 0)$ 内有一个零点.

另一方面，对于任意实数 x，有

$$f'(x) = 5x^4 + 1 > 0,$$

所以 $f(x)$ 在 $(-\infty, +\infty)$ 内严格单调增加，因此，曲线 $y = f(x)$ 与 x 轴至多只有一个交点.

综上所述，方程 $x^5 + x + 1 = 0$ 在 $(-\infty, +\infty)$ 内有且仅有一个实根.

习题 6.4

1. 确定下列函数的单调区间.

(1) $y = 2x^3 - 9x^2 + 12x - 3$;

(2) $y = e^{-x^2}$;

(3) $y = (x-1)(x+1)^3$;

(4) $y = x - \dfrac{3}{2}\sqrt[3]{x^2}$.

2. 利用函数的单调性证明.

(1) 当 $0 < x < \dfrac{\pi}{2}$ 时, $\tan x > x$.

(2) $\dfrac{\tan x}{x} > \dfrac{x}{\sin x}$, $x \in \left(0, \dfrac{\pi}{2}\right)$.

(3) 当 $x > 0$ 时, $\dfrac{x}{1+x} < \ln(1+x) < x$.

3. 利用函数的单调性证明方程 $x^3 - 3x^2 + 1 = 0$ 在区间 $[0, 1]$ 中至多有一个实根.

6.5 函数的极值与最值

6.5.1 函数的极值

费马定理表明,若函数在 x_0 处可导,则 $f'(x_0) = 0$ 是函数 $f(x)$ 在该点取得极值的必要条件,也就是说,可导函数的极值点必须在它的稳定点中去找. 反过来,稳定点不一定是极值点. 例如函数 $f(x) = x^3$, $f'(0) = 0$. 但 $x = 0$ 处并没有极值,如图 6.5.1 所示. 因此,费马定理的条件并不是充分的.

函数的极值可能在其稳定点处取得,还可能在它的导数不存在的点处取得. 例如,函数 $f(x) = x^{\frac{2}{3}}$ 在 $x = 0$ 处导数不存在,但函数在该点取得极小值,如图 6.5.2 所示,而函数 $f(x) = x^{\frac{1}{3}}$ 在 $x = 0$ 处导数不存在,但函数在该点没有极值,如图 6.5.3 所示.

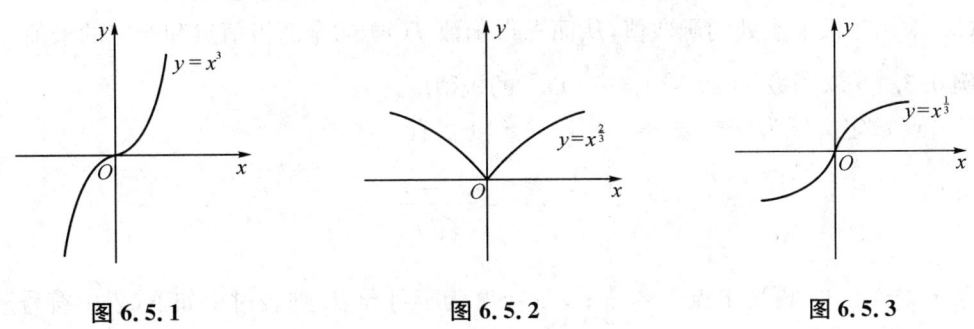

图 6.5.1   图 6.5.2   图 6.5.3

可见,函数的极值点必是稳定点或导数不存在的点. 但是,稳定点或导数不存在的点究竟是不是函数的极值点还需作进一步的判别.

定理 6.5.1(极值存在的第一充分条件) 设函数 $f(x)$ 在点 x_0 连续,在 x_0 的某一去心邻域 $\mathring{U}(x_0, \delta)$ 内可导,那么

(1) 若 $x \in (x_0 - \delta, x_0)$ 时, $f'(x) \geqslant 0$,而 $x \in (x_0, x_0 + \delta)$ 时, $f'(x) \leqslant 0$,则 $f(x)$

在 x_0 取到极大值；

(2) 若 $x \in (x_0-\delta, x_0)$ 时，$f'(x) \leqslant 0$，而 $x \in (x_0, x_0+\delta)$ 时，$f'(x) \geqslant 0$，则 $f(x)$ 在 x_0 取到极小值；

(3) 若 $x \in (x_0-\delta, x_0)$ 和 $x \in (x_0, x_0+\delta)$ 时，$f'(x)$ 不变号，则 $f(x)$ 在点 x_0 处无极值. 如图 6.5.4 所示.

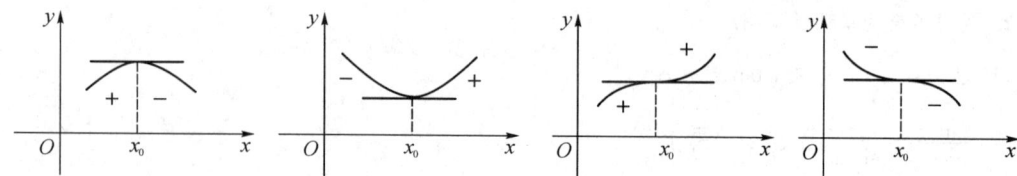

图 6.5.4

证 (1) 已知当 $x \in (x_0-\delta, x_0)$ 时，$f'(x) \geqslant 0$，又 $f(x)$ 在点 x_0 连续，则 $f(x)$ 在 $(x_0-\delta, x_0]$ 内单调增加，即当 $x \in (x_0-\delta, x_0)$ 时，$f(x_0) \geqslant f(x)$.

同理可推得，当 $x \in (x_0, x_0+\delta)$ 时，$f(x_0) \geqslant f(x)$，即对 $x \in (x_0-\delta, x) \cup (x_0, x_0+\delta)$，总有 $f(x_0) \geqslant f(x)$.

根据极值定义，$f(x)$ 在 x_0 处取极大值.

同理可证(2).

(3) 若 $x \in (x_0-\delta, x) \cup (x_0, x_0+\delta)$ 都有 $f'(x) \geqslant 0$，则 $f(x)$ 在 x_0 的左右两边均单调增加，因此 $f(x)$ 在 x_0 处不取极值. 同理可证，对于 $f'(x) \leqslant 0$ 的情形，$f(x)$ 在 x_0 也不取极值. 证毕.

根据上面定理，寻找函数的极值点和相应的极值可由如下步骤进行：

(1) 求出函数 $f(x)$ 的一阶导数等于零的点与导数不存在的点，它们可能是极值点；

(2) 考察 $f'(x)$ 在可能极值点处左右邻近的符号，再根据极值存在的第一充分条件，确定是否为极值点，如果是极值点，进一步确认是极大值点还是极小值点；

(3) 求出各极值点处的函数值，从而求得函数 $f(x)$ 的全部极值点和相应的极值.

例 6.5.1 求函数 $f(x) = (x-1)x^{\frac{2}{3}}$ 的极值.

解 函数定义域为 $(-\infty, +\infty)$. 当 $x \neq 1$ 时，有

$$f'(x) = \frac{5x-2}{3\sqrt[3]{x}}.$$

令 $f'(x) = 0$，得稳定点 $x = \frac{2}{5}$；又 $x = 0$ 为不可导点. 列表讨论如下（表中符号 ↗ 表示单调增加，↘ 表示单调减少）：

x	$(-\infty, 0)$	0	$(0, \frac{2}{5})$	$\frac{2}{5}$	$(\frac{2}{5}, +\infty)$
$f'(x)$	$+$	不存在	$-$	0	$+$
$f(x)$	↗	极大值	↘	极小值	↗

由上表可见，$f(x)$ 在点 $x=0$ 处取极大值，$f(0)=0$；在点 $x=\dfrac{2}{5}$ 处取极小值，$f\left(\dfrac{2}{5}\right)=-\dfrac{3}{5}\sqrt[3]{\dfrac{4}{25}}$.

上述判别法是根据导数 $f'(x)$ 在点 x_0 邻近的符号来判断的，如果函数 $f(x)$ 在稳定点 x_0 处存在二阶导数且不为零时，有如下判定定理.

定理 6.5.2（极值存在的第二充分条件） 设函数 $f(x)$ 在点 x_0 处具有二阶导数，且 $f'(x_0)=0$，$f''(x_0)\neq 0$，那么

(1) 若 $f''(x_0)<0$，则函数 $f(x)$ 在 x_0 处取得极大值；

(2) 若 $f''(x_0)>0$，则函数 $f(x)$ 在 x_0 处取得极小值.

证 (1) 由于 $f'(x_0)=0$，$f''(x_0)<0$，按二阶导数的定义有

$$f''(x_0)=\lim_{x\to x_0}\frac{f'(x)-f'(x_0)}{x-x_0}=\lim_{x\to x_0}\frac{f'(x)}{x-x_0}<0.$$

根据函数极限的局部保号性，存在 x_0 的某一邻域，有

$$\frac{f'(x)}{x-x_0}<0 \quad (x\neq x_0).$$

当 $x<x_0$ 时，$f'(x)>0$；当 $x>x_0$ 时，$f'(x)<0$. 由定理 6.5.1 知，$f(x)$ 在 x_0 处取得极大值.

同理可证(2). 证毕.

例 6.5.2 求 $f(x)=x^3-9x^2+15x+3$ 的极值.

解 函数定义域为 $(-\infty,+\infty)$.

$$f'(x)=3x^2-18x+15=3(x-1)(x-5),$$
$$f''(x)=6x-18=6(x-3).$$

令 $f'(x)=0$，得稳定点 $x_1=1$，$x_2=5$. 因为 $f''(1)=-12<0$，故 $f''(5)=12>0$，故由定理 6.5.2 知，$f(1)=10$ 是极大值，$f(5)=-22$ 是极小值.

需要注意的是，当 $f''(x_0)=0$ 时，定理 6.5.2 不能应用. 事实上，当 $f'(x_0)=0$，$f''(x_0)=0$ 时，$f(x)$ 在 x_0 处可能有极大值，也可能有极小值，也可能没有极值，因此 $f(x_0)$ 是否为极值尚待进一步判定. 例如，

$$f(x)=x^3,\quad g(x)=x^4,\quad h(x)=-x^4,$$

它们在 $x=0$ 点的一阶导数和二阶导数均为零，但容易用定义验证 $f(x)=x^3$ 在 $x=0$ 点不取极值，$g(x)=x^4$ 在 $x=0$ 点取极小值，$h(x)=-x^4$ 在 $x=0$ 点取极大值.

6.5.2 函数的最值

在自然科学、生产技术、经济管理等领域，常常需要研究如何花费最小、收益最大、成本最低、利润最大等问题，这些问题反映在数学上就是求某一函数（通常称为目标函数）的最大值和最小值问题.

如果函数 $f(x)$ 在闭区间 $[a,b]$ 上连续，根据闭区间上连续函数性质，$f(x)$ 在 $[a,b]$ 上一定能取到最大值和最小值. 最值可能在 $[a,b]$ 的端点 a 或 b 取到，也可能在 (a,b) 内部的某点 x_0 取到(此时这个最值同时也是一个极值). (a,b) 内部的极值可能在其稳定点处取得，也可能在它的导数不存在的点处取得. 因此，函数的最大(小)值可能在稳定点、端点和不可导点取得. 由此可用如下步骤求 $f(x)$ 在 $[a,b]$ 上的最值.

(1) 求出 $f(x)$ 在 (a,b) 内的所有稳定点和导数不存在的点；

(2) 求出稳定点、导数不存在的点以及端点处的函数值；

(3) 比较(2)中诸值的大小，其中最大的便是 $f(x)$ 在 $[a,b]$ 上的最大值，最小的便是 $f(x)$ 在 $[a,b]$ 上的最小值.

例 6.5.3 求函数 $f(x) = |2x^3 - 9x^2 + 12x|$ 在闭区间 $\left[-\dfrac{1}{4}, \dfrac{5}{2}\right]$ 上的最大值与最小值.

解 函数 f 在闭区间 $\left[-\dfrac{1}{4}, \dfrac{5}{2}\right]$ 上连续，故必存在最值，由于

$$f(x) = |2x^3 - 9x^2 + 12x| = |x(2x^2 - 9x + 12)|$$

$$= \begin{cases} -x(2x^2 + 9x + 12), & -\dfrac{1}{4} \leqslant x \leqslant 0, \\ x(2x^2 - 9x + 12), & 0 < x \leqslant \dfrac{5}{2}, \end{cases}$$

因此

$$f'(x) = \begin{cases} -6x^2 + 18x - 12, \\ 6x^2 - 18x + 12 \end{cases}$$

$$= \begin{cases} -6(x-1)(x-2), & -\dfrac{1}{4} \leqslant x < 0, \\ 6(x-1)(x-2), & 0 < x \leqslant \dfrac{5}{2}. \end{cases}$$

又因 $f'(0-0) = -12$，$f'(0+0) = 12$，所以由导函数极限定理推知函数在 $x=0$ 处不可导，求出函数 f 在稳定点 $x=1,2$，不可导点 $x=0$，以及端点 $x=-\dfrac{1}{4}, \dfrac{5}{2}$ 的函数值如下：

$$f(1) = 5, \quad f(2) = 4, \quad f(0) = 0, \quad f\left(-\dfrac{1}{4}\right) = \dfrac{115}{32}, \quad f\left(\dfrac{5}{2}\right) = 5.$$

所以，函数 f 在 $x=0$ 处取得最小值 0，在 $x=1$ 和 $x=\dfrac{5}{2}$ 处取得最大值 5(图 6.5.5).

在生产实践和科学实验中，我们常会遇到求函数的最大值或最小值问题. 以下是两种特殊情况：

(1) 如果函数在闭区间上单调增加(或单调减少)，则函数在区间的左端点(或右端点)处取得最小值，在区间的右端点(或左端点)处取得最大值.

(2) 如果可导函数 $f(x)$ 在区间(有限或无限，开或闭)内有且仅有一个极大值，而没有

极小值,则此极大值就是函数 $f(x)$ 在该区间上的最大值,如图 6.5.6 所示. 同样,如果可导函数 $f(x)$ 在区间内有且仅有一个极小值,而没有极大值,则此极小值就是函数 $f(x)$ 在该区间上的最小值,如图 6.5.7 所示.

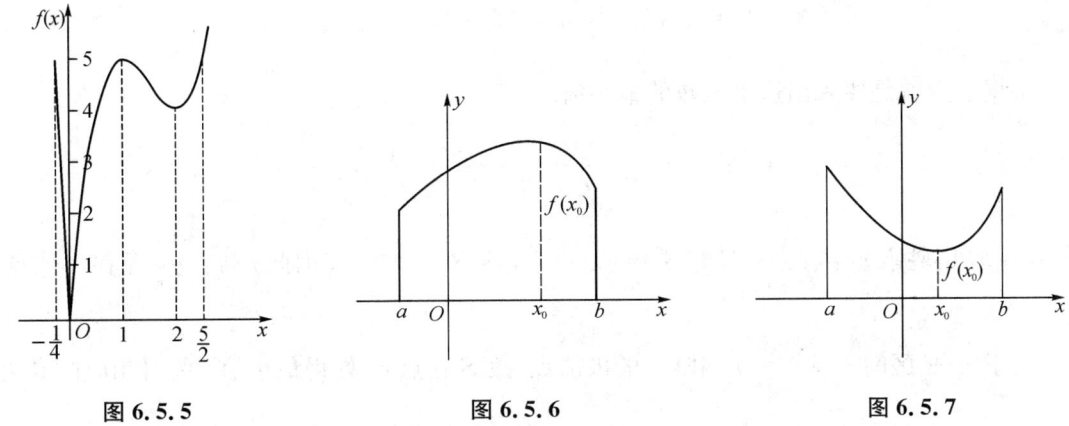

图 6.5.5　　　　　图 6.5.6　　　　　图 6.5.7

在实际应用问题中常常遇到这样的情形. 对这种类型的问题,可以依据上述的结论来解决.

例 6.5.4　一艘轮船在航行中的燃料费和它的速度的立方成正比. 已知当速度为 10 km/h 时,燃料费为每小时 6 元,而其他与速度无关的费用为每小时 96 元,问轮船的速度为多少时,每航行 1 km 所消耗的费用最小?

解　设船速为 x km/h,根据题意每航行 1 km 的耗费为

$$y = \frac{1}{x}(kx^3 + 96).$$

由已知当 $x = 10$ 时,$k \cdot 10^3 = 6$,故得比例系数 $k = 0.006$,所以有

$$y = \frac{1}{x}(0.006x^3 + 96), \quad x \in (0, +\infty).$$

令

$$y' = \frac{0.012}{x^2}(x^3 - 8\,000) = 0,$$

求得稳定点 $x = 20$,由极值存在的第一充分条件检验得 $x = 20$ 是极小值点. 由于在 $(0, +\infty)$ 上该函数处处可导,且只有唯一的极值点,当它为极小值点时必为最小值点,所以求得当船速为 20 km/h 时,每航行 1 km 的耗费为最少,其值为 $y_{\min} = 0.006 \times 20^2 + \frac{96}{20} = 7.2$(元).

例 6.5.5　要做一个容积为 V 的圆柱形封闭的罐头筒,问半径 r 和筒高 h 如何确定才能使所用材料最省?

解　据题意要求材料最省,就是要使罐头筒的总表面积最小. 设筒的底半径为 r,高为 h,则它的侧面积为 $2\pi rh$,底面积为 πr^2. 由此得总表面积为

$$S = 2\pi r^2 + 2\pi rh,$$

由体积公式 $V = \pi r^2 h$ 有 $h = \dfrac{V}{\pi r^2}$，所以

$$S = 2\pi r^2 + \dfrac{2V}{r}, \quad r \in (0, +\infty).$$

根据题意就是要求出这个函数的最小值.

$$S' = 4\pi r - \dfrac{2V}{r^2} = \dfrac{2(2\pi r^3 - V)}{r^2},$$

令 $S' = 0$，得驻点 $r_0 = \sqrt[3]{\dfrac{V}{2\pi}}$. 又有 $S'' = 4\pi + \dfrac{4V}{r^3}$，则 $S''(r_0) > 0$，因此 $r_0 = \sqrt[3]{\dfrac{V}{2\pi}}$ 是极小值点.

由于 r_0 是区间 $(0, +\infty)$ 内唯一的极值点，故 S 在点 r_0 处得最小值. 此时相应的高为

$$h_0 = \dfrac{V}{\pi r_0^2} = 2\sqrt[3]{\dfrac{V}{2\pi}} = 2r_0,$$

即 $h = 2r$. 也就是说，当筒的高等于其底直径时所用的材料最省.

在很多求最值的实际应用问题中，根据问题的实际意义，往往可以断定可导目标函数 $f(x)$ 必定有最大值或最小值，并且在定义区间内部取得. 这时如果 $f(x)$ 在定义区间内部只有一个稳定点 x_0，则可以断定 $f(x_0)$ 是最大值或最小值.

例 6.5.6 一顶角为 $\dfrac{\pi}{2}$ 的圆锥形容器内盛有 v_0 升水，现往里灌水，从时刻 $t = 0$ 到时刻 t 时灌入的水量为 $at^2 (a > 0)$ 升，问何时水深 h 上升的速率最快？

解 设经过时间 t，水深为 h，水面半径 r（图 6.5.8）. 此时，容器中水的体积为

$$v_0 + at^2 = \dfrac{1}{3}\pi r^2 h,$$

由已知顶角为 $\dfrac{\pi}{2}$，有 $r = h$，整理可得

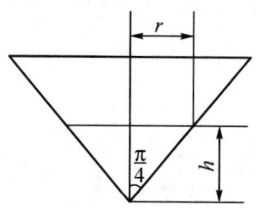

图 6.5.8

$$h = \left[\dfrac{3}{\pi}(v_0 + at^2)\right]^{\frac{1}{3}}, \quad t > 0.$$

所以，目标函数为

$$v(t) = h'(t) = \dfrac{2at}{\sqrt[3]{9\pi}}(v_0 + at^2)^{-\frac{2}{3}}, \quad t > 0.$$

令

$$v'(t) = \dfrac{2a}{\sqrt[3]{9\pi}}(v_0 + at^2)^{-\frac{5}{3}}\left(v_0 - \dfrac{1}{3}at^2\right) = 0,$$

得到唯一稳定点 $t = \sqrt{\dfrac{3v_0}{a}}$.

由题意,目标函数的最大值存在,且稳定点唯一,因此,当 $t = \sqrt{\dfrac{3v_0}{a}}$ 时,水深 h 上升的速率最快.

习题 6.5

1. 求下列函数的极值.

(1) $y = x^3 - 6x^2 + 9x - 3$;

(2) $y = \sqrt[3]{(2x - x^2)^2}$;

(3) $y = x - \dfrac{3}{2}x^{\frac{2}{3}}$;

(4) $y = (x-4)\sqrt[3]{(x+1)^2}$;

(5) $y = x^4 - 2x^3$;

(6) $y = ax + \dfrac{b}{x} + c$ ($x > 0$, a, b, c 为正常数);

(7) $y = (x^2 - 1)^3 + 1$;

(8) $y = 3 - 2(x+1)^{\frac{1}{3}}$.

2. 设函数 $f(x) = a\ln x + bx^2 + x$ 在 $x = 1$, $x = 2$ 处取得极值,试确定 a, b 的值,并指出 $f(x)$ 的极值是极大值还是极小值.

3. 求下列函数在给定区间的最大值与最小值.

(1) $f(x) = 2x^3 + 3x^2 - 12x + 14$, $[-3, 4]$;

(2) $f(x) = (x-3)^{\frac{1}{3}}(x-6)^{\frac{2}{3}}$, $[0, 6]$;

(3) $f(x) = \sin 2x - x$, $\left[-\dfrac{\pi}{2}, \dfrac{\pi}{2}\right]$;

(4) $f(x) = |x^2 - 3x + 2|$, $[-3, 4]$.

4. 将边长为 a 的一块正方形铁皮,四角各截去一个大小相同的小正方形,然后将四边折起,做成一个无盖的方盒.问截掉的小正方形边长为多大时,所得方盒的容积最大?

5. 某厂生产电视机 θ 台的成本 $c(\theta) = 5\,000 + 250\theta - 0.01\theta^2$,销售收入是 $R(\theta) = 400\theta - 0.02\theta^2$,如果生产的所有电视机都能售出,问应生产多少台,才能获得最大利润?

6. 某地区防空洞的截面拟建成矩形加半圆(图 6.5.9).截面的面积为 5 m^2.问底宽 x 为多少时才能使截面的周长最小,从而使建造时所用的材料最省?

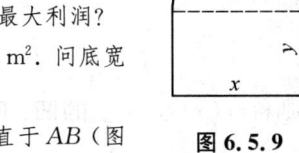

图 6.5.9

7. 铁路线上 AB 段的距离为 100 km.工厂 C 距 A 处为 20 km,AC 垂直于 AB (图 6.5.10).为了运输需要,要在 AB 线上选定一点 D 向工厂修筑一条公路.已知铁路每公里货运的运费与公路上每公里货运的运费之比为 $3:5$.为了使货物从供应站 B 运到工厂 C 的运费最省,问 D 点应选在何处?

8. 某房地产公司有 50 套公寓要出租,当租金定为每月 180 元时,公寓会全部租出去.当租金每月增加 10 元时,就有一套公寓租不出去,而租出去的房子每月需花费 20 元的整修维护费.试问房租定为多少可获得最大收入?

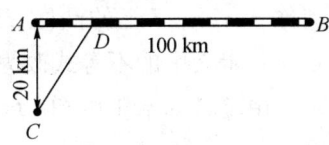

图 6.5.10

6.6 函数的凸性

前面对函数的单调性、极值、最大值和最小值进行了讨论,使我们知道了函数变化的大致情况,但这还不够,因为函数 $y = f(x)$ 在区间 I 上单调增加还有不同的方式.例如,函数

$$y = x^2 \quad \text{与} \quad y = \sqrt{x}$$

在区间$[0, +\infty)$上虽然都是单调增加,但是它们图形却有显著不同(图 6.6.1):曲线 $y = x^2$ 是向下凸出的曲线弧,而曲线 $y = \sqrt{x}$ 是向上凸出的曲线弧. 函数在区间上单调减少也具有类似情况.

曲线 $y = f(x)$ 在区间 I 向下凸的特征:在曲线 $y = f(x)$ 上任取两个点,则联结这两点间的弦总位于这两点间的弧段的上方,如图 6.6.2(a)所示. 曲线 $y = f(x)$ 在区间 I 向上凸的特征恰好相反,如图 6.6.2(b)所示. 函数曲线的这种性质称为**函数的凸性**. 下面给出曲线凸性的定义.

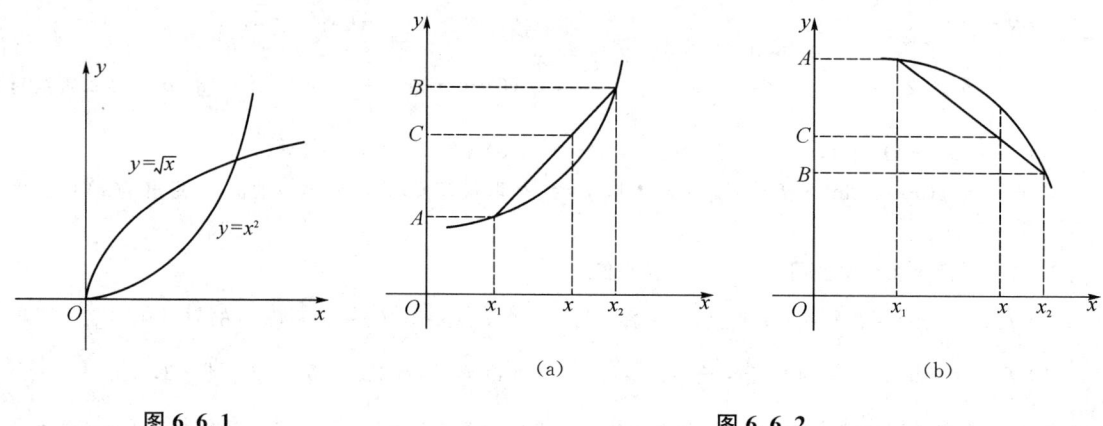

图 6.6.1 　　　　　　　　　　图 6.6.2

定义 6.6.1 设 $f(x)$ 定义在区间 I 上,若对任意 $x_1, x_2 \in I$ 和任意实数 $\lambda \in (0, 1)$,恒有

$$f(\lambda x_1 + (1-\lambda) x_2) \leqslant \lambda f(x_1) + (1-\lambda) f(x_2),$$

则称 $f(x)$ 为 I 上的**凹(下凸)函数**;反之,如果恒有

$$f(\lambda x_1 + (1-\lambda) x_2) \geqslant \lambda f(x_1) + (1-\lambda) f(x_2),$$

则称 $f(x)$ 为 I 上的**凸(上凸)函数**.

若定义中的不等式改为严格不等式,则相应的函数称为**严格凹函数**和**严格凸函数**.

由定义 6.6.1 可知,$f(x)$ 为 I 上的**凹函数**的等价定义为:对任意 $x_1, x_2 \in I$, $x_1 < x_2$,恒有

$$f(x) \leqslant \frac{f(x_2) - f(x_1)}{x_2 - x_1}(x - x_1) + f(x_1).$$

类似有凸函数的等价定义.

由定义也容易看出,若 $f(x)$ 为 I 上的凹函数,则 $-f(x)$ 为 I 上的凸函数. 因此以下只需讨论凹函数的性质.

定理 6.6.1 设 $f(x)$ 是区间 I 上的可导函数,则下列论述相互等价:

(1) $f(x)$ 是区间 I 上的凹函数;

(2) 对任意 $x_1, x_2, x_3 \in I$，且 $x_1 < x_2 < x_3$，恒有
$$\frac{f(x_2) - f(x_1)}{x_2 - x_1} \leqslant \frac{f(x_3) - f(x_2)}{x_3 - x_2}; \tag{6.6.1}$$

(3) $f'(x)$ 为 I 上增函数；

(4) 对任意 $x_1, x \in I$，有
$$f(x) \geqslant f(x_1) + f'(x_1)(x - x_1). \tag{6.6.2}$$

证 (1)$\Rightarrow$(2) 设 $\lambda = \frac{x_3 - x_2}{x_3 - x_1}$，则 $x_2 = \lambda x_1 + (1-\lambda) x_3$，已知 $f(x)$ 是凹函数，则
$$f(x_2) = f(\lambda x_1 + (1-\lambda) x_3) \leqslant \lambda f(x_1) + (1-\lambda) f(x_3)$$
$$= \frac{x_3 - x_2}{x_3 - x_1} f(x_1) + \frac{x_2 - x_1}{x_3 - x_1} f(x_3),$$

则
$$(x_3 - x_1) f(x_2) \leqslant (x_3 - x_2) f(x_1) + (x_2 - x_1) f(x_3),$$
$$(x_3 - x_2) f(x_2) + (x_2 - x_1) f(x_2) \leqslant (x_3 - x_2) f(x_1) + (x_2 - x_1) f(x_3),$$

整理得式(6.6.1).

(2)$\Rightarrow$(3) $\forall x_1, x_2 \in I$，$x_1 < x_2$，取充分小的正数 h，使得 $x_1 - h, x_2 + h \in I$，由于 $x_1 - h < x_1 < x_2 < x_2 + h$，由式(6.6.1)可知
$$\frac{f(x_1) - f(x_1 - h)}{h} \leqslant \frac{f(x_2) - f(x_1)}{x_2 - x_1} \leqslant \frac{f(x_2 + h) - f(x_2)}{h}.$$

已知 $f(x)$ 在区间 I 上可导，令 $h \to 0^+$，得
$$f'(x_1) \leqslant \frac{f(x_2) - f(x_1)}{x_2 - x_1} \leqslant f'(x_2),$$

即 $f'(x)$ 为 I 上增函数.

(3)$\Rightarrow$(4) 对任意 $x_1, x \in I$，在以 x_1, x 为端点的闭区间上应用拉格朗日中值定理有
$$f(x) - f(x_1) = f'(\xi)(x - x_1) \geqslant f'(x_1)(x - x_1), \quad \xi \text{ 在 } x_1, x \text{ 之间},$$

移项后得到式(6.6.2).

(4)$\Rightarrow$(1) 对任意 $x_1, x_2 \in I$，设 $x = \lambda x_1 + (1-\lambda) x_2, \lambda \in (0,1)$，则
$$f(x_1) \geqslant f(x) + f'(x)(x_1 - x),$$
$$f(x_2) \geqslant f(x) + f'(x)(x_2 - x),$$

分别用 λ 和 $1-\lambda$ 乘以上面两个式子并左右端分别相加，整理得
$$\lambda f(x_1) + (1-\lambda) f(x_2) \geqslant f(x) = f[\lambda x_1 + (1-\lambda) x_2],$$

从而 $f(x)$ 是区间 I 上的凹函数. 证毕.

注 1 类似定理证明中的(1)$\Rightarrow$(2)可得，$f(x)$ 是区间 I 上的凹函数的充要条件是：对任

意 $x_1, x_2, x_3 \in I$,且 $x_1 < x_2 < x_3$,恒有

$$\frac{f(x_2)-f(x_1)}{x_2-x_1} \leqslant \frac{f(x_3)-f(x_1)}{x_3-x_1} \leqslant \frac{f(x_3)-f(x_2)}{x_3-x_2}.$$

注 2 定理中论述(4)的几何意义是:曲线 $y=f(x)$ 总是在它的任一切线的上方.

注 3 对于凸函数,同样有类似于定理 6.6.1 的结论.

应用凹凸函数的定义可以证明一些重要不等式. 例如,函数 $f(x)$ 是区间 I 上的凹函数,则有**詹生(Jensen)不等式**

$$f(\lambda_1 x_1 + \lambda_2 x_2 + \cdots + \lambda_n x_n) \leqslant \lambda_1 f(x_1) + \lambda_2 f(x_2) + \cdots + \lambda_n f(x_n),$$

其中,$x_i \in I$,$\lambda_i > 0$,$i=1,2,\cdots,n$,且 $\lambda_1 + \lambda_2 + \cdots + \lambda_n = 1$.

定理 6.6.2 设 $f(x)$ 是区间 I 上的二阶可导函数,则 $f(x)$ 是区间 I 上的凹(凸)函数的充要条件是

$$f''(x) \geqslant 0 \quad [f''(x) \leqslant 0], \quad x \in I.$$

该定理可由定理 6.6.1 推出.

推论 设 $f(x)$ 是区间 I 上的二阶可导函数,若对任意 $x \in I$,有 $f''(x) > 0$ $[f''(x) < 0]$,则 $f(x)$ 是区间 I 上的严格凹(凸)函数.

推论的逆命题不成立,请读者自行举例.

例 6.6.1 判定曲线 $y=\mathrm{e}^{-x^2}$ 的凹凸性.

解 因为 $y' = -2x\mathrm{e}^{-x^2}$,$y'' = 2(2x^2-1)\mathrm{e}^{-x^2}$. 由于 $\mathrm{e}^{-x^2} > 0$,所以

当 $2x^2-1 > 0$,即 $x > \frac{1}{\sqrt{2}}$ 或 $x < -\frac{1}{\sqrt{2}}$ 时,$y'' > 0$;

当 $2x^2-1 < 0$,即 $-\frac{1}{\sqrt{2}} < x < \frac{1}{\sqrt{2}}$ 时,$y'' < 0$.

因此,曲线在区间 $\left(-\infty, -\frac{1}{\sqrt{2}}\right]$ 与 $\left[\frac{1}{\sqrt{2}}, +\infty\right)$ 内是凹的;在 $\left[-\frac{1}{\sqrt{2}}, \frac{1}{\sqrt{2}}\right]$ 内是凸的.(图 6.7.4)

从例 6.6.1 可以看出,有些函数的图形在它的定义区间的某些部分区间上是凹的,某些部分区间上是凸的.

定义 6.6.2 若函数 $y=f(x)$ 在点 x_0 连续,且在点 $(x_0, f(x_0))$ 的两侧分别是严格凹和严格凸的,则称点 $(x_0, f(x_0))$ 是函数曲线的的**拐点**.

根据定义可知,拐点是凹和凸曲线的分界点.

我们容易得到如下关于拐点的定理.

定理 6.6.3 若 $f(x)$ 在点 x_0 二阶可导,且 $(x_0, f(x_0))$ 为函数曲线 $y=f(x)$ 的拐点,则 $f''(x_0) = 0$.

定理 6.6.4 若 $f(x)$ 在点 x_0 连续,在某个 $\overset{\circ}{U}(x_0)$ 上二阶可导,若在 $\overset{\circ}{U}_-(x_0)$ 和 $\overset{\circ}{U}_+(x_0)$ 上 $f''(x)$ 的符号相反,则 $(x_0, f(x_0))$ 是函数曲线 $y=f(x)$ 的拐点.

需要注意的是,定理 6.6.3 给出的是二阶可导函数曲线的拐点满足的必要条件,而不是充分条件. 例如,曲线 $y = x^4$ 上的 $(0,0)$ 点满足 $f''(0) = 0$,但它不是拐点.

另外,函数 $f(x)$ 的二阶导数不存在的点,也有可能是拐点,例如函数 $y = \sqrt[3]{x}$ 在 $x = 0$ 的情况.

综上所述,判定曲线 $y = f(x)$ 的凹凸性及拐点,可由如下步骤进行:

(1) 求 $f''(x)$;

(2) 令 $f''(x) = 0$,求出二阶导数为零的点,找出二阶导数不存在的点;

(3) 以二阶导数为零的点和二阶导数不存在的点把函数的定义域分成若干个小区间,然后确定二阶导数在各个小区间内的符号,并据此判定曲线的凹凸性和拐点.

例 6.6.2 求曲线 $y = x^4 - 2x^3 + 1$ 的凹凸区间及拐点.

解 函数 $y = x^4 - 2x^3 + 1$ 的定义域为 $(-\infty, +\infty)$.

$$y' = 4x^3 - 6x^2,$$
$$y'' = 12x^2 - 12x = 12x(x-1).$$

令 $y'' = 0$,得

$$x_1 = 0, \quad x_2 = 1.$$

$x_1 = 0, x_2 = 1$ 把函数定义域 $(-\infty, +\infty)$ 分成三个区间,讨论结果列表如下:

x	$(-\infty, 0)$	0	$(0, 1)$	1	$(1, +\infty)$
y''	+	0	−	0	+
y	凹	拐点	凸	拐点	凹

可见,在区间 $(-\infty, 0]$,$[1, +\infty)$ 上曲线是凹的,在区间 $[0, 1]$ 上曲线是凸的.

当 $x = 0$ 时,$y = 1$,点 $(0, 1)$ 是曲线的一个拐点;当 $x = 1$ 时,$y = 0$,点 $(1, 0)$ 也是曲线的拐点.

例 6.6.3 求曲线 $y = (x-1)\sqrt[3]{x^5}$ 的凹凸区间及拐点.

解 函数 $y = (x-1)\sqrt[3]{x^5}$ 的定义域为 $(-\infty, +\infty)$.

$$y' = x^{\frac{5}{3}} + (x-1) \cdot \frac{5}{3} x^{\frac{2}{3}} = \frac{8}{3} x^{\frac{5}{3}} - \frac{5}{3} x^{\frac{2}{3}},$$
$$y'' = \frac{40}{9} x^{\frac{2}{3}} - \frac{10}{9} x^{-\frac{1}{3}} = \frac{10}{9} \cdot \frac{4x-1}{\sqrt[3]{x}}.$$

令 $y'' = 0$,得 $x = \dfrac{1}{4}$,而在 $x = 0$ 处 y'' 不存在.

$x = 0, x = \dfrac{1}{4}$ 把定义域 $(-\infty, +\infty)$ 分成三个区间,讨论结果列表如下:

x	$(-\infty, 0)$	0	$\left(0, \dfrac{1}{4}\right)$	$\dfrac{1}{4}$	$\left(\dfrac{1}{4}, +\infty\right)$
y''	+	不存在	−	0	+
y	凹	拐点	凸	拐点	凹

因此,在 $(-\infty, 0]$,$\left[\dfrac{1}{4}, +\infty\right)$ 上曲线是凹的,在 $\left[0, \dfrac{1}{4}\right]$ 上曲线是凸的. 拐点为 $(0, 0)$ 和 $\left(\dfrac{1}{4}, -\dfrac{3}{16\sqrt[3]{16}}\right)$.

习题 6.6

1. 判定下列曲线的凹凸性.

(1) $y = \ln x$;

(2) $y = \ln(1+x^2)$ $(x > 0)$;

(3) $y = \dfrac{8a^3}{x^2+a^2}$ $(a > 0)$;

(4) $y = x - \ln(x+1)$.

2. 求下列曲线的凹凸区间及拐点.

(1) $y = 3x^4 - 4x^3 + 1$;

(2) $y = \sqrt[3]{x}$;

(3) $y = x^{\frac{5}{3}} - x^{\frac{2}{3}}$.

3. 已知点 $(1, -1)$ 是曲线 $y = x^3 + mx^2 + nx + p$ 的拐点,且 $x = 0$ 时曲线上点的切线平行于 x 轴,试确定常数 m, n, p.

6.7 函数图象的讨论

6.7.1 曲线的渐近线

由中学的平面解析几何知道,双曲线 $\dfrac{x^2}{a^2} - \dfrac{y^2}{b^2} = 1$ 的两条渐近线为 $\dfrac{x}{a} \pm \dfrac{y}{b} = 0$. 通过两条渐近线,我们能知道双曲线无限延伸时的走向及趋势. 若一条连续曲线存在渐近线,为了掌握这条连续曲线在无限延伸时的变化情况,讨论它的渐近线就成为必须.

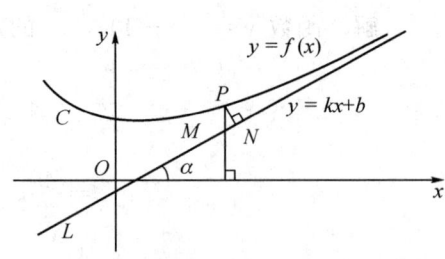

图 6.7.1

定义 6.7.1 若曲线 C 上的动点 P 沿曲线无限远离原点时,点 P 与某条直线 L 的距离趋于 0,则称直线 L 为曲线 C 的**渐近线**(图 6.7.1).

曲线的渐近线可分为水平渐近线、垂直渐近线和斜渐近线.

1. 水平渐近线

若曲线 $y=f(x)$ 的定义域是无限区间,且有

$$\lim_{x\to+\infty}f(x)=C \quad 或 \quad \lim_{x\to-\infty}f(x)=C,$$

则直线 $y=C$ 是曲线 $y=f(x)$ 的**水平渐近线**.

2. 垂直渐近线

若曲线 $y=f(x)$ 满足

$$\lim_{x\to C^+}f(x)=\infty\,(\pm\infty) \quad 或 \quad \lim_{x\to C^-}f(x)=\infty\,(\pm\infty),$$

则称直线 $x=C$ 为曲线 $y=f(x)$ 的**垂直渐近线**.

例如,因为 $\lim\limits_{x\to\infty}\dfrac{1}{x}=0$,$\lim\limits_{x\to 0}\dfrac{1}{x}=\infty$,所以直线 $y=0$ 是曲线 $y=\dfrac{1}{x}$ 的水平渐近线,直线 $x=0$ 是曲线的垂直渐近线(图 6.7.2).

又如,因为 $\lim\limits_{x\to+\infty}\arctan x=\dfrac{\pi}{2}$,$\lim\limits_{x\to-\infty}\arctan x=-\dfrac{\pi}{2}$,所以曲线 $y=\arctan x$ 有两条水平渐近线 $y=\dfrac{\pi}{2}$,$y=-\dfrac{\pi}{2}$(图 6.7.3).

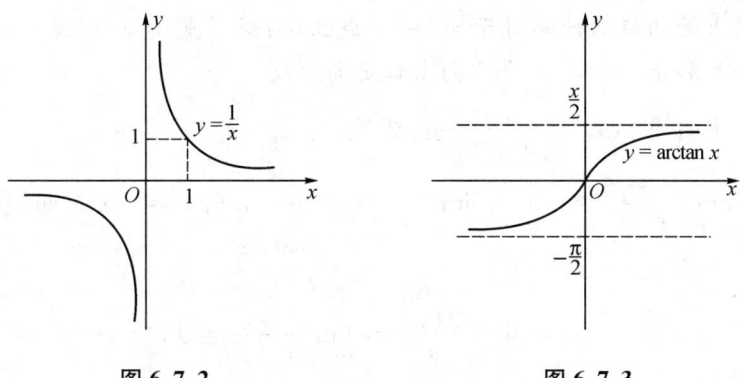

图 6.7.2   图 6.7.3

3. 斜渐近线

若曲线 $y=f(x)$ 上的点 $(x,f(x))$ 到直线 $y=kx+b\,(k\neq 0)$ 的距离当 $x\to+\infty$ 或 $x\to-\infty$ 时趋于 0,则称直线 $y=kx+b$ 是曲线 $y=f(x)$ 的一条**斜渐近线**.

如图 6.7.1 所示,设直线 $y=kx+b$ 是曲线 $y=f(x)$ 的斜渐近线,怎么确定常数 k 和 b 呢?

由点到直线的距离公式,曲线上动点 $P(x,f(x))$ 到直线的距离

$$|PN|=\dfrac{|f(x)-kx-b|}{\sqrt{1+k^2}}.$$

当 $x\to+\infty$ 时,直线 $y=kx+b$ 是曲线 $y=f(x)$ 的斜渐近线

$$\Leftrightarrow \lim_{x\to+\infty} \frac{|f(x)-kx-b|}{\sqrt{1+k^2}}=0$$

$$\Leftrightarrow \lim_{x\to+\infty}[f(x)-kx-b]=0$$

$$\Leftrightarrow \lim_{x\to+\infty}[f(x)-kx]=b.$$

又因为

$$\lim_{x\to+\infty}\left[\frac{f(x)}{x}-k\right]=\lim_{x\to+\infty}\frac{1}{x}[f(x)-kx]=0\cdot b=0,$$

所以

$$\lim_{x\to+\infty}\frac{f(x)}{x}=k.$$

于是,当 $x\to+\infty$ 时,直线 $y=kx+b$ 是曲线 $y=f(x)$ 的斜渐近线

$$\Leftrightarrow k=\lim_{x\to+\infty}\frac{f(x)}{x} \text{ 且 } b=\lim_{x\to+\infty}[f(x)-kx].$$

同理,当 $x\to-\infty$ 时,直线 $y=kx+b$ 是曲线 $y=f(x)$ 的斜渐近线

$$\Leftrightarrow k=\lim_{x\to-\infty}\frac{f(x)}{x} \text{ 且 } b=\lim_{x\to-\infty}[f(x)-kx].$$

注1 若上面计算得到 $k=0$,则得到的渐近线为 $y=b$ 是水平渐近线.

注2 如果上面的极限计算对于 $x\to\infty$ 成立,则说明直线 $y=kx+b$ 关于曲线 $y=f(x)$ 在 $x\to+\infty$ 和 $x\to-\infty$ 两个方向上都是渐近线.

例 6.7.1 求曲线 $f(x)=\dfrac{x^2}{x+1}$ 的渐近线.

解 已知 $\lim\limits_{x\to-1^-}\dfrac{x^2}{x+1}=-\infty$,$\lim\limits_{x\to-1^+}\dfrac{x^2}{x+1}=+\infty$,则 $x=-1$ 是曲线的垂直渐近线. 又有

$$k=\lim_{x\to\infty}\frac{f(x)}{x}=\lim_{x\to\infty}\frac{x}{x+1}=1,$$

$$b=\lim_{x\to\infty}[f(x)-ax]=\lim_{x\to\infty}\left(\frac{x^2}{x+1}-x\right)=\lim_{x\to\infty}\frac{-x}{x+1}=-1,$$

则直线 $y=x-1$ 是曲线的斜渐近线.

6.7.2 函数图象描绘

前面介绍了研究函数性态的有关方法,利用一阶导数可以判定函数单调性,求出函数的极值点;利用二阶导数可以判定曲线的凹凸性和拐点;利用极限可以确定曲线的渐近线. 综合应用这些方法,并结合函数的奇偶性,周期性等几何特征,可以比较全面地掌握函数的性态,就可以比较准确的描绘出函数的图形. 描绘函数图形可按下列步骤进行:

(1) 确定函数 $y=f(x)$ 的定义域,讨论函数的一些基本性质,如奇偶性、周期性等;

(2) 求出函数的一阶导数 $f'(x)$ 和二阶导数 $f''(x)$,并求出使 $f'(x)=0$,$f''(x)=0$ 的

点和 $f'(x)$，$f''(x)$ 不存在的点，用这些点把函数的定义域分成若干部分区间；

（3）根据这些部分区间内 $f'(x)$ 和 $f''(x)$ 的符号，确定函数的单调区间、极值点、图形的凹凸区间和拐点；

（4）确定函数曲线的渐近线；

（5）可确定一些特殊点（如曲线与两个坐标轴的交点、容易计算的点等），然后按照曲线的性态逐段描绘.

例 6.7.2 描绘函数 $y = e^{-x^2}$ 的图形.

解 （1）定义域为 $(-\infty, +\infty)$，并且是偶函数，图形对称于 y 轴. 故只要在 $[0, +\infty)$ 上考察函数的图形特性.

（2）$y' = -2xe^{-x^2}$，$y'' = 2(2x^2 - 1)e^{-x^2}$.

当 $x \in [0, +\infty)$ 时，令 $y' = 0$，得 $x = 0$；令 $y'' = 0$，得 $x = \dfrac{1}{\sqrt{2}}$.

用点 $x = 0$，$x = \dfrac{1}{\sqrt{2}}$ 把 $(-\infty, +\infty)$ 分成四个区间，列表如下：

x	0	$\left(0, \dfrac{1}{\sqrt{2}}\right)$	$\dfrac{1}{\sqrt{2}}$	$\left(\dfrac{1}{\sqrt{2}}, +\infty\right)$
y'	0	$-$	$-$	$-$
y''	$-$	$-$	0	$+$
y	极大值 1	凸↘	拐点 $\left(\dfrac{1}{\sqrt{2}}, \dfrac{1}{\sqrt{e}}\right)$	凹↘

（3）由于 $\lim\limits_{x \to \infty} y = 0$，所以函数曲线有一条水平渐近线 $y = 0$.

（4）先作出区间 $[0, +\infty)$ 上的图形，再利用对称性作出区间 $(-\infty, 0]$ 上的图形，如图 6.7.4 所示.

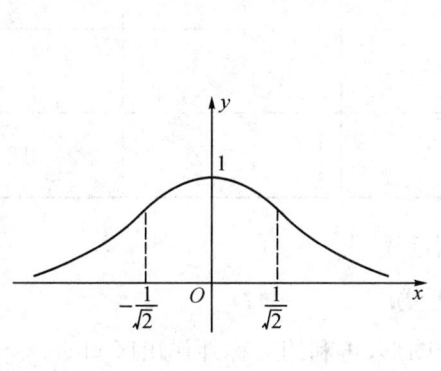

图 6.7.4

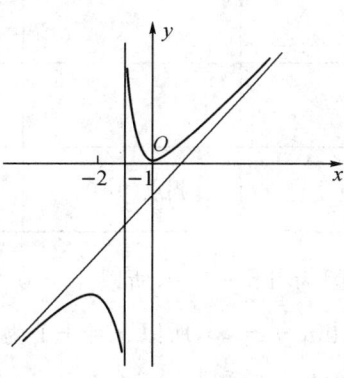

图 6.7.5

例 6.7.3 描绘函数 $y = \dfrac{x^2}{x+1}$ 的图形.

解 (1) 定义域为 $(-\infty, -1) \cup (-1, +\infty)$.

(2) $y' = \dfrac{x^2 + 2x}{(x+1)^2}$, $y'' = \dfrac{2}{(x+1)^3}$.

令 $y' = 0$, 得 $x = 0$ 和 $x = -2$. 列表如下:

x	$(-\infty, -2)$	-2	$(-2, -1)$	-1	$(-1, 0)$	0	$(0, +\infty)$
y'	$+$	0	$-$		$-$	0	$+$
y''	$-$		$-$		$+$		$+$
y	凸↗	极大值 -4	凸↘	间断	凹↘	极小值 0	凹↗

(3) $x = -1$ 为垂直渐近线, $y = x - 1$ 为斜渐近线. 见例 6.7.1.

(4) 作出函数图形, 如图 6.7.5 所示.

例 6.7.4 描绘函数 $y = \dfrac{x}{(1-x^2)^2}$ 的图形.

解 (1) 定义域为 $(-\infty, -1) \cup (-1, 1) \cup (1, +\infty)$, 并且是奇函数, 图形关于原点对称. 故只要在 $[0, 1) \cup (1, +\infty)$ 上考察函数的图形特性.

(2) $y' = \dfrac{3x^2 + 1}{(1-x^2)^3}$, $y'' = \dfrac{12x(x^2+1)}{(1-x^2)^4}$.

$y' \neq 0$ 无稳定点. 令 $y'' = 0$, 得 $x = 0$. 列表如下:

x	0	$(0, 1)$	1	$(1, +\infty)$
y'		$+$		$-$
y''		$+$		$+$
y	拐点 $(0, 0)$	凹↗		凹↘

(3) 因为 $\lim\limits_{x \to \infty} y = 0$, 所以 $y = 0$ 为水平渐近线.

因为 $\lim\limits_{x \to \pm 1} y = \infty$, 所以 $x = \pm 1$ 为垂直渐近线.

(4) 先作出区间 $[0, 1) \cup (1, +\infty)$ 上的图形, 再利用对称性作出区间 $(-\infty, -1) \cup (-1, 0]$ 上的图形, 如图 6.7.6 所示.

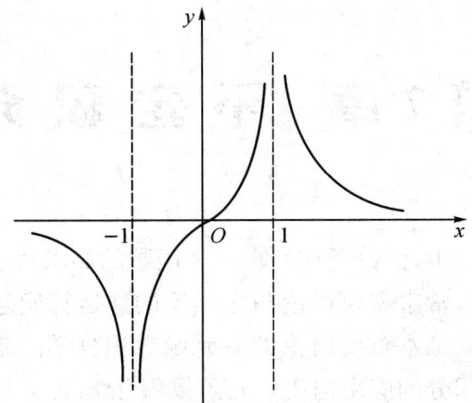

图 6.7.6

习题 6.7

1. 求下列曲线的渐近线.

(1) $y = \dfrac{1}{\sqrt{2\pi}} e^{-\frac{x^2}{2}}$;

(2) $y = \ln x$;

(3) $y = \dfrac{4(x+1)}{x^2} - 2$;

(4) $y = e^{\frac{1}{x}}$;

(5) $y = \dfrac{(x-3)^2}{4(x-1)}$.

2. 描绘下列函数的图形.

(1) $y = \dfrac{2x-1}{(x-1)^2}$;

(2) $y = \dfrac{1}{\sqrt{2\pi}} e^{-\frac{x^2}{2}}$;

(3) $y = \dfrac{4(x+1)}{x^2} - 2$;

(4) $y = \dfrac{(x-3)^2}{4(x-1)}$;

(5) $y = xe^{-x}$;

(6) $y = \ln(1+x^2)$.

第 7 章 不定积分

在一元函数微分学知识中,讨论了如何求一个函数的导函数(或微分)的问题. 但是在科学技术、经济金融等问题中,常常需要讨论与之相反的逆运算问题,即已知一个函数的导函数(或微分),求该函数. 这就是本章要讨论的一元函数积分学的基本问题之一. 本章的不定积分与其后的定积分与定积分的应用构成一元函数积分学.

7.1 不定积分

7.1.1 原函数

设一物体作变速直线运动,已知运动规律(函数)是 $s=s(t)$,其中,s 是距离,t 是时间,则由前面章节知识可知,物体在时刻 t 的瞬时速度为 s 在时刻 t 处的导数,即 $v(t)=s'(t)$. 反过来,若已知该物体的速度函数 $v(t)$,求物体的运动规律 $s(t)$,使它的导数等于已知函数 $v(t)$. 这就是求导运算的逆运算问题.

定义 7.1.1 设函数 $f(x)$ 在区间 I 上有定义,若存在区间 I 上的可导函数 $F(x)$,使得 $\forall x \in I$,都有

$$F'(x)=f(x) \quad \text{或} \quad \mathrm{d}F(x)=f(x)\mathrm{d}x,$$

则称函数 $F(x)$ 是 $f(x)$ 在区间 I 上的一个**原函数**.

例如,由 $(\sin x)'=\cos x$,可知 $\sin x$ 是 $\cos x$ 的一个原函数. 又因为 $(\sin x+3)'=\cos x$,所以 $\sin x+3$ 也是 $\cos x$ 的一个原函数.

一般地,若 $F(x)$ 是 $f(x)$ 的一个原函数,对任意常数 C,由 $[F(x)+C]'=f(x)$ 可知,$F(x)+C$ 也是 $f(x)$ 的原函数. 可见,一个函数的原函数如果存在,必有无穷多个原函数.

以下进一步考虑两个问题:

(1) 原函数的存在问题:什么条件能保证一个函数的原函数存在?

(2) 原函数的结构问题:如果一个函数有原函数,则必定有无穷多个原函数,多个原函数之间有什么关系?

下面的定理回答了这两个问题.

定理 7.1.1(原函数存在定理) 如果函数 $f(x)$ 在区间 I 上连续,那么 $f(x)$ 在区间 I 上存在原函数 $F(x)$,即 $F'(x)=f(x)$,$\forall x \in I$.

本定理要到下一章才能得到证明.

定理 7.1.2(原函数结构定理) 如果 $F(x)$ 是 $f(x)$ 在区间 I 上的一个原函数,那么

$f(x)$ 的任意一个原函数都可以表示为 $F(x)+C$,C 为任意常数.

证 设 $\Phi(x)$ 是 $f(x)$ 的任意一个原函数,则有
$$[\Phi(x)-F(x)]' = \Phi'(x)-F'(x) = f(x)-f(x) = 0.$$

由于导数恒为零的函数必为常数,所以
$$\Phi(x)-F(x) = C \quad (C \text{ 为任意常数}).$$

因此,$\Phi(x)=F(x)+C$,这说明 $f(x)$ 的任意一个原函数都可以表示为 $F(x)+C$,C 为任意常数. 证毕.

这个定理指出,一个函数的任意两个原函数彼此之间仅相差一个常数. 如果想要求出函数 $f(x)$ 的所有原函数,只需要求出 $f(x)$ 的一个原函数,然后再加上任意常数 C,就得到函数 $f(x)$ 的所有原函数. 因此,函数族 $F(x)+C$ 表示 $f(x)$ 的全体原函数.

7.1.2 不定积分

定义 7.1.2 函数 $f(x)$ 在区间 I 上的全体原函数,称为 $f(x)$ 在 I 上的**不定积分**,记作
$$\int f(x)\mathrm{d}x,$$

其中,记号 $\int$ 称为**积分号**,$f(x)$ 称为**被积函数**,$f(x)\mathrm{d}x$ 称为**被积表达式**,x 称为**积分变量**.

由定义及前面的分析可知,如果 $F(x)$ 是 $f(x)$ 的一个原函数,那么 $f(x)$ 在 I 上的不定积分就是函数族 $\{F(x)+C\}$(C 为任意常数),为方便起见,记作
$$\int f(x)\mathrm{d}x = F(x)+C.$$

这里,C 又称为**积分常数**.

例 7.1.1 求 $\int k\mathrm{d}x$ (k 为常数).

解 因为 $(kx)'=k$,所以 kx 是 k 的一个原函数,因此
$$\int k\mathrm{d}x = kx+C.$$

例 7.1.2 求 $\int \cos x\mathrm{d}x$.

解 因为 $(\sin x)'=\cos x$,所以 $\sin x$ 是 $\cos x$ 的一个原函数,因此
$$\int \cos x\mathrm{d}x = \sin x+C.$$

例 7.1.3 求 $\int \dfrac{1}{x}\mathrm{d}x$.

解 当 $x>0$ 时,$(\ln x)'=\dfrac{1}{x}$,所以

$$\int \frac{1}{x} dx = \ln x + C \quad (x > 0);$$

当 $x < 0$ 时,$-x > 0$,$[\ln(-x)]' = \frac{1}{-x} \cdot (-1) = \frac{1}{x}$,所以

$$\int \frac{1}{x} dx = \ln(-x) + C \quad (x < 0).$$

综上所述,可得
$$\int \frac{1}{x} dx = \ln|x| + C.$$

7.1.3 不定积分的性质

由不定积分的定义,如果 $F(x)$ 是 $f(x)$ 的一个原函数,容易得到如下运算性质.

性质 7.1.1 $\frac{d}{dx}\left[\int f(x)dx\right] = f(x)$ 或 $d\left[\int f(x)dx\right] = f(x)dx$.

性质 7.1.2 $\int F'(x)dx = F(x) + C$ 或 $\int dF(x) = F(x) + C$.

由此可见,在允许相差一个常数的意义下,求不定积分这一运算是求导或求微分的逆运算.

性质 7.1.3 设函数 $f(x), g(x)$ 存在原函数,则 $f(x) + g(x)$ 也存在原函数,且

$$\int [f(x) + g(x)]dx = \int f(x)dx + \int g(x)dx.$$

证 将上式右端求导,得到

$$\left[\int f(x)dx + \int g(x)dx\right]' = \left[\int f(x)dx\right]' + \left[\int g(x)dx\right]' = f(x) + g(x),$$

说明 $\int f(x)dx + \int g(x)dx$ 是 $f(x) + g(x)$ 的原函数.

又 $\int f(x)dx + \int g(x)dx$ 形式上含两个任意常数,由于两个任意常数之和仍然是任意常数,所以实际只含一个任意常数.因此,$\int f(x)dx + \int g(x)dx$ 是 $f(x) + g(x)$ 的不定积分.证毕.

类似地,不难证明下面的性质.

性质 7.1.4 设函数 $f(x)$ 存在原函数,k 为非零常数,则 $kf(x)$ 也存在原函数,且

$$\int kf(x)dx = k\int f(x)dx.$$

性质 7.1.3 和性质 7.1.4 可以合并称为不定积分运算的**线性性质**.另外,可将线性性质推广到 n 个(有限个)函数情形,即 n 个函数的代数和的不定积分等于这 n 个函数不定积分的代数和.

7.1.4 基本积分表

由前述内容可知,求不定积分运算是求导运算的逆运算. 因此,可以由基本导数公式对应地得到基本积分公式:

(1) $\int 0 \mathrm{d}x = C$, $\int 1 \mathrm{d}x = \int \mathrm{d}x = x + C$;

(2) $\int x^{\alpha} \mathrm{d}x = \dfrac{x^{\alpha+1}}{\alpha+1} + C \ (\alpha \neq -1)$;

(3) $\int \dfrac{1}{x} \mathrm{d}x = \ln |x| + C$;

(4) $\int \mathrm{e}^{x} \mathrm{d}x = \mathrm{e}^{x} + C$;

(5) $\int a^{x} \mathrm{d}x = \dfrac{1}{\ln a} a^{x} + C \ (a > 0, a \neq 1)$;

(6) $\int \cos x \mathrm{d}x = \sin x + C$;

(7) $\int \sin x \mathrm{d}x = -\cos x + C$;

(8) $\int \sec^{2} x \mathrm{d}x = \tan x + C$;

(9) $\int \csc^{2} x \mathrm{d}x = -\cot x + C$;

(10) $\int \sec x \tan x \mathrm{d}x = \sec x + C$;

(11) $\int \csc x \cot x \mathrm{d}x = -\csc x + C$;

(12) $\int \dfrac{1}{\sqrt{1-x^{2}}} \mathrm{d}x = \arcsin x + C$;

(13) $\int \dfrac{1}{1+x^{2}} \mathrm{d}x = \arctan x + C$.

根据不定积分的性质和基本积分公式,可以求解一些简单函数的不定积分.

例 7.1.4 求 $\int \dfrac{\mathrm{d}x}{x \sqrt[3]{x}}$.

解 $\int \dfrac{\mathrm{d}x}{x \sqrt[3]{x}} = \int x^{-\frac{4}{3}} \mathrm{d}x = \dfrac{x^{-\frac{4}{3}+1}}{-\frac{4}{3}+1} + C = -3 x^{-\frac{1}{3}} + C$.

例 7.1.5 求 $\int \dfrac{(x-2)^{2}}{x^{3}} \mathrm{d}x$.

解 $\int \dfrac{(x-2)^{2}}{x^{3}} \mathrm{d}x = \int \left(\dfrac{1}{x} - \dfrac{4}{x^{2}} + \dfrac{4}{x^{3}} \right) \mathrm{d}x = \int \dfrac{1}{x} \mathrm{d}x - \int \dfrac{4}{x^{2}} \mathrm{d}x + \int \dfrac{4}{x^{3}} \mathrm{d}x$

$= \ln |x| + \dfrac{4}{x} - \dfrac{2}{x^{2}} + C.$

例 7.1.6 求 $\int 3^x e^x dx$.

解 $\int 3^x e^x dx = \int (3e)^x dx = \dfrac{(3e)^x}{\ln(3e)} + C = \dfrac{3^x e^x}{1+\ln 3} + C$.

例 7.1.7 求 $\int \dfrac{x^4}{1+x^2} dx$.

解 $\int \dfrac{x^4}{1+x^2} dx = \int \dfrac{x^4-1+1}{1+x^2} dx = \int \left(x^2 - 1 + \dfrac{1}{1+x^2}\right) dx$
$= \dfrac{x^3}{3} - x + \arctan x + C.$

例 7.1.8 求 $\int \tan^2 x \, dx$.

解 $\int \tan^2 x \, dx = \int (\sec^2 x - 1) dx = \tan x - x + C.$

例 7.1.9 求 $\int \cos^2 \dfrac{x}{2} dx$.

解 $\int \cos^2 \dfrac{x}{2} dx = \int \dfrac{1+\cos x}{2} dx = \dfrac{x}{2} + \dfrac{\sin x}{2} + C.$

例 7.1.10 求 $\int \dfrac{\cos 2x}{\cos^2 x \cdot \sin^2 x} dx$.

解 $\int \dfrac{\cos 2x}{\cos^2 x \cdot \sin^2 x} dx = \int \dfrac{\cos^2 x - \sin^2 x}{\cos^2 x \cdot \sin^2 x} dx = \int \left(\dfrac{1}{\sin^2 x} - \dfrac{1}{\cos^2 x}\right) dx$
$= \int (\csc^2 x - \sec^2 x) dx = -\cot x - \tan x + C.$

从上面的几个例子看,求不定积分有时需要利用拆项、合并、插项、恒等变形等方法,再利用不定积分的基本公式和性质计算.

习题 7.1

1. 求下列不定积分.

(1) $\int \dfrac{dx}{x^2}$;

(2) $\int (2^x + x^2) dx$;

(3) $\int \sqrt[m]{x^n} dx$;

(4) $\int \sqrt{x\sqrt{x\sqrt{x}}} dx$;

(5) $\int (x^2+1)^2 dx$;

(6) $\int \dfrac{(t+1)^3}{t^2} dt$;

(7) $\int \dfrac{x^2 + \sqrt{x^3} + 3}{\sqrt{x}} dx$;

(8) $\int \dfrac{x^2}{x^2+1} dx$;

(9) $\int \dfrac{dh}{\sqrt{2gh}}$;

(10) $\int 5^{x+1} e^x dx$;

(11) $\int e^{x-4} dx$;

(12) $\int \dfrac{e^{2t}-1}{e^t-1} dt$;

(13) $\int \dfrac{2 \cdot 3^x - 5 \cdot 2^x}{3^x} dx$;

(14) $\int \dfrac{2x^2+1}{x^2(1+x^2)} dx$;

(15) $\int \dfrac{\mathrm{d}x}{x^2(1+x^2)}$;

(16) $\int \dfrac{x^4+3x^2+1}{x^2+1}\mathrm{d}x$;

(17) $\int \mathrm{e}^x\left(1-\dfrac{\mathrm{e}^{-x}}{\sqrt{x}}\right)\mathrm{d}x$;

(18) $\int \dfrac{\cos 2x}{\cos x+\sin x}\mathrm{d}x$;

(19) $\int \sin^2 \dfrac{u}{2}\mathrm{d}u$;

(20) $\int \cot^2 x\mathrm{d}x$;

(21) $\int \dfrac{1+\sin^2 x}{1+\cos 2x}\mathrm{d}x$;

(22) $\int \dfrac{\mathrm{d}x}{1+\cos 2x}$;

(23) $\int \dfrac{1}{\cos^2 x \sin^2 x}\mathrm{d}x$;

(24) $\int \dfrac{2\sin^3 x-1}{\sin^2 x}\mathrm{d}x$;

(25) $\int \sec x(\sec x-\tan x)\mathrm{d}x$;

(26) $\int \left(\sin\dfrac{x}{2}+\cos\dfrac{x}{2}\right)^2\mathrm{d}x$.

2. 曲线 $y=f(x)$ 经过点 $(\mathrm{e},-1)$,且在任一点处的切线斜率为该点横坐标的倒数,求该曲线的方程.

3. 验证 $f(x)=\dfrac{x^2}{2}\mathrm{sgn}\,x$ 是 $|x|$ 在 $(-\infty,+\infty)$ 上的一个原函数.

4. 设 $f'(\arctan x)=x^2$,求 $f(x)$.

5. 试用反证法证明:每一个含有第一类间断点的函数都没有原函数.

6. 举例说明:含有第二类间断点的函数可能有原函数,也可能没有原函数.

7.2 换元积分法与分部积分法

根据不定积分的基本积分公式和运算性质只能求出十分有限且较为简单的函数的不定积分.面对更多的不同类型和形式的函数的不定积分,有必要进一步讨论更为有效的方法.本节所介绍的换元积分法和分部积分法就是两种求不定积分最常用的重要方法.

7.2.1 第一类换元积分法

设 $F(u)$ 是 $f(u)$ 的原函数,$u=\varphi(x)$ 为可导函数,由复合函数求导法则,有

$$\dfrac{\mathrm{d}}{\mathrm{d}x}F[\varphi(x)]=f[\varphi(x)]\varphi'(x).$$

由不定积分定义,有

$$\int f[\varphi(x)]\varphi'(x)\mathrm{d}x=F[\varphi(x)]+C.$$

于是有如下定理.

定理 7.2.1(第一类换元积分法) 设 $f(u)$ 在区间 I 上有原函数 $F(u)$,$u=\varphi(x)$ 在区间 J 上可导,且 $\varphi(J)\subseteq I$,则有

$$\int f[\varphi(x)]\varphi'(x)\mathrm{d}x=F[\varphi(x)]+C.$$

该定理告诉我们,求解不定积分 $\int g(x)\mathrm{d}x$ 时,可以考虑将被积函数 $g(x)$ 变形为 $f[\varphi(x)]\varphi'(x)$ 的形式,若 $f(u)$ 有原函数 $F(u)$,那么可以运用定理得到结果,即

$$\int g(x)\mathrm{d}x = \int f[\varphi(x)]\varphi'(x)\mathrm{d}x \xrightarrow{\diamondsuit u = \varphi(x)} \int f(u)\mathrm{d}u = F(u) + C$$
$$\xrightarrow{\text{以 } u = \varphi(x) \text{ 代回}} F[\varphi(x)] + C.$$

由于 $\int f[\varphi(x)]\varphi'(x)\mathrm{d}x \xrightarrow{\diamondsuit u = \varphi(x)} \int f(u)\mathrm{d}u$ 这一步是凑微分的过程,所以第一换元积分法也称为"**凑微分法**".

例 7.2.1 求 $\int (2x-3)^5 \mathrm{d}x$.

解 由于

$$\int (2x-3)^5 \mathrm{d}x = \frac{1}{2}\int (2x-3)^5 \cdot 2\mathrm{d}x = \frac{1}{2}\int (2x-3)^5 \cdot (2x-3)' \mathrm{d}x$$
$$= \frac{1}{2}\int (2x-3)^5 \mathrm{d}(2x-3).$$

令 $u = 2x - 3$, 于是

$$\int (2x-3)^5 \mathrm{d}x = \frac{1}{2}\int u^5 \mathrm{d}u = \frac{1}{2} \cdot \frac{u^6}{6} + C = \frac{1}{12}(2x-3)^6 + C.$$

例 7.2.2 求 $\int \frac{1}{3x+2}\mathrm{d}x$.

解 由于

$$\int \frac{1}{3x+2}\mathrm{d}x = \frac{1}{3}\int \frac{1}{3x+2} \cdot 3\mathrm{d}x = \frac{1}{3}\int \frac{1}{3x+2} \cdot (3x+2)' \mathrm{d}x$$
$$= \frac{1}{3}\int \frac{1}{3x+2}\mathrm{d}(3x+2).$$

令 $u = 3x + 2$, 于是

$$\int \frac{1}{3x+2}\mathrm{d}x = \frac{1}{3}\int \frac{1}{u}\mathrm{d}u = \frac{1}{3}\ln|u| + C = \frac{1}{3}\ln|3x+2| + C.$$

例 7.2.3 求 $\int x\sqrt{3-x^2}\mathrm{d}x$.

解 令 $u = 3 - x^2$, 则

$$\int x\sqrt{3-x^2}\mathrm{d}x = -\frac{1}{2}\int \sqrt{3-x^2} \cdot (-2x)\mathrm{d}x$$
$$= -\frac{1}{2}\int \sqrt{3-x^2}\mathrm{d}(3-x^2) = -\frac{1}{2}\int u^{\frac{1}{2}}\mathrm{d}u$$
$$= -\frac{1}{3}u^{\frac{3}{2}} + C = -\frac{1}{3}(3-x^2)^{\frac{3}{2}} + C.$$

注 当我们对换元积分法比较熟练后,在计算过程中,可以不用写出中间变量 u,只要在心中将变量 u 所代表的函数式 $u = \varphi(x)$ 看作一个整体即可.

例 7.2.4 求 $\int x^2 \mathrm{e}^{x^3} \mathrm{d}x$.

解 $\int x^2 \mathrm{e}^{x^3} \mathrm{d}x = \frac{1}{3}\int \mathrm{e}^{x^3} \cdot 3x^2 \mathrm{d}x = \frac{1}{3}\int \mathrm{e}^{x^3} \mathrm{d}(x^3) = \frac{1}{3}\mathrm{e}^{x^3} + C.$

例 7.2.5 求 $\int \frac{\mathrm{e}^{\sqrt{x}}}{\sqrt{x}} \mathrm{d}x$.

解 $\int \frac{\mathrm{e}^{\sqrt{x}}}{\sqrt{x}} \mathrm{d}x = 2\int \mathrm{e}^{\sqrt{x}} \cdot \frac{1}{2\sqrt{x}} \mathrm{d}x = 2\int \mathrm{e}^{\sqrt{x}} \mathrm{d}(\sqrt{x}) = 2\mathrm{e}^{\sqrt{x}} + C.$

例 7.2.6 求 $\int \frac{1}{a^2 + x^2} \mathrm{d}x \, (a > 0)$.

解 $\int \frac{1}{a^2 + x^2} \mathrm{d}x = \int \frac{1}{a^2} \cdot \frac{1}{1+\left(\frac{x}{a}\right)^2} \mathrm{d}x = \frac{1}{a}\int \frac{1}{1+\left(\frac{x}{a}\right)^2} \mathrm{d}\left(\frac{x}{a}\right) = \frac{1}{a}\arctan \frac{x}{a} + C.$

例 7.2.7 求 $\int \frac{1}{a^2 - x^2} \mathrm{d}x \, (a > 0)$.

解 $\int \frac{1}{a^2 - x^2} \mathrm{d}x = \frac{1}{2a}\int \left(\frac{1}{a+x} + \frac{1}{a-x}\right) \mathrm{d}x$

$\qquad = \frac{1}{2a}\left[\int \frac{1}{a+x} \mathrm{d}(a+x) - \int \frac{1}{a-x} \mathrm{d}(a-x)\right]$

$\qquad = \frac{1}{2a}(\ln|a+x| - \ln|a-x|) + C$

$\qquad = \frac{1}{2a}\ln\left|\frac{a+x}{a-x}\right| + C.$

同理可得 $\int \frac{1}{x^2 - a^2} \mathrm{d}x = \frac{1}{2a}\ln\left|\frac{x-a}{x+a}\right| + C.$

例 7.2.8 求 $\int \frac{1}{\sqrt{a^2 - x^2}} \mathrm{d}x \, (a > 0)$.

解 $\int \frac{1}{\sqrt{a^2 - x^2}} \mathrm{d}x = \int \frac{1}{a} \frac{1}{\sqrt{1-\left(\frac{x}{a}\right)^2}} \mathrm{d}x = \int \frac{1}{\sqrt{1-\left(\frac{x}{a}\right)^2}} \mathrm{d}\left(\frac{x}{a}\right) = \arcsin \frac{x}{a} + C.$

例 7.2.9 求 $\int \frac{1}{1+\mathrm{e}^x} \mathrm{d}x$.

解 $\int \frac{1}{1+\mathrm{e}^x} \mathrm{d}x = \int \frac{1+\mathrm{e}^x - \mathrm{e}^x}{1+\mathrm{e}^x} \mathrm{d}x = \int \mathrm{d}x - \int \frac{\mathrm{e}^x}{1+\mathrm{e}^x} \mathrm{d}x$

$\qquad = x - \int \frac{1}{1+\mathrm{e}^x} \mathrm{d}(1+\mathrm{e}^x) = x - \ln(1+\mathrm{e}^x) + C.$

例 7.2.10 求 $\int \frac{1}{x(1+\ln x)} \mathrm{d}x$.

解 $\int \frac{1}{x(1+\ln x)} \mathrm{d}x = \int \frac{1}{1+\ln x} \mathrm{d}(\ln x) = \int \frac{1}{1+\ln x} \mathrm{d}(1+\ln x)$

$\qquad = \ln|1+\ln x| + C.$

例 7.2.11 求 $\int \dfrac{\mathrm{d}x}{x(x^6+4)}$.

解 $\int \dfrac{\mathrm{d}x}{x(x^6+4)} = \dfrac{1}{4}\int \dfrac{4+x^6-x^6}{x(x^6+4)}\mathrm{d}x = \dfrac{1}{4}\int \dfrac{1}{x}\mathrm{d}x - \dfrac{1}{4}\int \dfrac{x^5}{x^6+4}\mathrm{d}x$

$$= \dfrac{1}{4}\ln|x| - \dfrac{1}{24}\ln|x^6+4| + C.$$

某些较为复杂的不定积分的被积函数中含有三角函数,此时的积分计算可能要用到三角函数的恒等变形,将原不定积分转换为较简单的不定积分,再运用公式计算.

例 7.2.12 求 $\int \cot x \mathrm{d}x$.

解 $\int \cot x \mathrm{d}x = \int \dfrac{\cos x}{\sin x}\mathrm{d}x = \int \dfrac{1}{\sin x}\mathrm{d}(\sin x) = \ln|\sin x| + C.$

同理可得 $\int \tan x \mathrm{d}x = -\ln|\cos x| + C.$

例 7.2.13 求 $\int \sin^3 x \mathrm{d}x$.

解 $\int \sin^3 x \mathrm{d}x = \int \sin^2 x \cdot \sin x \mathrm{d}x = -\int (1-\cos^2 x)\mathrm{d}(\cos x)$

$$= -\cos x + \dfrac{1}{3}\cos^3 x + C.$$

例 7.2.14 求 $\int \cos^2 x \mathrm{d}x$.

解 $\int \cos^2 x \mathrm{d}x = \int \dfrac{1+\cos 2x}{2}\mathrm{d}x = \dfrac{1}{2}(\int \mathrm{d}x + \int \cos 2x \mathrm{d}x)$

$$= \dfrac{1}{2}x + \dfrac{\sin 2x}{4} + C.$$

例 7.2.15 求 $\int \sin^2 x \cdot \cos^2 x \mathrm{d}x$.

解 $\int \sin^2 x \cdot \cos^2 x \mathrm{d}x = \dfrac{1}{4}\int \sin^2 2x \mathrm{d}x = \dfrac{1}{4}\int \dfrac{1-\cos 4x}{2}\mathrm{d}x$

$$= \dfrac{1}{8}x - \dfrac{1}{32}\sin 4x + C.$$

例 7.2.16 求 $\int \sec x \mathrm{d}x$.

解法 1 $\int \sec x \mathrm{d}x = \int \dfrac{1}{\cos x}\mathrm{d}x = \int \dfrac{\cos x}{\cos^2 x}\mathrm{d}x = \int \dfrac{1}{1-\sin^2 x}\mathrm{d}(\sin x)$

$$= \dfrac{1}{2}\ln\left|\dfrac{1+\sin x}{1-\sin x}\right| + C.$$

由于

$$\dfrac{1}{2}\ln\left|\dfrac{1+\sin x}{1-\sin x}\right| = \ln\sqrt{\left|\dfrac{1+\sin x}{1-\sin x}\right|} = \ln\sqrt{\dfrac{(1+\sin x)^2}{1-\sin^2 x}}$$

$$= \ln \left| \frac{1+\sin x}{\cos x} \right| = \ln |\sec x + \tan x|,$$

所以，上面的结论可表示为

$$\int \sec x \, dx = \ln |\sec x + \tan x| + C.$$

解法 2 $\int \sec x \, dx = \int \frac{\sec x (\sec x + \tan x)}{\sec x + \tan x} dx = \int \frac{\sec^2 x + \sec x \tan x}{\sec x + \tan x} dx$

$$= \int \frac{d(\sec x + \tan x)}{\sec x + \tan x} = \ln |\sec x + \tan x| + C.$$

由本例看到，在不定积分计算中，由于可用不同的函数进行换元，因此得到的结果在形式上也可能不相同，但都是正确的. 一般验证方法是：将得到的结果求导数，看它是否是被积函数.

例 7.2.17 求 $\int \csc x \, dx$.

解 $\int \csc x \, dx = \int \frac{1}{\sin x} dx = \int \frac{1}{2 \sin \frac{x}{2} \cos \frac{x}{2}} dx$

$$= \int \frac{1}{2 \tan \frac{x}{2} \cos^2 \frac{x}{2}} dx = \int \frac{\sec^2 \frac{x}{2}}{\tan \frac{x}{2}} d\left(\frac{x}{2}\right)$$

$$= \int \frac{1}{\tan \frac{x}{2}} d\left(\tan \frac{x}{2}\right) = \ln \left| \tan \frac{x}{2} \right| + C.$$

由于

$$\tan \frac{x}{2} = \frac{\sin \frac{x}{2}}{\cos \frac{x}{2}} = \frac{2 \sin^2 \frac{x}{2}}{\sin x} = \frac{1 - \cos x}{\sin x} = \csc x - \cot x,$$

所以，上面的结论可表示为

$$\int \csc x \, dx = \ln |\csc x - \cot x| + C.$$

例 7.2.18 求 $\int \sec^4 x \, dx$.

解 $\int \sec^4 x \, dx = \int \sec^2 x \cdot \sec^2 x \, dx = \int (1 + \tan^2 x) d(\tan x)$

$$= \tan x + \frac{1}{3} \tan^2 x + C.$$

例 7.2.19 求 $\int \cos 3x \cos 2x \, dx$.

解 利用三角函数的积化和差公式,有

$$\int \cos 3x \cos 2x \, dx = \int \frac{1}{2}(\cos 5x + \cos x) \, dx = \frac{1}{10}\int \cos 5x \, d(5x) + \frac{1}{2}\int \cos x \, dx$$

$$= \frac{1}{10}\sin 5x + \frac{1}{2}\sin x + C.$$

由以上例题可以看出,在运用第一换元积分法时,技巧性很强,无一般规律可循. 因此要掌握好换元法,不但需要熟悉经典的例子,而且还要有足够多的积分计算的训练. 以下给出几种常见的凑微分形式.

(1) $\int f(ax+b) \, dx = \frac{1}{a}\int f(ax+b) \, d(ax+b)$;

(2) $\int f(x^n) x^{n-1} \, dx = \frac{1}{n}\int f(x^n) \, d(x^n)$;

(3) $\int f(\ln x) \frac{1}{x} \, dx = \int f(\ln x) \, d(\ln x)$;

(4) $\int f(x^n) \frac{1}{x} \, dx = \frac{1}{n}\int f(x^n) \frac{1}{x^n} \, d(x^n)$;

(5) $\int f\left(\frac{1}{x}\right) \frac{1}{x^2} \, dx = -\int f\left(\frac{1}{x}\right) \, d\left(\frac{1}{x}\right)$;

(6) $\int f(\sqrt{x}) \frac{1}{\sqrt{x}} \, dx = 2\int f(\sqrt{x}) \, d(\sqrt{x})$;

(7) $\int f(e^x) e^x \, dx = \int f(e^x) \, d(e^x)$;

(8) $\int f(\sin x) \cos x \, dx = \int f(\sin x) \, d(\sin x)$;

(9) $\int f(\cos x) \sin x \, dx = -\int f(\cos x) \, d(\cos x)$;

(10) $\int f(\tan x) \sec^2 x \, dx = \int f(\tan x) \, d(\tan x)$;

(11) $\int f(\cot x) \csc^2 x \, dx = -\int f(\cot x) \, d(\cot x)$;

(12) $\int f(\arcsin x) \frac{1}{\sqrt{1-x^2}} \, dx = \int f(\arcsin x) \, d(\arcsin x)$;

(13) $\int f(\arctan x) \frac{1}{1+x^2} \, dx = \int f(\arctan x) \, d(\arctan x)$.

7.2.2 第二类换元积分法

定理 7.2.2(第二类换元积分法) 设 $x = \psi(t)$ 是某区间上严格单调可导的函数,且 $\psi'(t) \neq 0$, 若 $f[\psi(t)]\psi'(t)$ 有原函数 $\Phi(t)$, 则有

$$\int f(x) \, dx = \Phi[\psi^{-1}(x)] + C.$$

证 由已知得 $x=\psi(t)$ 存在反函数 $t=\psi^{-1}(x)$，记 $F(x)=\Phi[\psi^{-1}(x)]$，由复合函数求导法则及反函数的导数公式有

$$F'(x)=\frac{\mathrm{d}\Phi}{\mathrm{d}t}\cdot\frac{\mathrm{d}t}{\mathrm{d}x}=f[\psi(t)]\psi'(t)\cdot\frac{1}{\psi'(t)}=f[\psi(t)]=f(x),$$

即 $F(x)$ 是 $f(x)$ 的一个原函数，所以

$$\int f(x)\mathrm{d}x=F(x)+C=\Phi[\psi^{-1}(x)]+C.$$

证毕.

该定理告诉我们，求解不定积分 $\int f(x)\mathrm{d}x$ 时，可考虑选择符合定理条件的变量代换 $x=\psi(t)$，将积分 $\int f(x)\mathrm{d}x$ 化为相对容易求解的积分 $\int f[\psi(t)]\psi'(t)\mathrm{d}t$，若 $f[\psi(t)]\psi'(t)$ 有原函数 $\Phi(t)$，运用定理可计算出结果. 即

$$\int f(x)\mathrm{d}x\xlongequal{\text{令}x=\psi(t)}\int f[\psi(t)]\psi'(t)\mathrm{d}t=\Phi(t)+C\xlongequal{\text{令}t=\psi^{-1}(x)\text{代回}}\Phi[\psi^{-1}(x)]+C.$$

第二换元积分法从形式上看是第一换元积分法的反向运算，二者目的都是为了将原积分转化为更容易计算的积分. 第二换元积分法较多地用来求含有根式的不定积分. 以下介绍两种常见的换元形式.

1. 三角代换

例 7.2.20 求 $\int\sqrt{a^2-x^2}\mathrm{d}x\ (a>0)$.

分析 该积分的困难之处是被积函数中含有根式 $\sqrt{a^2-x^2}$. 计算的一般思路是运用变量代换将被积函数变化成为不带根号的形式. 这里可以根据三角恒等式 $\sin^2t+\cos^2t=1$，做变量代换 $x=a\sin t$，就能化去根式.

解 设 $x=a\sin t$，$t\in\left[-\frac{\pi}{2},\frac{\pi}{2}\right]$，则 $\sqrt{a^2-x^2}=a\cos t$，$\mathrm{d}x=a\cos t\mathrm{d}t$，于是

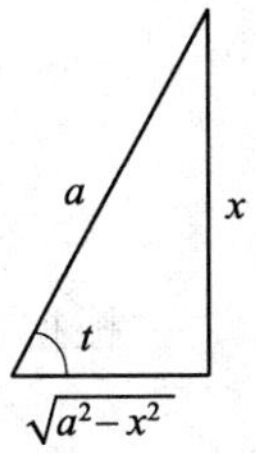

图 7.2.1

$$\begin{aligned}\int\sqrt{a^2-x^2}\mathrm{d}x&=\int a\cos t\cdot a\cos t\mathrm{d}t=a^2\int\cos^2t\mathrm{d}t\\&=\frac{a^2}{2}\left(t+\frac{\sin 2t}{2}\right)+C\\&=\frac{a^2}{2}t+\frac{a^2}{2}\sin t\cos t+C.\end{aligned}$$

为了把 $\cos t$ 化成 x 的函数，根据 $x=a\sin t$ 作辅助直角三角形(图 7.2.1)，可知 $\cos t=\frac{\sqrt{a^2-x^2}}{a}$. 因此

$$\int\sqrt{a^2-x^2}\mathrm{d}x=\frac{a^2}{2}\arcsin\frac{x}{a}+\frac{x}{2}\sqrt{a^2-x^2}+C.$$

例 7.2.21 求 $\int \dfrac{\mathrm{d}x}{\sqrt{x^2+a^2}}$ $(a>0)$.

分析 类似上面的例子，考虑利用三角恒等式 $1+\tan^2 t = \sec^2 t$ 化去根式.

解 设 $x=a\tan t, t\in\left(-\dfrac{\pi}{2}, \dfrac{\pi}{2}\right)$，则 $\sqrt{x^2+a^2}=a\sec t$，$\mathrm{d}x=a\sec^2 t\mathrm{d}t$，于是

$$\int \frac{\mathrm{d}x}{\sqrt{x^2+a^2}} = \int \frac{a\sec^2 t}{a\sec t}\mathrm{d}t = \int \sec t\mathrm{d}t = \ln|\sec t+\tan t|+C_1.$$

为了把 $\sec t$ 化成 x 的函数，根据 $\tan t = \dfrac{x}{a}$ 作辅助直角三角形（图 7.2.2），可知 $\sec t = \dfrac{\sqrt{x^2+a^2}}{a}$，因此

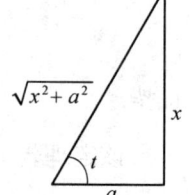

图 7.2.2

$$\int \frac{\mathrm{d}x}{\sqrt{x^2+a^2}} = \ln\left|\frac{x}{a}+\frac{\sqrt{x^2+a^2}}{a}\right|+C_1 = \ln|x+\sqrt{x^2+a^2}|+C,$$

其中 $C = C_1 - \ln a$.

例 7.2.22 求 $\int \dfrac{\mathrm{d}x}{\sqrt{x^2-a^2}}$ $(a>0)$.

分析 类似上面的例子，考虑利用三角恒等式 $\sec^2 t - 1 = \tan^2 t$ 化去根式. 需注意被积函数的定义域为 $(-\infty, a) \cup (a, +\infty)$，我们要在这两个区间上分别求不定积分.

解 当 $a>0$ 时，设 $x=a\sec t$，$t\in\left(0, \dfrac{\pi}{2}\right)$，则 $\sqrt{x^2-a^2}=a\tan t$，$\mathrm{d}x = a\sec t\tan t\mathrm{d}t$，于是

$$\int \frac{\mathrm{d}x}{\sqrt{x^2-a^2}} = \int \frac{a\sec t\tan t}{a\tan t}\mathrm{d}t = \int \sec t\mathrm{d}t = \ln|\sec t+\tan t|+C_1.$$

根据 $\sec t = \dfrac{x}{a}$ 作辅助直角三角形，得 $\tan t = \dfrac{\sqrt{x^2-a^2}}{a}$. 因此

$$\int \frac{\mathrm{d}x}{\sqrt{x^2-a^2}} = \ln\left|\frac{x}{a}+\frac{\sqrt{x^2-a^2}}{a}\right|+C_1 = \ln|x+\sqrt{x^2-a^2}|+C,$$

其中 $C = C_1 - \ln a$.

当 $a<0$ 时，令 $x=-u$，则当 $u>0$ 时，由上面的结果有

$$\int \frac{\mathrm{d}x}{\sqrt{x^2-a^2}} = -\int \frac{\mathrm{d}u}{\sqrt{u^2-a^2}} = -\ln|u+\sqrt{u^2-a^2}|+C_1$$

$$= -\ln|-x+\sqrt{x^2-a^2}|+C_1 = -\ln\left|\frac{a^2}{x+\sqrt{x^2-a^2}}\right|+C_1$$

$$= \ln\left|\frac{x+\sqrt{x^2-a^2}}{a^2}\right|+C_1 = \ln|x+\sqrt{x^2-a^2}|+C,$$

其中 $C = C_1 - 2\ln a$.

综合上述讨论,可以得到 $\int \dfrac{dx}{\sqrt{x^2-a^2}} = \ln |x+\sqrt{x^2-a^2}| + C$.

以上三个例子均使用三角函数代换化去根式,使得积分简化. 这类换元多为以下三种情况:

(1) 如果被积函数中含有因式 $\sqrt{a^2-x^2}$,可设 $x = a\sin t$ 或 $x = a\cos t$ 进行换元;

(2) 如果被积函数中含有因式 $\sqrt{a^2+x^2}$,可设 $x = a\tan t$ 进行换元;

(3) 如果被积函数中含有因式 $\sqrt{x^2-a^2}$,可设 $x = a\sec t$ 进行换元.

但具体解题时要分析被积函数的具体情况,选取尽可能简捷的代换,不要拘泥于上述的变量代换,如例 7.2.3 和例 7.2.8.

2. 因式代换

例 7.2.23 求 $\int \dfrac{x dx}{\sqrt{x-3}}$.

解 设 $t = \sqrt{x-3}$,则 $x = t^2 + 3$ ($t > 0$),$dx = 2t dt$,于是

$$\int \dfrac{x dx}{\sqrt{x-3}} = \int \dfrac{t^2+3}{t} \cdot 2t dt = 2\int (t^2+3) dt = 2\left(\dfrac{t^3}{3} + 3t\right) + C$$

$$= \dfrac{2}{3}(x+6)\sqrt{x-3} + C.$$

例 7.2.24 求 $\int \dfrac{dx}{\sqrt{x}(1+\sqrt[3]{x})}$.

解 令 $\sqrt[6]{x} = t$,则 $x = t^6$,$dx = 6t^5 dt$,于是

$$\int \dfrac{dx}{\sqrt{x}(1+\sqrt[3]{x})} = \int \dfrac{6t^5 dt}{t^3(1+t^2)} = \int \dfrac{6t^2 dt}{1+t^2}$$

$$= 6\int \left(1 - \dfrac{1}{1+t^2}\right) dt = 6(t - \arctan t) + C$$

$$= 6(\sqrt[6]{x} - \arctan \sqrt[6]{x}) + C.$$

例 7.2.25 求 $\int \dfrac{x^2+2}{(x-1)^4} dx$.

解 令 $t = x - 1$,有

$$\int \dfrac{x^2+2}{(x-1)^4} dx = \int \dfrac{(t+1)^2+2}{t^4} dt = \int \left(\dfrac{1}{t^2} + \dfrac{2}{t^3} + \dfrac{3}{t^4}\right) dt$$

$$= -\dfrac{1}{t} - \dfrac{1}{t^2} - \dfrac{1}{t^3} + C = -\dfrac{1}{x-1} - \dfrac{1}{(x-1)^2} - \dfrac{1}{(x-1)^3} + C.$$

例 7.2.26 求 $\int \dfrac{dx}{x^2\sqrt{x^2+1}}$ ($x > 0$).

解 令 $x = \dfrac{1}{t}$,则 $dx = -\dfrac{1}{t^2} dt$,于是

$$\int \frac{\mathrm{d}x}{x^2\sqrt{x^2+1}} = -\int \frac{1}{\frac{1}{t^2}\sqrt{\frac{1}{t^2}+1}} \frac{1}{t^2}\mathrm{d}t = -\int \frac{t}{\sqrt{t^2+1}}\mathrm{d}t = -\frac{1}{2}\int (t^2+1)^{-\frac{1}{2}}\mathrm{d}(t^2+1)$$

$$= -\sqrt{t^2+1} + C = -\frac{\sqrt{x^2+1}}{x} + C.$$

上例中的代换称为"**倒代换**". 当被积函数是分母次数较高的有理函数或根式有理式时,使用倒代换可以使被积函数分母次数变得略低. 要注意计算的最后必须把 $t = \frac{1}{x}$ 作回代.

在上面一些例子中,有几个积分是以后常常会遇到的,通常也被当作公式使用. 因此,在基本积分公式的基础上,再添加以下几个(其中常数 $a > 0$):

(14) $\int \sec x \mathrm{d}x = \ln|\sec x + \tan x| + C$;

(15) $\int \csc x \mathrm{d}x = \ln|\csc x - \cot x| + C$;

(16) $\int \frac{\mathrm{d}x}{a^2+x^2} = \frac{1}{a}\arctan \frac{x}{a} + C$;

(17) $\int \frac{\mathrm{d}x}{x^2-a^2} = \frac{1}{2a}\ln\left|\frac{x-a}{x+a}\right| + C$;

(18) $\int \frac{\mathrm{d}x}{\sqrt{a^2-x^2}} = \arcsin \frac{x}{a} + C$;

(19) $\int \frac{\mathrm{d}x}{\sqrt{x^2 \pm a^2}} = \ln|x + \sqrt{x^2 \pm a^2}| + C$.

7.2.3 分部积分法

定理 7.2.3(分部积分法) 设函数 $u(x)$, $v(x)$ 可导,若 $\int u'(x)v(x)\mathrm{d}x$ 存在,则

$$\int u(x)v'(x)\mathrm{d}x = u(x)v(x) - \int u'(x)v(x)\mathrm{d}x.$$

证 由导数公式 $[u(x)v(x)]' = u'(x)v(x) + u(x)v'(x)$,移项得到

$$u(x)v'(x) = [u(x)v(x)]' - u'(x)v(x).$$

等式右端两项的原函数存在,故其左端函数原函数也存在. 将两边求不定积分,有

$$\int u(x)v'(x)\mathrm{d}x = u(x)v(x) - \int u'(x)v(x)\mathrm{d}x.$$

证毕.

上述定理中的公式称为**分部积分公式**,简记为

$$\int u\mathrm{d}v = uv - \int v\mathrm{d}u.$$

在计算不定积分时,如果 $\int u\mathrm{d}v$ 不易求出,而 $\int v\mathrm{d}u$ 易求时,可以使用分部积分公式,起到

化繁为简的作用.

例 7.2.27 求 $\int x\cos x\,\mathrm{d}x$.

解 设 $u = x, v' = \cos x$, 则 $u' = 1, v = \sin x$, 代入分部积分公式, 有
$$\int x\cos x\,\mathrm{d}x = \int x\mathrm{d}(\sin x) = x\sin x - \int \sin x\,\mathrm{d}x = x\sin x + \cos x + C.$$

在使用分部积分公式时,适当选取 u 和 v 是关键. 在本例中,如果选取 $u = \cos x, v' = x$ 将难以计算.

例 7.2.28 求 $\int \ln x\,\mathrm{d}x$.

解 设 $u = \ln x, v' = 1$, 则 $u' = \dfrac{1}{x}, v = x$, 代入分部积分公式, 有
$$\int \ln x\,\mathrm{d}x = x\ln x - \int x\mathrm{d}(\ln x) = x\ln x - \int x \cdot \frac{1}{x}\mathrm{d}x = x\ln x - x + C.$$

例 7.2.29 求 $\int x\arctan x\,\mathrm{d}x$.

解 设 $u = \arctan x, v' = x$, 则 $u' = \dfrac{1}{1+x^2}, v = \dfrac{x^2}{2}$, 代入分部积分公式, 有
$$\int x\arctan x\,\mathrm{d}x = \int \arctan x\,\mathrm{d}\left(\frac{x^2}{2}\right) = \frac{x^2}{2}\arctan x - \int \frac{x^2}{2}\mathrm{d}(\arctan x)$$
$$= \frac{x^2}{2}\arctan x - \frac{1}{2}\int \frac{x^2}{1+x^2}\mathrm{d}x$$
$$= \frac{x^2}{2}\arctan x - \frac{1}{2}\int \left(1 - \frac{1}{1+x^2}\right)\mathrm{d}x$$
$$= \frac{x^2}{2}\arctan x - \frac{1}{2}(x - \arctan x) + C.$$

一般来说,在使用分部积分公式选取 u 和 v 时,可按反三角函数、对数函数、幂函数、三角函数、指数函数的顺序,把排序靠前的函数选为 u, 排序靠后的函数选为 v'.

同时,在分部积分法运用比较熟练之后,计算过程中可不必再写出哪个部分选作 u, 哪个部分选作 v'. 只要将被积表达式凑成 $u\mathrm{d}v$ 的形式,就可以使用分部积分法.

例 7.2.30 求 $\int x^2 \mathrm{e}^x\,\mathrm{d}x$.

解 $\int x^2 \mathrm{e}^x\,\mathrm{d}x = \int x^2 \mathrm{d}(\mathrm{e}^x) = x^2 \mathrm{e}^x - \int \mathrm{e}^x \mathrm{d}(x^2) = x^2 \mathrm{e}^x - 2\int x\mathrm{e}^x\,\mathrm{d}x$
$= x^2 \mathrm{e}^x - 2\int x\mathrm{d}(\mathrm{e}^x) = x^2 \mathrm{e}^x - 2x\mathrm{e}^x + 2\mathrm{e}^x + C.$

由上例看到,某些不定积分计算需要使用多次分部积分公式才能得到结果. 又有些不定积分使用分部积分法计算过程中,会出现与原不定积分同类的项,需要移项合并后才能求得结果. 如下面的例子.

例 7.2.31 求 $\int \mathrm{e}^x \sin x\,\mathrm{d}x$.

解 $\int e^x \sin x dx = \int \sin x d(e^x) = e^x \sin x - \int e^x d(\sin x) = e^x \sin x - \int e^x \cos x dx$

$= e^x \sin x - \int \cos x d(e^x) = e^x \sin x - e^x \cos x + \int e^x d(\cos x)$

$= e^x \sin x - e^x \cos x - \int e^x \sin x dx.$

由于上式右端中有所求的积分 $\int e^x \sin x dx$，把它移项到左端，两端同时除以 2，得

$$\int e^x \sin x dx = \frac{1}{2} e^x (\sin x - \cos x) + C.$$

例 7.2.32 求 $\int \sec^3 x dx$.

解 $\int \sec^3 x dx = \sec x \tan x - \int \sec x \tan^2 x dx$

$= \sec x \tan x - \int \sec x (\sec^2 x - 1) dx$

$= \sec x \tan x - \int \sec^3 x dx + \int \sec x dx$

$= \sec x \tan x + \ln |\sec x + \tan x| - \int \sec^3 x dx.$

故 $\int \sec^3 x dx = \frac{1}{2}(\sec x \tan x + \ln |\sec x + \tan x|) + C.$

例 7.2.33 求 $I_n = \int \frac{dx}{(x^2 + a^2)^n}$，$n$ 为正整数.

解 当 $n = 1$ 时，$I_1 = \int \frac{dx}{x^2 + a^2} = \frac{1}{a} \arctan \frac{x}{a} + C.$

当 $n > 1$ 时，利用分部积分法，有

$I_{n-1} = \int \frac{dx}{(x^2 + a^2)^{n-1}} = \frac{x}{(x^2 + a^2)^{n-1}} + 2(n-1) \int \frac{x^2}{(x^2 + a^2)^n} dx$

$= \frac{x}{(x^2 + a^2)^{n-1}} + 2(n-1) \int \left[\frac{1}{(x^2 + a^2)^{n-1}} - \frac{a^2}{(x^2 + a^2)^n} \right] dx,$

即 $I_{n-1} = \frac{x}{(x^2 + a^2)^{n-1}} + 2(n-1)(I_{n-1} - a^2 I_n),$

于是 $I_n = \frac{x}{2a^2(n-1)(x^2+a^2)^{n-1}} + \frac{2n-3}{2a^2(n-1)} I_{n-1}.$

以此做递推公式，则由 I_1 开始可计算出 $I_n (n > 1)$.

在积分过程中往往同时用换元积分法和分部积分法，在熟悉单个方法之后，要灵活运用各种方法处理不同的积分.

例 7.2.34 求 $\int \cos \sqrt{x} dx$.

解 设 $\sqrt{x} = t$，则 $x = t^2$，$dx = 2t dt$，有

$$\int \cos\sqrt{x}\,dx = \int 2t\cos t\,dt = 2t\sin t + 2\cos t + C = 2\sqrt{x}\sin\sqrt{x} + 2\cos\sqrt{x} + C.$$

习题 7.2

1. 应用换元积分法求下列不定积分.

(1) $\int e^{ax+b}\,dx$;

(2) $\int \dfrac{1}{\sqrt{(2-x)^5}}\,dx$;

(3) $\int \dfrac{1}{(2y-3)}\,dy$;

(4) $\int x(2x^2-5)^5\,dx$;

(5) $\int 2\sqrt{2x+1}\,dx$;

(6) $\int \dfrac{3x^3}{1-x^4}\,dx$;

(7) $\int \dfrac{1}{x^2}\sin\dfrac{1}{x}\,dx$;

(8) $\int \cos\left(3x-\dfrac{\pi}{4}\right)dx$;

(9) $\int \left(1-\dfrac{1}{x^2}\right)e^{x+\frac{1}{x}}\,dx$;

(10) $\int \dfrac{1}{\sqrt{x}}\cos\sqrt{x}\,dx$;

(11) $\int \dfrac{(\ln x)^2}{x}\,dx$;

(12) $\int e^{x+e^x}\,dx$;

(13) $\int \dfrac{e^x}{e^x+1}\,dx$;

(14) $\int \dfrac{1}{e^x+e^{-x}}\,dx$;

(15) $\int \dfrac{1}{1+e^{2x}}\,dx$;

(16) $\int \dfrac{1}{x\ln x\ln(\ln x)}\,dx$;

(17) $\int \dfrac{1+\ln x}{(x\ln x)^2}\,dx$;

(18) $\int e^{\cos x}\sin x\,dx$;

(19) $\int \dfrac{x}{\sqrt{2-3x^2}}\,dx$;

(20) $\int \tan^4 x\,dx$;

(21) $\int \dfrac{\sin x+\cos x}{\sqrt[3]{\sin x-\cos x}}\,dx$;

(22) $\int \sin^3 x\,dx$;

(23) $\int \sin^2 x\cos^5 x\,dx$;

(24) $\int \tan^5 x\sec^3 x\,dx$;

(25) $\int \dfrac{\sin x\cos x}{1+\sin^4 x}\,dx$;

(26) $\int \sin 3x\cos 2x\,dx$;

(27) $\int \tan^{10} x\sec^2 x\,dx$;

(28) $\int \dfrac{1}{(\arcsin x)^2\sqrt{1-x^2}}\,dx$;

(29) $\int \dfrac{1}{4+9x^2}\,dx$;

(30) $\int \dfrac{1}{4-9x^2}\,dx$;

(31) $\int \dfrac{1}{\sqrt{4-9x^2}}\,dx$;

(32) $\int \dfrac{1}{2x^2-1}\,dx$;

(33) $\int \dfrac{1}{\sqrt{5-2x-x^2}}\,dx$;

(34) $\int \dfrac{1}{x^2+x+1}\,dx$;

(35) $\int \dfrac{\arctan\sqrt{x}}{\sqrt{x}(1+x)}\,dx$;

(36) $\int \dfrac{1}{x\sqrt{x^2-4}}\,dx$;

(37) $\int \dfrac{1}{\sqrt{(2-x^2)^3}}\,dx$;

(38) $\int \dfrac{\sqrt{x^2-9}}{x}\,dx$;

(39) $\int \dfrac{e^{2x}}{\sqrt{e^x+1}}\,dx$;

(40) $\int \dfrac{1}{x^2\sqrt{x^2+3}}\,dx$.

2. 应用分部积分法求下列不定积分.

(1) $\int x^2 e^{-x} dx$; (2) $\int \arcsin x dx$;

(3) $\int x \sin x dx$; (4) $\int \ln(x^2+1) dx$;

(5) $\int \arctan x dx$; (6) $\int (\ln x)^2 dx$;

(7) $\int e^x \cos x dx$; (8) $\int x^2 \sin^2 x dx$;

(9) $\int (x^2 - 2x + 5)e^{-x} dx$; (10) $\int e^{-2x} \sin \frac{x}{2} dx$;

(11) $\int \sin \ln x dx$; (12) $\int x^3 (\ln x)^2 dx$;

(13) $\int (\arcsin x)^2 dx$; (14) $\int e^{\sqrt[3]{x}} dx$;

(15) $\int \ln(x + \sqrt{1+x^2}) dx$; (16) $\int \arctan \sqrt{x} dx$;

(17) $\int \frac{\arcsin \sqrt{x}}{\sqrt{x}} dx$; (18) $\int \sin(\ln x) dx$.

3. 已知 $f(x)$ 的原函数是 $\frac{\sin x}{x}$, 求 $\int x f'(x) dx$.

4. 设 $f'(x^2) = \frac{1}{x} (x > 0)$, 求 $f(x)$.

5. 设 $f(\ln x) = \frac{\ln(1+x)}{x}$, 求 $\int f(x) dx$.

6. 求不定积分 $I_1 = \int \frac{\sin x}{\sin x + \cos x} dx$ 与 $I_2 = \int \frac{\cos x}{\sin x + \cos x} dx$.

7. 求下列不定积分的递推表达式 (n 为非负整数).

(1) $I_n = \int x^2 \ln^n x dx$; (2) $I_n = \int x^n e^{-x} dx$;

(3) $I_n = \int \sin^n x dx$; (4) $I_n = \int \tan^n x dx$.

7.3 有理函数和可化为有理函数的不定积分

7.3.1 有理函数的不定积分

有理函数是指由两个多项式函数的商所表示的函数,形如:

$$R(x) = \frac{P(x)}{Q(x)} = \frac{a_0 x^n + a_1 x^{n-1} + \cdots + a_{n-1} x + a_n}{b_0 x^m + b_1 x^{m-1} + \cdots + b_{m-1} x + b_m},$$

其中, $P(x), Q(x)$ 都是多项式, m, n 为非负整数, $a_0 \neq 0, b_0 \neq 0$.

假定分子分母间没有公因式,当 $m > n$ 时,称该有理函数为有理**真分式**;当 $m \leqslant n$ 时,称有理函数为有理**假分式**.

运用多项式除法，我们总可以将有理假分式化为一个多项式与一个有理真分式之和. 例如，

$$\frac{x^4-2}{x^2+2x+1} = x^2-2x+3-\frac{4x+5}{x^2+2x+1}.$$

由于多项式的不定积分容易求得，所以求有理函数的不定积分关键在于求有理真分式的不定积分.

由代数学可知，有理真分式总能表示为若干个**最简部分分式**之和（称为**部分分式分解**）. 最简部分分式只有如下两种形式：

$$\frac{A}{(x-a)^m}, \quad \frac{Cx+D}{(x^2+px+q)^n},$$

其中，m, n 为正整数，A, C, D, a, p, q 为常数，$p^2-4q<0$.

设 $\dfrac{P(x)}{Q(x)}$ 为一个有理真分式，部分分式分解的步骤如下：

(1) 对分母 $Q(x)$ 在实数系内作标准分解，将它分解为一次因式与二次因式的乘积，即

$$Q(x) = b_0 (x-a)^\alpha \cdots (x-b)^\beta (x^2+px+q)^\lambda \cdots (x^2+rx+s)^\mu,$$

其中，b_0 为非零常数，$a, \cdots, b, p, q, \cdots, r, s$ 为常数；$p^2-4q<0, \cdots, r^2-4s<0$；$\alpha, \cdots, \beta, \lambda, \cdots, \mu$ 为正整数.

(2) 根据分母的各个因式分别写出与之相对应的部分分式. 对形如 $(x-a)^\alpha$ 的因式，它对应的部分分式是

$$\frac{A_1}{x-a} + \frac{A_2}{(x-a)^2} + \cdots + \frac{A_\alpha}{(x-a)^\alpha},$$

对形如 $(x^2+px+q)^\lambda$ 的因式，它对应的部分分式是

$$\frac{C_1 x+D_1}{x^2+px+q} + \frac{C_2 x+D_2}{(x^2+px+q)^2} + \cdots + \frac{C_\lambda x+D_\lambda}{(x^2+px+q)^\lambda}.$$

把所有的部分分式加起来，则真分式 $\dfrac{P(x)}{Q(x)}$ 可以分解为如下形式的部分分式：

$$\begin{aligned}\frac{P(x)}{Q(x)} =\ & \frac{A_1}{x-a} + \frac{A_2}{(x-a)^2} + \cdots + \frac{A_\alpha}{(x-a)^\alpha} + \cdots + \frac{B_1}{x-b} + \frac{B_2}{(x-b)^2} + \cdots + \frac{B_\beta}{(x-b)^\beta} + \\ & \frac{C_1 x+D_1}{x^2+px+q} + \frac{C_2 x+D_2}{(x^2+px+q)^2} + \cdots + \frac{C_\lambda x+D_\lambda}{(x^2+px+q)^\lambda} + \cdots + \frac{E_1 x+F_1}{x^2+rx+s} + \\ & \frac{E_2 x+F_2}{(x^2+rx+s)^2} + \cdots + \frac{E_\mu x+F_\mu}{(x^2+rx+s)^\mu},\end{aligned}$$

其中，$A_i (i=1, 2, \cdots, \alpha), \cdots, B_j (j=1, 2, \cdots, \beta), C_l, D_l (l=1, 2, \cdots, \lambda), \cdots, E_k, F_k (k=1, 2, \cdots, \mu)$ 为待定系数.

(3) 确定待定系数. 一般来说，可以将所有的部分分式通分相加，所得分式的分母就是原分母 $Q(x)$，其分子也应当与原分子 $P(x)$ 恒等. 于是由分子多项式同次幂系数必相等，得

到关于待定系数的线性方程组,求解即可确定待定系数.

例 7.3.1 对 $\dfrac{2x-1}{x^2-5x+6}$ 作部分分式分解.

解 由于分母 $x^2-5x+6=(x-3)(x-2)$.

设
$$\dfrac{2x-1}{x^2-5x+6}=\dfrac{A}{x-3}+\dfrac{B}{x-2},$$

将等式两边通分,得 $2x-1\equiv A(x-2)+B(x-3)$,

即 $2x+1\equiv(A+B)x-(2A+3B).$

比较两端同次幂项系数,得

$$\begin{cases} A+B=2,\\ 2A+3B=1. \end{cases}$$

解得 $A=5,B=-3$,因此

$$\dfrac{2x-1}{x^2-5x+6}=\dfrac{5}{x-3}+\dfrac{-3}{x-2}.$$

上述待定系数法是一般求解系数的方法. 有时在进行部分分式分解时,也可以考虑较为灵活的其他诸如插项法、赋值法等. 如下面的例子.

例 7.3.2 对 $\dfrac{1}{x(x^2-2x+1)}$ 作部分分式分解.

解
$$\dfrac{1}{x(x^2-2x+1)}=\dfrac{1}{x(x-1)^2}=\dfrac{x-(x-1)}{x(x-1)^2}=\dfrac{1}{(x-1)^2}-\dfrac{1}{x(x-1)}$$
$$=\dfrac{1}{(x-1)^2}-\dfrac{x-(x-1)}{x(x-1)}=\dfrac{1}{(x-1)^2}-\dfrac{1}{x-1}+\dfrac{1}{x}.$$

例 7.3.3 对 $\dfrac{1}{(1+2x)(1+x^2)}$ 作部分分式分解.

解 设
$$\dfrac{1}{(1+2x)(1+x^2)}=\dfrac{A}{1+2x}+\dfrac{Bx+C}{1+x^2}.$$

将等式两边通分,得 $A(1+x^2)+(Bx+C)(1+2x)\equiv 1,$

分别将 $x=-\dfrac{1}{2},0,1$ 代入上面等式的两端,得到

$$A=\dfrac{4}{5},\quad B=-\dfrac{2}{5},\quad C=\dfrac{1}{5}.$$

故
$$\dfrac{1}{(1+2x)(1+x^2)}=\dfrac{1}{5}\left(\dfrac{4}{1+2x}+\dfrac{-2x+1}{1+x^2}\right).$$

例 7.3.4 对 $\dfrac{2x^2+2x+13}{(x-2)(x^2+1)^2}$ 作部分分式分解.

解 设
$$\dfrac{2x^2+2x+13}{(x-2)(x^2+1)^2}=\dfrac{A}{x-2}+\dfrac{Bx+C}{x^2+1}+\dfrac{Dx+E}{(x^2+1)^2}.$$

将等式两边通分,得
$$2x^2+2x+13 \equiv A(x^2+1)^2+(Bx+C)(x-2)(x^2+1)+(Dx+E)(x-2),$$
比较两端同次幂项系数,得
$$\begin{cases} A+B=0, \\ -2B+C=0, \\ 2A+D+B-2C=2, \\ -2D+E-2B+C=2, \\ A-2E-2C=13. \end{cases}$$

解得 $A=1, B=-1, C=-2, D=-3, E=-4$. 所以
$$\frac{2x^2+2x+13}{(x-2)(x^2+1)^2} = \frac{1}{x-2} - \frac{x+2}{x^2+1} - \frac{3x+4}{(x^2+1)^2}.$$

当完成有理真分式的部分分式分解后,由以上的讨论可知,任何有理真分式的不定积分都归结为求以下两种形式的不定积分:
$$\int \frac{A}{(x-a)^m}dx, \quad \int \frac{Cx+D}{(x^2+px+q)^n}dx,$$

其中,m,n 为正整数,A,C,D,a,p,q 为常数,$p^2-4q<0$.

事实上,我们有

(1) $\int \dfrac{A}{(x-a)^m}dx = \begin{cases} A\ln|x-a|+C, & m=1, \\ \dfrac{A}{(1-m)(x-a)^{m-1}}+C, & m>1. \end{cases}$

(2) $\int \dfrac{Cx+D}{(x^2+px+q)^n}dx = \int \dfrac{Cx+D}{\left[\left(x+\dfrac{p}{2}\right)^2+\left(q-\dfrac{p^2}{4}\right)\right]^n}dx.$

设 $t = x+\dfrac{p}{2}, a = \sqrt{q-\dfrac{p^2}{4}}$,则

$$\int \frac{Cx+D}{(x^2+px+q)^n}dt = \int \frac{Ct+D-\dfrac{Cp}{2}}{(t^2+a^2)^n}dt = C\int \frac{t}{(t^2+a^2)^n}dt + \left(D-\frac{Cp}{2}\right)\int \frac{1}{(t^2+a^2)^n}dt.$$

当 $n=1$ 时,上式两个不定积分分别为
$$\int \frac{t}{t^2+a^2}dt = \frac{1}{2}\ln(t^2+a^2)+C,$$
$$\int \frac{1}{t^2+a^2}dt = \frac{1}{a}\arctan\frac{t}{a}+C;$$

当 $n>1$ 时,$\int \dfrac{t}{(t^2+a^2)^n}dt = \dfrac{1}{2(1-n)(t^2+a^2)^{n-1}}+C.$

对于不定积分 $\int \dfrac{1}{(t^2+a^2)^n}\mathrm{d}t$,只要利用例 7.2.33 的递推公式就可以计算. 从而有理真分式的部分分式的不定积分可以计算. 因此,有理函数的不定积分问题均可以求解.

例 7.3.5 求 $\int \dfrac{2x-1}{x^2-5x+6}\mathrm{d}x$.

解 由例 7.3.1,有
$$\int \dfrac{2x-1}{x^2-5x+6}\mathrm{d}x = \int \left(\dfrac{5}{x-3}+\dfrac{-3}{x-2}\right)\mathrm{d}x = 5\ln|x-3|-3\ln|x-2|+C.$$

例 7.3.6 求 $\int \dfrac{x^2-x+2}{x(x-1)^2}\mathrm{d}x$.

解 设 $\dfrac{x^2-x+2}{x(x-1)^2} = \dfrac{A}{x}+\dfrac{B}{x-1}+\dfrac{C}{(x-1)^2}$.

将等式两边通分,得
$$x^2-x+2 \equiv A(x-1)^2+Bx(x-1)+Cx,$$

将 $x=0,1,-1$ 代入上面等式,解得 $A=2,B=-1,C=2$,于是
$$\int \dfrac{x^2-x+2}{x(x-1)^2}\mathrm{d}x = \int \dfrac{2}{x}\mathrm{d}x + \int \dfrac{-1}{x-1}\mathrm{d}x + \int \dfrac{2}{(x-1)^2}\mathrm{d}x$$
$$= \ln x^2 - \ln|x-1| - \dfrac{1}{x-1}+C.$$

例 7.3.7 求 $\int \dfrac{x^2+x-1}{x^3-x^2+x}\mathrm{d}x$.

解 设 $\dfrac{x^2+x-1}{x^3-x^2+x} = \dfrac{x^2+x-1}{x(x^2-x+1)} = \dfrac{A}{x}+\dfrac{Bx+C}{x^2-x+1}$.

将等式两边通分,得
$$x^2+x-1 \equiv A(x^2-x+1)+(Bx+C)x.$$

将 $x=0,1,-1$ 代入上面等式,解得 $A=-1,B=2,C=0$,于是
$$\int \dfrac{x^2+x-1}{x^3-x^2+x}\mathrm{d}x = -\int \dfrac{1}{x}\mathrm{d}x + \int \dfrac{2x}{x^2-x+1}\mathrm{d}x$$
$$= -\ln|x| + \int \dfrac{2x-1+1}{x^2-x+1}\mathrm{d}x$$
$$= -\ln|x| + \ln(x^2-x+1) + \int \dfrac{\mathrm{d}\left(x-\dfrac{1}{2}\right)}{\left(x-\dfrac{1}{2}\right)^2+\left(\dfrac{\sqrt{3}}{2}\right)^2}$$
$$= -\ln|x| + \ln(x^2-x+1) + \dfrac{2}{\sqrt{3}}\arctan \dfrac{2x-1}{\sqrt{3}}+C.$$

7.3.2 三角函数有理式的不定积分

由 $u(x),v(x)$ 及常数经过有限次的四则运算得到的函数称为关于 $u(x),v(x)$ 的有理

式,用 $R[u(x), v(x)]$ 表示. 三角函数有理式是指形如 $R(\sin x, \cos x)$ 的函数.

$\int R(\sin x, \cos x) \mathrm{d}x$ 是三角函数有理式的不定积分,一般可以通过**万能代换** $t = \tan \dfrac{x}{2}$, 将积分化为关于 t 的有理函数的不定积分. 此时,有

$$\sin x = 2\sin \frac{x}{2} \cos \frac{x}{2} = \frac{2\tan \dfrac{x}{2}}{1 + \tan^2 \dfrac{x}{2}} = \frac{2t}{1+t^2},$$

$$\cos x = \cos^2 \frac{x}{2} - \sin^2 \frac{x}{2} = \frac{1 - \tan^2 \dfrac{x}{2}}{1 + \tan^2 \dfrac{x}{2}} = \frac{1-t^2}{1+t^2},$$

$$\mathrm{d}x = \mathrm{d}(2\arctan t) = \frac{2}{1+t^2}\mathrm{d}t.$$

则

$$\int R(\sin x, \cos x) \mathrm{d}x = \int R\left(\frac{2t}{1+t^2}, \frac{1-t^2}{1+t^2}\right) \frac{2}{1+t^2} \mathrm{d}t.$$

这样就将三角函数有理式的不定积分转化为有理函数的不定积分,由上一小节的方法可以得到积分结果.

例 7.3.8 求 $\displaystyle\int \frac{1+\sin x}{\sin x(1+\cos x)} \mathrm{d}x.$

解 令 $t = \tan \dfrac{x}{2}$, 则

$$\int \frac{1+\sin x}{\sin x(1+\cos x)}\mathrm{d}x = \int \frac{1 + \dfrac{2t}{1+t^2}}{\dfrac{2t}{1+t^2}\left(1 + \dfrac{1-t^2}{1+t^2}\right)} \cdot \frac{2}{1+t^2}\mathrm{d}t = \frac{1}{2}\int\left(t + 2 + \frac{1}{t}\right)\mathrm{d}t$$

$$= \frac{1}{2}\left(\frac{t^2}{2} + 2t + \ln|t|\right) + C$$

$$= \frac{1}{4}\tan^2 \frac{x}{2} + \tan \frac{x}{2} + \frac{1}{2}\ln\left|\tan \frac{x}{2}\right| + C.$$

上述的万能代换对三角函数有理式的不定积分总是有效的. 但是,实际运用时,计算量偏大,并不简便. 所以对具体问题要具体分析,灵活处理. 例如,当被积函数是 $\sin^2 x$, $\cos^2 x$ 及 $\sin x \cos x$ 的有理式时,用代换 $t = \tan x$ 往往更加简便. 如下例.

例 7.3.9 求 $\displaystyle\int \frac{1+\sin^2 x}{\cos^4 x} \mathrm{d}x.$

解 令 $t = \tan x$, 有 $\mathrm{d}t = \dfrac{1}{\cos^2 x} \mathrm{d}x$, 则

$$\int \frac{1+\sin^2 x}{\cos^4 x}\mathrm{d}x = \int \frac{1+\sin^2 x}{\cos^2 x} \cdot \frac{1}{\cos^2 x}\mathrm{d}x = \int (\tan^2 x + \sec^2 x) \frac{1}{\cos^2 x}\mathrm{d}x$$

$$= \int (2\tan^2 x + 1) \frac{1}{\cos^2 x}\mathrm{d}x = \int (2t^2 + 1)\mathrm{d}t$$

$$= \frac{2}{3}t^3 + t + C = \frac{2}{3}\tan^3 x + \tan x + C.$$

7.3.3 某些无理函数的不定积分

本小节讨论两类比较简单的无理函数的不定积分. 一般方法是选择适当的换元, 将无理函数的不定积分化为有理函数不定积分 (称为**有理化**), 从而解决问题.

(1) $\int R\left(x, \sqrt[n]{\frac{ax+b}{cx+d}}\right)dx$ 型不定积分, 其中, a, b, c, d 都是常数, 正整数 $n \geqslant 2$, $ad - bc \neq 0$.

对于此类被积函数中含有 $\sqrt[n]{\frac{ax+b}{cx+d}}$ 的不定积分, 一般只要作代换 $t = \sqrt[n]{\frac{ax+b}{cx+d}}$ 就可以转化为有理函数的不定积分.

例 7.3.10 求 $\int \frac{1}{x}\sqrt{\frac{1+x}{x}}dx$.

解 令 $t = \sqrt{\frac{1+x}{x}}$, 则 $x = \frac{1}{t^2-1}$, $dx = -\frac{2t}{(t^2-1)^2}dt$, 于是

$$\int \frac{1}{x}\sqrt{\frac{1+x}{x}}dx = -\int (t^2-1)t \frac{2t}{(t^2-1)^2}dt = -2\int \frac{t^2}{t^2-1}dt$$

$$= -2\int \left(1 + \frac{1}{t^2-1}\right)dt = -2t - \ln\left|\frac{t-1}{t+1}\right| + C$$

$$= -2\sqrt{\frac{1+x}{x}} - \ln\left|x\left(\sqrt{\frac{1+x}{x}}-1\right)^2\right| + C.$$

例 7.3.11 求 $\int \frac{1}{(x+1)\sqrt{x^2-x-2}}dx$.

解 由于 $\frac{1}{(x+1)\sqrt{x^2-x-2}} = \frac{1}{(x+1)^2}\cdot\sqrt{\frac{x+1}{x-2}}$.

设 $t = \sqrt{\frac{x+1}{x-2}}$, 有 $x = \frac{2t^2+1}{t^2-1}$, 则 $dx = \frac{-6t}{(t^2-1)^2}dt$, 于是

$$\int \frac{1}{(x+1)\sqrt{x^2-x-2}}dx = \int \frac{(t^2-1)^2}{9t^4} \cdot t \cdot \frac{-6t}{(t^2-1)^2}dt$$

$$= -\frac{2}{3}\int \frac{1}{t^2}dt = \frac{2}{3t} + C$$

$$= \frac{2}{3}\sqrt{\frac{x-2}{x+1}} + C.$$

(2) $\int R(x, \sqrt{ax^2+bx+c})dx$ 型不定积分, 其中, a, b, c 都是常数, $a \neq 0$, $b^2 - 4ac \neq 0$.

由于 $$ax^2 + bx + c = a\left[\left(x + \frac{b}{2a}\right)^2 - \frac{b^2-4ac}{4a^2}\right],$$

记 $u = x + \dfrac{b}{2a}$，$k^2 = \left| \dfrac{b^2 - 4ac}{4a^2} \right|$，则有

当 $b^2 - 4ac > 0$，且 $a > 0$ 时，$ax^2 + bx + c = a(u^2 - k^2)$，无理函数不定积分 $\int R(x, \sqrt{ax^2 + bx + c}) \mathrm{d}x$ 转化为 $\int R(u, \sqrt{u^2 - k^2}) \mathrm{d}u$ 型不定积分，再令 $u = k \sec t$ 可化为三角函数有理式的不定积分.

当 $b^2 - 4ac > 0$，且 $a < 0$ 时，$ax^2 + bx + c = |a|(k^2 - u^2)$，无理函数不定积分 $\int R(x, \sqrt{ax^2 + bx + c}) \mathrm{d}x$ 转化为 $\int R(u, \sqrt{k^2 - u^2}) \mathrm{d}u$ 型不定积分，再令 $u = k \sin t$ 可化为三角函数有理式的不定积分.

当 $b^2 - 4ac < 0$，且 $a > 0$ 时，$ax^2 + bx + c = a(u^2 + k^2)$，无理函数不定积分 $\int R(x, \sqrt{ax^2 + bx + c}) \mathrm{d}x$ 转化为 $\int R(u, \sqrt{u^2 + k^2}) \mathrm{d}u$ 型不定积分，再令 $u = k \tan t$ 可化为三角函数有理式的不定积分.

例 7.3.12 求 $\int \dfrac{1}{(x-1)^2 \sqrt{x^2 - 2x}} \mathrm{d}x$.

解 令 $u = x - 1$，有

$$\int \dfrac{1}{(x-1)^2 \sqrt{x^2 - 2x}} \mathrm{d}x = \int \dfrac{1}{u^2 \sqrt{u^2 - 1}} \mathrm{d}u.$$

再令 $u = \sec t$，有

$$\int \dfrac{1}{(x-1)^2 \sqrt{x^2 - 2x}} \mathrm{d}x = \int \dfrac{1}{u^2 \sqrt{u^2 - 1}} \mathrm{d}u = \int \dfrac{\sec t \cdot \tan t}{\sec^2 t \cdot \tan t} \mathrm{d}t$$

$$= \int \cos t \, \mathrm{d}t = \sin t + C$$

$$= \dfrac{1}{u} \sqrt{u^2 - 1} + C = \dfrac{1}{x-1} \sqrt{x^2 - 2x} + C.$$

一般地，对 $\int R(x, \sqrt{ax^2 + bx + c}) \mathrm{d}x$ 型不定积分，还可使用如下**欧拉变换**：

若二次三项式 $ax^2 + bx + c$ 中 $a > 0$，可使用代换 $\sqrt{ax^2 + bx + c} = \sqrt{a} x \pm t$ 将不定积分化为有理函数的不定积分；若 $c > 0$，还可以运用代换 $\sqrt{ax^2 + bx + c} = xt \pm \sqrt{c}$.

例 7.3.13 求 $\int \dfrac{1}{x \sqrt{x^2 - 2x - 3}} \mathrm{d}x$.

解 令 $\sqrt{x^2 - 2x - 3} = x - t$，有

$$x = \dfrac{t^2 + 3}{2(t-1)}, \quad \mathrm{d}x = \dfrac{t^2 - 2t - 3}{2(t-1)^2} \mathrm{d}t, \quad \sqrt{x^2 - 2x - 3} = -\dfrac{t^2 - 2t - 3}{2(t-1)}.$$

于是有

$$\int \dfrac{1}{x \sqrt{x^2 - 2x - 3}} \mathrm{d}x = -\int \dfrac{2}{t^2 + 3} \mathrm{d}t = -\dfrac{2}{\sqrt{3}} \arctan \dfrac{t}{\sqrt{3}} + C$$

$$= \frac{2}{\sqrt{3}} \arctan \frac{\sqrt{x^2-2x-3}-x}{\sqrt{3}} + C.$$

本章给出了求不定积分的基本方法和某些类型函数的不定积分的求法. 一般来说, 求解初等函数的不定积分的方法不是唯一的, 各种方法技巧难度不一, 因此需要有足够量的训练才能较好地掌握.

对于初等函数来说, 由于在定义区间上连续, 所以初等函数在其定义区间上原函数一定存在. 但其原函数不一定能用初等函数表示出来. 例如, 简单的初等函数

$$\frac{\sin x}{x},\; \frac{e^x}{x},\; \frac{1}{\ln x},\; e^{x^2},\; \cdots$$

在其定义区间上都存在原函数, 但是无法用初等函数表示[刘维尔(Liouville)在 1835 年证明了这个结论]. 我们通常也说, 它们的不定积分"积不出来". 在后面的章节我们会知道, 这一类无法用初等函数表示的原函数可以用定积分形式表示.

习题 7.3

1. 求下列有理函数的不定积分.

(1) $\int \frac{x+1}{(x-1)^3} dx$;

(2) $\int \frac{1}{x^2-3x-10} dx$;

(3) $\int \frac{x^3}{x+3} dx$;

(4) $\int \frac{3x+2}{x(x+1)^3} dx$;

(5) $\int \frac{x^2+1}{(x^2-1)(x+1)} dx$;

(6) $\int \frac{3}{1+x^3} dx$;

(7) $\int \frac{x}{x^3-x^2+x-1} dx$;

(8) $\int \frac{3x+5}{(x^2+2x+2)^2} dx$.

2. 求下列三角函数有理式的不定积分.

(1) $\int \frac{1}{3+5\cos x} dx$;

(2) $\int \frac{1}{\sin x - \tan x} dx$;

(3) $\int \frac{dx}{1+\sin x+\cos x}$;

(4) $\int \frac{dx}{2+\sin^2 x}$;

(5) $\int \frac{dx}{1+\tan x}$;

(6) $\int \frac{\sin^2 x}{1+\cos^2 x} dx$.

3. 求下列无理函数的不定积分.

(1) $\int \frac{\sqrt{x}}{1+\sqrt[4]{x^3}} dx$;

(2) $\int \frac{x}{\sqrt{2+4x}} dx$;

(3) $\int \frac{1}{x^2} \sqrt{\frac{1-x}{1+x}} dx$;

(4) $\int \frac{\sqrt{x+1}-\sqrt{x-1}}{\sqrt{x+1}+\sqrt{x-1}} dx$;

(5) $\int \frac{dx}{\sqrt{x^2+x}}$;

(6) $\int \frac{dx}{\sqrt{x(1+x)}}$;

(7) $\int \frac{dx}{x^4 \sqrt{1+x^2}}$;

(8) $\int \frac{x^2}{\sqrt{1+x-x^2}} dx$.

第 8 章 定 积 分

一元函数积分学的另一个基本问题是定积分问题. 我们对平面上曲边梯形的面积问题和变速直线运动的路程问题进行讨论, 归结为计算特定结构和式的极限. 人们从生产实践中认识到, 这种特定结构和式的极限, 无论是在理论研究上, 还是在许多实际问题讨论中都是有力的数学工具. 于是, 定积分成为数学分析重要的组成部分之一. 本章将给出定积分的概念并讨论定积分的性质与计算方法.

8.1 定积分概念

8.1.1 问题引入

1. 曲边梯形的面积

在初等数学中, 我们学过求矩形、梯形等以直线段为边的图形面积. 若把矩形的一条直线边改成曲线边, 形成的新图形的面积该如何计算呢?

以下先介绍曲边梯形的定义及曲边梯形面积求法.

在直角坐标系中, 由连续曲线 $y = f(x)$ ($f(x) \geqslant 0, x \in [a, b]$), 直线 $x = a$, $x = b$ 及 x 轴所围成的封闭图形(图 8.1.1)称为**曲边梯形**. 其中曲线弧称为**曲边**.

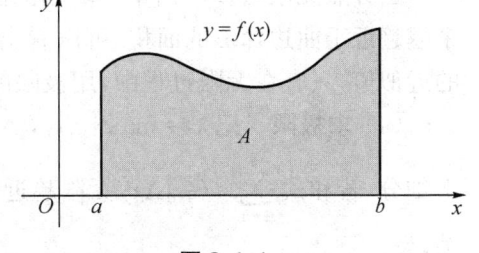

图 8.1.1

曲边梯形面积的计算困难在于它的高度不断变化, 不能直接用矩形面积公式计算. 但是, 我们可以考虑将曲边梯形分割成许多垂直于 x 轴的细小的窄曲边梯形, 在这些窄曲边梯形上, 高度变化不大, 此时, 窄曲边梯形的面积近似于一个小矩形的面积. 用小矩形的面积近似代替窄曲边梯形的面积, 再把所有近似值相加, 就得到整个曲边梯形的面积的近似值. 分割越细, 近似的程度就越高. 当无限细分时, 就可得到曲边梯形的面积的精确值.

具体步骤如下:

(1) **分割**　在区间 $[a, b]$ 中任意插入 $n - 1$ 个分点 $x_1, x_2, \cdots, x_{n-1}$, 使得

$$a = x_0 < x_1 < x_2 < \cdots < x_{n-1} < x_n = b,$$

这些分点将区间 $[a, b]$ 分割成 n 个小区间:

$$[x_0, x_1], [x_1, x_2], \cdots, [x_{i-1}, x_i], \cdots, [x_{n-1}, x_n],$$

小区间长度分别记为 $\Delta x_i = x_i - x_{i-1}(i = 1, 2, \cdots, n)$.

过每一个分点作 x 轴的垂线 $x = x_i$，把曲边梯形分割为 n 个窄曲边梯形(图 8.1.2).

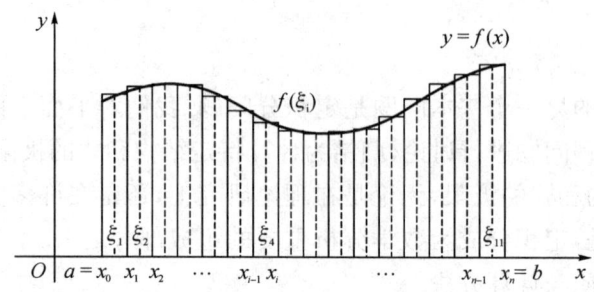

图 8.1.2

(2) **近似** 在第 i 个小区间 $[x_{i-1}, x_i](i = 1, 2, \cdots, n)$ 上任取一点 ξ_i，用以 $f(\xi_i)$ 为高，Δx_i 为底的窄矩形的面积 $f(\xi_i)\Delta x_i$ 近似代替第 i 个窄曲边梯形的面积 ΔA_i，即

$$\Delta A_i \approx f(\xi_i)\Delta x_i \quad (i = 1, 2, \cdots, n).$$

显然，当 Δx_i 越小，其近似的程度越好.

(3) **求和** 把 n 个窄矩形的面积加起来，得到的和作为曲边梯形面积的近似值，即

$$曲边梯形面积 = \sum_{i=1}^{n} \Delta A_i \approx \sum_{i=1}^{n} f(\xi_i)\Delta x_i.$$

当分点无限增多，对 $[a, b]$ 无限细分，且每个小区间长度越来越小，则上述和式应该越来越趋近于曲边梯形的面积. 可以看出，在有限的过程中，上述和式的值总是曲边梯形面积的近似值，只有在无限过程中，用极限的方法才能转化为曲边梯形的面积.

(4) **求极限** 记 $\lambda = \max\{\Delta x_1, \Delta x_2, \cdots, \Delta x_n\}$，当 $\lambda \to 0$ 时，相当于将区间 $[a, b]$ 无限次细分，若和式 $\sum_{i=1}^{n} f(\xi_i)\Delta x_i$ 无限趋近于某个常数，且该常数与分点 x_i 和中间点 ξ_i 的选取无关，设

$$\lim_{\lambda \to 0} \sum_{i=1}^{n} f(\xi_i)\Delta x_i = A,$$

则称 A 是**曲边梯形的面积**.

2. 物体变速直线运动的路程

当物体作匀速直线运动时，路程等于"速度×时间". 如果物体作变速直线运动，路程如何计算？

设物体运动速度 $v = v(t)$ 是时间区间 $[T_1, T_2]$ 上的连续函数，且 $v(t) \geqslant 0$. 我们来计算在这段时间内物体所经过的路程.

由于此时物体作变速直线运动，速度随时间 t 而变化，考虑到在很短一段时间内，其速度的变化也很小，可近似看作匀速的情形. 因此，若把时间间隔分割为许多个小时间段，在每

个小时间段内,以匀速运动代替变速运动,则可以计算出在每个小时间段内物体运动路程的近似值.再对每个小时间段内路程的近似值求和,则得到整个路程的近似值.最后,对时间间隔无限细分,使每个小时间段都趋于零,这时,整个路程的近似值的极限就是所求变速直线运动的路程的精确值.

具体步骤如下:

(1) **分割** 在区间 $[T_1, T_2]$ 中任意插入 $n-1$ 个分点,使得

$$T_1 = t_0 < t_1 < t_2 < \cdots < t_{n-1} < t_n = T_2,$$

将区间 $[T_1, T_2]$ 分成 n 个小区间的时间间隔:

$$[t_0, t_1], [t_1, t_2], \cdots, [t_{i-1}, t_i], \cdots, [t_{n-1}, t_n],$$

小区间长度分别记为 $\Delta t_i = t_i - t_{i-1} (i = 1, 2, \cdots, n)$.

(2) **近似** 在每个小时间段 $[t_{i-1}, t_i]$ $(i = 1, 2, \cdots, n)$ 上任取一点 ξ_i,以 $v(\xi_i)$ 为速度,Δt_i 为时间,用 $v(\xi_i)\Delta t_i$ 近似代替第 i 个小时间段上物体所经过的路程 Δs_i,即

$$\Delta s_i \approx v(\xi_i)\Delta t_i \quad (i = 1, 2, \cdots, n).$$

(3) **求和** 将得到的 n 个小时间段上路程的近似值之和作为区间 $[T_1, T_2]$ 上物体运动的路程的近似值,即

$$\text{变速直线运动路程} = \sum_{i=1}^{n} \Delta s_i \approx \sum_{i=1}^{n} v(\xi_i)\Delta t_i.$$

(4) **求极限** 记 $\lambda = \max\{\Delta t_1, \Delta t_2, \cdots, \Delta t_n\}$,当 $\lambda \to 0$ 时,相当于将区间 $[T_1, T_2]$ 无限次细分,若和式 $\sum_{i=1}^{n} v(\xi_i)\Delta t_i$ 无限趋近于某个常数,且该常数与分点 t_i 和中间点 ξ_i 的选取无关,设

$$\lim_{\lambda \to 0} \sum_{i=1}^{n} v(\xi_i)\Delta t_i = s,$$

则称 s 是物体从时刻 T_1 到时刻 T_2 作变速直线运动的**路程**.

从上面的两个例子看到:所讨论的曲边梯形的面积问题与物体变速直线运动的路程问题的实际意义各不相同,一个是几何量,另一个是物理量,但是两个问题都由一个函数及其自变量的变化区间决定,并且计算这两个量的方法与步骤都是相同的,都可以归结为求同一结构的特定和式的极限.因此,抛开这些问题的具体意义,抓住它们在数量关系上的共同本质特征,我们可以得到如下定积分的定义.

8.1.2 定积分的定义

定义 8.1.1 设函数 $f(x)$ 在区间 $[a, b]$ 上有定义,在 $[a, b]$ 中任意插入 $(n-1)$ 个分点

$$a = x_0 < x_1 < x_2 < \cdots < x_{n-1} < x_n = b,$$

将区间 $[a, b]$ 分成 n 个小区间:

$$[x_0, x_1], [x_1, x_2], \cdots, [x_{i-1}, x_i], \cdots, [x_{n-1}, x_n],$$

小区间长度分别记为

$$\Delta x_i = x_i - x_{i-1} \quad (i = 1, 2, \cdots, n).$$

这些分点构成对区间 $[a, b]$ 的一个**分割**，记为

$$T: a = x_0 < x_1 < x_2 < \cdots < x_{n-1} < x_n = b,$$

并记 $\|T\| = \max\limits_{1 \leqslant i \leqslant n} \{\Delta x_i\}$，称为分割 T 的**模**.

在每个小区间 $[x_{i-1}, x_i](i = 1, 2, \cdots, n)$ 上任取一点 ξ_i，作乘积 $f(\xi_i)\Delta x_i (i = 1, 2, \cdots, n)$，并求和 $\sum\limits_{i=1}^{n} f(\xi_i)\Delta x_i$，将该和式称为函数 $f(x)$ 在区间 $[a, b]$ 上的一个**积分和**，也称**黎曼和**.

如果不论对区间 $[a, b]$ 怎样分法，也不论在小区间 $[x_{i-1}, x_i]$ 上 ξ_i 怎样取法，只要当 $\|T\| \to 0$ 时，积分和 $\sum\limits_{i=1}^{n} f(\xi_i)\Delta x_i$ 存在极限 I，则称 $f(x)$ 在区间 $[a, b]$ 上**黎曼可积**(简称**可积**)，将此极限 I 称为函数 $f(x)$ 在 $[a, b]$ 上的**定积分**(或称**黎曼积分**)，记为 $\int_a^b f(x)\mathrm{d}x$，即

$$\int_a^b f(x)\mathrm{d}x = I = \lim_{\|T\| \to 0} \sum_{i=1}^{n} f(\xi_i)\Delta x_i,$$

其中，$f(x)$ 称为**被积函数**，$f(x)\mathrm{d}x$ 称为**被积表达式**，x 称为积分变量，$[a, b]$ 称为积分区间，a 称为**积分下限**，b 称为**积分上限**. 若不存在这样的极限，则称函数 $f(x)$ 在 $[a, b]$ 上不可积.

例如，当 $f(x) \equiv 1$ 时，由定积分的定义，得到

$$I = \lim_{\|T\| \to 0} \sum_{i=1}^{n} f(\xi_i)\Delta x_i = \lim_{\|T\| \to 0} \sum_{i=1}^{n} 1 \cdot \Delta x_i = b - a,$$

故 $f(x) \equiv 1$ 在区间 $[a, b]$ 可积，且 $\int_a^b 1\mathrm{d}x = b - a$.

上述定义可用"$\varepsilon - \delta$"语言描述如下：

定义 8.1.1' 设函数 $f(x)$ 在区间 $[a, b]$ 上有定义，若存在常数 $I \in \mathbf{R}$，使得对于 $\forall \varepsilon > 0, \exists \delta > 0$，对区间 $[a, b]$ 的任意分割 T，当 $\|T\| < \delta$ 时，在每个 $[x_{i-1}, x_i](i = 1, 2, \cdots, n)$ 上任取 ξ_i，都有

$$\Big|\sum_{i=1}^{n} f(\xi_i)\Delta x_i - I\Big| < \varepsilon,$$

则称 $f(x)$ 在区间 $[a, b]$ 上**可积**(**黎曼可积**)，称 I 为函数 $f(x)$ 在 $[a, b]$ 上的**定积分**.

注 1 上述定积分定义中的积分和 $\sum\limits_{i=1}^{n} f(\xi_i)\Delta x_i$ 的极限与函数极限有相似的表述方式，但是它们之间有较大区别：在函数极限中，对每一个自变量，都有唯一的一个函数值与之对

应;而积分和的极限中,每一个 $\|T\|$ 并不会唯一对应一个积分和的值. 当 $\|T\| \to 0$ 时,要求在任意分割和任意取点情况下,各种积分和都无限趋近于同一个常数. 因此,积分和的极限讨论比函数极限复杂.

注2 定积分 I 是积分和 $\sum_{i=1}^{n} f(\xi_i) \Delta x_i$ 的极限,只与被积函数 $f(x)$ 和积分区间 $[a, b]$ 有关,如果不改变被积函数 $f(x)$,也不改变积分区间 $[a, b]$,而只是把积分变量符号 x 改成其他符号,例如 t,则由定积分定义,定积分的值不变,即

$$\int_a^b f(x)\mathrm{d}x = \int_a^b f(t)\mathrm{d}t.$$

也就是说,定积分的值只与被积函数和积分区间有关,而与所用的积分变量的符号记法无关.

注3 可积性是函数的一个重要的分析性质. 本章后续内容会告诉我们,**连续函数是可积的**. 因此,本节开头的两个问题都可用定积分记号来表示:

由连续曲线 $y = f(x)$ ($f(x) \geqslant 0, x \in [a, b]$),直线 $x = a, x = b$ 和 x 轴所围成的曲边梯形的面积等于函数 $f(x)$ 在区间 $[a, b]$ 上的定积分,即 $A = \int_a^b f(x)\mathrm{d}x$.

物体以连续变速 $v = v(t)$ ($v(t) \geqslant 0$) 做变速直线运动,从时刻 T_1 到时刻 T_2,物体经过的路程 s 等于速度函数 $v(t)$ 在区间 $[T_1, T_2]$ 上的定积分,即 $s = \int_{T_1}^{T_2} v(t)\mathrm{d}t$.

注4 由定义,可知定积分有如下**几何意义**:

在区间 $[a, b]$ 上,如果 $f(x) \geqslant 0$,那么定积分 $\int_a^b f(x)\mathrm{d}x$ 表示由曲线 $y = f(x)$,直线 $x = a, x = b$ 与 x 轴围成的曲边梯形的面积 A,即 $\int_a^b f(x)\mathrm{d}x = A$.

如果 $f(x) \leqslant 0$,那么定积分 $\int_a^b f(x)\mathrm{d}x$ 表示由曲线 $y = f(x)$,直线 $x = a, x = b$ 与 x 轴围成的曲边梯形的面积 A 的相反数,即 $\int_a^b f(x)\mathrm{d}x = -A$.

如果 $f(x)$ 在 $[a, b]$ 上变号,也就是 $f(x)$ 在 $[a, b]$ 上既取得正值又取得负值时,这时函数的图形某些部分在 x 轴上方,而其他部分在 x 轴下方,那么定积分 $\int_a^b f(x)\mathrm{d}x$ 表示位于 x 轴上方的图形的面积与位于 x 轴下方的图形的面积之差.

以下举一个由定义计算定积分的例子.

例 8.1.1 利用定义计算定积分 $\int_0^1 x^2 \mathrm{d}x$.

解 如图 8.1.3 所示,由于被积函数 $f(x) = x^2$ 在区间 $[0, 1]$ 上是连续的,因此,该函数在 $[0, 1]$ 上可积,所以由定积分定义可知,积分与区间 $[0, 1]$ 的分法及点 ξ_i 的取法无关.

为了计算的方便,我们使用特殊分点 $x_i = \dfrac{i}{n}$ ($i = 1, 2, \cdots, n$) 将区间 $[0, 1]$ n 等分.

每个小区间 $[x_{i-1}, x_i]$ 的长度都是 $\frac{1}{n}$，同时在每个小区间内取特殊点 $\xi_i = \frac{i}{n}$，于是得到积分和式

$$\sum_{i=1}^{n} f(\xi_i) \Delta x_i = \sum_{i=1}^{n} \xi_i^2 \Delta x_i = \sum_{i=1}^{n} \left(\frac{i}{n}\right)^2 \cdot \frac{1}{n} = \frac{1}{n^3} \sum_{i=1}^{n} i^2$$
$$= \frac{1}{n^3} \cdot \frac{1}{6} n(n+1)(2n+1)$$
$$= \frac{1}{6}\left(1 + \frac{1}{n}\right)\left(2 + \frac{1}{n}\right).$$

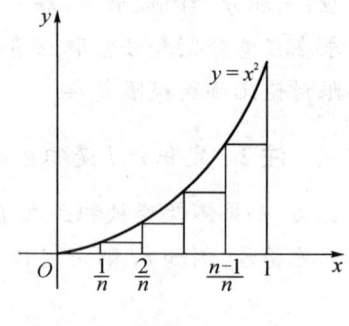

图 8.1.3

当 $\lambda = \max\{\Delta x_1, \Delta x_2, \cdots, \Delta x_n\} = \frac{1}{n} \to 0$，即 $n \to \infty$ 时，对上式的两端取极限，由定积分的定义，得到

$$\int_0^1 x^2 \mathrm{d}x = \lim_{\lambda \to 0} \sum_{i=1}^{n} f(\xi_i) \Delta x_i = \lim_{n \to \infty} \frac{1}{6}\left(1 + \frac{1}{n}\right)\left(2 + \frac{1}{n}\right) = \frac{1}{3}.$$

习题 8.1

1. 试用定积分表示由 $y = x^2$，$x = -1$，$x = 3$ 和 x 轴围成的曲边梯形面积.
2. 利用定积分定义计算积分 $\int_0^1 (2x+1) \mathrm{d}x$.
3. 利用定积分的几何意义求下列积分的值.
   (1) $\int_{-1}^{1} \sqrt{1-x^2} \mathrm{d}x$; (2) $\int_0^1 3x \mathrm{d}x$;
   (3) $\int_{-\pi}^{\pi} 2\sin x \mathrm{d}x$; (4) $\int_{-1}^{2} |x| \mathrm{d}x$.

8.2 微积分基本定理

由上一节内容可知，直接用定义通过求积分和的极限来计算定积分不但麻烦而且困难. 因此，我们希望找到较简便的方法计算定积分. 本节将讨论定积分与不定积分的内在关系，从而得到利用原函数计算定积分的方法：牛顿-莱布尼兹公式. 该公式不但为定积分计算提供了一个快捷有效的方法，而且在理论上把定积分与不定积分联系起来.

以下从实际问题：物体变速直线运动中位置函数 $s(t)$ 及速度函数 $v(t)$ 之间的联系开始讨论定积分与不定积分的内在关系.

设一物体在作变速直线运动，其速度 $v(t) \geqslant 0, t \in [T_1, T_2]$. 物体在时间间隔 $[T_1, T_2]$ 内经过的路程可以用速度函数 $v(t)$ 在 $[T_1, T_2]$ 上的定积分来表达，即

$$\int_{T_1}^{T_2} v(t) \mathrm{d}x.$$

另一方面，这段路程可以通过位置函数 $s(t)$ 在区间 $[T_1, T_2]$ 的增量来表示，即

$$s(T_2) - s(T_1).$$

可见位置函数 $s(t)$ 及速度函数 $v(t)$ 之间有如下关系:

$$\int_{T_1}^{T_2} v(t) \mathrm{d}x = s(T_2) - s(T_1).$$

由于 $s'(t) = v(t)$,即 $s(t)$ 是 $v(t)$ 的原函数,所以,速度函数 $v(t)$ 在区间 $[T_1, T_2]$ 上的定积分等于 $v(t)$ 的原函数 $s(t)$ 在区间 $[T_1, T_2]$ 上的增量 $s(T_2) - s(T_1)$.

这个结论是否具有普遍性呢? 即是否在适当条件下,函数 $f(x)$ 在区间 $[a, b]$ 上的定积分 $\int_a^b f(x) \mathrm{d}x$ 等于 $f(x)$ 的原函数 $F(x)$ 在 $[a, b]$ 上的增量呢? 该问题已经由牛顿和莱布尼兹解决了. 因此人们把下述定理给出的计算定积分的公式称为**牛顿-莱布尼兹公式**,由于它把定积分与不定积分联系起来,是微积分理论中最重要的结果,我们又把该定理称为**微积分基本定理**.

定理 8.2.1(微积分基本定理) 设函数 $f(x)$ 在区间 $[a, b]$ 上连续,且存在原函数 $F(x)$,则 $f(x)$ 在 $[a, b]$ 上可积,且

$$\int_a^b f(x) \mathrm{d}x = F(b) - F(a) \stackrel{\triangle}{=\!=} F(x) \Big|_a^b. \tag{8.2.1}$$

证 对区间 $[a, b]$ 作任意分割 $T: a = x_0 < x_1 < x_2 < \cdots < x_{n-1} < x_n = b$,在每个小区间 $[x_{i-1}, x_i]$ 上对 $F(x)$ 使用拉格朗日中值定理,则存在 $\eta_i \in (x_{i-1}, x_i)$,$i = 1, 2, \cdots, n$,使得

$$F(b) - F(a) = \sum_{i=1}^{n} [F(x_i) - F(x_{i-1})] = \sum_{i=1}^{n} F'(\eta_i) \Delta x_i$$

$$= \sum_{i=1}^{n} f(\eta_i) \Delta x_i. \tag{8.2.2}$$

由于 $f(x)$ 在 $[a, b]$ 上连续,因此 $f(x)$ 在 $[a, b]$ 上一致连续. 所以 $\forall \varepsilon > 0$,$\exists \delta > 0$,当 $x', x'' \in [a, b]$,且当 $|x' - x''| < \delta$ 时,有

$$|f(x') - f(x'')| < \frac{\varepsilon}{b - a}.$$

于是,当 $\Delta x_i \leqslant \|T\| < \delta$ 时,在每个 $[x_{i-1}, x_i]$ ($i = 1, 2, \cdots, n$) 上任取 ξ_i,有 $|\xi_i - \eta_i| < \delta$,所以 $|f(\xi_i) - f(\eta_i)| < \frac{\varepsilon}{b - a}$. 则

$$\left| \sum_{i=1}^{n} f(\xi_i) \Delta x_i - [F(b) - F(a)] \right| = \left| \sum_{i=1}^{n} [f(\xi_i) - f(\eta_i)] \Delta x_i \right|$$

$$\leqslant \sum_{i=1}^{n} |[f(\xi_i) - f(\eta_i)]| \Delta x_i$$

$$< \frac{\varepsilon}{b - a} \cdot \sum_{i=1}^{n} \Delta x_i = \varepsilon.$$

所以,$f(x)$ 在 $[a, b]$ 上可积,且牛顿-莱布尼兹公式 (8.2.1) 成立. 证毕.

注1 定理中对 $f(x)$ 的要求可以减弱为：$f(x)$ 在 $[a,b]$ 上可积（不一定连续），此时式 (8.2.2) 仍然成立. 由 $f(x)$ 在 $[a,b]$ 上可积，式 (8.2.2) 右端当 $\|T\| \to 0$ 时的极限就是 $\int_a^b f(x)\mathrm{d}x$，左端为常数 $F(b)-F(a)$.

注2 当本章 8.5 节证得连续函数必有原函数后，可知本定理中对原函数 $F(x)$ 存在的要求是多余的.

例 8.2.1 计算定积分 $\int_0^1 x^2 \mathrm{d}x$.

解 $\int_0^1 x^2 \mathrm{d}x = \dfrac{1}{3}x^3 \Big|_0^1 = \dfrac{1}{3} - 0 = \dfrac{1}{3}$.

例 8.2.2 计算定积分 $\int_2^4 \dfrac{1}{x}\mathrm{d}x$.

解 $\int_2^4 \dfrac{1}{x}\mathrm{d}x = \ln x \Big|_2^4 = \ln 4 - \ln 2 = \ln 2$.

例 8.2.3 计算定积分 $\int_0^\pi \sin x \mathrm{d}x$.

解 $\int_0^\pi \sin x \mathrm{d}x = -\cos x \Big|_0^\pi = 2$.

例 8.2.4 利用定积分求极限：

$$I = \lim_{n \to \infty} n\left(\frac{1}{n^2+1} + \frac{1}{n^2+2^2} + \cdots + \frac{1}{2n^2}\right).$$

分析 将此极限式化为积分和的极限，之后转化为定积分，用牛顿-莱布尼兹公式计算.

解 由于

$$I = \lim_{n \to \infty} n\left(\frac{1}{n^2+1} + \frac{1}{n^2+2^2} + \cdots + \frac{1}{2n^2}\right) = \lim_{n \to \infty} \sum_{i=1}^n \frac{1}{1+\left(\dfrac{i}{n}\right)^2} \cdot \frac{1}{n}.$$

可以看到，其中的和式是连续函数 $f(x) = \dfrac{1}{1+x^2}$ 在区间 $[0,1]$ 上的一个积分和（这里的分割取 n 等分：$0 < \dfrac{1}{n} < \dfrac{2}{n} < \cdots < \dfrac{n}{n} = 1$，$\Delta x_i = \dfrac{1}{n}$，$\xi_i = \dfrac{i}{n} \in \left[\dfrac{i-1}{n}, \dfrac{i}{n}\right]$，$i = 1, 2, \cdots, n$）. 所以

$$I = \int_0^1 \frac{1}{1+x^2}\mathrm{d}x = \arctan x \Big|_0^1 = \frac{\pi}{4}.$$

习题 8.2

1. 计算下列定积分.

(1) $\int_0^1 \dfrac{1}{\sqrt{x}}\mathrm{d}x$;

(2) $\int_1^2 \left(x^2 - \dfrac{1}{x^2}\right)\mathrm{d}x$;

(3) $\int_0^{\frac{\pi}{2}} (\cos x - \sin x) \mathrm{d}x$;

(4) $\int_0^a (\sqrt{a} - \sqrt{x})^2 \mathrm{d}x$;

(5) $\int_{-4}^{-2} \frac{1}{x} \mathrm{d}x$;

(6) $\int_{-2}^3 (x-1)^3 \mathrm{d}x$;

(7) $\int_0^{\frac{\pi}{4}} \tan^2 x \mathrm{d}x$;

(8) $\int_0^1 \frac{1}{\sqrt{4-x^2}} \mathrm{d}x$.

2. 利用定积分计算极限.

(1) $\lim\limits_{n \to \infty} \left(\frac{1}{n+1} + \frac{1}{n+2} + \cdots + \frac{1}{2n} \right)$;

(2) $\lim\limits_{n \to \infty} (1 + 2^5 + \cdots + n^5) \frac{1}{n^6}$;

(3) $\lim\limits_{n \to \infty} n \left[\frac{1}{(n+1)^2} + \frac{1}{(n+2)^2} + \cdots + \frac{1}{(2n)^2} \right]$;

(4) $\lim\limits_{n \to \infty} \frac{1}{n} \left(\sin \frac{2\pi}{n} + \sin \frac{3\pi}{n} + \cdots + \sin \frac{n-1}{n}\pi \right)$;

(5) $\lim\limits_{n \to \infty} \frac{1}{n} \sqrt[n]{n(n+1) \cdot \cdots \cdot [n+(n-1)]}$.

8.3 可积问题

由微积分基本定理的讨论可知,定积分的存在问题需要进一步讨论两个问题:函数的可积性和原函数的存在性.本节我们将从定积分的定义出发讨论函数可积性问题.

8.3.1 可积的必要条件

定理 8.3.1 若函数 $f(x)$ 在 $[a,b]$ 上可积,则 $f(x)$ 在 $[a,b]$ 有界.

证 先用反证法.假设 $f(x)$ 在 $[a,b]$ 上无界,则对 $[a,b]$ 的任意一个分割 T,必定存在至少一个小区间 $[x_{k-1}, x_k]$,函数在区间 $[x_{k-1}, x_k]$ 上无界.在其他各个小区间 $[x_{i-1}, x_i]$ $(i=1,2,\cdots,k-1,k+1,\cdots,n)$ 上,任意取定 ξ_i,记

$$A = \Big| \sum_{i \neq k} f(\xi_i) \Delta x_i \Big|.$$

由于 $f(x)$ 在 $[x_{k-1}, x_k]$ 上无界,故 $\forall M > 0, \exists \xi_k \in [x_{k-1}, x_k]$,使得

$$|f(\xi_k)| > \frac{M+A}{\Delta x_k}.$$

于是有

$$\Big| \sum_{i=1}^n f(\xi_i) \Delta x_i \Big| = \Big| f(\xi_k) \Delta x_k + \sum_{i \neq k} f(\xi_i) \Delta x_i \Big|$$

$$\geqslant |f(\xi_k) \Delta x_k| - \Big| \sum_{i \neq k} f(\xi_i) \Delta x_i \Big|$$

$$> \frac{M+A}{\Delta x_k} \cdot \Delta x_k - A = M.$$

即积分和 $\sum\limits_{i=1}^n f(\xi_i) \Delta x_i$ 无界.从而,积分和 $\sum\limits_{i=1}^n f(\xi_i) \Delta x_i$ 不存在极限,即函数 $f(x)$ 在 $[a,b]$ 上不可积,与已知矛盾.证毕.

该定理说明，函数有界是函数可积的必要条件．但可以举例说明，函数有界不是函数可积的充分条件．如下面的例子．

例 8.3.1 证明狄利克雷函数

$$D(x) = \begin{cases} 1, & x \text{ 为有理数}, \\ 0, & x \text{ 为无理数} \end{cases}$$

在 $[0,1]$ 上有界但不可积．

证 （1）显然有 $|D(x)| \leqslant 1, x \in [0,1]$，即 $D(x)$ 有界．

（2）对区间 $[0,1]$ 作任意分割 T，由于在 $[0,1]$ 上有理数与无理数是稠密的．所以在分割得到的每个小区间上既存在有理数又存在无理数．

若小区间上每个 ξ_i 都取有理数，则积分和 $\sum_{i=1}^{n} D(\xi_i) \Delta x_i = \sum_{i=1}^{n} \Delta x_i = 1$．

若小区间上每个 ξ_i 都取无理数，则积分和 $\sum_{i=1}^{n} D(\xi_i) \Delta x_i = 0$．

所以当 $\|T\| \to 0$，积分和 $\sum_{i=1}^{n} D(\xi_i) \Delta x_i$ 不存在极限，即 $D(x)$ 在 $[0,1]$ 上不可积．证毕．

为叙述的方便，在下面的可积性问题讨论中，我们总是假定函数是有界的．

8.3.2 可积的充要条件

在函数可积定义中，分割是任意的，在小区间上的取值也是任意的，由此，要想根据定义验证积分和是否有极限，以此来判断函数是否可积不但复杂而且困难．以下将给出函数可积的充要条件，该条件只与函数本身有关．

对 $[a,b]$ 作任意分割 $T: a = x_0 < x_1 < x_2 < \cdots < x_{n-1} < x_n = b$，由 $f(x)$ 在 $[a,b]$ 有界，则 $f(x)$ 在每个小区间 $[x_{i-1}, x_i]$ 上存在上、下确界，记为

$$M_i = \sup_{x \in [x_{i-1}, x_i]} \{f(x)\}, \quad m_i = \inf_{x \in [x_{i-1}, x_i]} \{f(x)\}, \quad i = 1, 2, \cdots, n.$$

作和 $S(T) = \sum_{i=1}^{n} M_i \Delta x_i$，$s(T) = \sum_{i=1}^{n} m_i \Delta x_i$，分别称为 $f(x)$ 关于分割 T 的**上和**与**下和**（或称**达布上和**与**达布下和**，统称**达布和**）．$\forall \xi_i \in [x_{i-1}, x_i], i = 1, 2, \cdots, n$，有

$$s(T) \leqslant \sum_{i=1}^{n} f(\xi_i) \Delta x_i \leqslant S(T).$$

与积分和比较可以看到，由于上和与下和只依赖于分割 T 的选取，而与点 ξ_i 的取法无关．对上和与下和的研究可以避免因 $f(x)$ 在 $[x_{i-1}, x_i]$ 上任意取值造成的积分和的任意性．由上面的不等式，可以通过对上和与下和当 $\|T\| \to 0$ 时的极限来观察 $f(x)$ 在 $[a,b]$ 上是否可积．因此，可通过对上和与下和的性质研究来得到可积性理论．

设 $\omega_i = M_i - m_i$，称为 $f(x)$ 在 $[x_{i-1}, x_i]$ 上的**振幅**，则 $S(T) - s(T) = \sum_{i=1}^{n} \omega_i \Delta x_i$．通过

对上和与下和性质的细致讨论,可以得到如下重要定理,证明从略.

定理 8.3.2(可积准则) 函数 $f(x)$ 在 $[a,b]$ 上可积的充要条件是:$\forall \varepsilon > 0$,总存在相应的一个分割 T,使得

$$\sum_{i=1}^{n} \omega_i \Delta x_i < \varepsilon.$$

8.3.3 可积函数类

根据可积准则,我们可以得到一些常见的可积函数类.

定理 8.3.3 若 $f(x)$ 在 $[a,b]$ 上连续,则 $f(x)$ 在 $[a,b]$ 上可积.

证 由于 $f(x)$ 在 $[a,b]$ 上连续,所以 $f(x)$ 在 $[a,b]$ 上一致连续.即 $\forall \varepsilon > 0$,$\exists \delta > 0$,$\forall x_1, x_2 \in [a,b]$,当 $|x_1 - x_2| < \delta$ 时,有

$$|f(x_1) - f(x_2)| < \frac{\varepsilon}{b-a}.$$

对 $[a,b]$ 做分割 T(要求 $\|T\| < \delta$),$f(x)$ 在每个小区间 $[x_{i-1}, x_i]$ 上连续,故 $f(x)$ 在 $[x_{i-1}, x_i]$ 上取得最小值 m_i 与最大值 M_i,即 $\exists \xi_i', \xi_i'' \in [x_{i-1}, x_i]$,有

$$m_i = f(\xi_i'), \quad M_i = f(\xi_i'').$$

所以 $|\xi_i' - \xi_i''| < \Delta x_i \leqslant \|T\| < \delta$,有

$$\omega_i = M_i - m_i = f(\xi_i'') - f(\xi_i') < \frac{\varepsilon}{b-a}, \quad i = 1, 2, \cdots, n.$$

于是

$$\sum_{i=1}^{n} \omega_i \Delta x_i < \frac{\varepsilon}{b-a} \sum_{i=1}^{n} \Delta x_i < \varepsilon.$$

即 $f(x)$ 在 $[a,b]$ 上可积. 证毕.

定理 8.3.4 若 $f(x)$ 是 $[a,b]$ 上的单调函数,则 $f(x)$ 在 $[a,b]$ 上可积.

证 不妨设 $f(x)$ 在 $[a,b]$ 上单调增加,且 $f(a) < f(b)$.对 $[a,b]$ 的任意分割 T,$f(x)$ 在每个小区间 $[x_{i-1}, x_i]$ 上的振幅为 $\omega_i = M_i - m_i = f(x_i) - f(x_{i-1})$,于是

$$\sum_{i=1}^{n} \omega_i \Delta x_i \leqslant \sum_{i=1}^{n} [f(x_i) - f(x_{i-1})] \|T\| = [f(b) - f(a)] \|T\|.$$

因此,$\forall \varepsilon > 0$,$\exists \delta = \dfrac{\varepsilon}{f(b) - f(a)} > 0$,只要 $\|T\| < \delta$,就有 $\sum_{i=1}^{n} \omega_i \Delta x_i < \varepsilon$.

所以 $f(x)$ 在 $[a,b]$ 上可积. 证毕.

定理 8.3.5 若 $f(x)$ 在 $[a,b]$ 上有界,且只有有限个间断点,则 $f(x)$ 在 $[a,b]$ 上可积.

证 不妨设 $f(x)$ 在 $[a,b]$ 上只有一个间断点,且设该间断点为右端点 b.由 $f(x)$ 在 $[a,b]$ 上有界,不妨设 M, m 分别是 $f(x)$ 在 $[a,b]$ 上的上确界和下确界,且 $m < M$.

$\forall \varepsilon > 0$，取 δ' 满足 $0 < \delta' < \dfrac{\varepsilon}{2(M-m)}$ 且 $\delta' < b-a$，设 $f(x)$ 在 $[b-\delta', b]$ 上的振幅为 ω'，则

$$\omega'\delta' < (M-m) \cdot \frac{\varepsilon}{2(M-m)} = \frac{\varepsilon}{2}.$$

由于 $f(x)$ 在 $[a, b-\delta']$ 上连续，由定理 8.3.3 可知，$f(x)$ 在 $[a, b-\delta']$ 上可积。再由可积准则，存在对 $[a, b-\delta']$ 某个分割 T'：$a = x_0 < x_1 < x_2 < \cdots < x_{n-1} = b-\delta'$，使得

$$\sum_{i=1}^{n-1} \omega_i \Delta x_i < \frac{\varepsilon}{2}.$$

令分割 T：$a = x_0 < x_1 < x_2 < \cdots < x_{n-1} < x_n = b$，则

$$\sum_{i=1}^{n} \omega_i \Delta x_i = \sum_{i=1}^{n-1} \omega_i \Delta x_i + \omega'\delta' < \frac{\varepsilon}{2} + \frac{\varepsilon}{2} = \varepsilon.$$

所以 $f(x)$ 在 $[a, b]$ 上可积。证毕。

注 单调函数即使有无限多个间断点，也仍然可积。

例 8.3.2 证明：函数

$$f(x) = \begin{cases} 0, & x = 0, \\ \dfrac{1}{n}, & \dfrac{1}{n+1} < x \leqslant \dfrac{1}{n}, n = 1, 2, \cdots \end{cases}$$

在区间 $[0, 1]$ 上可积。

证 函数 $f(x)$ 在 $[0, 1]$ 上单调增加，虽然它在 $[0, 1]$ 上有无限多个间断点 $x_n = \dfrac{1}{n}$，$n = 2, 3, \cdots$，但是由定理 8.3.4 可知，函数在 $[0, 1]$ 上可积。

例 8.3.3 证明：函数

$$f(x) = \begin{cases} \sin \dfrac{1}{x}, & x \neq 0, \\ 0, & x = 0 \end{cases}$$

在任何区间 $[a, b]$ 上可积。

证 当 $0 \notin [a, b]$ 时，$f(x)$ 在 $[a, b]$ 上连续，从而由定理 8.3.3 知 $f(x)$ 在 $[a, b]$ 上可积。

当 $0 \in [a, b]$ 时，$f(x)$ 在 $[a, b]$ 上有界，且只有一个间断点 $x_0 = 0$，因此由定理 8.3.5 知 $f(x)$ 在 $[a, b]$ 上可积。

例 8.3.4 设函数 $f(x)$，$g(x)$ 在 $[a, b]$ 上有界，且仅在有限个点处 $f(x) \neq g(x)$，证明：若 $f(x)$ 在 $[a, b]$ 上可积，则 $g(x)$ 也在 $[a, b]$ 上可积，且有 $\displaystyle\int_a^b g(x) dx = \int_a^b f(x) dx$。

证 设 $F(x) = g(x) - f(x)$，则 $F(x)$ 是 $[a, b]$ 上有限个点处不为零的有界函数。由定理 8.3.5，$F(x)$ 在 $[a, b]$ 上可积。对 $[a, b]$ 上任意分割 T，在每个小区间 $[x_{i-1}, x_i]$ 上取点 ξ_i'，使得 $F(\xi_i') = 0$，有

$$\sum_{i=1}^{n} f(\xi_i') \Delta x_i = 0.$$

由 $F(x)$ 在 $[a,b]$ 上的可积性,可知

$$\int_a^b F(x)\mathrm{d}x = \lim_{\|T\|\to 0}\sum_{i=1}^{n} f(\xi_i')\Delta x_i = 0.$$

又对任意分割 T 及在每个小区间 $[x_{i-1}, x_i]$ 上的任意取点 ξ_i,有

$$\sum_{i=1}^{n} g(\xi_i)\Delta x_i = \sum_{i=1}^{n}[g(\xi_i) - f(\xi_i)]\Delta x_i + \sum_{i=1}^{n} f(\xi_i)\Delta x_i$$
$$= \sum_{i=1}^{n} F(\xi_i)\Delta x_i + \sum_{i=1}^{n} f(\xi_i)\Delta x_i.$$

由 $F(x), f(x)$ 在 $[a,b]$ 上可积,令 $\|T\|\to 0$,上式右端两个和式的极限都存在,从而左端极限也存在,故 $g(x)$ 在 $[a,b]$ 上可积,且有

$$\int_a^b g(x)\mathrm{d}x = \int_a^b F(x)\mathrm{d}x + \int_a^b f(x)\mathrm{d}x = \int_a^b f(x)\mathrm{d}x.$$

证毕.

习题 8.3

1. 证明:对 $[a,b]$ 上的一个分割 T,增加某些新的分点构成一个新的分割 T',则有

$$s(T) \leqslant s(T') \quad \text{及} \quad S(T') \leqslant S(T).$$

2. 证明:若 T' 是分割 T 增加若干个新分点构成的一个新分割,则有

$$\sum_{T'} \omega_i' \Delta x_i' \leqslant \sum_{T} \omega_i \Delta x_i.$$

3. 证明:若 $f(x)$ 在 $[a,b]$ 上可积,$[\alpha, \beta] \subset [a,b]$,则 $f(x)$ 在 $[\alpha, \beta]$ 上可积.

4. 证明:函数

$$f(x) = \begin{cases} 1, & x\text{ 为有理数}, \\ -1, & x\text{ 为无理数} \end{cases}$$

在 $[0,1]$ 上不可积,但是 $|f(x)|$ 在 $[0,1]$ 上可积.

5. 设有界函数 $f(x)$ 在 $[a,b]$ 上的间断点为 $a_n(n=1,2,\cdots)$,且 $\lim_{n\to\infty} a_n$ 存在.证明:$f(x)$ 在 $[a,b]$ 上可积.

8.4 定积分的性质

本节将应用定积分定义及其存在的充要条件来讨论定积分的一些基本性质.我们知道函数 $f(x)$ 在区间 $[a,b]$ 上的定积分定义要求 $a < b$.但是为了运算及应用的方便,我们做如下规定:

(1) 当 $a = b$ 时，$\int_a^a f(x)\mathrm{d}x = 0$；

(2) 当 $a > b$ 时，$\int_a^b f(x)\mathrm{d}x = -\int_b^a f(x)\mathrm{d}x$.

这样，不论 a, b 的大小如何，定积分 $\int_a^b f(x)\mathrm{d}x$ 总有意义.

下面我们来讨论定积分的性质，下述定积分的性质多用定积分的定义直接证明，为书写简便，证明过程均省略作积分和的步骤，即省略分割 T 及取点 ξ_i 并作和的步骤，直接写出函数的积分和.

8.4.1 定积分的基本性质

定理 8.4.1 若 $f(x)$ 在 $[a, b]$ 上可积，k 为常数，则 $kf(x)$ 在 $[a, b]$ 上也可积，且

$$\int_a^b kf(x)\mathrm{d}x = k\int_a^b f(x)\mathrm{d}x.$$

证 函数 $kf(x)$ 在 $[a, b]$ 上的积分和

$$\sum_{i=1}^n kf(\xi_i)\Delta x_i = k\sum_{i=1}^n f(\xi_i)\Delta x_i.$$

由 $f(x)$ 在 $[a, b]$ 上可积，上式右端函数 $f(x)$ 的积分和当 $\|T\| \to 0$ 时存在极限，则左端函数 $kf(x)$ 的积分和也存在极限，即 $kf(x)$ 在 $[a, b]$ 上可积，且有

$$\lim_{\|T\|\to 0}\sum_{i=1}^n kf(\xi_i)\Delta x_i = k\lim_{\|T\|\to 0}\sum_{i=1}^n f(\xi_i)\Delta x_i,$$

即 $\int_a^b kf(x)\mathrm{d}x = k\int_a^b f(x)\mathrm{d}x$. 证毕.

同理可以证明下面的定理.

定理 8.4.2 若 $f(x), g(x)$ 均在 $[a, b]$ 上可积，则 $f(x) \pm g(x)$ 在 $[a, b]$ 上也可积，且

$$\int_a^b [f(x) \pm g(x)]\mathrm{d}x = \int_a^b f(x)\mathrm{d}x \pm \int_a^b g(x)\mathrm{d}x.$$

该性质可以推广到任意有限个函数的情况.

上述两个性质是定积分的**线性性质**，可合并为

$$\int_a^b [\alpha f(x) + \beta g(x)]\mathrm{d}x = \alpha\int_a^b f(x)\mathrm{d}x + \beta\int_a^b g(x)\mathrm{d}x,$$

其中 α, β 为常数.

定理 8.4.3（乘积可积性） 若 $f(x), g(x)$ 均在 $[a, b]$ 上可积，则 $f(x) \cdot g(x)$ 在 $[a, b]$ 上也可积.

证 由于 $f(x)$ 和 $g(x)$ 都在 $[a, b]$ 上可积，所以它们在 $[a, b]$ 上有界. 因此存在常数 M，满足

$$|f(x)| \leqslant M \quad \text{和} \quad |g(x)| \leqslant M, \quad x \in [a,b].$$

对 $[a,b]$ 的任意分割 $T: a = x_0 < x_1 < x_2 < \cdots < x_n = b$，设 x' 和 x'' 是 $[x_{i-1}, x_i]$ 中的任意两点，则有

$$|f(x')g(x') - f(x'')g(x'')|$$
$$\leqslant |f(x') - f(x'')| \cdot |g(x')| + |f(x'')| \cdot |g(x') - g(x'')|$$
$$\leqslant M[|f(x') - f(x'')| + |g(x') - g(x'')|].$$

记 $f(x) \cdot g(x)$ 在小区间 $[x_{i-1}, x_i]$ 上的振幅为 ω_i，$f(x)$ 和 $g(x)$ 在小区间 $[x_{i-1}, x_i]$ 上的振幅分别为 ω_i' 和 ω_i''，则上面不等式意味着

$$\omega_i \leqslant M(\omega_i' + \omega_i''),$$

因此
$$0 \leqslant \sum_{i=1}^n \omega_i \Delta x_i \leqslant M\left(\sum_{i=1}^n \omega_i' \Delta x_i + \sum_{i=1}^n \omega_i'' \Delta x_i\right).$$

令 $\|T\| \to 0$，不等式的右端趋于零. 由极限的夹逼性，得到

$$\lim_{\lambda \to 0} \sum_{i=1}^n \omega_i \Delta x_i = 0,$$

根据可积准则，得到 $f(x) \cdot g(x)$ 在 $[a,b]$ 可积. 证毕.

注 一般情况下，$\int_a^b f(x)g(x)\mathrm{d}x \neq \left[\int_a^b f(x)\mathrm{d}x\right] \cdot \left[\int_a^b g(x)\mathrm{d}x\right]$. 请读者自行举例.

定理 8.4.4（区间可加性） 若 $f(x)$ 在 $[a,b]$ 上可积，则对任意 $c \in [a,b]$，$f(x)$ 在 $[a,c]$ 和 $[c,b]$ 上都可积；反之，若 $f(x)$ 在 $[a,c]$ 和 $[c,b]$ 上都可积，则 $f(x)$ 在 $[a,b]$ 上可积，同时都成立

$$\int_a^b f(x)\mathrm{d}x = \int_a^c f(x)\mathrm{d}x + \int_c^b f(x)\mathrm{d}x.$$

证 (1) 若 $f(x)$ 在 $[a,b]$ 上可积，设 c 是 $[a,b]$ 中任意给定的一点. 由可积准则，对任意给定的 $\varepsilon > 0$，存在 $[a,b]$ 的一个分割 $T: a = x_0 < x_1 < x_2 < \cdots < x_n = b$，使得

$$\sum_{i=1}^n \omega_i \Delta x_i < \varepsilon.$$

可以假定 c 是其中的某一个分点 x_k，否则只要在原有分割中插入分点 c 作成新的分割，由达布和的性质，上面的不等式仍然成立.

将 $T_1: a = x_0 < x_1 < x_2 < \cdots < x_k = c$ 和 $T_2: c = x_k < x_{k+1} < x_{k+2} < \cdots < x_n = b$ 分别看成是对 $[a,c]$ 和 $[c,b]$ 作的分割，有

$$\sum_{i=1}^k \omega_i \Delta x_i < \varepsilon \quad \text{和} \quad \sum_{i=k+1}^n \omega_i \Delta x_i < \varepsilon,$$

由可积准则，$f(x)$ 在 $[a,c]$ 和 $[c,b]$ 上都是可积的.

(2) 反之,若 $f(x)$ 在 $[a,c]$ 和 $[c,b]$ 上都可积,则对任意给定的 $\varepsilon>0$,分别存在 $[a,c]$ 和 $[c,b]$ 的分割 T': $a=x'_0<x'_1<x'_2<\cdots<x'_{n_1}=c$ 和 T'': $c=x''_0<x''_1<x''_2<\cdots<x''_{n_2}=b$,使得

$$\sum_{i=1}^{n_1}\omega'_i\Delta x'_i<\frac{\varepsilon}{2} \quad \text{和} \quad \sum_{i=1}^{n_2}\omega''_i\Delta x''_i<\frac{\varepsilon}{2}.$$

将这两组分点合起来作为 $[a,b]$ 的一组分点 $\{x_i\}_{i=0}^n$ ($n=n_1+n_2$),于是

$$\sum_{i=1}^n\omega_i\Delta x_i=\sum_{i=1}^{n_1}\omega'_i\Delta x'_i+\sum_{i=1}^{n_2}\omega''_i\Delta x''_i<\varepsilon,$$

因此 $f(x)$ 在 $[a,b]$ 上可积.

(3) 在 $\int_a^b f(x)\mathrm{d}x$, $\int_a^c f(x)\mathrm{d}x$ 和 $\int_c^b f(x)\mathrm{d}x$ 都存在的情况下,利用定积分的定义,在对区间 $[a,b]$ 作分割时,可以使 c 总是一个分点.

于是, $f(x)$ 在 $[a,b]$ 上的积分和等于 $[a,c]$ 上的积分和加上 $[c,b]$ 上的积分和,即

$$\sum_{[a,b]}f(\xi_i)\Delta x_i=\sum_{[a,c]}f(\xi_i)\Delta x_i+\sum_{[c,b]}f(\xi_i)\Delta x_i.$$

令 $\|T\|\to 0$,对等式两边取极限,有

$$\int_a^b f(x)\mathrm{d}x=\int_a^c f(x)\mathrm{d}x+\int_c^b f(x)\mathrm{d}x.$$

证毕.

注 由于规定了 $\int_a^b f(x)\mathrm{d}x=-\int_b^a f(x)\mathrm{d}x$,不难证明,当 c 是 $[a,b]$ 之外的一点时,只要函数 $f(x)$ 的可积性依然保持,定积分的区间可加性仍然成立.例如,当 $a<b<c$ 时,只要 $f(x)$ 在 $[a,c]$ 上可积,有

$$\int_a^b f(x)\mathrm{d}x=\int_a^c f(x)\mathrm{d}x+\int_c^b f(x)\mathrm{d}x.$$

定理 8.4.5(保号性) 若 $f(x)$ 在 $[a,b]$ 上可积,且 $f(x)\geqslant 0$, $x\in[a,b]$,则

$$\int_a^b f(x)\mathrm{d}x\geqslant 0.$$

证 由于在 $[a,b]$ 上 $f(x)\geqslant 0$,因此对 $[a,b]$ 的任一分割 T 和任意取点 $\xi_i\in[x_{i-1},x_i]$,有

$$\sum_{i=1}^n f(\xi_i)\Delta x_i\geqslant 0.$$

由 $f(x)$ 在 $[a,b]$ 上可积,令 $\|T\|\to 0$,即得到

$$\int_a^b f(x)\mathrm{d}x=\lim_{\|T\|\to 0}\sum_{i=1}^n f(\xi_i)\Delta x_i\geqslant 0.$$

证毕.

推论 1(保序性)　若 $f(x)$, $g(x)$ 均在 $[a,b]$ 上可积,且 $f(x) \leqslant g(x)$, $x \in [a,b]$,则有
$$\int_a^b f(x)\mathrm{d}x \leqslant \int_a^b g(x)\mathrm{d}x.$$

证　设 $F(x) = g(x) - f(x)$,则 $F(x) \geqslant 0$, $x \in [a,b]$,由性质 8.4.5 有
$$\int_a^b g(x)\mathrm{d}x - \int_a^b f(x)\mathrm{d}x = \int_a^b [g(x) - f(x)]\mathrm{d}x = \int_a^b F(x)\mathrm{d}x \geqslant 0,$$
即
$$\int_a^b f(x)\mathrm{d}x \leqslant \int_a^b g(x)\mathrm{d}x.$$

推论 2　若 $f(x)$ 在 $[a,b]$ 上可积,且 $m \leqslant f(x) \leqslant M$, $x \in [a,b]$,则
$$m(b-a) \leqslant \int_a^b f(x)\mathrm{d}x \leqslant M(b-a).$$

由推论 1 及线性性质容易证得推论 2. 推论 2 的几何意义是:由曲线 $y = f(x)$, $x = a$, $x = b$ 和 x 轴所围成的曲边梯形的面积,介于以区间 $[a,b]$ 为底,以最小纵坐标 m 为高的矩形面积及最大纵坐标 M 为高的矩形面积之间. 推论 2 可用于定积分的估值.

定理 8.4.6(绝对可积性)　若 $f(x)$ 在 $[a,b]$ 上可积,则 $|f(x)|$ 在 $[a,b]$ 上也可积,且有
$$\left| \int_a^b f(x)\mathrm{d}x \right| \leqslant \int_a^b |f(x)|\mathrm{d}x.$$

证　由于 $f(x)$ 在 $[a,b]$ 上可积,由可积准则,对任意给定的 $\varepsilon > 0$,存在 $[a,b]$ 的一个分割 T,记 $f(x)$ 在 $[x_{i-1}, x_i]$ 上的振幅为 ω_i,有 $\sum_{i=1}^n \omega_i \Delta x_i < \varepsilon$. 又记 $|f(x)|$ 在 $[x_{i-1}, x_i]$ 上的振幅为 ω_i^*. 由于对于任意两点 x' 和 x'',都有
$$||f(x')| - |f(x'')|| \leqslant |f(x') - f(x'')|,$$
因此 $\omega_i^* \leqslant \omega_i$. 于是有 $\sum_{i=1}^n \omega_i^* \Delta x_i \leqslant \sum_{i=1}^n \omega_i \Delta x_i < \varepsilon$.

由可积准则,可证得 $|f(x)|$ 在 $[a,b]$ 上可积. 再由不等式 $-|f(x)| \leqslant f(x) \leqslant |f(x)|$,根据性质 8.4.5 的推论,可得
$$-\int_a^b |f(x)|\mathrm{d}x \leqslant \int_a^b f(x)\mathrm{d}x \leqslant \int_a^b |f(x)|\mathrm{d}x,$$
即
$$\left| \int_a^b f(x)\mathrm{d}x \right| \leqslant \int_a^b |f(x)|\mathrm{d}x.$$

证毕.

注　该性质的逆命题不成立,也就是说,由 $|f(x)|$ 在 $[a,b]$ 上的可积性并不能得出

$f(x)$ 在 $[a,b]$ 上的可积性. 如函数

$$f(x) = \begin{cases} 1, & x \text{ 为有理数}, \\ -1, & x \text{ 为无理数} \end{cases}$$

在 $[0,1]$ 上不可积. 但是 $|f(x)| \equiv 1$, 在 $[0,1]$ 上可积.

例 8.4.1 求定积分 $\int_{-1}^{1} f(x)\mathrm{d}x$, 其中

$$f(x) = \begin{cases} 2x, & -1 \leqslant x < 0, \\ \mathrm{e}^x, & 0 \leqslant x \leqslant 1. \end{cases}$$

解 应用积分区间可加性计算,有

$$\int_{-1}^{1} f(x)\mathrm{d}x = \int_{-1}^{0} f(x)\mathrm{d}x + \int_{0}^{1} f(x)\mathrm{d}x = \int_{-1}^{0} 2x\mathrm{d}x + \int_{0}^{1} \mathrm{e}^x \mathrm{d}x$$
$$= x^2 \Big|_{-1}^{0} + \mathrm{e}^x \Big|_{0}^{1} = \mathrm{e} - 2.$$

注 本例解答中, 取 $\int_{-1}^{0} f(x)\mathrm{d}x = \int_{-1}^{0} 2x\mathrm{d}x$, 其中被积函数在 $x=0$ 处的值被更改了. 但由例 8.3.4 可知, 这一改动不影响函数在 $[-1, 0]$ 上的可积性及定积分的值.

例 8.4.2 设 $f(x)$ 在 $[a,b]$ 上连续, $f(x) \geqslant 0$, 但不恒为 0, 证明: $\int_{a}^{b} f(x)\mathrm{d}x > 0$.

证 由已知, 至少存在某个 $x_0 \in [a,b]$ 使 $f(x_0) > 0$. 由连续函数的局部保号性, 存在 x_0 的某个邻域 $(x_0-\delta, x_0+\delta) \subset [a,b]$ (当 x_0 在端点时, 则为单侧邻域), 使在该邻域中有 $f(x) \geqslant \frac{f(x_0)}{2} > 0$. 因此,

$$\int_{a}^{b} f(x)\mathrm{d}x = \int_{a}^{x_0-\delta} f(x)\mathrm{d}x + \int_{x_0-\delta}^{x_0+\delta} f(x)\mathrm{d}x + \int_{x_0+\delta}^{b} f(x)\mathrm{d}x$$
$$\geqslant 0 + \int_{x_0-\delta}^{x_0+\delta} \frac{f(x_0)}{2}\mathrm{d}x + 0 = f(x_0)\delta > 0.$$

证毕.

8.4.2 积分第一中值定理

定理 8.4.7(积分第一中值定理) 若函数 $f(x)$ 在区间 $[a,b]$ 上连续, 则至少存在一点 $\xi \in [a,b]$, 使得

$$\int_{a}^{b} f(x)\mathrm{d}x = f(\xi)(b-a).$$

该公式称为**积分中值公式**.

证 因为 $f(x)$ 在区间 $[a,b]$ 上连续, 所以 $f(x)$ 在 $[a,b]$ 上有最大值 M 和最小值 m, 即

$$m \leqslant f(x) \leqslant M, \quad x \in [a,b].$$

由定理 8.4.5 推论 2,有
$$m(b-a) \leqslant \int_a^b f(x)\mathrm{d}x \leqslant M(b-a),$$
不等式各部分除以 $b-a$,得
$$m \leqslant \frac{1}{b-a}\int_a^b f(x)\mathrm{d}x \leqslant M.$$
由闭区间上连续函数的介值定理,至少存在一点 $\xi \in [a,b]$,使得
$$f(\xi) = \frac{1}{b-a}\int_a^b f(x)\mathrm{d}x,$$
即
$$\int_a^b f(x)\mathrm{d}x = f(\xi)(b-a).$$
证毕.

积分第一中值定理的几何解释是:若 $f(x)$ 在区间 $[a,b]$ 上非负连续,在区间 $[a,b]$ 上至少存在一点 ξ,使得以区间 $[a,b]$ 为底,以 $y=f(x)$ 为曲边的曲边梯形的面积等于以 $[a,b]$ 为底,以 $f(\xi)$ 为高的矩形的面积,如图 8.4.1 所示.

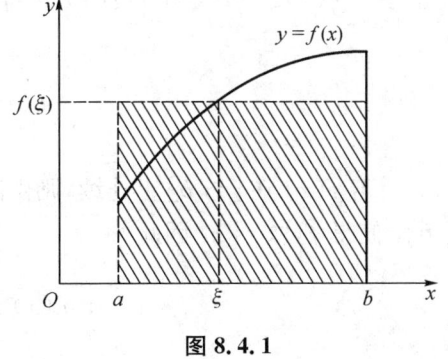

图 8.4.1

显然,当 $b<a$ 时,积分中值公式
$$\int_a^b f(x)\mathrm{d}x = f(\xi)(b-a), \quad b \leqslant \xi \leqslant a$$
也是成立的.

积分中值公式中的数值 $\frac{1}{b-a}\int_a^b f(x)\mathrm{d}x$ 可以理解为连续曲线 $f(x)$ 在区间 $[a,b]$ 上的平均高度,称其为函数 $f(x)$ 在区间 $[a,b]$ 上的**平均值**. 这一概念是对有限个数的算术平均值概念的推广.

例如,物体以变速 $v=v(t)\ (v(t) \geqslant 0)$ 做直线运动,从时刻 T_1 到时刻 T_2,物体经过的路程为
$$\int_{T_1}^{T_2} v(t)\mathrm{d}t,$$
则
$$v(\xi) = \frac{1}{T_2-T_1}\int_{T_1}^{T_2} v(t)\mathrm{d}t, \quad \xi \in [T_1, T_2]$$
就是物体在 $[T_1, T_2]$ 时间区间内的平均速度.

定理 8.4.8(积分第一中值定理的推广) 设 $f(x)$ 和 $g(x)$ 都在 $[a,b]$ 上可积,$g(x)$ 在 $[a,b]$ 上不变号,则存在 $\eta \in [m, M]$,使得
$$\int_a^b f(x)g(x)\mathrm{d}x = \eta \int_a^b g(x)\mathrm{d}x,$$

其中 M 和 m 分别表示 $f(x)$ 在 $[a,b]$ 的上确界和下确界.

特别地,若 $f(x)$ 在 $[a,b]$ 上连续,则存在 $\xi \in [a,b]$,使得

$$\int_a^b f(x)g(x)\mathrm{d}x = f(\xi)\int_a^b g(x)\mathrm{d}x.$$

证 因为 $g(x)$ 在 $[a,b]$ 上不变号,不妨设 $g(x) \geqslant 0, x \in [a,b]$,于是有

$$mg(x) \leqslant f(x)g(x) \leqslant Mg(x),$$

由定理 8.4.5 推论 2,得到

$$m\int_a^b g(x)\mathrm{d}x \leqslant \int_a^b f(x)g(x)\mathrm{d}x \leqslant M\int_a^b g(x)\mathrm{d}x.$$

由于 $\int_a^b f(x)g(x)\mathrm{d}x$ 和 $\int_a^b g(x)\mathrm{d}x$ 都是常数,因而必有某个 $\eta \in [m,M]$,使得

$$\int_a^b f(x)g(x)\mathrm{d}x = \eta \int_a^b g(x)\mathrm{d}x.$$

若 $f(x)$ 在 $[a,b]$ 上连续,则由闭区间上连续函数的介值定理,此时必存在某个 $\xi \in [a, b]$,使得 $f(\xi) = \eta$,因此

$$\int_a^b f(x)g(x)\mathrm{d}x = f(\xi)\int_a^b g(x)\mathrm{d}x.$$

证毕.

当 $f(x)$ 在 $[a,b]$ 上连续,而 $g(x) \equiv 1$ 时,上述定理 8.4.8 的结论就变成定理 8.4.7 中的公式 $\int_a^b f(x)\mathrm{d}x = f(\xi)(b-a)$.

例 8.4.3 设函数 $f(x)$ 在 $[a,b]$ 上连续,在 (a,b) 内可导,且满足

$$\frac{2}{b-a}\int_a^{\frac{a+b}{2}} f(x)\mathrm{d}x = f(b),$$

证明:存在 $\xi \in (a,b)$,使得 $f'(\xi) = 0$.

证 由积分第一中值定理,$\exists \eta \in \left[a, \dfrac{a+b}{2}\right]$,使得

$$\int_a^{\frac{a+b}{2}} f(x)\mathrm{d}x = f(\eta)\left[\frac{a+b}{2} - a\right] = f(\eta)\frac{b-a}{2},$$

则有

$$f(\eta) = \frac{2}{b-a}\int_a^{\frac{a+b}{2}} f(x)\mathrm{d}x = f(b).$$

再对 $f(x)$ 在 $[\eta, b]$ 上应用罗尔定理,则 $\exists \xi \in (\eta, b) \subset (a, b)$,使得 $f'(\xi) = 0$. 证毕.

习题 8.4

1. 不计算积分,利用定积分的性质,比较下列各组积分的大小.

(1) $\int_0^1 x^2 dx$, $\int_0^1 x^3 dx$; (2) $\int_1^2 x^2 dx$, $\int_1^2 x^3 dx$;

(3) $\int_1^e \ln x dx$, $\int_1^e (\ln x)^2 dx$; (4) $\int_0^1 x dx$, $\int_0^1 \ln(1+x) dx$.

2. 证明下列不等式.

(1) $\dfrac{\pi}{9} < \int_{\frac{1}{\sqrt{3}}}^{\sqrt{3}} x \arctan x dx < \dfrac{2\pi}{3}$; (2) $1 < \int_0^{\frac{\pi}{2}} \dfrac{\sin x}{x} dx < \dfrac{\pi}{2}$;

(3) $1 < \int_0^1 e^{x^2} dx < e$; (4) $-2e^2 < \int_2^0 e^{x^2-x} dx < -2e^{-\frac{1}{4}}$.

3. 计算下列积分.

(1) $\int_0^2 f(x) dx$, 其中 $f(x) = \begin{cases} x, & 0 \leq x \leq 1, \\ x^2+1, & 1 < x \leq 2; \end{cases}$

(2) $\int_{-\frac{\pi}{2}}^{\frac{\pi}{4}} \sqrt{1-\cos 2x} dx$.

4. 已知 $f(x) = x^2 + \int_0^2 f(x) dx$, 求 $\int_0^2 f(x) dx$.

5. 设 $f(x)$ 在 $[0,1]$ 上连续,证明: $\int_0^1 f^2(x) dx \geq \left[\int_0^1 f(x) dx\right]^2$.

6. 设 $f(x), g(x)$ 是 $[a,b]$ 上的连续函数,证明:

(1) 若 $f(x) \geq 0$, 且 $\int_a^b f(x) dx = 0$, 则 $f(x) \equiv 0$, $x \in [a,b]$;

(2) 若 $f(x)$ 不恒等于零,则 $\int_a^b f^2(x) dx > 0$;

(3) 若 $f(x) \leq g(x)$, 且 $f(x) \not\equiv g(x)$, $x \in [a,b]$, 则 $\int_a^b f(x) dx < \int_a^b g(x) dx$.

7. 设 $f(x), g(x)$ 在 $[a,b]$ 上可积,证明:

$$M(x) = \max_{x \in [a,b]} \{f(x), g(x)\} \quad \text{与} \quad m(x) = \min_{x \in [a,b]} \{f(x), g(x)\}$$

在 $[a,b]$ 上可积.

8. 应用积分第一中值定理求下列极限.

(1) $\lim\limits_{n \to \infty} \int_0^1 \dfrac{x^n}{1+x} dx$; (2) $\lim\limits_{n \to \infty} \int_0^{\frac{\pi}{4}} \cos^n x dx$;

(3) $\lim\limits_{n \to \infty} \int_n^{n+p} \dfrac{\sin x}{x} dx$ $(p > 0)$.

9. 设 $f(x)$ 在 $[0,1]$ 上连续,且单调减少,证明:对任意的 $a \in [0,1]$,有

$$\int_0^a f(x) dx \geq a \int_0^1 f(x) dx.$$

10. 设 $f(x)$ 和 $g(x)$ 在 $[a,b]$ 上都可积,证明下列不等式:

(1) (施瓦尔兹不等式) $\left[\int_a^b f(x) g(x) dx\right]^2 \leq \int_a^b f^2(x) dx \cdot \int_a^b g^2(x) dx$;

(提示:讨论 $\int_a^b [tf(x) + g(x)]^2 dx \geq 0$).

(2)（闵可夫斯基不等式）

$$\left\{\int_a^b [f(x)+g(x)]^2 \mathrm{d}x\right\}^{\frac{1}{2}} \leqslant \left\{\int_a^b f^2(x)\mathrm{d}x\right\}^{\frac{1}{2}} + \left\{\int_a^b g^2(x)\mathrm{d}x\right\}^{\frac{1}{2}}.$$

8.5 原函数存在定理与定积分的计算

通过前几节内容的讨论，我们对定积分的可积性及定积分的性质有了较好的认识，接下来我们讨论上一章留下的问题：连续函数必定有原函数这个问题.

8.5.1 变限积分与原函数存在定理

设函数 $f(x)$ 在区间 $[a,b]$ 上可积，x 为区间 $[a,b]$ 上任意一点. 由积分的区间可加性知道函数 $f(x)$ 在部分区间 $[a,x]$ 上也可积且积分为 $\int_a^x f(t)\mathrm{d}t$. 当 x 在 $[a,b]$ 上变化时，此积分的值随之变化. 因此，它是定义在 $[a,b]$ 上关于 x 的函数，记为 $\Phi(x)$，即

$$\Phi(x) = \int_a^x f(t)\mathrm{d}t, \quad a \leqslant x \leqslant b.$$

这个函数称为**变上限积分**（或称积分上限函数）.

类似地，可定义**变下限积分**（积分下限函数）：

$$\Psi(x) = \int_x^b f(t)\mathrm{d}t, \quad a \leqslant x \leqslant b.$$

将变上限积分和变下限积分统称为**变限积分**（积分限函数）. 变限积分扩展了函数的形式. 它与我们所熟悉的初等函数形式不同，但确实是一种函数的表示形式，使我们对函数的认识和使用得到极大的拓展. 由于

$$\int_x^b f(t)\mathrm{d}t = -\int_b^x f(t)\mathrm{d}t,$$

以下只讨论变上限积分的情形.

定理 8.5.1 若函数 $f(x)$ 在 $[a,b]$ 上可积，则 $\Phi(x) = \int_a^x f(t)\mathrm{d}t$ 在 $[a,b]$ 上连续.

证 $\forall x \in [a,b]$，又设 $x+\Delta x \in [a,b]$，由定积分的区间可加性，有

$$\Delta \Phi = \Phi(x+\Delta x) - \Phi(x) = \int_a^{x+\Delta x} f(t)\mathrm{d}t - \int_a^x f(t)\mathrm{d}t = \int_x^{x+\Delta x} f(t)\mathrm{d}t.$$

由已知函数 $f(x)$ 在 $[a,b]$ 上可积，则 $f(x)$ 在 $[a,b]$ 上有界，设 $|f(t)| \leqslant M, t \in [a,b]$，有

$$|\Delta \Phi| = \left|\int_x^{x+\Delta x} f(t)\mathrm{d}t\right| \leqslant \int_x^{x+\Delta x} |f(t)|\mathrm{d}t \leqslant M|\Delta x|.$$

由此，得 $\lim\limits_{\Delta x \to 0} \Delta \Phi = 0$. 即证得 $\Phi(x)$ 在 x 点连续. 由点 x 的任意性，则 $\Phi(x)$ 在 $[a,b]$ 上

处处连续. 证毕.

定理 8.5.2(原函数存在定理) 若函数 $f(x)$ 在 $[a,b]$ 上连续,则 $\Phi(x) = \int_a^x f(t)dt$ 在 $[a,b]$ 上可导,且 $\Phi'(x) = f(x)$, 即函数 $\Phi(x)$ 是函数 $f(x)$ 在区间 $[a,b]$ 上的一个原函数.

证 任取 $x \in [a,b]$, 设 x 有增量 $\Delta x(\neq 0)$ 满足 $x + \Delta x \in [a,b]$, 由积分第一中值定理,在 x 与 $x+\Delta x$ 之间至少存在一点 ξ, 使得

$$\frac{\Delta \Phi}{\Delta x} = \frac{1}{\Delta x}\int_x^{x+\Delta x} f(t)dt = f(\xi), \quad \xi 在 x 与 x+\Delta x 之间.$$

由于 $f(x)$ 在 $[a,b]$ 上连续,当 $\Delta x \to 0$ 时, $\xi \to x$, $f(\xi) \to f(x)$, 从而

$$\Phi'(x) = \lim_{\Delta x \to 0} \frac{\Delta \Phi}{\Delta x} = f(x).$$

说明 $\Phi(x)$ 是 $f(x)$ 在 $[a,b]$ 上的原函数. 证毕.

注1 若函数 $f(x)$ 在 $[a,b]$ 上连续,我们可以由原函数存在定理简单地推导出牛顿-莱布尼兹公式.

事实上,设 $F(x)$ 是 $f(x)$ 的一个原函数,由原函数存在定理知变上限积分 $\int_a^x f(t)dt$ 也是 $f(x)$ 的一个原函数. 因此,存在某个常数 C, 使得

$$F(x) = \int_a^x f(t)dt + C.$$

在上式中,令 $x = a$, 得 $C = F(a)$. 于是

$$F(x) = \int_a^x f(t)dt + F(a).$$

再于上式中,令 $x = b$, 就可得

$$\int_a^b f(t)dt = F(b) - F(a).$$

改写积分变量为 x 就得到牛顿-莱布尼兹公式.

注2 连续函数不但可积且有原函数. 但是对更一般函数来说,可积与原函数存在没有必然联系.

(1) 即使函数 $f(x)$ 存在原函数,该函数也不一定可积. 例如,对于函数

$$F(x) = \begin{cases} x^2 \sin \dfrac{1}{x^2}, & 0 < x \leqslant 1, \\ 0, & x = 0. \end{cases}$$

有

$$f(x) = F'(x) = \begin{cases} 2x\sin \dfrac{1}{x^2} - \dfrac{2}{x}\cos \dfrac{1}{x^2}, & 0 < x \leqslant 1, \\ 0, & x = 0. \end{cases}$$

即 $F(x)$ 是 $f(x)$ 在 $[0,1]$ 上的一个原函数. 但是 $f(x)$ 在 $[0,1]$ 无界, 因此 $f(x)$ 在 $[0,1]$ 不可积.

(2) 即使函数 $f(x)$ 可积, 该函数也不一定有原函数. 例如, 符号函数 $f(x) = \operatorname{sgn} x$ 在 $[-1,1]$ 上可积. 但由于该函数在 $[-1,1]$ 上有第一类间断点, 因此该函数在 $[-1,1]$ 不存在原函数. (参考习题 7.1 的第 5 题)

原函数存在定理不但有重要的理论意义, 而且它还给出了对 $\int_a^x f(t)\mathrm{d}t$ 这种形式的函数求导的一个法则: $\left[\int_a^x f(t)\mathrm{d}t\right]' = f(x)$. 进一步还可考虑由变限积分构成的复合函数的求导问题. 如下面的几个例子.

例 8.5.1 求函数 $F(x) = \int_1^{x^3} \mathrm{e}^{4t}\mathrm{d}t$ 的导数.

解 设 $u = x^3$, 则 $F(x) = G(u) = \int_1^u \mathrm{e}^{4t}\mathrm{d}t$, 由复合函数求导法则, 有

$$F'(x) = \frac{\mathrm{d}}{\mathrm{d}u}G(u) \cdot u'(x) = \frac{\mathrm{d}}{\mathrm{d}u}\int_1^u \mathrm{e}^{4t}\mathrm{d}t \bigg|_{u=x^3} \cdot 3x^2 = 3x^2 \mathrm{e}^{4x^3}.$$

例 8.5.2 求函数 $F(x) = \int_x^{x^2} \sin t \mathrm{d}t$ 的导数.

解 由于函数 $\sin t$ 在 $(-\infty, +\infty)$ 上连续, 因此它在任何有限闭区间上都可积. 由区间可加性, 并应用复合函数求导法则, 有

$$F'(x) = \frac{\mathrm{d}}{\mathrm{d}x}\int_x^{x^2} \sin t \mathrm{d}t = \frac{\mathrm{d}}{\mathrm{d}x}\left(\int_x^0 \sin t \mathrm{d}t + \int_0^{x^2} \sin t \mathrm{d}t\right)$$

$$= \frac{\mathrm{d}}{\mathrm{d}x}\left(-\int_0^x \sin t \mathrm{d}t + \int_0^{x^2} \sin t \mathrm{d}t\right)$$

$$= -\sin x + 2x\sin x^2.$$

例 8.5.3 $\lim\limits_{x \to 0} \dfrac{\int_{\cos x}^1 \mathrm{e}^{-t^2}\mathrm{d}t}{x^2}$.

解 这是一个 $\dfrac{0}{0}$ 型的未定式, 由洛必达法则及复合函数求导法则, 有

$$\lim_{x \to 0} \frac{\int_{\cos x}^1 \mathrm{e}^{-t^2}\mathrm{d}t}{x^2} = \lim_{x \to 0} \frac{\left(\int_{\cos x}^1 \mathrm{e}^{-t^2}\mathrm{d}t\right)'}{(x^2)'} = \lim_{x \to 0} \frac{-\mathrm{e}^{-\cos^2 x} \cdot (-\sin x)}{2x} = \frac{1}{2\mathrm{e}}.$$

例 8.5.4 设 $f(x)$ 在闭区间 $[a,b]$ 上连续, 则在开区间 (a,b) 内至少存在一点 ξ, 使

$$\int_a^b f(x)\mathrm{d}x = f(\xi)(b-a).$$

证 因为 $f(x)$ 连续, 所以它的原函数存在, 设为 $F(x)$, 即在 $[a,b]$ 上, $F'(x) = f(x)$. 根据牛顿-莱布尼兹公式, 有

$$\int_a^b f(x)\mathrm{d}x = F(b) - F(a).$$

又函数 $F(x)$ 在闭区间 $[a,b]$ 上满足微分中值定理条件. 因此,在开区间 (a,b) 内至少存在一点 ξ,使

$$F(b) - F(a) = F'(\xi)(b-a),$$

故有 $\int_a^b f(x)\mathrm{d}x = f(\xi)(b-a)$. 证毕.

本例结论是对积分第一中值定理的改进. 从本例证明中不难看出积分中值定理与微分中值定理的联系.

8.5.2 定积分的计算

由本章 8.2 节可知,计算连续函数的定积分 $\int_a^b f(x)\mathrm{d}x$ 可以将它转化为求被积函数 $f(x)$ 的原函数的增量. 在不定积分计算中,有换元积分法和分部积分法等计算方法. 因此我们可以考虑将不定积分中换元积分法和分部积分法类似地应用于定积分的计算.

定理 8.5.3(定积分换元积分法) 设函数 $f(x)$ 在区间 $[a,b]$ 上连续,函数 $\varphi(t)$ 在 $[\alpha,\beta]$ 上有连续导数,且满足:

$$\varphi(\alpha) = a, \quad \varphi(\beta) = b, \quad a \leqslant \varphi(t) \leqslant b,$$

则有**定积分换元积分公式**:

$$\int_a^b f(x)\mathrm{d}x = \int_\alpha^\beta f[\varphi(t)]\varphi'(t)\mathrm{d}t.$$

证 由于 $f(x)$ 在 $[a,b]$ 上连续,因此它的原函数存在. 设 $F(x)$ 是 $f(x)$ 在 $[a,b]$ 上的一个原函数,则

$$\int_a^b f(x)\mathrm{d}x = F(b) - F(a).$$

又有

$$\frac{\mathrm{d}}{\mathrm{d}t} F[\varphi(t)] = F'[\varphi(t)]\varphi'(t) = f[\varphi(t)]\varphi'(t).$$

可知 $F[\varphi(t)]$ 是 $f[\varphi(t)]\varphi'(t)$ 的一个原函数,所以

$$\int_\alpha^\beta f[\varphi(t)]\varphi'(t)\mathrm{d}t = F[\varphi(t)]\Big|_\alpha^\beta = F[\varphi(\beta)] - F[\varphi(\alpha)] = F(b) - F(a).$$

故 $\int_a^b f(x)\mathrm{d}x = \int_\alpha^\beta f[\varphi(t)]\varphi'(t)\mathrm{d}t$. 证毕.

注 若该定理中,函数 $\varphi(t)$ 在 $[\alpha,\beta]$ 上有连续导数,且满足: $\varphi(\alpha) = b$, $\varphi(\beta) = a$, $a \leqslant \varphi(t) \leqslant b$,则有 $\int_a^b f(x)\mathrm{d}x = \int_\beta^\alpha f[\varphi(t)]\varphi'(t)\mathrm{d}t$.

从以上定理证明看到,在使用换元积分公式计算定积分过程中,如果作变量替换,得到用新的变量表示的原函数,则在后续计算中不必作变量还原,而是相应更替新的积分上下限,并以新的上下限代入原函数并求其差值,得到最终结果. 这是定积分换元积分法与不定积分换元积分法的区别. 这个区别的原因在于不定积分所求的是被积函数的原函数,应当保留与原来相同的自变量;而定积分的计算结果是一个确定的数,定积分换元积分公式中的任何一边若计算出来,则另外一边的结果也就得到.

例 8.5.5 求 $\int_0^1 \sqrt{1-x^2}\,dx$.

解 令 $x = \sin t$, $t \in \left[0, \dfrac{\pi}{2}\right]$,则 $dx = \cos t\,dt$. 当 $x=0$ 时,$t=0$;当 $x=1$ 时,$t=\dfrac{\pi}{2}$. 应用定积分换元积分公式,并注意到第一象限中 $\cos t \geqslant 0$,则有

$$\int_0^1 \sqrt{1-x^2}\,dx = \int_0^{\frac{\pi}{2}} \cos^2 t\,dt = \frac{1}{2}\int_0^{\frac{\pi}{2}}(1+\cos 2t)\,dt$$

$$= \frac{1}{2}\left(t + \frac{1}{2}\sin 2t\right)\Big|_0^{\frac{\pi}{2}} = \frac{1}{4}\pi.$$

例 8.5.6 求 $\int_0^{\frac{\pi}{2}} \cos^5 x \sin x\,dx$.

解 反向使用定积分换元积分公式,设 $t = \cos x$,则 $dt = -\sin x\,dx$. 当 $x = 0$ 时,$t = 1$;当 $x = \dfrac{\pi}{2}$ 时,$t=0$. 于是

$$\int_0^{\frac{\pi}{2}} \cos^5 x \sin x\,dx = -\int_1^0 t^5\,dt = \int_0^1 t^5\,dt = \frac{t^6}{6}\Big|_0^1 = \frac{1}{6}.$$

注 本题中,若不明显写出新的变量,则定积分的上下限就不要改变. 计算过程如下:

$$\int_0^{\frac{\pi}{2}} \cos^5 x \sin x\,dx = -\int_0^{\frac{\pi}{2}} \cos^5 x\,d(\cos x) = -\frac{\cos^6 x}{6}\Big|_0^{\frac{\pi}{2}} = \frac{1}{6}.$$

例 8.5.7 求 $\int_{\ln 2}^1 \dfrac{dx}{\sqrt{e^x - 1}}$.

解 作变换 $\sqrt{e^x - 1} = u$,则 $x = \ln(1+u^2)$,$dx = \dfrac{2u}{1+u^2}du$. 当 x 从 $\ln 2$ 变到 1 时,u 从 1 变到 $\sqrt{e-1}$. 于是

$$\int_{\ln 2}^1 \frac{dx}{\sqrt{e^x - 1}} = \int_1^{\sqrt{e-1}} \frac{2u\,du}{u(1+u^2)} = 2\int_1^{\sqrt{e-1}} \frac{du}{1+u^2}$$

$$= 2\arctan u\Big|_1^{\sqrt{e-1}} = 2\arctan\sqrt{e-1} - \frac{\pi}{2}.$$

例 8.5.8 求 $I = \int_0^\pi \dfrac{x \sin x}{1 + \cos^2 x}\,dx$.

解 由定积分的区间可加性,有

$$I = \int_0^\pi \frac{x\sin x}{1+\cos^2 x}dx = \int_0^{\frac{\pi}{2}} \frac{x\sin x}{1+\cos^2 x}dx + \int_{\frac{\pi}{2}}^\pi \frac{x\sin x}{1+\cos^2 x}dx.$$

在 $\int_{\frac{\pi}{2}}^\pi \frac{x\sin x}{1+\cos^2 x}dx$ 中,令 $x = \pi - t$,当 $x = \frac{\pi}{2}$ 时,$t = \frac{\pi}{2}$;当 $x = \pi$ 时,$t = 0$. 于是

$$\int_{\frac{\pi}{2}}^\pi \frac{x\sin x}{1+\cos^2 x}dx = -\int_{\frac{\pi}{2}}^0 \frac{(\pi-t)\sin(\pi-t)}{1+\cos^2(\pi-t)}dt$$

$$= \pi\int_0^{\frac{\pi}{2}} \frac{\sin x}{1+\cos^2 x}dx - \int_0^{\frac{\pi}{2}} \frac{x\sin x}{1+\cos^2 x}dx.$$

所以有

$$I = \pi\int_0^{\frac{\pi}{2}} \frac{\sin x}{1+\cos^2 x}dx = -\pi\arctan(\cos x)\Big|_0^{\frac{\pi}{2}} = \frac{\pi^2}{4}.$$

在本例中,被积函数中既有三角函数,又有幂函数,因此直接寻找原函数是困难的. 所以在求解过程中通过定积分换元可尝试消去难以求解的部分,从而得到最终结果.

在定积分的计算中,常常使用到如下简单的性质使得运算更加简便:

定理 8.5.4 设函数 $f(x)$ 是区间 $[-a,a]$ 上的连续函数. 有

(1) 若 $f(x)$ 是偶函数,则 $\int_{-a}^a f(x)dx = 2\int_0^a f(x)dx$;

(2) 若 $f(x)$ 是奇函数,则 $\int_{-a}^a f(x)dx = 0$.

证 由于 $\int_{-a}^a f(x)dx = \int_{-a}^0 f(x)dx + \int_0^a f(x)dx$,

对于积分 $\int_{-a}^0 f(x)dx$,作替换 $x = -t$,有

$$\int_{-a}^0 f(x)dx = -\int_a^0 f(-t)dt = \int_0^a f(-t)dt = \int_0^a f(-x)dx.$$

所以

$$\int_{-a}^a f(x)dx = \int_0^a [f(-x)+f(x)]dx.$$

(1) 若 $f(x)$ 是偶函数,则 $f(-x) = f(x)$,故

$$\int_{-a}^a f(x)dx = 2\int_0^a f(x)dx.$$

(2) 若 $f(x)$ 是奇函数,则 $f(-x) = -f(x)$,故

$$\int_{-a}^a f(x)dx = 0.$$

证毕.

利用该定理,对于偶函数或奇函数在对称区间上的定积分问题,可以有效地简化计算.

例 8.5.9 求 $\int_{-1}^{1}\left(x^2+\dfrac{\sin x}{1+x^4}-3\right)\mathrm{d}x$.

解 $\int_{-1}^{1}\left(x^2+\dfrac{\sin x}{1+x^4}-3\right)\mathrm{d}x = \int_{-1}^{1}(x^2-3)\mathrm{d}x + \int_{-1}^{1}\dfrac{\sin x}{1+x^4}\mathrm{d}x$

$$= 2\int_{0}^{1}(x^2-3)\mathrm{d}x + 0$$

$$= 2\left(\dfrac{x^3}{3}-3x\right)\Big|_{0}^{1} = -\dfrac{16}{3}.$$

定理 8.5.5 设函数 $f(x)$ 是以 T 为周期的连续函数,则对任意常数 a,有

$$\int_{a}^{a+T}f(x)\mathrm{d}x = \int_{0}^{T}f(x)\mathrm{d}x.$$

定理 8.5.6 设函数 $f(x)$ 为连续函数,则有

(1) $\int_{0}^{\frac{\pi}{2}}f(\sin x)\mathrm{d}x = \int_{0}^{\frac{\pi}{2}}f(\cos x)\mathrm{d}x$;

(2) $\int_{0}^{\pi}xf(\sin x)\mathrm{d}x = \dfrac{\pi}{2}\int_{0}^{\pi}f(\sin x)\mathrm{d}x$.

以上两个性质作为课后练习,请读者用换元积分法自行证明.

定理 8.5.7(定积分分部积分法) 设函数 $u=u(x), v=v(x)$ 在区间 $[a,b]$ 上有连续导数,则

$$\int_{a}^{b}u(x)v'(x)\mathrm{d}x = \left[u(x)v(x)\right]\Big|_{a}^{b} - \int_{a}^{b}u'(x)v(x)\mathrm{d}x.$$

证 由于 $[u(x)v(x)]' = u'(x)v(x) + u(x)v'(x)$,将等式两边在 $[a,b]$ 上求定积分

$$\left[u(x)v(x)\right]\Big|_{a}^{b} = \int_{a}^{b}u'(x)v(x)\mathrm{d}x + \int_{a}^{b}u(x)v'(x)\mathrm{d}x.$$

移项可得

$$\int_{a}^{b}u(x)v'(x)\mathrm{d}x = \left[u(x)v(x)\right]\Big|_{a}^{b} - \int_{a}^{b}u'(x)v(x)\mathrm{d}x.$$

证毕.

通常也将上述公式记为

$$\int_{a}^{b}u(x)\mathrm{d}v(x) = \left[u(x)v(x)\right]\Big|_{a}^{b} - \int_{a}^{b}v(x)\mathrm{d}u(x).$$

我们称之为**定积分的分部积分公式**.

例 8.5.10 求 $\int_{0}^{\pi}x\cos x\mathrm{d}x$.

解 设 $u=x, \mathrm{d}v=\cos x\mathrm{d}x$. 则

$$\int_0^\pi x\cos x\,dx = \int_0^\pi x\,d(\sin x) = x\sin x\Big|_0^\pi - \int_0^\pi \sin x\,dx$$
$$= 0 + \cos x\Big|_0^\pi = -2.$$

例 8.5.11 求 $\int_0^4 e^{\sqrt{x}}\,dx$.

解 先使用换元积分法,再运用分部积分法. 令 $\sqrt{x}=t$,则 $x=t^2$, $dx=2t\,dt$. 当 $x=0$ 时, $t=0$;当 $x=4$ 时, $t=2$. 于是

$$\int_0^4 e^{\sqrt{x}}\,dx = 2\int_0^2 te^t\,dt = 2\int_0^2 t\,de^t = 2te^t\Big|_0^2 - 2\int_0^2 e^t\,dt$$
$$= 4e^2 - 2e^t\Big|_0^2 = 2e^2 + 2.$$

例 8.5.12 证明:对 $\forall n\in \mathbf{N}$,有 $\int_0^{\frac{\pi}{2}}\sin^n x\,dx = \int_0^{\frac{\pi}{2}}\cos^n x\,dx \triangleq I_n$,并求 I_n.

证 (1) 设 $x=\frac{\pi}{2}-t$,则 $dx=-dt$. 当 $x=0$ 时, $t=\frac{\pi}{2}$;当 $x=\frac{\pi}{2}$ 时, $t=0$. 故

$$\int_0^{\frac{\pi}{2}}\sin^n x\,dx = -\int_{\frac{\pi}{2}}^0 \sin^n\left(\frac{\pi}{2}-t\right)dt = \int_0^{\frac{\pi}{2}}\cos^n t\,dt = \int_0^{\frac{\pi}{2}}\cos^n x\,dx.$$

(2) 易得 $I_0 = \int_0^{\frac{\pi}{2}}dx = \frac{\pi}{2}$, $I_1 = \int_0^{\frac{\pi}{2}}\sin x\,dx = 1$.

当 $n\geqslant 2$ 时, $I_n = \int_0^{\frac{\pi}{2}}\cos^n x\,dx = \int_0^{\frac{\pi}{2}}\cos^{n-1}x\,d(\sin x)$

$$= \sin x\cos^{n-1}x\Big|_0^{\frac{\pi}{2}} + (n-1)\int_0^{\frac{\pi}{2}}\sin^2 x\cos^{n-2}x\,dx$$
$$= (n-1)\int_0^{\frac{\pi}{2}}(1-\cos^2 x)\cos^{n-2}x\,dx.$$

即 $$I_n = (n-1)I_{n-2} - (n-1)I_n.$$

移项得到 $$I_n = \frac{n-1}{n}I_{n-2},\quad n\geqslant 2.$$

这是一个递推公式.

当 n 为偶数时,设 $n=2m$,由递推公式得到

$$I_{2m} = \frac{2m-1}{2m}\cdot\frac{2m-3}{2m-2}\cdot\frac{2m-5}{2m-4}\cdot\cdots\cdot\frac{5}{6}\times\frac{3}{4}\times\frac{1}{2}I_0$$
$$= \frac{2m-1}{2m}\cdot\frac{2m-3}{2m-2}\cdot\frac{2m-5}{2m-4}\cdot\cdots\cdot\frac{5}{6}\times\frac{3}{4}\times\frac{1}{2}\times\frac{\pi}{2}.$$

当 n 为奇数时,设 $n=2m+1$,由递推公式得到

$$I_{2m+1} = \frac{2m}{2m+1} \cdot \frac{2m-2}{2m-1} \cdot \frac{2m-4}{2m-3} \cdot \cdots \cdot \frac{4}{5} \times \frac{2}{3} \cdot I_1$$
$$= \frac{2m}{2m+1} \cdot \frac{2m-2}{2m-1} \cdot \frac{2m-4}{2m-3} \cdot \cdots \cdot \frac{4}{5} \times \frac{2}{3} \cdot 1.$$

8.5.3 积分第二中值定理

运用变限积分的相关性质,我们可以得到如下积分第二中值定理:

定理 8.5.8(积分第二中值定理) 设 $f(x)$ 在 $[a,b]$ 上可积.

(1) 若 $g(x)$ 在 $[a,b]$ 上单调减少,且 $g(x) \geqslant 0$,则存在 $\xi \in [a,b]$,使得

$$\int_a^b f(x)g(x)\mathrm{d}x = g(a)\int_a^\xi f(x)\mathrm{d}x.$$

(2) 若 $g(x)$ 在 $[a,b]$ 上单调增加,且 $g(x) \geqslant 0$,则存在 $\xi \in [a,b]$,使得

$$\int_a^b f(x)g(x)\mathrm{d}x = g(b)\int_\xi^b f(x)\mathrm{d}x.$$

(3) $g(x)$ 在 $[a,b]$ 上单调,则存在 $\xi \in [a,b]$,使得

$$\int_a^b f(x)g(x)\mathrm{d}x = g(a)\int_a^\xi f(x)\mathrm{d}x + g(b)\int_\xi^b f(x)\mathrm{d}x.$$

证 这里只对 $f(x)$ 在 $[a,b]$ 上连续,$g(x)$ 在 $[a,b]$ 上单调且 $g'(x)$ 在 $[a,b]$ 上可积的情况加以证明.

(1) 记 $F(x) = \int_a^x f(t)\mathrm{d}t$,则 $F(x)$ 在 $[a,b]$ 连续,且 $F(a) = 0$. 由于 $f(x)$ 在 $[a,b]$ 上连续,由原函数存在定理,有 $F'(x) = f(x)$,则有 $f(x)\mathrm{d}x = \mathrm{d}F(x)$,利用分部积分法,有

$$\int_a^b f(x)g(x)\mathrm{d}x = \int_a^b g(x)\mathrm{d}F(x) = g(b)F(b) - \int_a^b F(x)g'(x)\mathrm{d}x.$$

设 m,M 分别为 $F(x)$ 在 $[a,b]$ 上的最小值与最大值. 若 $g(a) = 0$,则 $g(x) \equiv 0$. 此时,任意的 $\xi \in [a,b]$ 都可使结论成立.

若 $g(a) \neq 0$,由已知可得 $g'(x) \leqslant 0$,有

$$\int_a^b f(x)g(x)\mathrm{d}x \leqslant g(b)M - \int_a^b Mg'(x)\mathrm{d}x = g(a)M,$$

及

$$\int_a^b f(x)g(x)\mathrm{d}x \geqslant g(b)m - \int_a^b mg'(x)\mathrm{d}x = g(a)m.$$

则有

$$m \leqslant \frac{\int_a^b f(x)g(x)\mathrm{d}x}{g(a)} \leqslant M.$$

由连续函数的介值性定理,存在 $\xi \in [a,b]$,使得

$$F(\xi) = \frac{\int_a^b f(x)g(x)\mathrm{d}x}{g(a)},$$

即
$$\int_a^b f(x)g(x)\mathrm{d}x = g(a)F(\xi) = g(a)\int_a^\xi f(x)\mathrm{d}x.$$

(2) 类似(1)可证.

(3) 不妨设 $g(x)$ 在 $[a,b]$ 上单调增加,则 $h(x) = g(x) - g(a)$ 满足(2)的条件,由(2)可知,存在 $\xi \in [a,b]$,使得

$$\int_a^b f(x)h(x)\mathrm{d}x = h(b)\int_\xi^b f(x)\mathrm{d}x = [g(b)-g(a)]\int_\xi^b f(x)\mathrm{d}x.$$

因此,有

$$\begin{aligned}
\int_a^b f(x)g(x)\mathrm{d}x &= g(a)\int_a^b f(x)\mathrm{d}x + \int_a^b f(x)h(x)\mathrm{d}x \\
&= g(a)\int_a^b f(x)\mathrm{d}x + [g(b)-g(a)]\int_\xi^b f(x)\mathrm{d}x \\
&= g(a)\int_a^b f(x)\mathrm{d}x - g(a)\int_\xi^b f(x)\mathrm{d}x + g(b)\int_\xi^b f(x)\mathrm{d}x \\
&= g(a)\int_a^\xi f(x)\mathrm{d}x + g(b)\int_\xi^b f(x)\mathrm{d}x.
\end{aligned}$$

证毕.

对于更一般的函数 $f(x)$ 可积且函数 $g(x)$ 单调的情形,证明过程比较复杂,在此从略. 积分第二中值定理是今后建立反常积分收敛判别法的重要工具.

例 8.5.13 设函数 $f(x)$ 在 $[a,b]$ 上单调增加,证明:

$$\int_a^b xf(x)\mathrm{d}x \geqslant \frac{a+b}{2}\int_a^b f(x)\mathrm{d}x.$$

证 设 $g(x) = x - \dfrac{a+b}{2}$,则在 $[a,b]$ 上应用积分第二中值定理得,存在 $\xi \in [a,b]$,使得

$$\begin{aligned}
\int_a^b f(x)\left(x-\frac{a+b}{2}\right)\mathrm{d}x &= f(a)\int_a^\xi \left(x-\frac{a+b}{2}\right)\mathrm{d}x + f(b)\int_\xi^b \left(x-\frac{a+b}{2}\right)\mathrm{d}x \\
&= [f(b)-f(a)]\frac{b-\xi}{2}(\xi-a) \geqslant 0.
\end{aligned}$$

整理不等式后得到结论. 证毕.

8.5.4 泰勒公式的积分型余项

应用定积分的分部积分法,我们可以得到带积分型余项的泰勒公式,再利用积分第一中值定理,可以从带积分型余项的泰勒公式推出带拉格朗日型余项和带柯西型余项的泰勒公式.

定理 8.5.9 设 $f(x)$ 在 x_0 的邻域 $U(x_0)$ 上有 $(n+1)$ 阶连续导函数,则对 $\forall x \in U(x_0)$,有

$$f(x) = f(x_0) + f'(x_0)(x-x_0) + \frac{f''(x_0)}{2!}(x-x_0)^2 + \cdots +$$

$$\frac{f^{(n)}(x_0)}{n!}(x-x_0)^n + R_n(x), \qquad (8.5.1)$$

其中,$R_n(x) = \frac{1}{n!}\int_{x_0}^{x} f^{(n+1)}(t)(x-t)^n dt$.

证 由牛顿-莱布尼兹公式,有

$$f(x) = f(x_0) + \int_{x_0}^{x} f'(t) dt = f(x_0) + \int_{x_0}^{x} f'(t)(x-t)^0 dt.$$

多次运用分部积分法,得到

$$\int_{x_0}^{x} f'(t)(x-t)^0 dt = -\int_{x_0}^{x} f'(t) d(x-t) = -f'(t)(x-t)\Big|_{x_0}^{x} + \int_{x_0}^{x} f''(t)(x-t) dt$$

$$= f'(x_0)(x-x_0) + \int_{x_0}^{x} f''(t)(x-t) dt$$

$$= f'(x_0)(x-x_0) - \frac{1}{2}\int_{x_0}^{x} f''(t) d(x-t)^2$$

$$= f'(x_0)(x-x_0) + \frac{f''(x_0)}{2}(x-x_0)^2 + \frac{1}{2}\int_{x_0}^{x} f'''(t)(x-t)^2 dt.$$

将上式的积分继续运用分部积分法顺次类推,整理后即可得到定理结论. 证毕.

定理中的余项 $R_n(x)$ 称为**积分型余项**,公式(8.5.1)称为**带积分型余项的泰勒公式**.

注1 由于 $f^{(n+1)}(t)$ 连续,$g(t) = (x-t)^n$ 在 x_0 与 x 之间是连续的且不变号. 因此,由积分第一中值定理的推广,有

$$R_n(x) = \frac{1}{n!}\int_{x_0}^{x} f^{(n+1)}(t)(x-t)^n dt = \frac{f^{(n+1)}(\xi)}{n!}\int_{x_0}^{x}(x-t)^n dt$$

$$= \frac{f^{(n+1)}(\xi)}{(n+1)!}(x-x_0)^{n+1},$$

其中,ξ 在 x_0 与 x 之间. 这是以前就熟悉的**拉格朗日型余项**.

注2 我们还可以直接应用积分第一中值定理,有

$$R_n(x) = \frac{1}{n!}\int_{x_0}^{x} f^{(n+1)}(t)(x-t)^n dt = \frac{1}{n!}f^{(n+1)}(\xi)(x-\xi)^n(x-x_0),$$

其中,ξ 在 x_0 与 x 之间.

由于 $(x-\xi)^n(x-x_0) = [x-x_0-\theta(x-x_0)]^n(x-x_0)$
$$= (1-\theta)^n(x-x_0)^{n+1}, \quad 0 \leqslant \theta \leqslant 1.$$

因此,

$$R_n(x) = \frac{1}{n!}f^{(n+1)}[x_0+\theta(x-x_0)](1-\theta)^n(x-x_0)^{n+1}, \quad 0 \leqslant \theta \leqslant 1.$$

我们把这种类型的余项 $R_n(x)$ 称为泰勒公式的**柯西型余项**. 泰勒公式的各种类型的余项在后续章节中有重要作用.

习题 8.5

1. 设
$$f(x) = \begin{cases} x, & 0 \leqslant x \leqslant 1, \\ 2-x, & 1 < x \leqslant 2, \\ 0, & x < 0 \text{ 或 } x > 2, \end{cases}$$

求 $\Phi(x) = \int_0^x f(t) dt$ 在 $(-\infty, +\infty)$ 的表达式.

2. 求下列函数的导数.

(1) $y = \int_0^x \sin t^2 dt$；

(2) $y = \int_x^{-1} t e^{-t} dt$；

(3) $y = \int_0^{x^3} \cos t^2 dt$；

(4) $y = \int_{\sin x}^{\cos x} \cos(\pi t^2) dt$.

3. 已知 $\int_{2x+1}^1 f(t) dt = x^2 + 4x$，求 $f(1)$.

4. 设 $f(x)$ 在 $[a,b]$ 上连续，$F(x) = \int_a^x f(t)(x-t) dt$. 证明：$F''(x) = f(x)$，$x \in [a,b]$.

5. 设函数 $f(x) = \frac{1}{2} \int_0^x (x-t)^2 g(t) dt$，其中，函数 $g(x)$ 在 $(-\infty, +\infty)$ 上连续，且 $g(1) = 5$，$\int_0^1 g(t) dt = 2$，证明：$f'(x) = x \int_0^x g(t) dt - \int_0^x t g(t) dt$，并计算 $f''(1)$ 和 $f'''(1)$.

6. 设函数 $f(x)$ 连续，且 $\int_0^1 t f(2x-t) dt = \frac{1}{2} \arctan(x^2)$，$f(1) = 1$. 求 $\int_1^2 f(x) dx$.

7. 设函数 $y = y(x)$ 由方程 $\int_0^y e^t dt + \int_0^{xy} \cos t \, dt = 0$ 所确定，求 $\dfrac{dy}{dx}$.

8. 求用参数表达式

$$\begin{cases} x = \int_1^{-t} \cos u \, du, \\ y = \int_1^t \sin u \, du \end{cases}$$

确定的函数 y 对 x 的导数.

9. 求下列极限.

(1) $\lim\limits_{x \to 0} \dfrac{\int_0^x \sin t^2 dt}{x^3}$；

(2) $\lim\limits_{x \to 0} \dfrac{1}{x^2} \int_0^x \arctan t \, dt$；

(3) $\lim\limits_{x \to 0} \dfrac{1}{x} \int_0^x \sqrt{1+t^2} \, dt$；

(4) $\lim\limits_{x \to 0} \dfrac{\int_0^{x^2} t^{\frac{3}{2}} dt}{\int_0^x t(t - \sin t) dt}$；

(5) $\lim\limits_{x \to 0} \dfrac{x}{1 - e^{x^2}} \int_0^x e^{t^2} dt$；

(6) $\lim\limits_{x \to +\infty} \dfrac{\left(\int_0^x e^{t^2} dt\right)^2}{\int_0^x e^{2t^2} dt}$.

10. 设 $f(x)$ 在 $[0, +\infty)$ 上连续，且 $f(x) > 0$，证明函数 $g(x) = \dfrac{\int_0^x t f(t) dt}{\int_0^x f(t) dt}$ 在 $[0, +\infty)$ 上单调增加.

11. 求函数 $f(x) = \int_0^x (t-1)(t-2)^2 dt$ 的极值.

12. 证明：方程 $\sqrt{x} + \int_0^x \sqrt{1+t^4} dt - \cos x = 0$ 在 $(0, +\infty)$ 内有且仅有一个实根.

13. 计算下列定积分.

(1) $\int_0^1 \dfrac{1}{(1+2x)^2} dx$;

(2) $\int_{\frac{\pi}{6}}^{\frac{\pi}{2}} \sin\left(2x + \dfrac{\pi}{3}\right) dx$;

(3) $\int_1^2 \dfrac{e^{\frac{1}{x}}}{x^2} dx$;

(4) $\int_0^{\frac{\pi}{2}} \sin x \cos^2 x \, dx$;

(5) $\int_0^{\frac{\pi}{4}} \tan^3 x \, dx$;

(6) $\int_1^2 \dfrac{\sqrt{x^2-1}}{x} dx$;

(7) $\int_0^1 \dfrac{\sqrt{x}}{1+\sqrt{x}} dx$;

(8) $\int_1^{e^2} \dfrac{1}{x\sqrt{1+\ln x}} dx$;

(9) $\int_{-\frac{\pi}{2}}^{\frac{\pi}{2}} \sqrt{\cos x - \cos^3 x} \, dx$;

(10) $\int_{\ln 2}^{\ln 3} \dfrac{1}{e^x - e^{-x}} dx$;

(11) $\int_0^2 \dfrac{dx}{\sqrt{x+1} + \sqrt{(x+1)^3}}$;

(12) $\int_0^1 \dfrac{dx}{(x^2+1)^{\frac{3}{2}}}$;

(13) $\int_0^\pi x \sin 2x \, dx$;

(14) $\int_1^2 x \ln \sqrt{x} \, dx$;

(15) $\int_0^1 \ln(1+x^2) dx$;

(16) $\int_0^{\frac{\pi}{2}} e^x \sin 2x \, dx$;

(17) $\int_0^1 \arctan x \, dx$;

(18) $\int_{\frac{1}{e}}^{e} |\ln x| \, dx$;

(19) $\int_1^e \sin(\ln x) dx$;

(20) $\int_0^{2\pi} x \dfrac{1 + \cos 2x}{2} dx$;

(21) $\int_{\frac{\pi}{4}}^{\frac{\pi}{3}} \dfrac{x}{\sin^2 x} dx$;

(22) $\int_{-\pi}^{\pi} \sin^6 \dfrac{x}{2} dx$;

(23) $\int_0^1 x^4 \sqrt{1-x^2} \, dx$;

(24) $\int_{-\frac{1}{2}}^{\frac{1}{2}} \dfrac{(\arcsin x)^2}{\sqrt{1-x^2}} dx$;

(25) $\int_{-1}^1 |x| \ln(x + \sqrt{1+x^2}) dx$;

(26) $\int_{-\frac{\pi}{2}}^{\frac{\pi}{2}} \dfrac{x + \sin^3 x}{x \sin^3 x} dx$.

14. 设
$$f(x) = \begin{cases} \dfrac{1}{1+e^x}, & x < 0, \\ \dfrac{1}{1+x}, & x \geq 0, \end{cases}$$

求 $\int_0^2 f(x-1) dx$.

15. 设 $(0, +\infty)$ 上的连续函数 $f(x)$ 满足 $f(x) = \ln x - \int_1^e f(x) dx$, 求 $\int_1^e f(x) dx$.

16. 若 $f(x)$ 在 $[0, 1]$ 上连续, 证明：

(1) $\int_0^{\frac{\pi}{2}} f(\sin x) dx = \int_0^{\frac{\pi}{2}} f(\cos x) dx$;

(2) $\int_0^\pi x f(\sin x) dx = \dfrac{\pi}{2} \int_0^\pi f(\sin x) dx$, 并由此计算 $\int_0^\pi \dfrac{x \sin x}{1 + \cos^2 x} dx$.

17. 设 $f(x)$ 是连续的周期函数,周期为 T,对任意常数 a,证明:

(1) $\int_a^{a+T} f(x)dx = \int_0^T f(x)dx$;

(2) $\int_a^{a+nT} f(x)dx = n\int_0^T f(x)dx \ (m \in \mathbf{N})$,并计算 $\int_0^{n\pi} \sqrt{1+\sin 2x}\, dx$.

18. 证明: $\int_{-a}^a f(x)dx = \int_0^a [f(x)+f(-x)]dx$,并由此计算 $\int_{-\frac{\pi}{4}}^{\frac{\pi}{4}} \frac{\tan^2 x}{1+4^{-x}}dx$.

19. 证明: $\int_x^1 \frac{dt}{1+t^2} = \int_1^{\frac{1}{x}} \frac{dt}{1+t^2} \ (x>0)$.

20. 设 $f(x)$ 连续,证明: $\int_0^1 x^m (1-x)^n dx = \int_0^1 x^n (1-x)^m dx \ (n>0, m>0)$.

21. 设 $f(x)$ 在 $[0,1]$ 上连续,证明:

$$\int_0^1 \left[\int_0^x f(t)dt\right]dx = \int_0^1 (1-x)f(x)dx.$$

22. (1) 若 $f(x)$ 是连续的奇函数,证明: $\int_0^x f(t)dt$ 是偶函数;

(2) 若 $f(x)$ 是连续的偶函数,证明: $\int_0^x f(t)dt$ 是奇函数.

23. 证明:若 $f(x)$ 在 $\mathbf{R}$ 上连续,且 $f(x) = \int_0^x f(t)dt$,则 $f(x) \equiv 0$.

24. 证明:若函数 $f(x)$ 在 $[a,b]$ 上连续,$\forall x, x_0 \in [a,b]$,则有

$$\lim_{h \to 0} \frac{1}{h} \int_{x_0}^x [f(t+h)-f(t)]dt = f(x)-f(x_0).$$

25. 证明:若函数 $f(x)$ 在 $[a,b]$ 上可积,则 $\exists c \in [a,b]$,有

$$\int_a^c f(t)dt = \int_c^b f(t)dt.$$

第 9 章 定积分的应用

本章将应用定积分相关理论来分析和处理一些几何、物理中的问题,初步了解定积分在几何与物理问题讨论中的作用. 更重要的是介绍积分思想在具体问题中的方法体现,即关于微元法思想的应用.

9.1 微 元 法

一般来说,应用定积分来计算实际问题,首先根据实际问题确定积分变量,对积分区间作分割,近似求和作积分和,然后取极限,从而将实际问题抽象为定积分. 但是为了实际问题计算的简便快捷实用,通常会在定积分的应用中采用"微元法". 为此,我们将由第 8 章讨论的曲边梯形的面积问题入手,分析导出微元法.

在直角坐标系中,求由连续曲线 $y=f(x)$ ($f(x) \geqslant 0, x \in [a,b]$),直线 $x=a$,$x=b$ 和 x 轴所围成的曲边梯形的面积. 将该面积表示成为定积分

$$A = \int_a^b f(x) \mathrm{d}x.$$

求该曲边梯形面积的步骤如下:

(1) **分割** 在区间 $[a,b]$ 中任意插入 $n-1$ 个分点

$$a = x_0 < x_1 < x_2 < \cdots < x_{n-1} < x_n = b,$$

将区间 $[a,b]$ 分成 n 个小区间:

$$[x_0, x_1], [x_1, x_2], \cdots, [x_{i-1}, x_i], \cdots, [x_{n-1}, x_n],$$

小区间长度分别记为 $\Delta x_i = x_i - x_{i-1} (i=1,2,\cdots,n)$. 过每一个分点作垂直于 x 轴的直线段,把曲边梯形分为 n 个窄曲边梯形.

(2) **近似** 在第 i 个小区间 $[x_{i-1}, x_i] (i=1,2,\cdots,n)$ 上任取一点 ξ_i,用以 $f(\xi_i)$ 为高,Δx_i 为底的窄矩形的面积 $f(\xi_i)\Delta x_i$ 近似代替第 i 个窄曲边梯形的面积 ΔA_i,即

$$\Delta A_i \approx f(\xi_i) \Delta x_i \quad (i=1,2,\cdots,n).$$

(3) **求和** 把 n 个窄矩形的面积加起来,得到的和作为曲边梯形面积的近似值,即

$$A = \sum_{i=1}^n \Delta A_i \approx \sum_{i=1}^n f(\xi_i) \Delta x_i.$$

(4) **求极限** 记 $\lambda = \max\{\Delta x_1, \Delta x_2, \cdots \Delta x_n\}$,当 $\lambda \to 0$ 时,上述和式的极限就是曲边梯

形的面积,即

$$A = \lim_{\lambda \to 0} \sum_{i=1}^{n} f(\xi_i) \Delta x_i = \int_a^b f(x) \mathrm{d}x.$$

由上述讨论过程可以看到以下事实:

(1) 所求量 A(即曲边梯形面积)与区间 $[a,b]$ 有关. 若将 $[a,b]$ 分成部分区间 $[x_{i-1}, x_i]$ ($i=1,2,\cdots,n$),则所求量 A 相应地分成部分量 ΔA_i ($i=1,2,\cdots,n$),而 $A = \sum_{i=1}^{n} \Delta A_i$. 这表明:所求量 A 对于区间 $[a,b]$ 具有**可加性**.

(2) 用 $f(\xi_i)\Delta x_i$ 近似代替部分量 ΔA_i,要求误差应是 Δx_i 的高阶无穷小量. 只有这样,和式 $\sum_{i=1}^{n} f(\xi_i)\Delta x_i$ 的极限方才是精确值 A. 从而 A 可以表达为定积分:

$$A = \int_a^b f(x)\mathrm{d}x.$$

故求曲边梯形面积四个步骤中,关键是确定 ΔA_i 的近似值 $f(\xi_i)\Delta x_i$,从而使得

$$A = \lim_{\lambda \to 0} \sum_{i=1}^{n} f(\xi_i)\Delta x_i = \int_a^b f(x)\mathrm{d}x.$$

通过对求曲边梯形面积问题的分析,我们可以给出用定积分计算某个量的条件与步骤.

(1) 能用定积分计算的量 U,应满足下列条件:

① U 与变量 x 的变化区间 $[a,b]$ 有关,U 对于区间 $[a,b]$ 具有可加性;

② U 的部分量 ΔU_i 可近似地表示成 $f(\xi_i)\Delta x_i$,此时,$\Delta U_i - f(\xi_i)\Delta x_i$ 为 Δx_i 的高阶无穷小量.

(2) 写出计算 U 的定积分表达式的步骤:

① 根据问题具体情况,选取一个变量 x 为积分变量,并确定它的变化区间 $[a,b]$;

② 考虑将区间 $[a,b]$ 分成若干微小区间,取其中的任一微小区间 $[x, x+\mathrm{d}x]$,恰当写出它所对应的部分量 ΔU 的近似值

$$\Delta U \approx f(x)\mathrm{d}x,$$

称 $f(x)\mathrm{d}x$ 为量 U 的**微元**,记作

$$\mathrm{d}U = f(x)\mathrm{d}x,$$

这里说的"恰当"是指 $\Delta U - f(x)\mathrm{d}x$ 是 Δx 的高阶无穷小量;

③ 以 U 的微元 $\mathrm{d}U = f(x)\mathrm{d}x$ 作被积表达式,在区间 $[a,b]$ 上作定积分,得

$$U = \int_a^b f(x)\mathrm{d}x,$$

即所求量 U 的积分表达式.

这种处理和解决问题的方法称为**微元法**. 根据上述过程介绍,微元法将积分过程的"分割、近似"两个步骤合并为求积分微元,将"求和、求极限"两个步骤合并为作定积分. 略去了

定积分定义中的分割取点以及求极限过程,简化了问题的处理. 在解决实际问题时,可以较简洁地按照步骤:

$$\mathrm{d}x \to \mathrm{d}U = f(x)\mathrm{d}x \to U = \int_a^b f(x)\mathrm{d}x$$

来直接求解.

微元法在解决实际问题中应用极其广泛,典型应用在几何方面,如面积计算、由截面积求体积、平面曲线弧长与曲率和旋转体体积计算等;在物理方面,如变力做功、液体静压力及引力计算等. 本章关于微元法不做严格处理,只是通过实例逐一给出应用微元法的方法.

9.2 平面图形的面积

9.2.1 直角坐标情形

先运用定积分的微元法来考虑曲边梯形面积.

求由曲线 $y = f(x)$ ($f(x) \geqslant 0$) 及直线 $x = a$ 与 $x = b$ ($a < b$) 与 x 轴所围成的曲边梯形面积 A.

由定积分的微元法可知,曲边梯形的**面积微元**为矩形的面积,即

$$\mathrm{d}A = f(x)\mathrm{d}x,$$

则曲边梯形的面积为

$$A = \int_a^b f(x)\mathrm{d}x.$$

若曲线 $y = f(x)$ 在 $[a, b]$ 上不都是非负的,则所围图形的面积为

$$A = \int_a^b |f(x)| \mathrm{d}x.$$

运用定积分的微元法,我们可以计算更加复杂的平面图形的面积.

设平面图形由两条曲线 $y = f_1(x)$, $y = f_2(x)$ (f_1, f_2 是 $[a, b]$ 上的连续函数,且 $f_1 \leqslant f_2$) 及直线 $x = a$, $x = b$ 所围成,考虑这种平面图形的面积 A (图9.2.1).

由定积分的微元法,取 x 为积分变量,则面积微元为

$$\mathrm{d}A = [f_2(x) - f_1(x)]\mathrm{d}x,$$

所以该平面图形的面积为

$$A = \int_a^b [f_2(x) - f_1(x)]\mathrm{d}x.$$

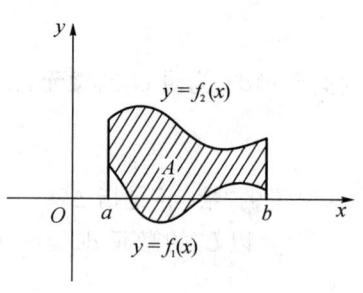

图 9.2.1

若两条曲线 $y=f_1(x),y=f_2(x)$ 在 $[a,b]$ 内相交,则所围成的面积应为

$$A=\int_a^b|f_2(x)-f_1(x)|\mathrm{d}x.$$

同理,如果平面图形是由曲线 $x=\varphi_1(y),x=\varphi_2(y)$ (φ_1, φ_2 是 $[c,d]$ 上的连续函数)及直线 $y=c,y=d$ 所围成 (图 9.2.2),由定积分的微元法,取 y 为积分变量,则该平面图形的面积为

$$A=\int_c^d|\varphi_2(y)-\varphi_1(y)|\mathrm{d}y,$$

其中,$\mathrm{d}A=|\varphi_2(y)-\varphi_1(y)|\mathrm{d}y$ 为面积微元.

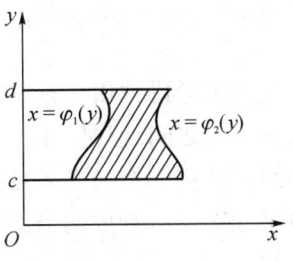

图 9.2.2

例 9.2.1 求抛物线 $y=x^2$,直线 $y^2=x$ 围成的平面图形的面积.

解法 1 如图 9.2.3 所示,为确定具体图形的范围,须先求出两条曲线的交点.

为此,解方程组 $\begin{cases} y=x^2, \\ y^2=x, \end{cases}$ 得到两组解: $x=0$, $y=0$ 及 $x=1$, $y=1$. 从而得到交点为 $(0,0)$ 与 $(1,1)$.

以 x 为积分变量,则 $x\in[0,1]$,应用定积分的微元法,在 $[0,1]$ 上任取小区间 $[x,x+\mathrm{d}x]$,得到面积微元为

$$\mathrm{d}A=(\sqrt{x}-x^2)\mathrm{d}x.$$

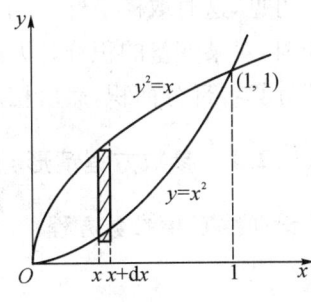

图 9.2.3

故所求面积为

$$A=\int_0^1(\sqrt{x}-x^2)\mathrm{d}x=\left(\frac{2}{3}x^{\frac{3}{2}}-\frac{x^3}{3}\right)\bigg|_0^1=\frac{1}{3}.$$

解法 2 以 y 为积分变量,则 $y\in[0,1]$,应用定积分的微元法,所求面积为

$$A=\int_0^1(\sqrt{y}-y^2)\mathrm{d}y=\left(\frac{2}{3}y^{\frac{3}{2}}-\frac{y^3}{3}\right)\bigg|_0^1=\frac{1}{3}.$$

本题分别取横坐标 x 及纵坐标 y 为积分变量求解,难易程度相同. 但是,有的图形取不同的积分变量求解的难易程度是不同的,需要先行判断选择,从而得到更为简便的计算过程.

例 9.2.2 求直线 $y=x-4$ 与抛物线 $y^2=2x$ 所围成图形的面积.

解 如图 9.2.4 所示,先求两线的交点. 求解方程组 $\begin{cases} y=x-4, \\ y^2=2x, \end{cases}$ 得到直线 $y=x-4$ 与抛物线 $y^2=2x$ 交点为 $(2,-2),(8,4)$.

以 y 为积分变量,则 $y\in[-2,4]$,应用定积分的微元法,在 $[-2,4]$ 上任取小区间 $[y,y+\mathrm{d}y]$,得到面积微元为

$$dA = \left[(y+4) - \frac{1}{2}y^2\right]dy,$$

故所求面积为

$$A = \int_{-2}^{4}\left(4 + y - \frac{y^2}{2}\right)dy = \left(4y + \frac{y^2}{2} - \frac{y^3}{6}\right)\Big|_{-2}^{4} = 18.$$

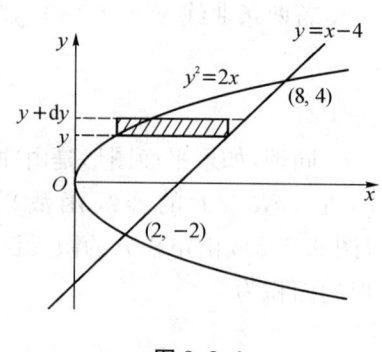

图 9.2.4

本题如果考虑取横坐标 x 为积分变量,则图形介于 $x=0$ 与 $x=8$ 之间. 但是,在 $x=0$ 与 $x=8$ 之间图形的下边缘曲线无法用一个初等函数式表达. 所以,考虑用直线 $x=2$ 将平面图形分割成两个部分分别计算面积. 可以列出计算式如下:

$$A = \int_0^2 [\sqrt{2x} - (-\sqrt{2x})]dx + \int_2^8 [\sqrt{2x} - (x-4)]dx.$$

可见,这时取横坐标 x 为积分变量会使计算变得复杂. 在直角坐标系下讨论复杂图形的面积时,对某变量的积分若无法用一个积分式表达,则常常将图形分割成几个简单图形分别列式计算各部分面积,然后相加得到原图形的面积.

9.2.2 参数方程情形

设曲线 C 由参数方程

$$x = x(t), \quad y = y(t), \quad \alpha \leqslant t \leqslant \beta$$

给出,$y(t)$ 在 $[\alpha, \beta]$ 上连续,$x(t)$ 在 $[\alpha, \beta]$ 上连续可微,且 $x'(t) \neq 0$. 记 $a = x(\alpha)$,$b = x(\beta)$,考虑由曲线 C 和直线 $x=a$,$x=b$ 与 x 轴围成的平面图形的面积. 应用定积分的微元法及换元法不难得到平面图形的面积计算公式为

$$A = \int_{\alpha}^{\beta} |y(t)x'(t)|\,dt.$$

例 9.2.3 求由摆线(旋轮线) $\begin{cases} x = a(t - \sin t), \\ y = a(1 - \cos t) \end{cases}$ $(a>0)$ 的一拱 $(0 \leqslant t \leqslant 2\pi)$ 与 x 轴所围成的图形的面积.

解 如图 9.2.5 所示,所求面积为

$$A = \int_0^{2\pi} |a(1-\cos t)[a(t-\sin t)]'|\,dt$$
$$= a^2 \int_0^{2\pi} (1 - \cos t)^2\,dt = 3\pi a^2.$$

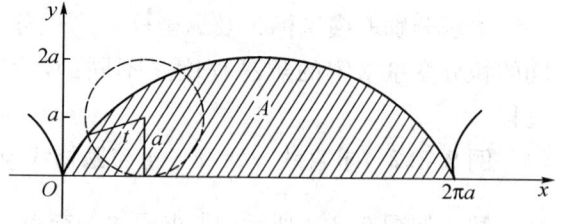

图 9.2.5

例 9.2.4 求椭圆 $\dfrac{x^2}{a^2} + \dfrac{y^2}{b^2} = 1 (a>0, b>0)$ 所围成的平面图形的面积.

解 如图 9.2.6 所示,由于椭圆图形关于两个坐标轴对称,因此,椭圆所围成平面图形的面积等于第一象限部分图形的面积的 4 倍,即 $A = 4A_1$,其中 A_1 为椭圆所围成图形在第一象限部分的面积.

为计算方便,利用椭圆的参数方程 $\begin{cases} x = a\cos t, \\ y = b\sin t \end{cases}$ ($0 \leqslant t \leqslant 2\pi$) 进行运算. 有

$$A = 4\int_0^{\frac{\pi}{2}} |b\sin t(a\cos t)'|\,dt$$

$$= 4\int_0^{\frac{\pi}{2}} |b\sin t(-a\sin t)|\,dt$$

$$= 4ab\int_0^{\frac{\pi}{2}} \sin^2 t\,dt = 4ab \cdot \frac{1}{2} \cdot \frac{\pi}{2} = \pi ab.$$

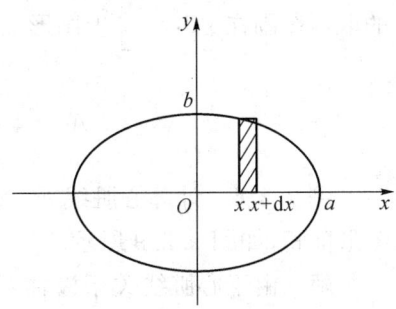

图 9.2.6

本题也可在直角坐标系下列式计算. 显然,当 $a = b = r$ 时,得到圆的面积公式 $A = \pi r^2$.

9.2.3 极坐标情形

设曲线 C 由极坐标方程

$$r = r(\theta), \quad \theta \in [\alpha, \beta]$$

给出,其中 $r(\theta)$ 在 $[\alpha, \beta]$ 上连续 ($\beta - \alpha \leqslant 2\pi$). 我们考虑由曲线 C 与两条射线 $\theta = \alpha, \theta = \beta$ 围成的平面图形(称为**曲边扇形**),如图 9.2.7 所示.

取极角 θ 为积分变量,则 $\alpha \leqslant \theta \leqslant \beta$,任取小区间 $[\theta, \theta + d\theta]$,对应这个小区间的小曲边扇形的面积可以用相应的半径为 $r = r(\theta)$,中心角为 $d\theta$ 的小扇形面积来近似代替,即曲边扇形的面积微元为

$$dA = \frac{1}{2}r^2(\theta)d\theta,$$

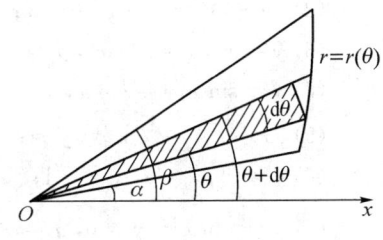

图 9.2.7

则由定积分的微元法,得到曲边扇形的面积为

$$A = \frac{1}{2}\int_\alpha^\beta r^2(\theta)d\theta.$$

例 9.2.5 计算双纽线 $r^2 = a^2\cos 2\theta (a > 0)$ 所围成的面积,如图 9.2.8 所示.

解 由 $r^2 \geqslant 0$,可得 θ 的取值范围: $\left[-\frac{\pi}{4}, \frac{\pi}{4}\right]$ 和 $\left[\frac{3\pi}{4}, \frac{5\pi}{4}\right]$.

由于图形关于极轴和极点对称,因此所求图形面积为 θ

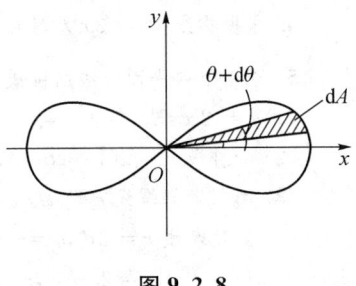

图 9.2.8

的取值范围在 $\left[0, \dfrac{\pi}{4}\right]$ 上图形面积的 4 倍. 所求图形面积为

$$A = 4 \cdot \dfrac{1}{2} \int_0^{\frac{\pi}{4}} a^2 \cos 2\theta \, d\theta = a^2 \sin 2\theta \Big|_0^{\frac{\pi}{4}} = a^2.$$

例 9.2.6 计算心脏线 $r = a(1+\cos\theta)\ (a>0)$ 所围成的图形面积,如图 9.2.9 所示.

解 由于心脏线关于极轴对称,因此所求面积为 θ 的取值范围在 $[0,\pi]$ 上图形面积的 2 倍. 所求图形面积为

$$\begin{aligned}
A &= 2 \cdot \dfrac{1}{2} \int_0^\pi a^2 (1+\cos\theta)^2 \, d\theta \\
&= a^2 \int_0^\pi (1 + 2\cos\theta + \cos^2\theta) \, d\theta \\
&= a^2 \int_0^\pi \left(\dfrac{3}{2} + 2\cos\theta + \dfrac{1}{2}\cos 2\theta \right) d\theta \\
&= a^2 \left(\dfrac{3}{2}\theta + 2\sin\theta + \dfrac{1}{4}\sin 2\theta \right) \Big|_0^\pi \\
&= \dfrac{3}{2}\pi a^2.
\end{aligned}$$

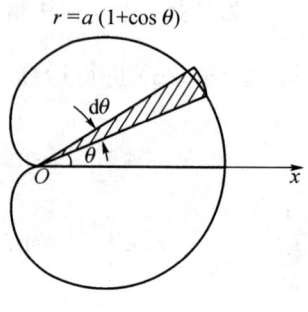

图 9.2.9

习题 9.2

1. 求由下列平面曲线所围成图形的面积.

   (1) $xy = 1, y = x, y = 2$;

   (2) $(y-1)^2 = x+1, y = x$;

   (3) $y = x^2, y = 2-x^2, x = -2, x = 2$;

   (4) $y = \sin x, y = \cos x, x = 0, x = \pi$;

   (5) $\sqrt{x} + \sqrt{y} = 1$, x 轴, y 轴;

   (6) $y = e^x, y = e^{-x}, x = 1$;

   (7) $y = |\ln x|, y = 0, x = \dfrac{1}{10}, x = 10$.

2. 抛物线 $y^2 = 2x$ 把圆面 $x^2 + y^2 \leqslant 8$ 分为两个部分,求这两个部分面积的比.

3. 求抛物线 $y = -x^2 + 4x - 3$ 与该曲线在 $(0, -3)$ 和 $(3, 0)$ 两点处的切线所围平面图形的面积.

4. 求抛物线 $y^2 = 2x$ 及其在点 $\left(\dfrac{1}{2}, 1\right)$ 处的法线所围成图形的面积.

5. 求由下列平面曲线所围成图形的面积.

   (1) $r = 2\cos\theta$;

   (2) 心脏线 $r = a(1 - \cos\theta)$;

   (3) 阿基米德螺线 $r = a\theta, \theta = 0, \theta = 2\pi$;

   (4) 对数螺线 $r = ae^\theta, \theta = -\pi, \theta = \pi$;

   (5) 叶形线 $\begin{cases} x = 2t - t^2, \\ y = 2t^2 - t^3, \end{cases} 0 \leqslant t \leqslant 2$;

(6) 星形线 $\begin{cases} x = a\cos^3 t, \\ y = a\sin^3 t, \end{cases} 0 \leqslant t \leqslant 2\pi.$

6. 求由抛物线 $y^2 = 4x$ 与过其焦点的弦所围成的图形面积的最小值.

9.3 由平行截面面积求体积

运用定积分,我们还可以求出空间中某些已知或可求平行截面面积的立体的体积. 设三维空间中的一个立体夹在平面 $x = a$ 和 $x = b$ 之间,若对于任意 $x \in [a, b]$, 过 x 点且与 x 轴垂直的平面与该立体相截,截面的面积 $A(x)$ 是已知(或可求)的,且 $A(x)$ 又是 $[a, b]$ 上的连续函数,则我们可以用定积分计算出它的体积,如图 9.3.1 所示.

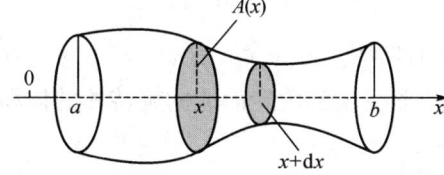

图 9.3.1

取 x 为积分变量,它的变化区间为 $[a, b]$, 在 $[a, b]$ 上作任一小区间 $[x, x+\mathrm{d}x]$, 对应这个小区间的小立体的体积可以用相应的以 $A(x)$ 为底面积、$\mathrm{d}x$ 为高的扁柱体的体积来近似代替. 即立体的体积微元为

$$\mathrm{d}V = A(x)\mathrm{d}x.$$

于是由定积分的微元法,得到该立体的体积公式为

$$V = \int_a^b A(x)\mathrm{d}x.$$

例 9.3.1 一个平面经过半径为 R 的圆柱体的底面圆的中心,并与底面交角为 α. 计算这个平面截该圆柱体所得立体得体积(图 9.3.2).

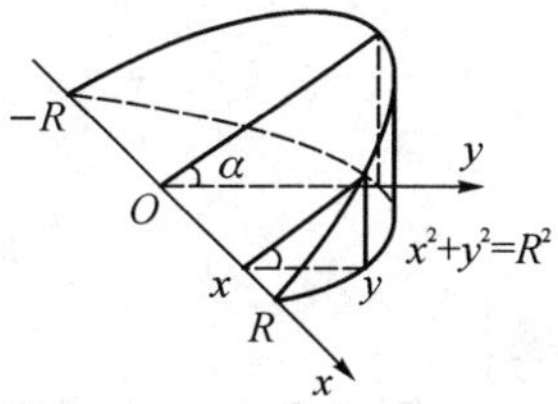

解 取这个平面与圆柱体的底面的交线为 x 轴,底面上过圆心且垂直于 x 轴的直线为 y 轴,则底圆的方程为

$$x^2 + y^2 = R^2.$$

图 9.3.2

由于立体中过点 x 且垂直 x 轴的截面是一个直角三角形,它的两条直角边的长度分别为 y 及 $y\tan\alpha$, 即 $\sqrt{R^2 - x^2}$ 及 $\sqrt{R^2 - x^2}\tan\alpha$, 因此,截面面积为

$$A(x) = \frac{1}{2}(R^2 - x^2)\tan\alpha,$$

又该立体关于平面 $x = 0$ 对称,故所求体积为

$$V = 2\int_0^R \frac{1}{2}(R^2 - x^2)\tan\alpha \mathrm{d}x = \tan\alpha \int_0^R (R^2 - x^2)\mathrm{d}x$$
$$= \tan\alpha \left[R^2 x - \frac{1}{3}x^3 \right]_0^R = \frac{2}{3}R^3 \tan\alpha.$$

公式 $V = \int_a^b A(x) \mathrm{d}x$ 的一个重要的应用是计算三维空间中旋转体的体积.

设函数 $f(x)$ 在 $[a,b]$ 上连续. 把由 $0 \leqslant y \leqslant |f(x)|$ 与 $a \leqslant x \leqslant b$ 所确定的那块平面图形绕 x 轴旋转一周可以得到一个**旋转体**. 若用过 x 点且与 x 轴垂直的平面去截, 得到的截面显然是一个半径为 $|f(x)|$ 的圆(图 9.3.3). 因此该圆的面积为 $A(x) = \pi [f(x)]^2$.

所以该旋转体的体积公式为

$$V = \pi \int_a^b [f(x)]^2 \mathrm{d}x.$$

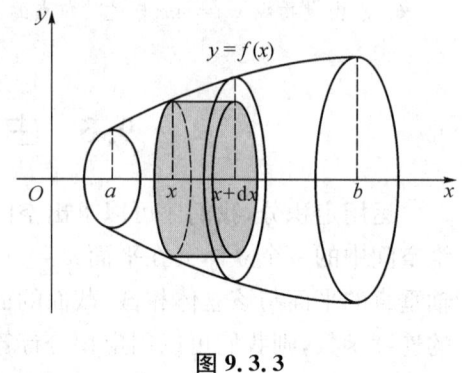

图 9.3.3

同理, 由 $0 \leqslant x \leqslant |\varphi(y)|, c \leqslant y \leqslant d$ 所确定的平面图形绕 y 轴旋转而成的旋转体的体积为

$$V = \pi \int_c^d [\varphi(y)]^2 \mathrm{d}y.$$

例 9.3.2 求由抛物线 $y = x^2$, 直线 $x = 2$ 和 x 轴所围成的平面图形绕 x 轴旋转而成的旋转体的体积(图 9.3.4).

解 以 x 为积分变量, 则 $x \in [0,2]$, 在 $[0,2]$ 上任取一个小区间 $[x, x+\mathrm{d}x]$, 相应得到体积微元为

$$\mathrm{d}V = \pi (x^2)^2 \mathrm{d}x,$$

则由旋转体的体积公式, 有

$$V = \pi \int_0^2 (x^2)^2 \mathrm{d}x = \pi \int_0^2 x^4 \mathrm{d}x$$
$$= \pi \left[\frac{x^5}{5}\right]_0^2 = \frac{32}{5}\pi.$$

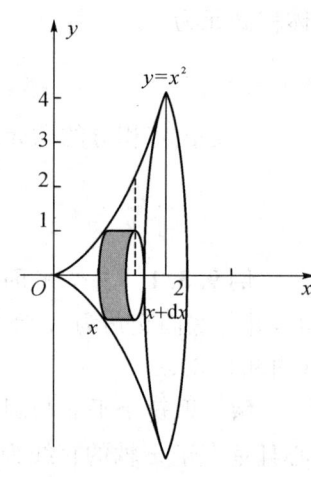

图 9.3.4

例 9.3.3 计算椭圆 $\frac{x^2}{a^2} + \frac{y^2}{b^2} = 1$ 所围成的图形绕 y 轴旋转所生成的旋转体的体积.

解 这个旋转体可以看作是由半个椭圆 $x = \frac{a}{b}\sqrt{b^2 - y^2}$ 以及 y 轴围成的图形绕 y 轴旋转所生成的立体.

以 y 为积分变量, 则 $y \in [-b,b]$, 在 $[-b,b]$ 上任取一个小区间 $[y, y+\mathrm{d}y]$, 相应于该小区间的体积微元为

$$\mathrm{d}V = \pi x^2 \mathrm{d}y.$$

由旋转体的体积公式, 有

$$V = \int_{-b}^{b} \pi x^2 \mathrm{d}y = \int_{-b}^{b} \pi \frac{a^2}{b^2}(b^2 - y^2) \mathrm{d}y = \frac{4}{3}\pi a^2 b.$$

特别的，当 $a=b$ 时，该旋转体就成为半径为 a 的球体，体积为 $\dfrac{4}{3}\pi a^3$.

例 9.3.4 计算摆线的一拱 $\begin{cases} x=a(t-\sin t), \\ y=a(1-\cos t) \end{cases}$ $(0\leqslant t\leqslant 2\pi)$ 以及 $y=0$ 所围成的平面图形分别绕 x 轴、y 轴旋转一周而形成的旋转体的体积.

解 （1）计算图形绕 x 轴旋转一周而形成的旋转体的体积.

如图 9.3.5 所示，以 x 为积分变量，则 $x\in[0,2\pi a]$，在 $[0,2\pi a]$ 上任取一个小区间 $[x,x+\mathrm{d}x]$，相应该区间的体积微元为 $\mathrm{d}V=\pi y^2\mathrm{d}x$，则图形绕 x 轴旋转一周而形成的旋转体的体积为

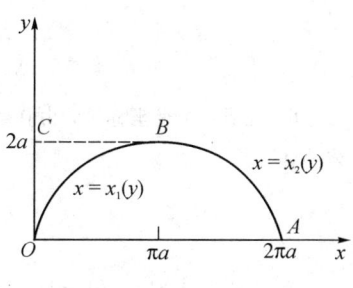

图 9.3.5

$$\begin{aligned} V_x &= \int_0^{2\pi a}\pi y^2(x)\mathrm{d}x \\ &= \pi\int_0^{2\pi}a^2(1-\cos t)^2\cdot a(1-\cos t)\mathrm{d}t \\ &= \pi a^3\int_0^{2\pi}(1-3\cos t+3\cos^2 t-\cos^3 t)\mathrm{d}t \\ &= 5\pi^2 a^3. \end{aligned}$$

（2）计算图形绕 y 轴旋转一周而形成的旋转体的体积.

以 y 为积分变量，则 $y\in[0,2a]$，此体积可看成平面图形 $OABC$ 与 OBC（图 9.3.5）分别绕 y 轴旋转而成旋转体的体积之差，于是所求的体积为

$$\begin{aligned} V_y &= \pi\int_0^{2a}x_2^2(y)\mathrm{d}y-\pi\int_0^{2a}x_1^2(y)\mathrm{d}y \\ &= \pi\int_{2\pi}^{\pi}a^2(t-\sin t)^2\cdot a\sin t\mathrm{d}t-\pi\int_0^{\pi}a^2(t-\sin t)^2 a\sin t\mathrm{d}t \\ &= -\pi a^3\int_0^{2\pi}(t-\sin t)^2\sin t\mathrm{d}t \\ &= 6\pi^3 a^3. \end{aligned}$$

习题 9.3

1. 求下列各曲线所围成的图形，按照指定的轴旋转所生成的旋转体的体积.

(1) $y^2=4x, x=1$，绕 x 轴；

(2) $xy=1, y=2, x=3$，绕 x 轴；

(3) $x^2=y, 2x+2y-3=0$，绕 x 轴；

(4) $y=\sqrt{x}, x=1, x=4, y=0$，绕 x 轴及 y 轴；

(5) $y=\sin x, y=0, 0\leqslant x\leqslant \pi$，绕 x 轴及 y 轴；

(6) $x^2+(y-5)^2=16$，绕 x 轴；

(7) 星形线 $\begin{cases} x=a\cos^3 t, \\ y=a\sin^3 t, \end{cases}$ 绕 y 轴.

2. 一平面图形由抛物线 $x = y^2 + 2$ 与该抛物线上点 $(3, 1)$ 处的法线以及 x 轴、y 轴围成,求该图形绕 y 轴旋转所得旋转体的体积.

3. 求由两个圆柱面 $x^2 + y^2 = a^2$ 与 $x^2 + z^2 = a^2$ 所围成立体的体积.

4. 求椭球面 $\dfrac{x^2}{a^2} + \dfrac{y^2}{b^2} + \dfrac{z^2}{c^2} = 1$ 所围成立体的体积.

5. 证明:由平面图形 $0 \leqslant a \leqslant x \leqslant b$, $0 \leqslant y \leqslant f(x)$ 绕 y 轴旋转所成的旋转体的体积为
$$V = 2\pi \int_a^b x f(x) \, dx.$$

6. 证明:在极坐标下,由 $0 \leqslant \alpha \leqslant \theta \leqslant \beta \leqslant \pi$, $0 \leqslant r \leqslant r(\theta)$ 所表示的区域绕极轴旋转一周所成的旋转体的体积为
$$V = \frac{2\pi}{3} \int_\alpha^\beta r^3(\theta) \sin\theta \, d\theta.$$

7. 求心脏线 $r = a(1 - \cos\theta)$ 绕极轴旋转一周所围成的旋转体的体积.

8. 求对数螺线 $r = a e^\theta$, $0 \leqslant \theta \leqslant \pi$ 绕极轴旋转一周所围成的旋转体的体积.

9.4 平面曲线的弧长和曲率

9.4.1 平面曲线的弧长

圆的周长可以利用圆内接正多边形的周长作为圆周长的近似值,令多边形的边数无限增多而取极限,就可定出圆周的周长.以下用类似的方法来建立平面连续曲线弧长的概念.

设 A, B 是曲线弧 C 的两个端点,如图 9.4.1 所示.

对曲线弧 C 作任意分割 T,即在曲线弧 C 上插入分点 $A = M_0, M_1, \cdots, M_{i-1}, M_i, \cdots, M_{n-1}, M_n = B$,并用线段依次连接相邻的分点得到曲线弧 C 的内接折线. 记线段 $M_{i-1}M_i$ 的长度为 L_i,则曲线弧 C 的内接折线长为 $\sum_{i=1}^n L_i$. 又记 $\|T\| = \max\limits_{1 \leqslant i \leqslant n}\{L_i\}$. 若对任意的分割 T,当 $\|T\| \to 0$ 时,$\sum_{i=1}^n L_i$ 有极限存在,则称此极限为**曲线弧 C 的弧长**,并称曲线 C 是**可求长**的.

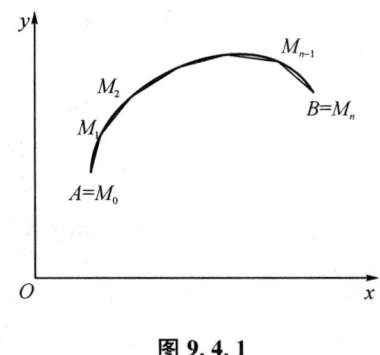

图 9.4.1

设曲线弧 C 是由参数方程
$$\begin{cases} x = x(t), \\ y = y(t), \end{cases} \alpha \leqslant t \leqslant \beta$$
给出,其中 $x(t)$, $y(t)$ 在 $[\alpha, \beta]$ 上具有连续导数,$[x'(t)]^2 + [y'(t)]^2 \neq 0$,则称 C 是一条**光滑曲线**.

定理 9.4.1(弧长公式) 若光滑曲线 C 由参数方程

$$\begin{cases} x = x(t), \\ y = y(t), \end{cases} \alpha \leqslant t \leqslant \beta$$

确定,则它是可求长的,且弧长为

$$s = \int_\alpha^\beta \sqrt{[x'(t)]^2 + [y'(t)]^2}\, dt.$$

证 如前面叙述的,我们对曲线弧 C 作任意分割 T,即在曲线弧 C 上顺序插入分点 $A = M_0, M_1, \cdots, M_{i-1}, M_i, \cdots, M_{n-1}, M_n = B$,设 A, B 两点分别对应 $t = \alpha$ 和 $t = \beta$,且

$$M_i(x_i, y_i) = (x(t_i), y(t_i)), \quad i = 1, 2, \cdots, n-1.$$

于是得到与分割 T 对应的关于区间 $[\alpha, \beta]$ 的一个分割

$$T': \alpha = t_0 < t_1 < \cdots < t_{i-1} < t_i < \cdots < t_{n-1} < t_n = \beta.$$

考虑线段 $M_{i-1}M_i$ 的长度 L_i,则有

$$L_i = \sqrt{[x(t_i) - x(t_{i-1})]^2 + [y(t_i) - y(t_{i-1})]^2},$$

已知 $x(t)$ 和 $y(t)$ 在 $[\alpha, \beta]$ 上具有连续导数,由拉格朗日中值定理,存在 η_i 和 σ_i 属于 (t_{i-1}, t_i),成立

$$x(t_i) - x(t_{i-1}) = x'(\eta_i)\Delta t_i, \quad y(t_i) - y(t_{i-1}) = y'(\sigma_i)\Delta t_i,$$

于是

$$\sum_{i=1}^n L_i = \sum_{i=1}^n \sqrt{[x'(\eta_i)]^2 + [y'(\sigma_i)]^2} \cdot \Delta t_i,$$

其中 η_i 和 σ_i 一般不会相同. 上式还不是黎曼和 $\sum_{i=1}^n \sqrt{[x'(\xi_i)]^2 + [y'(\xi_i)]^2} \cdot \Delta t_i, \xi_i \in [t_{i-1}, t_i]$ 的形式,但二者已相当接近. 由此有

$$\left| \sum_{i=1}^n L_i - \sum_{i=1}^n \sqrt{[x'(\xi_i)]^2 + [y'(\xi_i)]^2}\, \Delta t_i \right|$$
$$= \left| \sum_{i=1}^n \sqrt{[x'(\eta_i)]^2 + [y'(\sigma_i)]^2}\, \Delta t_i - \sum_{i=1}^n \sqrt{[x'(\xi_i)]^2 + [y'(\xi_i)]^2}\, \Delta t_i \right|$$
$$\leqslant \sum_{i=1}^n \left| \sqrt{[x'(\eta_i)]^2 + [y'(\sigma_i)]^2} - \sqrt{[x'(\xi_i)]^2 + [y'(\xi_i)]^2} \right| \Delta t_i.$$

由三角不等式

$$\left| \sqrt{x_1^2 + x_2^2} - \sqrt{y_1^2 + y_2^2} \right| \leqslant \sqrt{(x_1 - y_1)^2 + (x_2 - y_2)^2} \leqslant |x_1 - y_1| + |x_2 - y_2|,$$

得到

$$\left| \sum_{i=1}^{n} L_i - \sum_{i=1}^{n} \sqrt{[x'(\xi_i)]^2 + [y'(\xi_i)]^2} \, \Delta t_i \right|$$

$$\leqslant \sum_{i=1}^{n} |x'(\eta_i) - x'(\xi_i)| \Delta t_i + \sum_{i=1}^{n} |y'(\sigma_i) - y'(\xi_i)| \Delta t_i$$

$$\leqslant \sum_{i=1}^{n} \bar{\omega}_i \Delta t_i + \sum_{i=1}^{n} \widetilde{\omega}_i \Delta t_i,$$

其中 $\bar{\omega}_i$ 和 $\widetilde{\omega}_i$ 分别是 $x'(t)$ 和 $y'(t)$ 在 $[t_{i-1}, t_i]$ 中的振幅.

因为 $x'(t)$ 和 $y'(t)$ 在 $[\alpha, \beta]$ 上可积,由定积分存在的充分必要条件,当 $\lambda = \max\limits_{1 \leqslant i \leqslant n}(\Delta t_i) \to 0$, 有

$$\sum_{i=1}^{n} \bar{\omega}_i \Delta t_i \to 0 \quad \text{及} \quad \sum_{i=1}^{n} \widetilde{\omega}_i \Delta t_i \to 0,$$

于是

$$s = \lim_{\lambda \to 0} \sum_{i=1}^{n} L_i = \lim_{\lambda \to 0} \sum_{i=1}^{n} \sqrt{[x'(\xi_i)]^2 + [y'(\xi_i)]^2} \, \Delta t_i$$

$$= \int_{\alpha}^{\beta} \sqrt{[x'(t)]^2 + [y'(t)]^2} \, dt.$$

证毕.

另外,也可以用定积分的微元法来得到光滑曲线弧的弧长公式.

取 t 为积分变量,则 $t \in [\alpha, \beta]$, 在 $[\alpha, \beta]$ 上任取一小区间 $[t, t + dt]$, 则这一小区间所对应的曲线弧段的长度 Δs 近似等于对应的弦的长度 $\sqrt{(\Delta x)^2 + (\Delta y)^2}$, 其中

$$\Delta x = x(t + dt) - x(t) \approx dx = x'(t)dt,$$
$$\Delta y = y(t + dt) - y(t) \approx dy = y'(t)dt,$$

因此可以得到弧长微元

$$ds = \sqrt{(dx)^2 + (dy)^2} = \sqrt{[x'(t)]^2 + [y'(t)]^2} \, dt,$$

则曲线弧长为

$$s = \int_{\alpha}^{\beta} \sqrt{[x'(t)]^2 + [y'(t)]^2} \, dt.$$

若曲线 C 由直角坐标系下的显式方程 $y = f(x), x \in [a, b]$ 给出, $f(x)$ 具有一阶连续导数,容易得到相应的弧长公式

$$s = \int_{a}^{b} \sqrt{1 + [f'(x)]^2} \, dx.$$

若曲线 C 由极坐标方程

$$r = r(\theta), \quad \theta \in [\alpha, \beta]$$

给出，其中 $r(\theta)$ 在 $[\alpha, \beta]$ 上具有连续导数. 要导出它的弧长计算公式，只需要将极坐标方程化成参数方程，再利用参数方程下的弧长计算公式即可.

转换后曲线的参数方程为

$$\begin{cases} x = r(\theta)\cos\theta, \\ y = r(\theta)\sin\theta, \end{cases} \theta \in [\alpha, \beta].$$

此时 θ 变成了参数，从而得到弧长公式为

$$s = \int_\alpha^\beta \sqrt{[r(\theta)]^2 + [r'(\theta)]^2}\, d\theta.$$

例 9.4.1 求曲线 $y = \dfrac{1}{3}x^{\frac{3}{2}}$ 上相应于 x 从 0 到 12 的一段弧的长度.

解 以 x 为积分变量，则 $x \in [0, 12]$，弧长微元为

$$ds = \sqrt{1 + \left(\dfrac{1}{2}\sqrt{x}\right)^2}\, dx = \sqrt{1 + \dfrac{1}{4}x}\, dx.$$

由弧长公式，有

$$s = \int_0^{12} \sqrt{1 + \dfrac{x}{4}}\, dx = 4\left[\dfrac{2}{3}\left(1 + \dfrac{x}{4}\right)^{\frac{3}{2}}\right]_0^{12} = \dfrac{56}{3}.$$

例 9.4.2 求摆线 $\begin{cases} x = a(t - \sin t), \\ y = a(1 - \cos t) \end{cases}$ $(0 \leqslant t \leqslant 2\pi)$ $(a > 0)$ 一拱的长度.

解 由于 $x'(t) = a(1 - \cos t)$，$y'(t) = a\sin t$，所以

$$\sqrt{[x'(t)]^2 + [y'(t)]^2} = \sqrt{a^2(1-\cos t)^2 + a^2\sin^2 t}$$

$$= a\sqrt{2(1 - \cos t)} = 2a\sin\dfrac{t}{2},$$

所求弧长为

$$s = \int_0^{2\pi} 2a\sin\dfrac{t}{2}\, dt = 4a\left[-\cos\dfrac{t}{2}\right]_0^{2\pi} = 8a.$$

例 9.4.3 计算心脏线 $r = a(1 + \cos\theta)$ $(a > 0)$ 的周长.

解 弧长微元为

$$ds = \sqrt{a^2(1 + \cos\theta)^2 + (-a\sin\theta)^2}\, d\theta$$

$$= \sqrt{2a^2(1 + \cos\theta)}\, d\theta = 2a\left|\cos\dfrac{\theta}{2}\right|\, d\theta,$$

则所求弧长为

$$s = \int_0^{2\pi} 2a\left|\cos\dfrac{\theta}{2}\right|\, d\theta = 4a\int_0^\pi \cos\dfrac{\theta}{2}\, d\theta = 8a.$$

9.4.2 平面曲线的曲率

在许多实际问题中,常常需要考虑曲线的弯曲程度.如道路设计中,在拐弯的地方要控制弯曲的程度,以免发生交通意外.所以平面曲线上各点的弯曲程度的研究是研究曲线局部状态的重要标志.

如何刻画曲线的弯曲程度呢? 我们来看图 9.4.2 所示的两条光滑曲线 C 和 C' 上的曲线段 $\overset{\frown}{AB}$ 和 $\overset{\frown}{A'B'}$,它们的弧长分别记为 Δs 与 $\Delta s'$. 当动点从 A 点沿曲线段 $\overset{\frown}{AB}$ 运动到 B 点时, A 点的切线 τ_A 也随着转动到 B 点的切线 τ_B,记这两条切线之间的夹角为 $\Delta\varphi$(它等于 τ_B 和 x 轴的交角与 τ_A 和 x 轴的交角之差),同样,记曲线段 $\overset{\frown}{A'B'}$ 的两个端点 A', B' 处的切线 τ'_A 和 τ'_B 的夹角为 $\Delta\varphi'$.

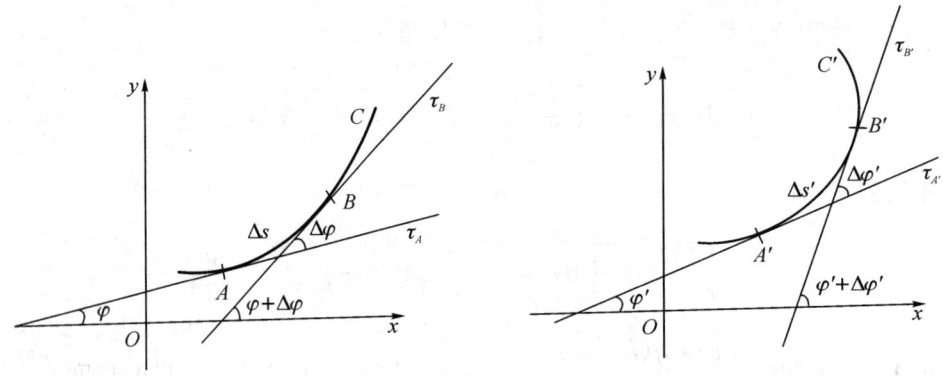

图 9.4.2

可以观察到,当弧的长度相同时,切线间的夹角越大,曲线的弯曲程度就越大.即如果 $\Delta s' = \Delta s$,而 $\Delta\varphi' > \Delta\varphi$,那么可以认为 $\overset{\frown}{A'B'}$ 的弯曲程度比 $\overset{\frown}{AB}$ 的弯曲程度大.

定义

$$\bar{K} = \left|\frac{\Delta\varphi}{\Delta s}\right|$$

为曲线段 $\overset{\frown}{AB}$ 的**平均曲率**,它刻画了曲线段 $\overset{\frown}{AB}$ 的平均弯曲程度. 如果存在极限

$$K = \left|\lim_{\Delta s \to 0} \frac{\Delta\varphi}{\Delta s}\right| = \left|\frac{\mathrm{d}\varphi}{\mathrm{d}s}\right|,$$

我们把它称为曲线 C 在 A 点的**曲率**.

设光滑曲线由参数方程

$$\begin{cases} x = x(t), \\ y = y(t), \end{cases} \alpha \leqslant t \leqslant \beta$$

确定,且 $x(t), y(t)$ 有二阶导数. 对于每个 $t \in [\alpha, \beta]$,曲线在对应点的切线斜率为

$$\frac{\mathrm{d}y}{\mathrm{d}x} = \frac{y'(t)}{x'(t)} = \tan\varphi,$$

其中 φ 是该切线与 x 轴正半轴的夹角，由 $\varphi = \arctan \dfrac{y'(t)}{x'(t)}$，即可得到

$$\frac{\mathrm{d}\varphi}{\mathrm{d}t} = \frac{x'(t)y''(t) - x''(t)y'(t)}{x'^2(t) + y'^2(t)}.$$

另由弧长的微分公式知

$$\frac{\mathrm{d}s}{\mathrm{d}t} = \sqrt{x'^2(t) + y'^2(t)}.$$

于是

$$K = \left|\frac{\mathrm{d}\varphi}{\mathrm{d}s}\right| = \left|\frac{\frac{\mathrm{d}\varphi}{\mathrm{d}t}}{\frac{\mathrm{d}s}{\mathrm{d}t}}\right| = \frac{|x'(t)y''(t) - x''(t)y'(t)|}{[x'^2(t) + y'^2(t)]^{\frac{3}{2}}}.$$

这就是曲率的计算公式.

特别地，如果曲线由 $y = y(x)$ 表示，且 $y(x)$ 有二阶导数，那么相应的计算公式为

$$K = \frac{|y''|}{(1+y'^2)^{\frac{3}{2}}}.$$

容易知道，直线上曲率处处为零.

例 9.4.4 求椭圆 $x = a\cos t$，$y = b\sin t$（$0 \leqslant t \leqslant 2\pi$）上曲率最大和最小的点（$0 < b \leqslant a$）.

解 由于 $x' = -a\sin t$，$x'' = -a\cos t$，$y' = b\cos t$，$y'' = -b\sin t$，得到

$$K = \frac{|x'y'' - x''y'|}{(x'^2 + y'^2)^{\frac{3}{2}}} = \frac{|ab\sin^2 t + ab\cos^2 t|}{(a^2\sin^2 t + b^2\cos^2 t)^{\frac{3}{2}}} = \frac{ab}{[(a^2-b^2)\sin^2 t + b^2]^{\frac{3}{2}}}.$$

因此当 $a > b > 0$ 时，椭圆上在 $t = 0$，π 对应的点，即长轴的两个端点处曲率最大；在 $t = \dfrac{\pi}{2}$，$\dfrac{3\pi}{2}$ 对应的点，即短轴的两个端点处曲率最小，且有

$$K_{\max} = \frac{a}{b^2}, \quad K_{\min} = \frac{b}{a^2}.$$

当 $a = b = R$ 时（这时椭圆成为半径为 R 的圆），$K = \dfrac{1}{R}$，即圆上各点处的曲率相同，其值为圆半径的倒数.

设曲线 C 在 A 点处的曲率 $K \neq 0$，若过 A 点作一个半径为 $\dfrac{1}{K}$ 的圆，使它在 A 点处与曲线 C 有相同的切线，并在 A 点附近与该曲线位于切线的同侧（图 9.4.3）. 我

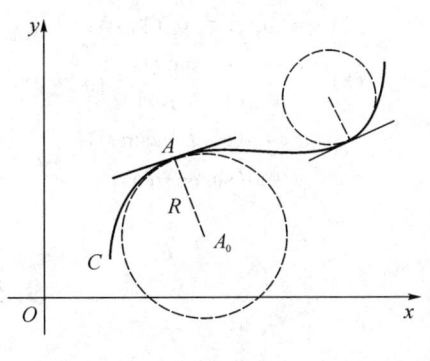

图 9.4.3

们把这个圆称为曲线 C 在 A 点处的**曲率圆**或**密切圆**. 曲率圆的半径 $R = \dfrac{1}{K}$ 和圆心 A_0 分别称为曲线 C 在 A 点处的**曲率半径**和**曲率中心**. 由曲率圆的定义可以知道, 曲线 C 在点 A 处与曲率圆既有相同的切线, 又有相同的曲率和凸性.

例 9.4.5 求悬链线 $y = \dfrac{1}{2}(e^x + e^{-x})$ 的曲率.

解 $y' = \dfrac{1}{2}(e^x - e^{-x})$, $y'' = \dfrac{1}{2}(e^x + e^{-x}) = y$. 由 $y > 0$ 及

$$\sqrt{1+y'^2} = \sqrt{1 + \dfrac{1}{4}(e^x - e^{-x})^2} = y,$$

故

$$K = \dfrac{|y''|}{(1+y'^2)^{\frac{3}{2}}} = \dfrac{1}{y^2} = \dfrac{4}{(e^x + e^{-x})^2}.$$

习题 9.4

1. 计算下列曲线的弧长.

(1) $y = \ln x$, $\sqrt{3} \leqslant x \leqslant \sqrt{8}$;

(2) $y = \dfrac{\sqrt{x}}{3}(3-x)$, $1 \leqslant x \leqslant 3$;

(3) 悬链线 $y = \dfrac{1}{2}(e^x + e^{-x})$, $0 \leqslant x \leqslant 1$;

(4) $x = \dfrac{y^2}{4} - \dfrac{\ln y}{2}$, $1 \leqslant y \leqslant e$;

(5) 圆的渐开线 $\begin{cases} x = a(\cos t + t \sin t), \\ y = a(\sin t - t \cos t), \end{cases}$ $a > 0$, $0 \leqslant t \leqslant \pi$;

(6) 星形线 $\begin{cases} x = a \cos^3 t, \\ y = a \sin^3 t, \end{cases}$ $0 \leqslant t \leqslant 2\pi$;

(7) 对数螺线 $r = e^{2\theta}$, $0 \leqslant \theta \leqslant 2\pi$;

(8) 阿基米德螺线 $r = a\theta$, $a > 0$, $0 \leqslant \theta \leqslant 2\pi$.

2. 求下列各曲线在指定点处的曲率.

(1) $y = \dfrac{4}{x}$, 在点 $(2,2)$;

(2) $y = \ln x$, 在点 $(1,0)$;

(3) $\begin{cases} x = a(t - \sin t), \\ y = a(1 - \cos t) \end{cases}$ $(a > 0)$, 在 $t = \dfrac{\pi}{2}$ 对应的点;

(4) $\begin{cases} x = a(\cos t + t \sin t), \\ y = a(\sin t - t \cos t) \end{cases}$ $(a > 0)$, 在 $t = 1$ 对应的点.

9.5 旋转曲面的面积

设平面上一段光滑曲线由参数方程 $\begin{cases} x = x(t), \\ y = y(t) \end{cases}$ $(\alpha \leqslant t \leqslant \beta)$ 确定, 且在 $[\alpha, \beta]$ 上 $y(t) \geqslant$

0,现求它绕 x 轴旋转一周所得到的旋转曲面的面积. 以下用定积分的微元法来推导旋转曲面的面积公式.

取 t 为积分变量,则 $t \in [\alpha, \beta]$. 在 $[\alpha, \beta]$ 上任取一小区间 $[t, t+\mathrm{d}t]$,则这一小区间 $[t, t+\mathrm{d}t]$ 所对应的小旋转曲面的面积近似等于对应这一小区间的一个圆台的侧面积. 由于圆台侧面积 $= \pi \times$ 母线长 $\times$ (上底半径 + 下底半径),故小旋转曲面的面积为

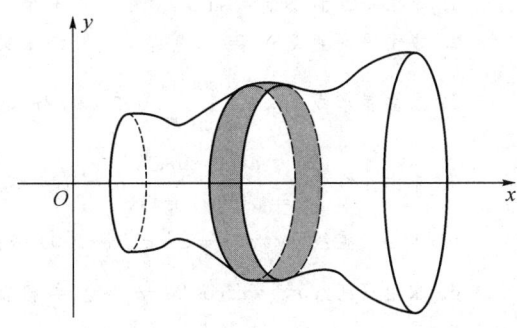

图 9.5.1

$$\Delta S \approx \pi \cdot \Delta s \cdot [y(t) + y(t+\mathrm{d}t)],$$

其中 Δs 为母线长. 在极限状态下,母线长是弧长微元 $\mathrm{d}s$,上下底半径之和是 $2y(t)$.

于是得到旋转曲面的面积微元

$$\mathrm{d}S = 2\pi y(t)\mathrm{d}s = 2\pi y(t)\sqrt{[x'(t)]^2 + [y'(t)]^2}\mathrm{d}t,$$

则旋转曲面的面积为

$$S = 2\pi \int_\alpha^\beta y(t)\sqrt{[x'(t)]^2 + [y'(t)]^2}\mathrm{d}t.$$

类似地,我们可以得到曲线绕 y 轴旋转一周所得旋转曲面的面积公式.

若光滑曲线由直角坐标系下的显式方程 $y = f(x)$,$x \in [a, b]$ ($f(x) \geqslant 0$) 给出,$f(x)$ 具有一阶连续导数,容易得到它绕 x 轴旋转一周所得到的旋转曲面的面积公式

$$S = 2\pi \int_a^b f(x)\sqrt{1 + [f'(x)]^2}\mathrm{d}x.$$

例 9.5.1 求半径为 a 的球的表面积.

解 本题为求半径为 a 的圆的上半部分 $y = \sqrt{a^2 - x^2}$ 绕 x 轴旋转一周所得的旋转曲面的面积. 因此

$$S = 2\pi \int_{-a}^a f(x)\sqrt{1 + [f'(x)]^2}\mathrm{d}x = 2\pi a \int_{-a}^a \frac{\sqrt{a^2 - x^2}}{\sqrt{a^2 - x^2}}\mathrm{d}x = 4\pi a^2.$$

例 9.5.2 求摆线一拱绕 x 轴旋转一周所得旋转曲面的面积.

解 摆线参数方程为 $\begin{cases} x = a(t - \sin t), \\ y = a(1 - \cos t) \end{cases}$ $(a > 0)$,选取摆线在 $0 \leqslant t \leqslant 2\pi$ 的一拱.

由旋转曲面的面积公式得

$$\begin{aligned} S &= 2\pi a^2 \int_0^{2\pi} (1 - \cos t)\sqrt{(1 - \cos t)^2 + \sin^2 t}\,\mathrm{d}t \\ &= 2\sqrt{2}\pi a^2 \int_0^{2\pi} (1 - \cos t)\sqrt{1 - \cos t}\,\mathrm{d}t \\ &= 16\pi a^2 \int_0^{2\pi} \sin^3 \frac{t}{2} \mathrm{d}\left(\frac{t}{2}\right) = \frac{64}{3}\pi a^2. \end{aligned}$$

习题 9.5

1. 求由平面曲线 $y = \sin x$, $0 \leqslant x \leqslant \pi$ 绕 x 轴旋转所得旋转曲面的面积.
2. 求由平面曲线 $y^2 = x$, $0 \leqslant x \leqslant 6$ 绕 x 轴旋转所得旋转曲面的面积.
3. 求由星形线 $\begin{cases} x = a\cos^3 t, \\ y = a\sin^3 t, \end{cases}$ $0 \leqslant t \leqslant 2\pi$ 绕 x 轴旋转所得旋转曲面的面积.
4. 求由摆线 $\begin{cases} x = a(t - \sin t), \\ y = a(1 - \cos t), \end{cases}$ $a > 0$, $0 \leqslant t \leqslant 2\pi$ 绕 y 轴旋转所得旋转曲面的面积.
5. 求由心脏线 $r = a(1 - \cos\theta)$ $(a > 0)$ 绕极轴旋转所得旋转曲面的面积.
6. 求由双纽线 $r^2 = a^2 \cos 2\theta$ $(a > 0)$ 绕极轴和射线 $\theta = \dfrac{\pi}{2}$ 旋转所得旋转曲面的面积.

9.6 定积分在物理中的某些应用

定积分在物理及工程技术等方面有着广泛的应用,以下举几个常见的例子.

9.6.1 变力做功

由物理学知识知道,在物体作直线运动过程中,若不变的力 F 作用在物体上,力的方向与物体运动的方向一致,物体移动了距离 s,这时,力 F 对物体所做的功为

$$W = F \cdot s.$$

如果物体在运动过程中受到的力是变化的,则要讨论的就是变力做功问题. 我们可以用定积分的微元法来计算.

假定变力 $F(x)$ 是 $[a, b]$ 上的连续函数,讨论在变力 $F(x)$ 的作用下,物体从 $x = a$ 移到 $x = b$ 时所作的功 W.

以 x 为积分变量,$x \in [a, b]$,在 $[a, b]$ 上任取一小区间 $[x, x + \mathrm{d}x]$,对应于该小区间的变力所做的功可以用 $F(x)\mathrm{d}x$ 来近似代替,即功微元为

$$\mathrm{d}W = F(x)\mathrm{d}x.$$

因此所求的功为

$$W = \int_a^b F(x)\mathrm{d}x.$$

例 9.6.1 半径为 r 的球沉入水中,球的上部与水面相切,球的比重为 1,现将这球从水中取出,需作多少功?

解 建立坐标系如图 9.6.1 所示.

取 x 为积分变量,则 $x \in [0, 2r]$. 在 $[0, 2r]$ 上任取一个小区间 $[x, x + \mathrm{d}x]$,则此小区间对应于球体上的一块小薄片,此薄片的体积近似等于

$$\pi\left(\sqrt{r^2 - (r-x)^2}\right)^2 \mathrm{d}x,$$

由于球的比重为 1，故此薄片质量约为

$$dm = \pi[r^2 - (r-x)^2]dx \cdot 1.$$

将此薄片取出水面所作的功应等于克服薄片重力所作的功，将此薄片取出水面需移动距离为 x. 故功微元为

$$dW = dm \cdot g \cdot x = \pi g[r^2 - (r-x)^2]xdx.$$

因此，要将这球从水中取出，需作的功为

$$W = \int_0^{2r} \pi g[r^2 - (r-x)^2]xdx = \pi g \int_0^{2r}(2rx^2 - x^3)dx$$
$$= \pi g\left(\frac{2}{3}rx^3 - \frac{1}{4}x^4\right)\Big|_0^{2r} = \frac{4}{3}\pi r^4 g.$$

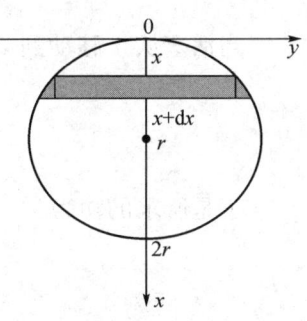

图 9.6.1

例 9.6.2 用锤子向木板钉钉子，设木板对钉子的阻力与钉子钉入木板的深度成正比. 在锤子击打钉子第一次时，钉子钉入 1 cm，如果铁锤每次击打钉子所作的功相等，问第二次击打钉子进入木板多少？

解 设钉子钉入木板的深度为 x，依题意可知，阻力 $F = kx$，锤子第一次击打钉子所作的功

$$W_1 = \int_0^1 F dx = \int_0^1 kx dx = \frac{1}{2}k.$$

设锤子第二次击打钉子后，钉子钉入木板的总深度为 l，锤子第二次击打钉子所作的功

$$W_2 = \int_1^l kx dx = \frac{1}{2}k(l^2 - 1).$$

由于铁锤两次击打钉子所作的功相等，即

$$\frac{1}{2}k = \frac{1}{2}k(l^2 - 1),$$

解得 $l = \sqrt{2}$，因此钉子第二次钉入了 $(\sqrt{2} - 1)$ cm.

例 9.6.3 在底面积为 S 的圆柱形容器中盛有一定量的气体. 在等温条件下，由于气体的膨胀，把容器中的一个活塞(面积为 S)从点 a 处推移到点 b 处. 计算在移动过程中，气体压力所作的功.

解 取坐标系如图 9.6.2 所示，活塞的位置可以用坐标 x 来表示. 由物理学知识可知，一定量的气体在等温条件下，压强 p 与体积 V 的乘积是常数 k，即

$$pV = k \quad \text{或} \quad p = \frac{k}{V}.$$

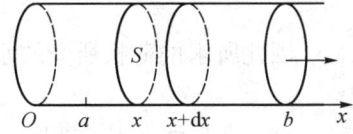

图 9.6.2

由于 $V = xS$，所以 $p = \frac{k}{xS}$. 故作用在活塞上的力为 $F = p \cdot S = \frac{k}{xS} \cdot S = \frac{k}{x}$.

当活塞从 x 移动到 $x+\mathrm{d}x$ 时,变力所作的功近似于 $\dfrac{k}{x}\mathrm{d}x$,即功微元为

$$\mathrm{d}W = \frac{k}{x}\mathrm{d}x.$$

于是所求的功为

$$W = \int_a^b \frac{k}{x}\mathrm{d}x = k\ln x \Big|_a^b = k\ln \frac{b}{a}.$$

9.6.2 液体静压力

由物理学知道,在液体深为 h 处的压强 $P = h \cdot \gamma$,这里 γ 是液体的比重. 在 h 深处水平放置一面积为 A 的平板,它的一侧所受的液体静压力为

$$F = P \cdot A.$$

如果将平板垂直放置在水中,由于水深不同的点处压强 P 不相等,平板一侧不同深度处所受的水压力是不同的,可以考虑用定积分的微元法来讨论. 以下用具体例子来说明.

例 9.6.4 如图 9.6.3 所示,将直角边分别为 a 和 $2a$ 的直角三角形薄板垂直浸入水中,斜边朝下,边长为 $2a$ 的直角边与水面相齐,求薄板所受的侧压力.

解 建立直角坐标系如图 9.6.3 所示,则斜边所在直线方程为 $y = 2(a-x)$.

取 x 为积分变量,则 $x \in [0, a]$,在 $[0, a]$ 上任取小区间 $[x, x+\mathrm{d}x]$,相应于该小窄条的面积近似为 $2(a-x)\mathrm{d}x$.

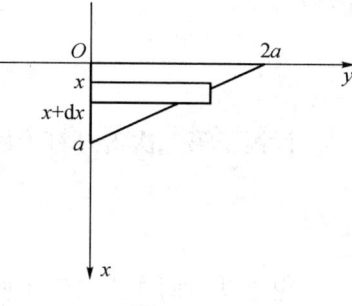

图 9.6.3

这小窄条各点的压强近似为 $\gamma \cdot x$,水的比重为 $\gamma = 9.8 \times 10^3 \text{ N/m}^3$,因此,这小窄条的一侧所受水压力的近似值为

$$9.8 \times 10^3 \times 2(a-x)x\mathrm{d}x = 19\,600(a-x)x\mathrm{d}x,$$

即压力微元为

$$\mathrm{d}F = 19\,600(a-x)x\mathrm{d}x.$$

因此所求的薄板所受的水的侧压力为

$$F = \int_0^a 19\,600(a-x)x\mathrm{d}x = 19\,600\left(\frac{ax^2}{2}\Big|_0^a - \frac{x^3}{3}\Big|_0^a\right) = \frac{9\,800a^3}{3}(\text{N}).$$

9.6.3 引力

由物理学知道:质量为 m_1, m_2,相距为 r 的两质点间的引力大小为

$$F = k\frac{m_1 m_2}{r^2},$$

其中 k 为引力系数. 引力的方向沿着两质点的连线方向.

如果要计算一根细棒对一个质点的引力,由于细棒上各点与该质点的距离是变化的,且各点对该质点的引力方向也是变化的,便不能简单地用上述公式来作计算. 我们可以考虑用定积分的微元法来讨论,以下用具体例子来说明.

例 9.6.5 设有一条长度为 l、线密度为 ρ 的均匀细棒,在其中垂线上距棒 a 单位处有一质量为 m 的质点 M,试求该棒对质点 M 的引力.

解 建立坐标系如图 9.6.4 所示. 使棒位于 x 轴上,质点位于 y 轴.

取 x 为积分变量,则 $x \in \left[-\dfrac{l}{2}, \dfrac{l}{2}\right]$. 在 $\left[-\dfrac{l}{2}, \dfrac{l}{2}\right]$ 上任取小区间 $[x, x+\mathrm{d}x]$,把该段细棒近似看成质点,其质量为 $\rho\mathrm{d}x$,与质点 M 的距离为 $r = \sqrt{a^2 + x^2}$,因此该小段对质点的引力 ΔF 的大小近似为

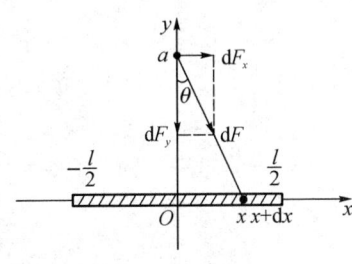

图 9.6.4

$$\Delta F \approx k\frac{m\rho \mathrm{d}x}{a^2 + x^2},$$

从而 ΔF 在竖直方向(即 y 轴)上的分力 ΔF_y 的近似值为

$$\Delta F_y \approx -k \cdot \frac{m\rho \mathrm{d}x}{r^2} \cdot \frac{x}{r} = -k\frac{m\rho \mathrm{d}x}{\sqrt{(a^2+x^2)^3}},$$

即细棒对质点 M 的引力在竖直方向的分力微元为

$$\mathrm{d}F_y = -k\frac{m\rho \mathrm{d}x}{\sqrt{(a^2+x^2)^3}}.$$

故所求引力在竖直方向的分力

$$F_y = \int_{-\frac{l}{2}}^{\frac{l}{2}} -k\frac{m\rho \mathrm{d}x}{\sqrt{(a^2+x^2)^3}} = -\frac{2km\rho l}{a(4a^2+l^2)^{\frac{1}{2}}}.$$

由对称性可知,引力在水平方向的分力 $F_x = 0$.

习题 9.6

1. 设 1 牛顿的力能使得弹簧伸长 1 cm,现在要使弹簧伸长 6 cm,问需作多少功?

2. 一个质点按规律 $x = t^3$ 作直线运动,介质的阻力与速度成正比($f = -kv$,k 为常数),求质点从 $x = 0$ 移到 $x = 1$ 时克服介质阻力所作的功.

3. 有一形如圆台的水桶盛满了水,如桶高 3 m,上下底半径分别为 1 m 和 2 m. 试计算吸尽桶中水所作的功.

4. 把质量为 m 的物体从地球(地球质量为 M,半径为 R)表面升到高为 h 的地方,需作多少功?若物体

远离地球至无穷远处,功等于多少?

5. 一个横放的半径为 R 米的圆柱形水桶,里面有半桶水,水的比重 $\gamma = 9.8 \times 10^3$ N/m³,计算桶的端面所受的压力.

6. 有一等腰梯形的闸门,它的两条底边各长 5 m 和 3 m,高为 10 m,较长的底边与水面相齐.计算闸门上所受的水压力.

7. 一底为 8 cm,高为 6 cm 的等腰三角形薄片,铅直地沉在水中,顶在上底在下且与水面平行,而顶距水面 3 cm.试求它侧面所受的水压力.

8. 设有一半径为 R、中心角为 φ 的圆弧形细棒,其线密度为常数 μ,在圆心处有一质量为 m 的质点 M,求这个细棒对质点 M 的引力.

第 10 章 反常积分

前面章节讨论的黎曼积分有两个前提条件的约束:①积分区间是有限区间;②被积函数是有界函数. 但是,在很多实际问题中,常常遇到不满足这两个约束条件,却确实有意义且需要解决的问题. 所以我们要突破这两个条件,考虑积分区间是无穷区间,或者被积函数是无界函数的特殊积分问题. 这样的积分称为**反常积分**(或**广义积分**),而以前学过的黎曼积分相应地称为**正常积分**(或**常义积分**). 反常积分包含无穷积分和瑕积分.

10.1 无穷积分概念与性质

10.1.1 无穷积分的概念

我们来看一个例子.

例 10.1.1(第二宇宙速度问题) 试由万有引力定律推导出物体脱离地球引力范围无限远离地球所需要的最低初速度(即第二宇宙速度).

解 设从地面垂直向上发射的质量为 m 的物体飞出地球引力范围所需的最低初速度为 v_0. 若它从地球表面飞到无穷远处克服地球引力所做的功为 W,则由能量守恒定律,v_0 须满足

$$\frac{1}{2}mv_0^2 \geqslant W.$$

因此,要求出第二宇宙速度,必须先求出物体从地球表面飞到无穷远处克服地球引力所做的功.

以地球质心为原点建立一维坐标,记地球半径为 R,由万有引力定律,物体在 $r(r \geqslant R)$ 处所受到的地球引力为 $F(r) = \dfrac{mgR^2}{r^2}$,故按照功 W 的定义和定积分的微元法,有

$$dW = F(r)dr = \frac{mgR^2}{r^2}dr,$$

则物体从地面($r = R$)飞到 $r = x(x > R)$ 处克服地球引力所做的功 $W(x)$ 为

$$W(x) = \int_R^x \frac{mgR^2}{r^2}dr = mgR^2 \int_R^x \frac{1}{r^2}dr = mgR^2 \left(-\frac{1}{r}\right)\bigg|_R^x = mgR\left(1 - \frac{R}{x}\right).$$

为了让物体无限远离地球,令 $x \to +\infty$,则得到物体克服地球引力所做的功

$$W = \lim_{x \to +\infty} W(x) = \lim_{x \to +\infty} \int_R^x \frac{mgR^2}{r^2}dr = \lim_{x \to +\infty} mgR\left(1 - \frac{R}{x}\right) = mgR.$$

将 $g = 9.8\,\text{m/s}^2$,地球半径 $R \approx 6\,371\,\text{km}$ 代入关于 v_0 的不等式,得

$$v_0 \geqslant \sqrt{\frac{2W}{m}} = \sqrt{2Rg} = \sqrt{2 \times 6\,371 \times 9.8 \times 10^{-3}} \approx 11.2(\text{km/s}),$$

这就是第二宇宙速度. 由上述讨论过程,W 可以看成函数 $F(r)$ 在无穷区间 $[R, +\infty)$ 上的积分值. 我们可将它形式地写成 $W = \int_R^{+\infty} F(r)\,\text{d}r$.

定义 10.1.1 设函数 $f(x)$ 在 $[a, +\infty)$ 有定义,且在任意内闭区间 $[a, u] \subset [a, +\infty)$ 上可积,若极限

$$\lim_{u \to +\infty} \int_a^u f(x)\,\text{d}x$$

存在,则称此极限为函数 $f(x)$ 在 $[a, +\infty)$ 上的**无穷限反常积分**(简称**无穷积分**),并记

$$\int_a^{+\infty} f(x)\,\text{d}x = \lim_{u \to +\infty} \int_a^u f(x)\,\text{d}x,$$

称无穷积分 $\int_a^{+\infty} f(x)\,\text{d}x$ **收敛**,如果极限不存在,为叙述方便,称无穷积分 $\int_a^{+\infty} f(x)\,\text{d}x$ **发散**.

类似地,可定义 $f(x)$ 在 $(-\infty, b]$ 上的无穷积分:

$$\int_{-\infty}^b f(x)\,\text{d}x = \lim_{u \to -\infty} \int_u^b f(x)\,\text{d}x.$$

对于 $(-\infty, +\infty)$ 上的无穷积分,利用前面两种无穷积分来作如下定义:

$$\int_{-\infty}^{+\infty} f(x)\,\text{d}x = \int_{-\infty}^c f(x)\,\text{d}x + \int_c^{+\infty} f(x)\,\text{d}x,$$

其中,c 为任意实数. $\int_{-\infty}^{+\infty} f(x)\,\text{d}x$ 只有在右端两个无穷积分都收敛时才收敛;否则,就称无穷积分 $\int_{-\infty}^{+\infty} f(x)\,\text{d}x$ 发散. 定义的前提要求是函数 $f(x)$ 在 $(-\infty, +\infty)$ 有定义,且在任意内闭区间 $[u, v] \subset (-\infty, +\infty)$ 上可积.

无穷积分 $\int_a^{+\infty} f(x)\,\text{d}x$ 收敛的**几何意义**:当函数 $f(x) \geqslant 0$ 时,$\int_a^{+\infty} f(x)\,\text{d}x$ 收敛表示由曲线 $y = f(x)$,直线 $x = a$ 和 x 轴所界定的向右无限延伸区域的面积(图 10.1.1)是个有限值.

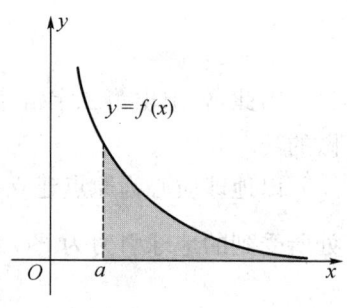

图 10.1.1

10.1.2 无穷积分的计算

由无穷积分敛散性定义,若函数 $f(x)$ 在 $[a, +\infty)$ 有原函数 $F(x)$,由牛顿-莱布尼兹公式,有

$$\int_a^{+\infty} f(x)\mathrm{d}x = \lim_{u \to +\infty} \int_a^u f(x)\mathrm{d}x = \lim_{u \to +\infty} F(x)\Big|_a^u = \lim_{u \to +\infty} [F(u)-F(a)],$$

因此无穷积分 $\int_a^{+\infty} f(x)\mathrm{d}x$ 的敛散性等价于函数极限 $\lim_{u \to +\infty} F(u)$ 的敛散性.

为简便书写,我们形式地记 $F(+\infty) = \lim_{x \to +\infty} F(x)$,$F(x)\Big|_a^{+\infty} = F(+\infty) - F(a)$,则有

$$\int_a^{+\infty} f(x)\mathrm{d}x = F(x)\Big|_a^{+\infty} = F(+\infty) - F(a),$$

若 $F(+\infty)$ 不存在,则无穷积分 $\int_a^{+\infty} f(x)\mathrm{d}x$ 发散.

类似地,若函数 $f(x)$ 在 $(-\infty, b]$ 有原函数 $F(x)$,记 $F(-\infty) = \lim_{x \to -\infty} f(x)$,$F(x)\Big|_{-\infty}^b = F(b) - F(-\infty)$,则有

$$\int_{-\infty}^b f(x)\mathrm{d}x = F(x)\Big|_{-\infty}^b = F(b) - F(-\infty),$$

若 $F(-\infty)$ 不存在,则无穷积分 $\int_{-\infty}^b f(x)\mathrm{d}x$ 发散.

若函数 $f(x)$ 在 $(-\infty, +\infty)$ 有原函数 $F(x)$,记 $F(x)\Big|_{-\infty}^{+\infty} = F(+\infty) - F(-\infty)$,则有

$$\int_{-\infty}^{+\infty} f(x)\mathrm{d}x = F(x)\Big|_{-\infty}^{+\infty} = F(+\infty) - F(-\infty),$$

若 $F(+\infty)$ 与 $F(-\infty)$ 有一个不存在,则无穷积分 $\int_{-\infty}^{+\infty} f(x)\mathrm{d}x$ 发散.

上述公式给出判定无穷积分敛散性及计算收敛无穷积分的方法. 由于无穷积分是由变限定积分的极限来定义,容易看到关于定积分的换元积分法与分部积分法可以引用到无穷积分中来,读者可自行书写运用.

例 10.1.2 讨论 $\int_0^{+\infty} \mathrm{e}^{-ax} \mathrm{d}x$ 的敛散性($a \in \mathbf{R}$).

解 当 $a = 0$ 时,上述积分显然发散至 $+\infty$.

当 $a \neq 0$ 时,$\int_0^{+\infty} \mathrm{e}^{-ax}\mathrm{d}x = -\dfrac{\mathrm{e}^{-ax}}{a}\Big|_0^{+\infty} = \begin{cases} \dfrac{1}{a}, & a > 0, \\ +\infty, & a < 0. \end{cases}$

因此,当 $a > 0$ 时,$\int_0^{+\infty} \mathrm{e}^{-ax}\mathrm{d}x$ 收敛于 $\dfrac{1}{a}$;当 $a \leqslant 0$ 时,$\int_0^{+\infty} \mathrm{e}^{-ax}\mathrm{d}x$ 发散.

例 10.1.3 求 $\int_{-\infty}^{+\infty} \dfrac{1}{1+x^2}\mathrm{d}x$.

解 $\int_{-\infty}^{+\infty} \dfrac{1}{1+x^2}\mathrm{d}x = \int_{-\infty}^0 \dfrac{1}{1+x^2}\mathrm{d}x + \int_0^{+\infty} \dfrac{1}{1+x^2}\mathrm{d}x$

$= \arctan x \Big|_{-\infty}^0 + \arctan x \Big|_0^{+\infty} = \dfrac{\pi}{2} + \dfrac{\pi}{2} = \pi.$

例 10.1.4（第一型 p 积分） 讨论 $\int_a^{+\infty} \dfrac{1}{x^p}\mathrm{d}x$ 的敛散性（$a>0, p\in\mathbf{R}$）.

解 当 $p=1$ 时，
$$\int_a^{+\infty}\frac{1}{x}\mathrm{d}x = \ln x \Big|_a^{+\infty} = \lim_{x\to+\infty}\ln x - \ln a = +\infty;$$

当 $p\ne 1$ 时，
$$\int_a^{+\infty}\frac{1}{x^p}\mathrm{d}x = \frac{x^{-p+1}}{1-p}\Big|_a^{+\infty} = \lim_{x\to+\infty}\frac{x^{1-p}}{1-p} - \frac{a^{1-p}}{1-p} = \begin{cases} +\infty, & p<1, \\ \dfrac{a^{1-p}}{p-1}, & p>1. \end{cases}$$

因此，当 $p>1$ 时，无穷积分 $\int_a^{+\infty}\dfrac{1}{x^p}\mathrm{d}x$ 收敛于 $\dfrac{a^{1-p}}{p-1}$；当 $p\leqslant 1$ 时，无穷积分 $\int_a^{+\infty}\dfrac{1}{x^p}\mathrm{d}x$ 发散.

例 10.1.5 讨论 $\int_2^{+\infty}\dfrac{\mathrm{d}x}{x(\ln x)^p}$ 的敛散性（$p\in\mathbf{R}$）.

解 使用换元法，令 $t=\ln x$，则
$$\int_2^{+\infty}\frac{\mathrm{d}x}{x(\ln x)^p} = \int_{\ln 2}^{+\infty}\frac{1}{t^p}\mathrm{d}t.$$

这是第一型 p 积分，因此该无穷积分当 $p>1$ 时收敛，当 $p\leqslant 1$ 时发散.

类似地，可以证明无穷积分 $\int_{e^2}^{+\infty}\dfrac{\mathrm{d}x}{x(\ln x)(\ln\ln x)^p}$ 当 $p>1$ 时收敛，当 $p\leqslant 1$ 时发散.

例 10.1.6 求 $\int_0^{+\infty} x\mathrm{e}^{-3x}\mathrm{d}x$.

解 运用分部积分法，有
$$\int_0^{+\infty} x\mathrm{e}^{-3x}\mathrm{d}x = -\frac{1}{3}\int_0^{+\infty} x\mathrm{d}(\mathrm{e}^{-3x}) = -\frac{x}{3}\mathrm{e}^{-3x}\Big|_0^{+\infty} + \frac{1}{3}\int_0^{+\infty}\mathrm{e}^{-3x}\mathrm{d}x$$
$$= 0 - \frac{1}{9}\mathrm{e}^{-3x}\Big|_0^{+\infty} = \frac{1}{9}.$$

例 10.1.7 求 $\int_1^{+\infty}\dfrac{1}{x\sqrt{1+x^2}}\mathrm{d}x$.

解 使用换元法，令 $t=\dfrac{1}{x}$，当 $x=1$ 时，$t=1$；当 $x\to+\infty$ 时，$t\to 0$. 则
$$\int_1^{+\infty}\frac{1}{x\sqrt{1+x^2}}\mathrm{d}x = \int_0^1\frac{1}{\sqrt{1+t^2}}\mathrm{d}t = \ln(t+\sqrt{1+t^2})\Big|_0^1 = \ln(1+\sqrt{2}).$$

10.1.3 无穷积分的性质

以下三种形式的无穷积分
$$\int_a^{+\infty} f(x)\mathrm{d}x, \quad \int_{-\infty}^b f(x)\mathrm{d}x, \quad \int_{-\infty}^{+\infty} f(x)\mathrm{d}x$$

之间是有紧密联系的. 我们对无穷积分 $\int_{-\infty}^{b} f(x)\mathrm{d}x$ 进行换元,设 $x=-t$,由定义有

$$\int_{-\infty}^{b} f(x)\mathrm{d}x = \int_{-b}^{+\infty} f(-t)\mathrm{d}t.$$

同样由定义,$\int_{-\infty}^{+\infty} f(x)\mathrm{d}x$ 也可归结为形如 $\int_{a}^{+\infty} f(x)\mathrm{d}x$ 的无穷积分. 因此,我们只需讨论无穷积分 $\int_{a}^{+\infty} f(x)\mathrm{d}x$ 的敛散性问题.

由无穷积分敛散性定义可知,$\int_{a}^{+\infty} f(x)\mathrm{d}x$ 收敛与否,取决于函数 $F(u)=\int_{a}^{u} f(x)\mathrm{d}x$ 当 $u \to +\infty$ 时是否存在极限. 因此由函数极限的柯西收敛准则可导出无穷积分收敛的柯西收敛准则.

定理 10.1.1(柯西收敛准则) 无穷积分 $\int_{a}^{+\infty} f(x)\mathrm{d}x$ 收敛的充要条件是:$\forall \varepsilon > 0$,$\exists A > a$,对任意的 $u_1, u_2 > A$,有

$$\left|\int_{u_1}^{u_2} f(x)\mathrm{d}x\right| < \varepsilon.$$

由函数极限性质与定积分性质,容易导出无穷积分一些相应的性质.

定理 10.1.2(线性性质) 若 $\int_{a}^{+\infty} f_1(x)\mathrm{d}x$ 与 $\int_{a}^{+\infty} f_2(x)\mathrm{d}x$ 都收敛,k_1, k_2 为任意常数,则 $\int_{a}^{+\infty} [k_1 f_1(x) + k_2 f_2(x)]\mathrm{d}x$ 收敛,且有

$$\int_{a}^{+\infty} [k_1 f_1(x) + k_2 f_2(x)]\mathrm{d}x = k_1 \int_{a}^{+\infty} f_1(x)\mathrm{d}x + k_2 \int_{a}^{+\infty} f_2(x)\mathrm{d}x.$$

定理 10.1.3(区间可加性) 若函数 $f(x)$ 在 $[a, +\infty)$ 有定义,在任意内闭区间 $[a, u] \subset [a, +\infty)$ 上可积,$a < b$,则 $\int_{a}^{+\infty} f(x)\mathrm{d}x$ 与 $\int_{b}^{+\infty} f(x)\mathrm{d}x$ 同敛散(同时收敛或同时发散),且有

$$\int_{a}^{+\infty} f(x)\mathrm{d}x = \int_{a}^{b} f(x)\mathrm{d}x + \int_{b}^{+\infty} f(x)\mathrm{d}x.$$

定理 10.1.4 若函数 $f(x)$ 在 $[a, +\infty)$ 有定义,在任意内闭区间 $[a, u] \subset [a, +\infty)$ 上可积,且 $\int_{a}^{+\infty} |f(x)|\mathrm{d}x$ 收敛,则 $\int_{a}^{+\infty} f(x)\mathrm{d}x$ 也收敛,并有

$$\left|\int_{a}^{+\infty} f(x)\mathrm{d}x\right| \leqslant \int_{a}^{+\infty} |f(x)|\mathrm{d}x.$$

证 对任意给定的 $\varepsilon > 0$,已知 $\int_{a}^{+\infty} |f(x)|\mathrm{d}x$ 收敛,根据柯西收敛准则,$\exists A > a$,使得对任意 $u_2 > u_1 > A$,成立

$$\int_{u_1}^{u_2} |f(x)|\mathrm{d}x < \varepsilon.$$

利用定积分的性质,得到

$$\left|\int_{u_1}^{u_2} f(x)\mathrm{d}x\right| \leqslant \int_{u_1}^{u_2} |f(x)|\mathrm{d}x < \varepsilon,$$

再由柯西收敛准则,可知 $\int_a^{+\infty} f(x)\mathrm{d}x$ 收敛.

又由于 $-|f(x)| \leqslant f(x) \leqslant |f(x)|$,$x \in [a, +\infty)$,由无穷积分的线性性质和保号性,得到不等式

$$\left|\int_a^{+\infty} f(x)\mathrm{d}x\right| \leqslant \int_a^{+\infty} |f(x)|\mathrm{d}x.$$

证毕.

定义 10.1.2 若函数 $f(x)$ 在 $[a, +\infty)$ 有定义,在任意内闭区间 $[a, u] \subset [a, +\infty)$ 上可积,且 $\int_a^{+\infty} |f(x)|\mathrm{d}x$ 收敛,则称无穷积分 $\int_a^{+\infty} f(x)\mathrm{d}x$ **绝对收敛**.

由定理 10.1.4 看到,**绝对收敛的无穷积分自身一定收敛**. 但是它的逆命题不成立,下一节将举例说明.

若 $\int_a^{+\infty} f(x)\mathrm{d}x$ 收敛但是 $\int_a^{+\infty} |f(x)|\mathrm{d}x$ 发散,则称无穷积分 $\int_a^{+\infty} f(x)\mathrm{d}x$ **条件收敛**.

习题 10.1

1. 判断下列无穷积分的敛散性,若收敛,计算积分的值.

(1) $\int_0^{+\infty} x\mathrm{e}^{-x^2}\mathrm{d}x$;

(2) $\int_1^{+\infty} \frac{1}{x^4}\mathrm{d}x$;

(3) $\int_{-\infty}^0 \sqrt{\mathrm{e}^x}\mathrm{d}x$;

(4) $\int_{-\infty}^0 x\mathrm{e}^x\mathrm{d}x$;

(5) $\int_0^{+\infty} \frac{1}{1+x+x^2}\mathrm{d}x$;

(6) $\int_1^{+\infty} \frac{\mathrm{d}x}{x(x^2+1)}$;

(7) $\int_{-\infty}^{+\infty} x\mathrm{e}^{-x^2}\mathrm{d}x$;

(8) $\int_0^{+\infty} \frac{1}{\sqrt{1+x^2}}\mathrm{d}x$;

(9) $\int_0^{+\infty} \mathrm{e}^{-x}\sin x\mathrm{d}x$;

(10) $\int_{-\infty}^{+\infty} \mathrm{e}^x\sin x\mathrm{d}x$.

2. 证明:若 $\int_a^{+\infty} f(x)\mathrm{d}x$ 绝对收敛,函数 $g(x)$ 在 $[a, +\infty)$ 上有界,则 $\int_a^{+\infty} f(x)g(x)\mathrm{d}x$ 收敛.

3. 证明:若 $\int_a^{+\infty} f(x)\mathrm{d}x$ 收敛,且存在极限 $\lim_{x \to +\infty} f(x) = A$,则 $A = 0$.

4. 证明:若 $f(x)$ 在 $[a, +\infty)$ 上可导,$\int_a^{+\infty} f(x)\mathrm{d}x$ 和 $\int_a^{+\infty} f'(x)\mathrm{d}x$ 收敛,则 $\lim_{x \to +\infty} f(x) = 0$.

10.2 无穷积分的敛散性判别

在理论研究和实际应用中,经常遇到只需要确定某个无穷积分的敛散性,而不一定要求出它的积分值的情况. 又有某些无穷积分问题中,被积函数的原函数不易求出或不是初等函

数.因此,有必要建立无穷积分敛散性的判别法.

以下用无穷积分 $\int_a^{+\infty} f(x)\mathrm{d}x$ 为例来讨论无穷积分敛散性的判别.

10.2.1 非负函数无穷积分的敛散性判别

定理 10.2.1 若非负函数 $f(x)$ 在 $[a,+\infty)$ 有定义,在任意内闭区间 $[a,u] \subset [a,+\infty)$ 上可积,则 $\int_a^{+\infty} f(x)\mathrm{d}x$ 收敛的充要条件是:$\exists M>0$,使得对一切 $u \geqslant a$,有

$$\int_a^u f(x)\mathrm{d}x \leqslant M.$$

证 设 $F(u) = \int_a^u f(x)\mathrm{d}x$. 由条件及定积分的区间可加性易知,$F(u)$ 在 $[a,+\infty)$ 上是非负单调增加函数. 因此由函数收敛的单调有界定理即可得证.

定理 10.2.2(比较判别法) 若非负函数 $f(x),g(x)$ 在 $[a,+\infty)$ 有定义,在任意内闭区间 $[a,u] \subset [a,+\infty)$ 上可积,且

$$f(x) \leqslant g(x), \quad x \in [a,+\infty),$$

则有如下结论:

(1) 若 $\int_a^{+\infty} g(x)\mathrm{d}x$ 收敛,则 $\int_a^{+\infty} f(x)\mathrm{d}x$ 收敛;

(2) 若 $\int_a^{+\infty} f(x)\mathrm{d}x$ 发散,则 $\int_a^{+\infty} g(x)\mathrm{d}x$ 发散.

证 (1) 已知 $\int_a^{+\infty} g(x)\mathrm{d}x$ 收敛,由定理 10.2.1,$\exists M>0$,使得对一切 $u \geqslant a$,有 $\int_a^u g(x)\mathrm{d}x \leqslant M$. 由定积分的保序性,有

$$\int_a^u f(x)\mathrm{d}x \leqslant \int_a^u g(x)\mathrm{d}x \leqslant M.$$

再由定理 10.2.1,$\int_a^{+\infty} f(x)\mathrm{d}x$ 收敛.

(2) 由反证法可得. 证毕.

注 比较判别法中的条件"$f(x) \leqslant g(x), x \in [a,+\infty)$"可放宽为"$\exists A \geqslant a$,在 $[A,+\infty)$ 上恒有 $f(x) \leqslant kg(x), k$ 为正常数".

例 10.2.1 讨论 $\int_0^{+\infty} \mathrm{e}^{-x^2}\mathrm{d}x$ 的敛散性.

解 当 $x \geqslant 1$ 时,有

$$0 < \mathrm{e}^{-x^2} \leqslant \mathrm{e}^{-x}.$$

由例 10.1.2 可知,$\int_1^{+\infty} \mathrm{e}^{-x}\mathrm{d}x$ 收敛. 根据比较判别法,无穷积分 $\int_1^{+\infty} \mathrm{e}^{-x^2}\mathrm{d}x$ 收敛. 再由无

穷积分的区间可加性,无穷积分 $\int_0^{+\infty} e^{-x^2} dx$ 也收敛.

例 10.2.2 讨论 $\int_1^{+\infty} \dfrac{\cos 2x \sin x}{\sqrt{x^3+1}} dx$ 的敛散性.

解 当 $x \geqslant 1$ 时,有
$$\left| \dfrac{\cos 2x \sin x}{\sqrt{x^3+1}} \right| \leqslant \dfrac{1}{x\sqrt{x}},$$

已知第一型 p 积分 $\int_1^{+\infty} \dfrac{1}{x\sqrt{x}} dx$ 收敛,由比较判别法,$\int_1^{+\infty} \dfrac{\cos 2x \sin x}{\sqrt{x^3+a^2}} dx$ 绝对收敛,所以 $\int_1^{+\infty} \dfrac{\cos 2x \sin x}{\sqrt{x^3+a^2}} dx$ 收敛.

在比较判别法的基础上,可以得到该判别法的极限形式:

推论(比较判别法的极限形式) 若在 $[a, +\infty)$ 上有 $f(x) \geqslant 0$ 和 $g(x) > 0$,$f(x)$,$g(x)$ 在任意内闭区间 $[a, u] \subset [a, +\infty)$ 上可积,且
$$\lim_{x \to +\infty} \dfrac{f(x)}{g(x)} = l,$$

则

(1) 当 $0 < l < +\infty$ 时,$\int_a^{+\infty} f(x) dx$ 与 $\int_a^{+\infty} g(x) dx$ 同时收敛或发散;

(2) 当 $l = 0$ 时,由 $\int_a^{+\infty} g(x) dx$ 收敛可推得 $\int_a^{+\infty} f(x) dx$ 收敛;

(3) 当 $l = +\infty$ 时,由 $\int_a^{+\infty} g(x) dx$ 发散可推得 $\int_a^{+\infty} f(x) dx$ 发散.

证 若 $0 < \lim\limits_{x \to +\infty} \dfrac{f(x)}{g(x)} = l < +\infty$,由极限定义,对于 $\varepsilon = \dfrac{l}{2}$,存在常数 $A \geqslant a$,当 $x \geqslant A$ 时,有
$$\dfrac{l}{2} = l - \dfrac{l}{2} < \dfrac{f(x)}{g(x)} < l + \dfrac{l}{2} = \dfrac{3l}{2},$$

即
$$\dfrac{l}{2} g(x) < f(x) < \dfrac{3l}{2} g(x).$$

由比较判别法,可得 $\int_a^{+\infty} f(x) dx$ 与 $\int_a^{+\infty} g(x) dx$ 同时收敛或发散.

类似地,由极限定义,运用比较判别法,可以证得结论(2)(3). 证毕.

例 10.2.3 讨论 $\int_2^{+\infty} \dfrac{1}{\sqrt[3]{x^4-2x}} dx$ 的敛散性.

解 因为
$$\lim_{x \to +\infty} \dfrac{\dfrac{1}{\sqrt[3]{x^4-2x}}}{\dfrac{1}{\sqrt[3]{x^4}}} = \lim_{x \to +\infty} \dfrac{\sqrt[3]{x^4}}{\sqrt[3]{x^4-2x}} = 1,$$

因为第一型 p 积分 $\int_2^{+\infty} \dfrac{1}{\sqrt[3]{x^4}}\mathrm{d}x$ 收敛,由比较判别法的极限形式,$\int_2^{+\infty} \dfrac{1}{\sqrt[3]{x^4-2x}}\mathrm{d}x$ 收敛.

使用比较判别法时,需要有一个敛散性明确,同时形式简单的无穷积分作为比较对象. 上面两个例子我们都使用 $\int_a^{+\infty} \dfrac{1}{x^p}\mathrm{d}x$ 作为比较对象,因为这个积分形式简单且敛散性已知. 因此,若在比较判别法定理中选用 $\int_a^{+\infty} \dfrac{1}{x^p}\mathrm{d}x$ 作为比较对象,就得到如下判别法.

定理 10.2.3(柯西判别法) 若非负函数 $f(x)$ 在 $[a,+\infty)(a>0)$ 有定义,在任意内闭区间 $[a,u] \subset [a,+\infty)$ 上可积,k 为正常数,则

(1) 当 $f(x) \leqslant \dfrac{k}{x^p}$,且 $p>1$ 时,$\int_a^{+\infty} f(x)\mathrm{d}x$ 收敛;

(2) 当 $f(x) \geqslant \dfrac{k}{x^p}$,且 $p \leqslant 1$ 时,$\int_a^{+\infty} g(x)\mathrm{d}x$ 发散.

推论(柯西判别法的极限形式) 若非负函数 $f(x)$ 在 $[a,+\infty)$ 有定义,在任意内闭区间 $[a,u] \subset [a,+\infty)$ 上可积,且

$$\lim_{x \to +\infty} x^p f(x) = \lambda,$$

则

(1) 当 $p>1, 0 \leqslant \lambda < +\infty$ 时,$\int_a^{+\infty} f(x)\mathrm{d}x$ 收敛;

(2) 当 $p \leqslant 1, 0 < \lambda \leqslant +\infty$ 时,$\int_a^{+\infty} g(x)\mathrm{d}x$ 发散.

例 10.2.4 讨论 $\int_1^{+\infty} \dfrac{\arctan x}{x}\mathrm{d}x$ 的敛散性.

解 由于

$$\lim_{x \to +\infty} x \cdot \dfrac{\arctan x}{x} = \lim_{x \to +\infty} \arctan x = \dfrac{\pi}{2},$$

由柯西判别法的极限形式(其中 $p=1, \lambda = \dfrac{\pi}{2}$),无穷积分 $\int_1^{+\infty} \dfrac{\arctan x}{x}\mathrm{d}x$ 发散.

例 10.2.5 讨论 $\int_1^{+\infty} x^a \mathrm{e}^{-x}\mathrm{d}x$ 的敛散性($a \in \mathbf{R}$).

解 因为对任意常数 $a \in \mathbf{R}$,有

$$\lim_{x \to +\infty} x^2 \cdot x^a \mathrm{e}^{-x} = \lim_{x \to +\infty} \dfrac{x^{2+a}}{\mathrm{e}^x} = 0,$$

由柯西判别法的极限形式(其中 $p=2, \lambda=0$),可知 $\int_1^{+\infty} x^a \mathrm{e}^{-x}\mathrm{d}x$ 收敛.

10.2.2 一般函数无穷积分的敛散性判别

当 $x \to +\infty$ 时,一般函数 $f(x)$ 的函数值可能取正值,也可能取负值. 对一般函数的无穷积分 $\int_a^{+\infty} f(x)\mathrm{d}x$ 敛散性的判别,可先讨论 $\int_a^{+\infty} |f(x)|\mathrm{d}x$ 的敛散性,使用非负函数无穷积分

的敛散性判别法来判断 $\int_a^{+\infty} f(x)\mathrm{d}x$ 是否绝对收敛. 若绝对收敛则无穷积分自身收敛. 如前面的例 10.2.2.

不过也有无穷积分是条件收敛的. 即无穷积分 $\int_a^{+\infty} f(x)\mathrm{d}x$ 自身收敛但是 $\int_a^{+\infty} |f(x)|\mathrm{d}x$ 发散, 所以需要更一般的方法. 以下对于形如

$$\int_a^{+\infty} f(x)g(x)\mathrm{d}x$$

的一般函数无穷积分给出两个常见的判别法.

定理 10.2.4(狄利克雷判别法) 若函数 $f(x)$, $g(x)$ 在 $[a,+\infty)$ 有定义, 在任意内闭区间 $[a,u] \subset [a,+\infty)$ 上可积, 且

(1) $F(u) = \int_a^u f(x)\mathrm{d}x$ 在 $[a,+\infty)$ 上有界;

(2) $g(x)$ 在 $[a,+\infty)$ 上单调且 $\lim\limits_{x\to+\infty} g(x) = 0$,

则无穷积分 $\int_a^{+\infty} f(x)g(x)\mathrm{d}x$ 收敛.

证 由条件(1), 设 $\exists M > 0$, $\left|\int_a^u f(x)\mathrm{d}x\right| \leqslant M$, $u \in [a,+\infty)$.

$\forall \varepsilon > 0$, 因为 $\lim\limits_{x\to+\infty} g(x) = 0$, 所以存在 $A_0 \geqslant a$, 当 $x > A_0$ 时, 有 $|g(x)| < \dfrac{\varepsilon}{4M}$.

因为 $g(x)$ 在 $[a,+\infty)$ 上单调, 由积分第二中值定理, 对于任意的 $A' > A \geqslant A_0$, $\exists \xi \in [A, A']$, 使得 $\int_A^{A'} f(x)g(x)\mathrm{d}x = g(A) \cdot \int_A^\xi f(x)\mathrm{d}x + g(A') \cdot \int_\xi^{A'} f(x)\mathrm{d}x$.

于是有

$$\left|\int_A^{A'} f(x)g(x)\mathrm{d}x\right| \leqslant |g(A)| \cdot \left|\int_A^\xi f(x)\mathrm{d}x\right| + |g(A')| \cdot \left|\int_\xi^{A'} f(x)\mathrm{d}x\right|$$

$$= |g(A)| \cdot \left|\int_a^\xi f(x)\mathrm{d}x - \int_a^A f(x)\mathrm{d}x\right| + |g(A')| \cdot$$

$$\left|\int_a^{A'} f(x)\mathrm{d}x - \int_a^\xi f(x)\mathrm{d}x\right|$$

$$\leqslant \frac{\varepsilon}{4M} \cdot 2M + \frac{\varepsilon}{4M} \cdot 2M = \varepsilon.$$

根据柯西收敛准则, 无穷积分 $\int_a^{+\infty} f(x)g(x)\mathrm{d}x$ 收敛. 证毕.

定理 10.2.5(阿贝尔判别法) 若函数 $f(x)$, $g(x)$ 在 $[a,+\infty)$ 有定义, 在任意内闭区间 $[a,u] \subset [a,+\infty)$ 上可积, 且

(1) $\int_a^{+\infty} f(x)\mathrm{d}x$ 收敛;

(2) $g(x)$ 在 $[a,+\infty)$ 上单调有界,

则无穷积分 $\int_a^{+\infty} f(x)g(x)\mathrm{d}x$ 收敛.

类似地,本定理可用积分第二中值定理及柯西收敛准则来证明. 另外本定理还可运用狄利克雷判别法来证明.

例 10.2.6 讨论 $\int_1^{+\infty} \dfrac{\sin x}{x^p} \mathrm{d}x\ (p>0)$ 的敛散性.

解 (1) 当 $p>1$ 时,有 $\left|\dfrac{\sin x}{x^p}\right| \leqslant \dfrac{1}{x^p}$, $x \in [1, +\infty)$,且此时积分 $\int_1^{+\infty} \dfrac{1}{x^p}\mathrm{d}x$ 收敛. 由比较判别法可知 $\int_1^{+\infty} \left|\dfrac{\sin x}{x^p}\right| \mathrm{d}x$ 收敛. 则当 $p>1$ 时,$\int_1^{+\infty} \dfrac{\sin x}{x^p}\mathrm{d}x$ 绝对收敛.

(2) 当 $0<p\leqslant 1$ 时,$\forall u \geqslant 1$,有 $\left|\int_1^u \sin x \mathrm{d}x\right| = |\cos 1 - \cos u| \leqslant 2$,即 $\int_1^u \sin x \mathrm{d}x$ 在 $[1, +\infty)$ 上有界.

又 $\dfrac{1}{x^p}$ 在 $[1, +\infty)$ 上单调且 $\lim\limits_{x\to +\infty} \dfrac{1}{x^p} = 0$,由狄利克雷判别法知,$\int_1^{+\infty} \dfrac{\sin x}{x^p}\mathrm{d}x$ 收敛. 另一方面,对 $x \in [1, +\infty)$,有
$$\left|\dfrac{\sin x}{x^p}\right| \geqslant \dfrac{\sin^2 x}{x} = \dfrac{1}{2x} - \dfrac{\cos 2x}{2x},$$
因 $\int_1^{+\infty} \dfrac{\cos 2x}{2x}\mathrm{d}x$ 收敛[类似上面对 $\int_1^{+\infty} \dfrac{\sin x}{x^p}\mathrm{d}x\ (0<p\leqslant 1)$ 的讨论],而 $\int_1^{+\infty} \dfrac{1}{2x}\mathrm{d}x$ 发散,所以 $\int_1^{+\infty} \dfrac{\sin^2 x}{x}\mathrm{d}x$ 发散. 再由比较判别法,可知 $\int_1^{+\infty} \left|\dfrac{\sin x}{x^p}\right|\mathrm{d}x$ 发散.

因此,当 $0<p\leqslant 1$ 时,$\int_1^{+\infty} \dfrac{\sin x}{x^p}\mathrm{d}x$ 条件收敛.

例 10.2.7 讨论 $\int_1^{+\infty} \sin x^2 \mathrm{d}x$ 与 $\int_1^{+\infty} x\sin x^4 \mathrm{d}x$ 的敛散性.

解 对第一个无穷积分,令 $t=x^2$,有
$$\int_1^{+\infty} \sin x^2 \mathrm{d}x = \int_1^{+\infty} \dfrac{\sin t}{2\sqrt{t}}\mathrm{d}t,$$
由例 10.2.6 可知这个无穷积分是条件收敛的.

对第二个无穷积分,使用换元 $t=x^2$ 得到
$$\int_1^{+\infty} x\sin x^4 \mathrm{d}x = \dfrac{1}{2}\int_1^{+\infty} \sin t^2 \mathrm{d}t,$$
转换为第一个无穷积分,因此它也是条件收敛的.

例 10.2.8 讨论 $\int_1^{+\infty} \dfrac{\sin x \arctan x}{x}\mathrm{d}x$ 的敛散性.

解 由例 10.2.6,$\int_1^{+\infty} \dfrac{\sin x}{x}\mathrm{d}x$ 收敛,而 $\arctan x$ 在 $[1, +\infty)$ 上单调有界,由阿贝尔判别法,$\int_1^{+\infty} \dfrac{\sin x \arctan x}{x}\mathrm{d}x$ 收敛.

当 $x \in [\sqrt{3}, +\infty)$ 时,有

$$\left|\frac{\sin x \arctan x}{x}\right| \geq \left|\frac{\sin x}{x}\right|,$$

由例 10.2.6 知，$\int_1^{+\infty} \left|\frac{\sin x}{x}\right| dx$ 发散，再由比较判别法可知 $\int_1^{+\infty} \left|\frac{\sin x \arctan x}{x}\right| dx$ 发散.

因此，$\int_1^{+\infty} \frac{\sin x \arctan x}{x} dx$ 条件收敛.

最后，我们来看无穷积分的一个重要特性.

对于无穷积分 $\int_a^{+\infty} f(x) dx$，设函数 $f(x)$ 在 $[a, +\infty)$ 有定义，由第一型 p 积分可知，即使 $\lim_{x \to +\infty} f(x) = 0$，也不能保证 $\int_a^{+\infty} f(x) dx$ 收敛.

反过来，若 $\int_a^{+\infty} f(x) dx$ 收敛，能否保证 $\lim_{x \to +\infty} f(x) = 0$，或者至少保证 $f(x)$ 在 $[a, +\infty)$ 上有界呢？由上面的例 10.2.7 可知，同样不能保证！

习题 10.2

1. 讨论下列无穷积分的敛散性.

   (1) $\int_1^{+\infty} \frac{2x^2}{x^4 + x} dx$；

   (2) $\int_1^{+\infty} \frac{dx}{x\sqrt{6 + x^2}}$；

   (3) $\int_0^{+\infty} \frac{1}{1 + \sqrt{x}} dx$；

   (4) $\int_1^{+\infty} \frac{x \arctan x}{1 + x^5} dx$；

   (5) $\int_1^{+\infty} \sin \frac{1}{x^2} dx$；

   (6) $\int_0^{+\infty} \frac{1}{1 + x |\sin x|} dx$；

   (7) $\int_1^{+\infty} \frac{x}{1 - e^x} dx$；

   (8) $\int_0^{+\infty} \frac{x^m}{1 + x^n} dx \ (m, n \geq 0)$；

   (9) $\int_1^{+\infty} \frac{\ln(1 + x)}{x^n} dx$；

   (10) $\int_1^{+\infty} \frac{\sin^2 x}{x} dx$.

2. 讨论下列无穷积分的敛散性（若收敛，判断是绝对收敛还是条件收敛）.

   (1) $\int_1^{+\infty} \frac{\cos x}{x^p} dx \ (p > 0)$；

   (2) $\int_1^{+\infty} \frac{\sin \sqrt{x}}{x} dx$；

   (3) $\int_1^{+\infty} \frac{\cos x^2}{x} dx$；

   (4) $\int_1^{+\infty} x \cos x^4 dx$；

   (5) $\int_0^{+\infty} \frac{\text{sgn}(\cos x)}{1 + x^3} dx$；

   (6) $\int_0^{+\infty} \frac{\sqrt{x} \sin x}{1 + x} dx$.

3. 设 $f(x), g(x)$ 为定义在 $[a, +\infty)$ 上的函数，且对任意 $u > a$，它们在 $[a, u]$ 上都可积. 又 $\int_a^{+\infty} f^2(x) dx$ 与 $\int_a^{+\infty} g^2(x) dx$ 都收敛，证明：$\int_a^{+\infty} f(x)g(x) dx$ 也收敛.

4. 设 $f(x), g(x), h(x)$ 均为定义在 $[a, +\infty)$ 上的连续函数，且有 $f(x) \leq h(x) \leq g(x)$. 证明：

   (1) 若 $\int_a^{+\infty} f(x) dx$ 和 $\int_a^{+\infty} g(x) dx$ 都收敛，则 $\int_a^{+\infty} h(x) dx$ 也收敛；

   (2) 若 $\int_a^{+\infty} f(x) dx = \int_a^{+\infty} g(x) dx = A$，则 $\int_a^{+\infty} h(x) dx = A$.

5. 举例说明：$\int_a^{+\infty} f(x) dx$ 收敛时 $\int_a^{+\infty} f^2(x) dx$ 不一定收敛.

6. 证明：若 $\int_a^{+\infty} f(x)\mathrm{d}x$ 绝对收敛，且 $\lim\limits_{x\to +\infty} f(x) = 0$，则 $\int_a^{+\infty} f^2(x)\mathrm{d}x$ 必定收敛．

7. 证明：若 $\int_1^{+\infty} f^2(x)\mathrm{d}x$ 收敛，则 $\int_1^{+\infty} \dfrac{f(x)}{x}\mathrm{d}x$ 绝对收敛．

8. 证明：若 $\int_a^{+\infty} f(x)\mathrm{d}x$ 收敛，函数 $f(x)$ 在 $[a, +\infty)$ 上单调，则 $\lim\limits_{x\to +\infty} f(x) = 0$，且 $f(x) = o\left(\dfrac{1}{x}\right)$，$x\to +\infty$．[提示：考虑积分 $\int_{\frac{x}{2}}^x f(t)\mathrm{d}t$．]

10.3 瑕积分

本节讨论另外一类反常积分，即无界函数的反常积分（也称瑕积分）．它的讨论与无穷积分类似．

10.3.1 瑕积分的概念与性质

若函数 $f(x)$ 在点 a 的任意邻域无界，称点 a 为函数 $f(x)$ 的**瑕点**．

例如，a 是函数 $f(x) = \dfrac{1}{x-a}$ 的瑕点；

1 和 -1 都是函数 $f(x) = \ln(1-x^2)$ 的瑕点．

定义 10.3.1 设函数 $f(x)$ 定义在区间 $(a, b]$ 上，在任何内闭区间 $[u, b] \subset (a, b]$ 上可积，a 是 $f(x)$ 的瑕点．如果存在极限

$$\lim_{u\to a^+} \int_u^b f(x)\mathrm{d}x,$$

则称此极限为无界函数 $f(x)$ 在区间 $(a, b]$ 上的**反常积分**（简称**瑕积分**），记作

$$\int_a^b f(x)\mathrm{d}x = \lim_{u\to a^+} \int_u^b f(x)\mathrm{d}x,$$

并称瑕积分 $\int_a^b f(x)\mathrm{d}x$ **收敛**，如果极限不存在，为叙述方便，称瑕积分 $\int_a^b f(x)\mathrm{d}x$ **发散**．

若函数 $f(x)$ 定义在区间 $[a, b)$ 上，在任何内闭区间 $[a, u] \subset [a, b)$ 上可积．b 是 $f(x)$ 的瑕点，可类似地定义 $f(x)$ 在 $[a, b)$ 上的瑕积分：

$$\int_a^b f(x)\mathrm{d}x = \lim_{u\to b^-} \int_a^u f(x)\mathrm{d}x.$$

若函数 $f(x)$ 定义在区间 $[a, c) \cup (c, b]$ 上，在任何内闭区间 $[a, u] \subset [a, c)$ 和 $[v, b] \subset (c, b]$ 上可积．c 是函数 $f(x)$ 的瑕点，可类似地定义 $f(x)$ 的瑕积分：

$$\int_a^b f(x)\mathrm{d}x = \int_a^c f(x)\mathrm{d}x + \int_c^b f(x)\mathrm{d}x = \lim_{u\to c^-} \int_a^u f(x)\mathrm{d}x + \lim_{v\to c^+} \int_v^b f(x)\mathrm{d}x.$$

当且仅当上面等式的右端两个瑕积分都收敛时，左端的瑕积分才收敛．

若函数 $f(x)$ 定义在区间 (a, b) 上，在任何内闭区间 $[u, v] \subset (a, b)$ 上可积．a, b 都

是 $f(x)$ 的瑕点,可类似地定义 $f(x)$ 的瑕积分:

$$\int_a^b f(x)\mathrm{d}x = \int_a^c f(x)\mathrm{d}x + \int_c^b f(x)\mathrm{d}x = \lim_{u \to a^+}\int_u^c f(x)\mathrm{d}x + \lim_{v \to b^-}\int_c^v f(x)\mathrm{d}x,$$

其中 c 是 (a, b) 上任意实数. 当且仅当上面等式的右端两个瑕积分都收敛时,左端的瑕积分才收敛.

由瑕积分敛散性定义,若 $f(x)$ 在 $(a, b]$ 有原函数 $F(x)$,a 是 $f(x)$ 的瑕点. 由牛顿-莱布尼兹公式,有

$$\int_a^b f(x)\mathrm{d}x = \lim_{u \to a^+}\int_u^b f(x)\mathrm{d}x = \lim_{u \to a^+} F(x)\Big|_u^b = \lim_{u \to a^+}[F(b) - F(u)],$$

因此瑕积分 $\int_a^b f(x)\mathrm{d}x$ 的敛散性等价于函数极限 $\lim\limits_{u \to a^+} F(u)$ 的敛散性. 为简便书写,我们形式地记

$$\int_a^b f(x)\mathrm{d}x = F(x)\Big|_a^b = F(b) - F(a + 0),$$

若 $F(a + 0)$ 不存在,则瑕积分 $\int_a^b f(x)\mathrm{d}x$ 发散.

类似地,若函数 $f(x)$ 在 $[a, b)$ 有原函数 $F(x)$,b 是 $f(x)$ 的瑕点,则有

$$\int_a^b f(x)\mathrm{d}x = F(x)\Big|_a^b = F(b - 0) - F(a),$$

若 $F(b - 0)$ 不存在,则瑕积分 $\int_a^b f(x)\mathrm{d}x$ 发散.

上述公式给出判定瑕积分敛散性及计算收敛瑕积分的方法. 由瑕积分定义及定积分的相关性质,容易将定积分的换元积分法与分部积分法引用到瑕积分计算中,同时还可得到类似于无穷积分的一些基本性质,下面以瑕积分 $\int_a^b f(x)\mathrm{d}x$ (a 是瑕点)为例,列出相关性质.

定理 10.3.1(柯西收敛准则) 瑕积分 $\int_a^b f(x)\mathrm{d}x$ (a 是瑕点)收敛的充要条件是: $\forall \varepsilon > 0$,$\exists \delta > 0$ ($\delta < b - a$),对任意的 $u_1, u_2 \in (a, a + \delta)$,有

$$\left|\int_{u_1}^{u_2} f(x)\mathrm{d}x\right| < \varepsilon.$$

定理 10.3.2(线性性质) 若瑕积分 $\int_a^b f_1(x)\mathrm{d}x$ 与 $\int_a^b f_2(x)\mathrm{d}x$ 都收敛(a 同为瑕点),k_1,k_2 为任意常数,则瑕积分 $\int_a^b [k_1 f_1(x) + k_2 f_2(x)]\mathrm{d}x$ 收敛,且有

$$\int_a^b [k_1 f_1(x) + k_2 f_2(x)]\mathrm{d}x = k_1 \int_a^b f_1(x)\mathrm{d}x + k_2 \int_a^b f_2(x)\mathrm{d}x.$$

定理 10.3.3(区间可加性) 若函数 $f(x)$ 在 $(a, b]$ 有定义,在任意内闭区间 $[u, b] \subset (a, b]$ 上可积,a 是 $f(x)$ 的瑕点,$c \in (a, b)$ 为任意常数,则瑕积分 $\int_a^b f(x)\mathrm{d}x$ 与 $\int_a^c f(x)\mathrm{d}x$

同敛散,且有
$$\int_a^b f(x)\mathrm{d}x = \int_a^c f(x)\mathrm{d}x + \int_c^b f(x)\mathrm{d}x.$$

定理 10.3.4 若函数 $f(x)$ 在 $(a,b]$ 有定义,在任意内闭区间 $[u,b] \subset (a,b]$ 上可积, a 是 $f(x)$ 的瑕点. 若 $\int_a^b |f(x)|\mathrm{d}x$ 收敛,则 $\int_a^b f(x)\mathrm{d}x$ 也收敛,并有
$$\left| \int_a^b f(x)\mathrm{d}x \right| \leqslant \int_a^b |f(x)|\mathrm{d}x.$$

定义 10.3.2 若函数 $f(x)$ 在 $(a,b]$ 有定义,在任意内闭区间 $[u,b] \subset (a,b]$ 上可积, a 是 $f(x)$ 的瑕点,且 $\int_a^b |f(x)|\mathrm{d}x$ 收敛,则称 $\int_a^b f(x)\mathrm{d}x$ **绝对收敛**.

若瑕积分 $\int_a^b f(x)\mathrm{d}x$ 收敛但是 $\int_a^b |f(x)|\mathrm{d}x$ 发散,则称 $\int_a^b f(x)\mathrm{d}x$ **条件收敛**.

由定理 10.3.4 可知,**绝对收敛的瑕积分自身一定收敛**. 但是它的逆命题不成立.

例 10.3.1 计算瑕积分 $\int_0^1 \dfrac{\mathrm{d}x}{\sqrt{1-x^2}}$.

解 $x=1$ 是被积函数 $\dfrac{1}{\sqrt{1-x^2}}$ 瑕点,则
$$\int_0^1 \frac{\mathrm{d}x}{\sqrt{1-x^2}} = \arcsin x \Big|_0^1 = \lim_{x\to 1^-}\arcsin x - \arcsin 0 = \frac{\pi}{2}.$$

例 10.3.2 计算瑕积分 $\int_0^1 \ln x \mathrm{d}x$.

解 $x=0$ 是被积函数 $\ln x$ 的瑕点,则
$$\int_0^1 \ln x \mathrm{d}x = (x\ln x - x)\Big|_0^1 = -1 - \lim_{x\to 0^+} x\ln x,$$

由洛必达法则计算可得 $\lim\limits_{x\to 0^+} x\ln x = 0$. 所以, $\int_0^1 \ln x \mathrm{d}x = -1$.

例 10.3.3 讨论积分 $\int_{-1}^1 \dfrac{1}{x^2}\mathrm{d}x$ 的敛散性.

解 $x=0$ 是被积函数 $\dfrac{1}{x^2}$ 的瑕点,由定义有
$$\int_{-1}^1 \frac{1}{x^2}\mathrm{d}x = \int_{-1}^0 \frac{1}{x^2}\mathrm{d}x + \int_0^1 \frac{1}{x^2}\mathrm{d}x.$$

又
$$\int_{-1}^0 \frac{1}{x^2}\mathrm{d}x = -\frac{1}{x}\Big|_{-1}^0 = -\lim_{x\to 0^-}\left(\frac{1}{x} - \frac{1}{-1}\right) = +\infty.$$

所以,瑕积分 $\int_{-1}^1 \dfrac{1}{x^2}\mathrm{d}x$ 发散.

例 10.3.4(第二型 p 积分) 讨论积分 $\int_0^1 \frac{1}{x^p}\mathrm{d}x$ 的敛散性.

解 当 $p\leqslant 0$ 时,该积分是定积分,故积分收敛;当 $p>0$ 时,该积分是瑕积分,$x=0$ 是被积函数 $\frac{1}{x^p}$ 的瑕点.

当 $p=1$ 时,$\int_0^1 \frac{1}{x^p}\mathrm{d}x = \ln x\big|_0^1 = 0-\lim_{x\to 0^+}\ln x = +\infty$;

当 $p\neq 1$ 时,

$$\int_0^1 \frac{1}{x^p}\mathrm{d}x = \frac{x^{1-p}}{1-p}\bigg|_0^1 = \frac{1}{1-p} - \lim_{x\to 0^+}\frac{x^{1-p}}{1-p} = \begin{cases}\frac{1}{1-p}, & p<1, \\ +\infty, & p>1.\end{cases}$$

因此,当 $p<1$ 时,积分 $\int_0^1 \frac{1}{x^p}\mathrm{d}x$ 收敛;当 $p\geqslant 1$ 时,积分 $\int_0^1 \frac{1}{x^p}\mathrm{d}x$ 发散.

注 第二型 p 积分可推广为形如

$$\int_a^b \frac{\mathrm{d}x}{(x-a)^p} \quad \text{及} \quad \int_a^b \frac{\mathrm{d}x}{(b-x)^p}$$

的积分,其中 $a<b$. 其敛散性与上例相同,即当 $p<1$ 时,积分收敛;当 $p\geqslant 1$ 时,积分发散.

10.3.2 瑕积分的敛散性判别

对于瑕点位于区间左端点或是右端点的瑕积分来说,其敛散性的讨论方法完全相同. 因此,下面以区间左端点是瑕点情况为例讨论瑕积分的敛散性.

首先,无穷积分与瑕积分是可以互相转换的. 例如,对于瑕积分 $\int_a^b f(x)\mathrm{d}x$ (a 是瑕点),设 $t = \frac{1}{x-a}$,即 $x = a + \frac{1}{t}$,$\mathrm{d}x = -\frac{1}{t^2}\mathrm{d}t$,则

$$\int_a^b f(x)\mathrm{d}x = \int_{+\infty}^{\frac{1}{b-a}} f\left(a+\frac{1}{t}\right)\left(-\frac{1}{t^2}\right)\mathrm{d}t = \int_{\frac{1}{b-a}}^{+\infty}\frac{1}{t^2}f\left(a+\frac{1}{t}\right)\mathrm{d}t.$$

记 $g(t) = \frac{1}{t^2}f\left(a+\frac{1}{t}\right)$,则

$$\int_a^b f(x)\mathrm{d}x = \int_{\frac{1}{b-a}}^{+\infty} g(t)\mathrm{d}t.$$

由此可见,瑕积分经过适当的换元可以化为无穷积分. 反之,无穷积分经过适当换元(如倒代换)也可化为瑕积分(特殊情况下可能是定积分).

所以,对瑕积分敛散性的讨论,一个方法是将其转换为无穷积分来讨论. 但是有时由于化为无穷积分后被积函数会更加复杂,因此也有必要讨论直接从瑕积分本身来判断敛散性的方法.

由无穷积分和瑕积分的密切联系,关于无穷积分的敛散性判别法都可以相应地转移到瑕积分来. 以下不加证明列出瑕积分的主要判别法.

定理 10.3.5(比较判别法) 若非负函数 $f(x)$, $g(x)$ 在 $(a,b]$ 有定义,在任意内闭区间 $[u,b] \subset (a,b]$ 上可积,a 是 $f(x)$ 的瑕点,且
$$f(x) \leqslant g(x), \quad x \in (a,b],$$
则有

(1) 若 $\int_a^b g(x)\mathrm{d}x$ 收敛,则 $\int_a^b f(x)\mathrm{d}x$ 收敛;

(2) 若 $\int_a^b f(x)\mathrm{d}x$ 发散,则 $\int_a^b g(x)\mathrm{d}x$ 发散.

同样地,比较判别法中的条件" $f(x) \leqslant g(x), x \in (a,b]$ "可放宽为" $\exists b' \in (a,b)$,在 $(a,b']$ 上恒有 $f(x) \leqslant kg(x)$,k 为正常数".

推论(比较判别法的极限形式) 若在 $(a,b]$ 上有 $f(x) \geqslant 0$ 和 $g(x) > 0$, $f(x)$, $g(x)$ 在任意内闭区间 $[u,b] \subset (a,b]$ 上可积,a 是 $f(x)$ 的瑕点,且
$$\lim_{x \to a^+} \frac{f(x)}{g(x)} = l,$$
则

(1) 当 $0 < l < +\infty$ 时, $\int_a^b f(x)\mathrm{d}x$ 与 $\int_a^b g(x)\mathrm{d}x$ 同时收敛或发散;

(2) 当 $l = 0$ 时,由 $\int_a^b g(x)\mathrm{d}x$ 收敛可推得 $\int_a^b f(x)\mathrm{d}x$ 收敛;

(3) 当 $l = +\infty$ 时,由 $\int_a^b g(x)\mathrm{d}x$ 发散可推得 $\int_a^b f(x)\mathrm{d}x$ 发散.

同样地,在比较判别法定理中选用第二型 p 积分 $\int_a^b \frac{1}{(x-a)^p}\mathrm{d}x$ 作为比较对象,可得如下判别法.

定理 10.3.6(柯西判别法) 若非负函数 $f(x)$ 在 $(a,b]$ 有定义,在任意内闭区间 $[u,b] \subset (a,b]$ 上可积,a 是 $f(x)$ 的瑕点,k 为正常数,则

(1) 当 $f(x) \leqslant \frac{k}{(x-a)^p}$,且当 $p < 1$ 时,$\int_a^b f(x)\mathrm{d}x$ 收敛;

(2) 当 $f(x) \geqslant \frac{k}{(x-a)^p}$,且当 $p \geqslant 1$ 时,$\int_a^b f(x)\mathrm{d}x$ 发散.

推论(柯西判别法的极限形式) 若非负函数 $f(x)$ 在 $(a,b]$ 有定义,在任意内闭区间 $[u,b] \subset (a,b]$ 上可积,a 是 $f(x)$ 的瑕点,且
$$\lim_{x \to +\infty} (x-a)^p f(x) = \lambda,$$
则

(1) 当 $p < 1, 0 \leqslant \lambda < +\infty$ 时,$\int_a^b f(x)\mathrm{d}x$ 收敛;

(2) 当 $p \geqslant 1, 0 < \lambda \leqslant +\infty$ 时,$\int_a^b f(x)\mathrm{d}x$ 发散.

例 10.3.5 讨论瑕积分 $\int_1^2 \dfrac{\sqrt{x}}{\ln x}dx$ 的敛散性.

解 $x=1$ 是被积函数 $\dfrac{\sqrt{x}}{\ln x}$ 的瑕点, 由柯西判别法的极限形式, 取 $p=1$, 则

$$\lim_{x\to 1^+}(x-1)\dfrac{\sqrt{x}}{\ln x}=\lim_{x\to 1^+}\dfrac{x-1}{\ln x}=1,$$

所以, 瑕积分 $\int_1^2 \dfrac{\sqrt{x}}{\ln x}dx$ 发散.

例 10.3.6 讨论瑕积分 $\int_0^1 \dfrac{\sqrt{x}}{\sqrt{1-x^4}}dx$ 的敛散性.

解 $x=1$ 是被积函数 $\dfrac{\sqrt{x}}{\sqrt{1-x^4}}$ 的瑕点, 由柯西判别法的极限形式, 取 $p=\dfrac{1}{2}<1$, 则

$$\lim_{x\to 1^-}(1-x)^{\frac{1}{2}}\dfrac{\sqrt{x}}{\sqrt{1-x^4}}=\lim_{x\to 1^-}\dfrac{\sqrt{x}}{\sqrt{(1+x)(1+x^2)}}=\dfrac{1}{2},$$

所以, 瑕积分 $\int_0^1 \dfrac{\sqrt{x}}{\sqrt{1-x^4}}dx$ 收敛.

例 10.3.7 讨论瑕积分 $\int_0^1 \dfrac{\ln x}{\sqrt{x}}dx$ 的敛散性.

解 当 $x\in(0,1]$ 时, 有 $\dfrac{\ln x}{\sqrt{x}}\leqslant 0$, 且 $x=0$ 是被积函数 $\dfrac{\ln x}{\sqrt{x}}$ 的瑕点, 由柯西判别法的极限形式, 取 $p=\dfrac{3}{4}<1$, 则

$$\lim_{x\to 0^+}x^{\frac{3}{4}}\left|\dfrac{\ln x}{\sqrt{x}}\right|=-\lim_{x\to 0^+}\dfrac{\ln x}{x^{-\frac{1}{4}}}=4\lim_{x\to 0^+}x^{\frac{1}{4}}=0,$$

所以, 瑕积分 $\int_0^1 \dfrac{\ln x}{\sqrt{x}}dx$ 收敛.

对于一般函数的瑕积分 $\int_a^b f(x)dx$ 敛散性的判别, 可先讨论 $\int_a^b |f(x)|dx$ 的敛散性, 使用非负函数瑕积分敛散性判别法来判断 $\int_a^b f(x)dx$ 是否绝对收敛. 若绝对收敛, 则瑕积分自身收敛; 若瑕积分不会绝对收敛, 则需要更一般的判断方法. 类似于无穷积分, 有瑕积分相应的狄利克雷判别法和阿贝尔判别法.

定理 10.3.7(狄利克雷判别法) 若函数 $f(x),g(x)$ 在 $(a,b]$ 有定义, 在任意内闭区间 $[u,b]\subset(a,b]$ 上可积, a 是 $f(x)$ 的瑕点, 且

(1) $F(u)=\int_u^b f(x)dx$ 在 $(a,b]$ 上有界;

(2) $g(x)$ 在 $(a,b]$ 上单调且 $\lim\limits_{x\to a^+}g(x)=0$,

则瑕积分 $\int_a^b f(x)g(x)\mathrm{d}x$ 收敛.

定理 10.3.8(阿贝尔判别法) 若函数 $f(x)$, $g(x)$ 在 $(a,b]$ 有定义,在任意内闭区间 $[u,b] \subset (a,b]$ 上可积,a 是 $f(x)$ 的瑕点,且

(1) $\int_a^b f(x)\mathrm{d}x$ 收敛;

(2) $g(x)$ 在 $(a,b]$ 上单调有界,

则瑕积分 $\int_a^b f(x)g(x)\mathrm{d}x$ 收敛.

例 10.3.8 讨论积分 $\int_0^1 \frac{1}{x^p}\sin\frac{1}{x}\mathrm{d}x$ 的敛散性($p<2$).

解 令 $f(x)=\frac{1}{x^2}\sin\frac{1}{x}$,$g(x)=x^{2-p}$. $x=0$ 是 $f(x)$ 的瑕点.

对于 $u\in(0,1)$,有

$$\int_u^1 f(x)\mathrm{d}x = \int_u^1 \frac{1}{x^2}\sin\frac{1}{x}\mathrm{d}x = -\int_u^1 \sin\frac{1}{x}\mathrm{d}\left(\frac{1}{x}\right) = \cos\frac{1}{x}\bigg|_u^1 = \cos 1 - \cos\frac{1}{u},$$

所以 $\int_u^1 f(x)\mathrm{d}x$ 有界;而 $g(x)$ 显然在 $(0,1]$ 上单调,且当 $p<2$ 时,

$$\lim_{x\to 0^+} g(x) = \lim_{x\to 0^+} x^{2-p} = 0.$$

由狄利克雷判别法,瑕积分 $\int_0^1 \frac{1}{x^p}\sin\frac{1}{x}\mathrm{d}x$ 收敛.

因为 $\left|\frac{1}{x^p}\sin\frac{1}{x}\right| < \frac{1}{x^p}$,由比较判别法,当 $p<1$ 时,积分 $\int_0^1 \frac{1}{x^p}\sin\frac{1}{x}\mathrm{d}x$ 绝对收敛;

当 $1\leqslant p<2$ 时,利用例 10.2.6 类似的方法可以得到,积分 $\int_0^1 \frac{1}{x^p}\sin\frac{1}{x}\mathrm{d}x$ 条件收敛.

注 事实上,若对 $\int_0^1 \frac{1}{x^p}\sin\frac{1}{x}\mathrm{d}x$ 作倒代换 $x=\frac{1}{t}$,可将它化为

$$\int_1^{+\infty} \frac{\sin t}{t^{2-p}}\mathrm{d}t,$$

利用无穷积分的狄利克雷判别法,可以得到相同结果.

对于两种类型反常积分并存(或多个瑕点)的情况,可将积分区间适当拆分为若干个小区间,每个小区间上只有一个端点为瑕点或者小区间是无瑕点的无穷区间,然后在每个小区间上讨论对应反常积分的敛散性.当且仅当每个小区间上的积分收敛时,原反常积分才收敛.

例如,讨论反常积分 $\int_0^{+\infty} \frac{1}{x^p}\mathrm{d}x$ 的敛散性.

由于

$$\int_0^{+\infty} \frac{1}{x^p}\mathrm{d}x = \int_0^1 \frac{1}{x^p}\mathrm{d}x + \int_1^{+\infty} \frac{1}{x^p}\mathrm{d}x,$$

由前面已知的 p 积分的结果,反常积分 $\int_0^{+\infty} \dfrac{1}{x^p} \mathrm{d}x$ 对任何实数 p 都是发散的.

例 10.3.9 讨论反常积分 $\int_0^{+\infty} \dfrac{x^k}{1+x} \mathrm{d}x$ 的敛散性.

解 积分区间无限,点 0 可能是瑕点.因此将积分写为

$$\int_0^{+\infty} \frac{x^k}{1+x} \mathrm{d}x = \int_0^1 \frac{x^k}{1+x} \mathrm{d}x + \int_1^{+\infty} \frac{x^k}{1+x} \mathrm{d}x.$$

(1) 讨论上面等式右端第一个积分 $\int_0^1 \dfrac{x^k}{1+x} \mathrm{d}x$.

当 $k \geqslant 0$ 时,它是定积分;当 $k < 0$ 时,它是瑕积分. $x=0$ 是被积函数 $\dfrac{x^k}{1+x}$ 的瑕点.由于

$$\lim_{x \to 0^+} x^{-k} \cdot \frac{x^k}{1+x} = 1,$$

根据柯西判别法的极限形式,当 $p=-k<1$,即 $-1<k<0$ 时,瑕积分收敛;当 $p=-k \geqslant 1$,即 $k \leqslant -1$ 时,瑕积分发散.

(2) 对于等式右端第二个无穷积分 $\int_1^{+\infty} \dfrac{x^k}{1+x} \mathrm{d}x$,由于

$$\lim_{x \to +\infty} x^{1-k} \cdot \frac{x^k}{1+x} = \lim_{x \to +\infty} \frac{x}{1+x} = 1,$$

根据柯西判别法的极限形式,当 $p=1-k>1$,即 $k<0$ 时,无穷积分收敛;当 $p=1-k \leqslant 1$,即 $k \geqslant 0$ 时,无穷积分发散.

综上所述,反常积分 $\int_0^{+\infty} \dfrac{x^k}{1+x} \mathrm{d}x$ 只有当 $-1<k<0$ 时才是收敛的.

习题 10.3

1. 判断下列积分的敛散性,若收敛,计算积分的值.

   (1) $\int_{-1}^1 \dfrac{\mathrm{d}x}{\sqrt{1-x^2}}$;

   (2) $\int_a^b \dfrac{\mathrm{d}x}{(x-a)^p}$;

   (3) $\int_a^b \dfrac{\mathrm{d}x}{(b-x)^p}$;

   (4) $\int_0^1 \dfrac{x \mathrm{d}x}{\sqrt{1-x^2}}$;

   (5) $\int_0^1 \dfrac{\mathrm{d}x}{1-x^2}$;

   (6) $\int_1^2 \dfrac{x}{\sqrt{x-1}} \mathrm{d}x$;

   (7) $\int_0^1 \dfrac{\mathrm{d}x}{(2-x)\sqrt{1-x}}$;

   (8) $\int_0^1 \dfrac{\mathrm{d}x}{x(\ln x)^p}$;

   (9) $\int_{-1}^1 \dfrac{1}{x^3} \sin \dfrac{1}{x^2} \mathrm{d}x$;

   (10) $\int_0^2 \dfrac{1}{\sqrt{|x-1|}} \mathrm{d}x$.

2. 举例说明:瑕积分 $\int_a^b f(x) \mathrm{d}x$ 收敛时,积分 $\int_a^b f^2(x) \mathrm{d}x$ 不一定收敛.

3. 讨论下列瑕积分的敛散性.

(1) $\int_0^1 \dfrac{\sin x}{(\sqrt{x})^3}\mathrm{d}x$;

(2) $\int_0^1 \dfrac{\arcsin x}{1-x^3}\mathrm{d}x$;

(3) $\int_1^3 \dfrac{\mathrm{d}x}{(x-2)^2}$;

(4) $\int_0^1 \dfrac{\mathrm{d}x}{\sqrt[3]{x^2(1-x)}}$;

(5) $\int_0^1 \dfrac{\mathrm{d}x}{\sqrt{x}\ln x}$;

(6) $\int_0^{\frac{\pi}{2}} \dfrac{1-\cos x}{x^p}\mathrm{d}x$;

(7) $\int_0^1 \dfrac{\mathrm{d}x}{\ln x}$;

(8) $\int_0^1 \dfrac{\ln x}{1-x}\mathrm{d}x$.

4. 讨论下列反常积分的敛散性.

(1) $\int_0^{+\infty} \dfrac{\mathrm{d}x}{\sqrt[3]{x(x-1)^2}}$;

(2) $\int_0^{+\infty} \dfrac{x^{p-1}}{1+x^2}\mathrm{d}x$;

(3) $\int_0^{+\infty} \dfrac{\ln x}{\mathrm{e}^x}\mathrm{d}x$;

(4) $\int_0^{+\infty} \dfrac{\arctan x}{x^p}\mathrm{d}x$;

(5) $\int_0^{+\infty} x^{p-1}\mathrm{e}^{-x}\mathrm{d}x$.

部分习题答案与提示

第 1 章

习题 1.1

2. (1) $(-2, 3)$;　(2) $\{(x, y) \mid x > 0, y < 0\}$;　(3) $\left\{x \mid x = k\pi + \dfrac{\pi}{2}, k \in \mathbf{Z}\right\}$.

3. $[-2, 5]$, $\{5\}$, $(-2, 5)$, $\{-2\}$.

习题 1.2

1. (1) $[-4, 1]$;　(2) $[-1, 0) \cup (0, 1]$;　(3) $[2, 4]$;　(4) $\left(-\dfrac{1}{2}, +\infty\right)$;　(5) $(1, +\infty)$;

(6) $\{x \mid 2k\pi < x < (2k+1)\pi, k \in \mathbf{Z}\}$;　(7) $(-\infty, -1) \cup [0, +\infty)$.

2. (1) $\dfrac{1}{x^2 + 2}$;　(2) $x^2 + 6x + 11$;　(3) $2\sin^2 x$.

3. $c = \begin{cases} 0.3, & 0 < t \leqslant 3, \\ 0.3 + 0.15(t-3), & t > 3. \end{cases}$

4. $c = 5 + 1.6[x]$, $x \in (0, +\infty)$.

5. (1) 不相等;　(2) 相等;　(3) 不相等;　(4) 相等.

6. $f(x) + g(x) = \begin{cases} x^2 + \ln(1+x), & x > 1, \\ 0, & 0 \leqslant x \leqslant 1, \\ -x^2 + 2x - 1, & x < 0; \end{cases}$ $f(x)g(x) = \begin{cases} x^2 \ln(1+x), & x > 1, \\ -x^4, & 0 \leqslant x \leqslant 1, \\ -x^2(2x-1), & x < 0. \end{cases}$

7. (1) $x = y^3 - 1$, $-\infty < y < +\infty$;　(2) $x = e^{y-1} - 2$, $-\infty < y < +\infty$;

(3) $x = \begin{cases} y + \sqrt{y^2 - 1}, & 1 < y < +\infty, \\ y - \sqrt{y^2 - 1}, & -\infty < y < -1; \end{cases}$　(4) $x = \begin{cases} y, & -\infty < y < 1, \\ \sqrt{y}, & 1 \leqslant y \leqslant 16, \\ \log_2 y, & 16 < y < +\infty. \end{cases}$

8. (1) $(f \circ g)(x) = \sqrt{\dfrac{x-1}{x+1}}$, $x \in (-\infty, -1) \cup [1, +\infty)$;

(2) $(f \circ g)(x) = \arcsin 3^x$, $x \in (-\infty, 0]$.

9. $(f \circ g)(x) = \begin{cases} x^2, & x \geqslant 0, \\ 4x^2, & x < 0; \end{cases}$ $(g \circ f)(x) = \begin{cases} x^2, & x \geqslant 0, \\ -4x, & x < 0. \end{cases}$

10. $(f \circ g)(x) = \begin{cases} 5x + 4, & x > -\dfrac{2}{5}, \\ (5x+3)^2, & x \leqslant -\dfrac{2}{5}; \end{cases}$ $(g \circ f)(x) = \begin{cases} 5x + 8, & x > 1, \\ 5x^2 + 3, & x \leqslant 1. \end{cases}$

11. $\dfrac{x}{\sqrt{1 + nx^2}}$.

15. (1) 非奇非偶;　(2) 偶函数;　(3) 奇函数;　(4) 奇函数.

部分习题答案与提示

第 2 章

习题 2.2

1. (1) $-\dfrac{1}{2}$；　(2) $\dfrac{1}{2}$；　(3) 1；　(4) $\dfrac{1}{2}$；　(5) 9.

5. -1.

6. 1.

7. 收敛，极限值为 3.

9. (1) 1；　(2) 0；　(3) $\dfrac{1}{2}$；　(4) 2.

习题 2.3

1. (1) e；　(2) e^2；　(3) $\dfrac{1}{e}$；　(4) e.

第 3 章

习题 3.1

4. (1) $f(0-0)=-1, f(0+0)=1$；　(2) $f(1-0)=0, f(1+0)=1$；

(3) $f(0-0)=\dfrac{1}{2}, f(0+0)=1$.

习题 3.2

1. (1) -9；　(2) 0；　(3) 2；　(4) 0；　(5) $\dfrac{4}{3}$；　(6) -1；　(7) $\dfrac{n}{m}$；　(8) $n(n+1)$.

2. (1) 1；　(2) 0.

3. $b=0$.

4. $a=-1, b=0$.

习题 3.4

1. (1) 1；　(2) 0；　(3) 3；　(4) 8；　(5) 1；　(6) $\sin 2a$；　(7) $\dfrac{1}{2}$；　(8) -1；　(9) e^2；　(10) e.

2. (1) 0；　(2) π.

习题 3.5

2. (1) 0；　(2) 0；　(3) $+\infty$；　(4) ∞；　(5) $\alpha<1$ 时, 0；　$\alpha=1$ 时, 1；　$\alpha>1$ 时, $+\infty$.

4. (1) $-\dfrac{2}{3}$；　(2) $\dfrac{1}{2}$；　(3) $\dfrac{1}{2}$；　(4) 1；　(5) $n>m$ 时, 0；　$n=m$ 时, 1；　$n<m$ 时, ∞.

第 4 章

习题 4.1

2. e^{km}.

3. (1) 右连续；　(2) 左连续.

4. (1) $x=1$, 可去间断点；$x=-2$, 第二类间断点；　(2) $x=0$, 跳跃间断点；

(3) $x=0$, 第二类间断点；

(4) $x=0$, 可去间断点；$x=k\pi\,(k\in\mathbf{Z}, k\neq 0)$, 第二类间断点；

(5) $x=0$, 跳跃间断点；$x=1$, 第二类间断点；　(6) $x=-1$, 跳跃间断点.

277

习题 4.2

3. (1) 1; (2) $\frac{3}{2}$; (3) 0; (4) 6; (5) $\frac{1}{3}$; (6) $\cos a$.

4. (1) 0; (2) 1; (3) $\sqrt{e}$; (4) e; (5) e; (6) e^2; (7) 1; (8) $\frac{1}{a}$; (9) $\frac{1}{6}$.

第 5 章

习题 5.1

1. $2A$.

2. (1) $-\frac{1}{x^2}$; (2) $\frac{2}{3\sqrt[3]{x}}$.

3. $f'(x) = 2x$, $f'(-1) = -2$, $f'(2) = 4$.

4. 切线方程为 $20x + y + 10 = 0$; 法线方程为 $x - 20y + 201 = 0$.

5. $x - 2y + 1 = 0$, $(4, 2)$.

6. $a = 4, b = -4$.

7. (1) 在点 $x = 0$ 处连续, 不可导; (2) 在点 $x = 0$ 处连续且可导.

8. $f'_+(0) = 0$, $f'_-(0) = -1$, $f'(0)$ 不存在.

9. $f'(x) = \begin{cases} \cos x, & x < 0, \\ 1, & x \geqslant 0. \end{cases}$

习题 5.2

1. (1) $4x^3 + \frac{1}{3\sqrt[3]{x^2}} + 2\sin x + \frac{1}{x}$; (2) $\frac{2}{3\sqrt[3]{x}} + \frac{1}{x^2}$; (3) $5\left(\frac{\sin x}{2\sqrt{x}} + \sqrt{x}\cos x\right)$; (4) $2\cos 2x \ln x + \frac{\sin 2x}{x}$;

(5) $\frac{1 - 3\ln x}{x^4}$; (6) $\frac{x + \sin x}{1 + \cos x}$; (7) $\frac{4}{3}x^3 + \frac{12}{x^4}$; (8) $\frac{4x}{(x^2 + 1)^2}$.

2. (1) -6; (2) $f'(0) = \frac{3}{25}$, $f'(2) = \frac{17}{15}$.

3. 切线方程为 $2x - y = 0$; 法线方程为 $x + 2y = 0$.

4. 点 $(0, 1)$.

5. (1) $40x(2x^2 + 7)^9$; (2) $\frac{1}{\sin x \cos x}$; (3) $-\frac{x}{\sqrt{a^2 - x^2}}$; (4) $\frac{-4x}{3\sqrt[3]{(1 - 2x^2)^2}}$; (5) $\frac{nx^{n-1}}{(2x+1)^{n+1}}$;

(6) $\frac{1}{\sqrt{x^2 + a^2}}$; (7) $\frac{6x}{\sqrt{1 - 9x^4}}$; (8) $\frac{1}{1 + x^2}$; (9) $-e^x \tan(e^x)$; (10) $-\frac{1}{x^2} e^{\sin\frac{1}{x}} \cos\frac{1}{x}$;

(11) $\frac{3\tan^2 \ln x}{x \cos^2 \ln x}$; (12) $\frac{1}{x \ln x \ln(\ln x)}$; (13) $2e^{2x} + \frac{1}{x^2}e^{-\frac{1}{x}}$; (14) $-\frac{1}{2}e^{(1-\sin x)^{\frac{1}{2}}} \frac{\cos x}{\sqrt{1 - \sin x}}$;

(15) $9x^2 \arcsin x$; (16) $e^{2x}(2\cos 3x - 3\sin 3x)$; (17) $\frac{x}{\sqrt{(1 - x^2)^3}}$; (18) $-\frac{2}{x(1 + \ln x)^2}$;

(19) $\frac{2\arcsin \frac{x}{2}}{\sqrt{4 - x^2}}$; (20) $\frac{e^{\arctan \sqrt{x}}}{2\sqrt{x}(1 + x)}$; (21) $\sin 2x \sin(x^2) + 2x \sin^2 x \cos(x^2)$; (22) $\arcsin \frac{x}{2}$;

(23) $-\frac{2}{1 + 2x} \sin \ln(1 + 2x)$.

8. (1) $2xf'(x^2)$; (2) $\sin 2x [f'(\sin^2 x) - f'(\cos^2 x)]$;

(3) $f'(e^x + x^e) \cdot (e^x + ex^{e-1})$; (4) $e^{f(x)}[f'(e^x)e^x + f'(x) \cdot f(e^x)]$.

习题 5.3

1. (1) $\dfrac{6x+y}{5-x}$；　(2) $\dfrac{y}{x(y-1)}$；　(3) $\dfrac{y\ln y}{y-x}$；　(4) $\dfrac{\sin y}{1-x\cos y}$.

2. 切线方程为 $y=x-4$；法线方程为 $y=-x$.

3. (1) $x^{\sin x}\left(\cos x \cdot \ln x + \dfrac{\sin x}{x}\right)$；　(2) $\dfrac{x-2a}{3x(x-a)}\sqrt[3]{\dfrac{x^2}{x-a}}$；　(3) $(\ln x)^x\left(\ln\ln x + \dfrac{1}{\ln x}\right)$；

   (4) $(\sin x)^{x^2}(2x\ln\sin x + x^2\cot x)$；　(5) $\dfrac{(x+5)^2(x-4)^{\frac{1}{3}}}{(x+2)^5(x+4)^{\frac{1}{2}}}\left[\dfrac{2}{x+5}+\dfrac{1}{3(x-4)}-\dfrac{5}{x+2}-\dfrac{1}{2(x+4)}\right]$.

4. (1) $\dfrac{dy}{dx}=-\dfrac{b}{a}\cot t$, $\dfrac{d^2y}{dx^2}=-\dfrac{b}{a^2\sin^3 t}$；　(2) $\dfrac{dy}{dx}=\dfrac{3}{2}(1+t)$, $\dfrac{d^2y}{dx^2}=\dfrac{3}{4(1-t)}$.

5. $-\dfrac{b}{a}$.

6. $v=\sqrt{5}$.

习题 5.4

1. 1.161 及 1.1；　0.110 601 及 0.11.

2. (1) $\sec x\tan x\,dx$；　(2) $-\dfrac{3}{2}\cos^2\dfrac{x}{2}\sin\dfrac{x}{2}\,dx$；　(3) $e^{\sqrt{x}}\left(\dfrac{\sqrt{2}}{2}+\dfrac{1}{\sqrt{2x}}\right)dx$；　(4) $\dfrac{2xe^{x^2}}{1+e^{x^2}}dx$；

   (5) $2\cos(2x+1)\,dx$；　(6) $\cos x\,e^{\sin x}\,dx$；　(7) $(-a\sin bx + b\cos bx)e^{-ax}\,dx$；　(8) $\left(-\dfrac{1}{x^2}+\dfrac{\sqrt{x}}{x}\right)dx$.

3. (1) x^2；　(2) $\ln x$；　(3) $-\dfrac{1}{x}$；　(4) $\tan x$；　(5) $2\sqrt{x}$；　(6) $\arctan x + C$, C 为任意常数；

   (7) $\dfrac{a^x}{\ln a}+C$, C 为任意常数；　(8) $e^{4x}, 4e^{4x}$.

4. (1) 0.507 6；　(2) 9.995；　(3) 0.810；　(4) 0.03.

5. 1.256 6 cm³.

6. $s \approx 1\,963.5$ mm, $\delta_s \approx 3.14$ mm², $\dfrac{\delta_s}{s}=0.16\%$.

7. 0.333%.

习题 5.5

1. (1) 0；　(2) $-2\cos 2x$；　(3) $-\dfrac{1}{(2x-x^2)^{\frac{3}{2}}}$；　(4) $4e^{2x-1}$；　(5) $2e^{-x}\sin x$；　(6) $-(a^2\sin ax + b^2\cos bx)$；

   (7) $\dfrac{1}{4x}(e^{\sqrt{x}}+e^{-\sqrt{x}})-\dfrac{1}{4\sqrt{x^3}}(e^{\sqrt{x}}-e^{-\sqrt{x}})$；　(8) $\dfrac{1}{x}$；　(9) $\dfrac{6x(2x^3-1)}{(x^3+1)^3}$；　(10) $2\arctan x + \dfrac{2x}{1+x^2}$.

2. (1) 4；　(2) $y'(0)=1, y''(0)=0$.

3. 2.

4. $v(t)=A\omega\cos\omega t$；$a(t)=-A\omega^2\sin\omega t$.

7. (1) $a^x\ln^n a$；　(2) $(-1)^{n+1}\dfrac{n!}{(1+x)^{n+1}}$；　(3) $a_0 n!$；　(4) $a^n e^{ax}$.

8. (1) $-\dfrac{x^2}{y^3}$；　(2) $-\dfrac{P^2}{y^3}$；　(3) $\dfrac{-4\sin y}{(2-\cos y)^3}$；　(4) $\dfrac{e^{2y}(3-y)}{(2-y)^3}$.

9. (1) $\dfrac{dy}{dx}=-\dfrac{b}{a}\cot t$, $\dfrac{d^2y}{dx^2}=-\dfrac{b}{a^2\sin^3 t}$；　(2) $\dfrac{dy}{dx}=\dfrac{3}{2}(1+t)$, $\dfrac{d^2y}{dx^2}=\dfrac{3}{4(1-t)}$.

第 6 章

习题 6.1

3. $\xi \approx 0.8807$.

习题 6.2

1. (1) $\dfrac{a}{b}$; (2) $\dfrac{1}{3}$; (3) 3; (4) -1; (5) 1; (6) 0; (7) ∞; (8) 0; (9) $\dfrac{1}{2}$; (10) 1; (11) 1; (12) $e^{-\frac{1}{2}}$; (13) -1; (14) e^m.

3. $\ln 2$.

4. $\dfrac{3}{2}$.

习题 6.3

1. $-5 + 9(x+1) - 11(x+1)^2 + 10(x+1)^3 - 5(x+1)^4 + (x+1)^5$.

2. $e^{-a}\left[1-(x-a)+\dfrac{1}{2!}(x-a)^2-\dfrac{1}{3!}(x-a)^3+\dfrac{1}{4!}(x-a)^4-\dfrac{1}{5!}(x-a)^5+\dfrac{1}{6!}(x-a)^6\right]+R_6$.

3. (1) $f(x) = x + x^2 + \dfrac{x^3}{2!} + \cdots + \dfrac{x^n}{(n-1)!} + \dfrac{e^{\theta x}}{n!}x^{n+1} \quad (0<\theta<1)$;

(2) $f(x) = x + \dfrac{1}{3}x^3 + o(x^3)$.

4. (1) $\sqrt[3]{30} \approx 3.10724, |R_3| < 1.88 \times 10^{-5}$;

(2) $\sin 18° \approx 0.3090, |R_3| < 1.3 \times 10^{-4}$.

5. (1) $\dfrac{1}{3}$; (2) $\dfrac{1}{6}$; (3) $\dfrac{1}{2}$.

6. $a = \sqrt{2}, b = \sqrt{2}$.

习题 6.4

1. (1) 在 $(-\infty, 1]$, $[2, +\infty)$ 上单调增加, 在 $[1, 2]$ 上单调减少;

(2) 在 $(-\infty, 0]$ 上单调增加, 在 $[0, +\infty)$ 上单调减少;

(3) 在 $\left(-\infty, \dfrac{1}{2}\right]$ 上单调减少, 在 $\left[\dfrac{1}{2}, +\infty\right)$ 上单调增加;

(4) 在 $(-\infty, 0]$, $[1, +\infty)$ 上单调增加, 在 $[0, 1]$ 上单调减少.

习题 6.5

1. (1) 极大值 $y(1) = 1$, 极小值 $y(3) = -3$;

(2) 极小值 $y(0) = 0, y(2) = 0$, 极大值 $y(1) = 1$;

(3) 极大值 $y(0) = 0$, 极小值 $y(1) = -\dfrac{1}{2}$;

(4) 极大值 $y(-1) = 0$, 极小值 $y(1) = -3\sqrt[3]{4}$;

(5) 极小值 $y\left(\dfrac{3}{2}\right) = -\dfrac{27}{16}$;

(6) 极小值 $y\left(\sqrt{\dfrac{b}{a}}\right) = 2\sqrt{ab}+c$;

(7) 极小值 $y(0) = 0$;

(8) 没有极值.

2. $a = -\dfrac{2}{3}, b = -\dfrac{1}{6}$, 在点 $x=1$ 处取得极小值, 在点 $x=2$ 处取得极大值.

3. (1) 最大值 $f(4)=142$，最小值 $f(1)=7$；

(2) 最大值 $f(4)=\sqrt[3]{4}$，最小值 $f(0)=-3\sqrt[3]{4}$；

(3) 最大值 $f\left(-\dfrac{\pi}{2}\right)=\dfrac{\pi}{2}$，最小值 $f\left(\dfrac{\pi}{2}\right)=-\dfrac{\pi}{2}$；

(4) 最大值 $f(-3)=20$，最小值 $f(1)=f(2)=0$.

4. $\dfrac{a}{6}$.

5. 7 500 台.

6. 底宽为 $\sqrt{\dfrac{40}{4+\pi}}=2.366(\mathrm{m})$.

7. $AD=15$ km.

8. 350 元.

习题 6.6

1. (1) 在 $(0,+\infty)$ 上内凸；

(2) 在 $(0,1]$ 上内凹，在 $[1,+\infty)$ 上内凸；

(3) 在 $\left(-\infty,-\dfrac{a}{\sqrt{3}}\right]$，$\left[\dfrac{a}{\sqrt{3}},+\infty\right)$ 上内凹，在 $\left[-\dfrac{a}{\sqrt{3}},\dfrac{a}{\sqrt{3}}\right]$ 上内凸；

(4) 在 $(-1,+\infty)$ 上内凹.

2. (1) 在 $(-\infty,0]$、$\left[\dfrac{2}{3},+\infty\right)$ 上是凹的，在 $\left[0,\dfrac{2}{3}\right]$ 上是凸的，拐点 $(0,1)$，$\left(\dfrac{2}{3},\dfrac{11}{27}\right)$；

(2) 在 $(-\infty,0]$ 上是凹的，在 $[0,+\infty)$ 上是凸的，拐点 $(0,0)$；

(3) 在 $\left(-\infty,-\dfrac{1}{5}\right]$ 上是凸的，在 $\left[-\dfrac{1}{5},0\right]$，$[0,+\infty)$ 上是凹的，拐点 $\left(-\dfrac{1}{5},-\dfrac{6}{5}\sqrt[3]{\dfrac{1}{25}}\right)$.

3. $m=-3,\ n=0,\ p=1$.

习题 6.7

1. (1) 水平渐近线 $y=0$；

(2) 垂直渐近线 $x=0$；

(3) 水平渐近线 $y=-2$，垂直渐近线 $x=0$；

(4) 水平渐近线 $y=1$，垂直渐近线 $x=0$；

(5) 垂直渐近线 $x=1$，斜渐近线 $x-4y=5$.

第 7 章

习题 7.1

1. (1) $-\dfrac{1}{x}+C$；　(2) $\dfrac{2^x}{\ln 2}+\dfrac{1}{3}x^3+C$；　(3) $\dfrac{m}{m+n}x^{\frac{m+n}{m}}+C$；　(4) $\dfrac{8}{15}x^{\frac{15}{8}}+C$；　(5) $\dfrac{x^5}{5}+\dfrac{2}{3}x^3+x+C$；

(6) $\dfrac{1}{2}t^2+3t+3\ln|t|-\dfrac{1}{t}+C$；　(7) $\dfrac{2}{5}x^{\frac{5}{2}}+\dfrac{x^2}{2}+6x^{\frac{1}{2}}+C$；　(8) $x-\arctan x+C$；　(9) $\sqrt{\dfrac{2h}{g}}+C$；

(10) $\dfrac{5^{x+1}\mathrm{e}^x}{1+\ln 5}+C$；　(11) $\mathrm{e}^{x-4}+C$；　(12) e^t-t+C；　(13) $2x-\dfrac{5}{(\ln 2-\ln 3)}\left(\dfrac{2}{3}\right)^x+C$；

(14) $\arctan x-\dfrac{1}{x}+C$；　(15) $-\dfrac{1}{x}-\arctan x+C$；　(16) $\dfrac{x^3}{3}+2x-\arctan x+C$；　(17) $\mathrm{e}^x-2\sqrt{x}+C$；

(18) $\sin x+\cos x+C$；　(19) $\dfrac{u}{2}-\dfrac{\sin u}{2}+C$；　(20) $-\cot x-x+C$；　(21) $\dfrac{1}{2}(\tan x+x)+C$；

(22) $\frac{1}{2}\tan x + C$;　(23) $\tan x - \cot x + C$;　(24) $\cot x - 2\cos x + C$;　(25) $\tan x - \sec x + C$;

(26) $x - \cos x + C$.

2. $y = \ln|x| - 2$.

4. $\tan x - x + C$.

习题 7.2

1. (1) $\frac{1}{a}e^{ax+b} + C$;　(2) $-\frac{2}{7}(2-x)^{\frac{7}{2}} + C$;　(3) $\frac{1}{2}\ln|2y-3| + C$;　(4) $\frac{1}{24}(2x^2-5)^6 + C$;

(5) $\frac{2}{3}(2x+1)^{\frac{3}{2}} + C$;　(6) $-\frac{3}{4}\ln(1-x^4) + C$;　(7) $\cos\frac{1}{x} + C$;　(8) $\frac{1}{3}\sin\left(3x - \frac{\pi}{4}\right) + C$;

(9) $e^{x+\frac{1}{x}} + C$;　(10) $2\sin\sqrt{x} + c$;　(11) $\frac{1}{3}(\ln|x|)^3 + C$;　(12) $e^{e^x} + C$;　(13) $\ln(e^x - 1) + C$;

(14) $\arctan e^x + C$;　(15) $x - \frac{1}{2}\ln(1+e^{2x}) + C$;　(16) $\ln|\ln\ln x| + C$;　(17) $-\frac{1}{x\ln x} + C$;

(18) $-e^{\cos x} + C$;　(19) $-\frac{1}{3}\sqrt{2-3x^2} + C$;　(20) $\frac{1}{3}\tan^3 x - \tan x + x + C$;　(21) $\frac{3}{2}(\sin x - \cos x)^{\frac{2}{3}} + C$;

(22) $-\cos x + \frac{1}{3}\cos^3 x + C$;　(23) $\frac{1}{3}\sin^3 x - \frac{2}{5}\sin^5 x + \frac{1}{7}\sin^7 x + C$;　(24) $\frac{1}{7}\sec^7 x - \frac{2}{5}\sec^5 x + \frac{1}{3}\sec^3 x + C$;　(25) $\frac{1}{2}\arctan(\sin^2 x) + C$;　(26) $-\frac{1}{10}\cos 5x - \frac{1}{2}\cos x + C$;　(27) $\frac{1}{9}\tan^9 x + C$;

(28) $-\frac{1}{\arcsin x} + C$;　(29) $\frac{1}{6}\arctan\frac{3}{2}x + C$;　(30) $\frac{1}{12}\ln\left|\frac{2+3x}{2-3x}\right| + C$;　(31) $\frac{1}{3}\arcsin\frac{3x}{2} + C$;

(32) $\frac{1}{2\sqrt{2}}\ln\left|\frac{\sqrt{2}x-1}{\sqrt{2}x+1}\right| + C$;　(33) $\arcsin\frac{x+1}{\sqrt{6}} + C$;　(34) $\frac{2}{\sqrt{3}}\arctan\frac{2x+1}{\sqrt{3}} + C$;　(35) $(\arctan\sqrt{x})^2 + C$;

(36) $\frac{1}{2}\arccos\frac{2}{x} + C$;　(37) $\frac{x}{2\sqrt{2-x^2}} + C$;　(38) $\sqrt{x^2-9} - 3\arccos\frac{3}{|x|} + C$;

(39) $\frac{2}{3}(e^x+1)^{\frac{3}{2}} - 2(e^x+1)^{\frac{1}{2}} + C$;　(40) $-\frac{\sqrt{x^2+3}}{3x} + C$.

2. (1) $-e^{-x}(x^2+2x+2) + C$;　(2) $x\arcsin x + \sqrt{1-x^2} + C$;　(3) $-x\cos x + \sin x + C$;

(4) $x\ln(x^2+1) - 2x + 2\arctan x + C$;　(5) $x\arctan x - \frac{1}{2}\ln(1+x^2) + C$;　(6) $x\ln^2 x - 2x\ln x + 2x + C$;

(7) $\frac{1}{2}e^x(\sin x + \cos x) + C$;　(8) $\frac{1}{2}e^x - \frac{1}{5}e^x\sin 2x - \frac{1}{10}e^x\cos 2x + C$;　(9) $-e^{-x}(x^2+5) + C$;

(10) $-\frac{2}{17}e^{-2x}\left(\cos\frac{x}{2} + 4\sin\frac{x}{2}\right) + C$;　(11) $\frac{x}{2}(\sin\ln x - \cos\ln x) + C$;

(12) $\frac{1}{8}x^4\left(2\ln^2 x - \ln x + \frac{1}{4}\right) + C$;　(13) $x(\arcsin x)^2 + 2\sqrt{1-x^2}\arcsin x - 2x + C$;

(14) $2e^{\sqrt{x}}(\sqrt{x}-1) + C$;　(15) $x\ln(x+\sqrt{1+x^2}) - \sqrt{1+x^2} + C$;　(16) $(x+1)\arctan\sqrt{x} - \sqrt{x} + C$;

(17) $2\sqrt{x}\arcsin\sqrt{x} + 2\sqrt{1-x} + C$;　(18) $\frac{1}{2}x[\sin(\ln x) - \cos(\ln x)] + C$.

3. $xf(x) - \frac{\sin x}{x} + C$.

4. $2\sqrt{x} + C$.

5. $-(e^{-x}+1)\ln(1+e^x) + x + C$.

6. $I_1 = \frac{1}{2}(x - \ln|\sin x + \cos x|) + C$, $I_2 = \frac{1}{2}(x + \ln|\sin x + \cos x|) + C$.

7. (1) $I_n = \dfrac{1}{3}x^3 \ln^n x - \dfrac{n}{3}I_{n-1}$; (2) $I_n = -x^n e^{-x} + nI_{n-1}$; (3) $I_n = \dfrac{1}{n}\left[(n-1)I_{n-2} - \sin^{n-1}x \cdot \cos x\right]$;

(4) $I_n = \dfrac{1}{n-1}\tan^{n-1}x - I_{n-2}$.

习题 7.3

1. (1) $-\dfrac{x}{(x-1)^2} + C$; (2) $\dfrac{1}{7}\ln\left|\dfrac{x-5}{x+2}\right| + C$; (3) $\dfrac{1}{3}x^3 - \dfrac{3}{2}x^2 + 9x - 27\ln|x+3| + C$;

(4) $\ln\left(\dfrac{x}{x+1}\right)^2 + \dfrac{4x+3}{2(x+1)^2} + C$; (5) $\dfrac{1}{x+1} + \dfrac{1}{2}\ln|x^2-1| + C$;

(6) $\dfrac{1}{2}\ln\dfrac{(x+1)^2}{x^2-x+1} + \sqrt{3}\arctan\dfrac{2x-1}{\sqrt{3}} + C$; (7) $\dfrac{1}{2}\ln|x-1| - \dfrac{1}{4}\ln(x^2+1) + \dfrac{1}{2}\arctan x + C$;

(8) $\dfrac{2x-1}{2(x^2+2x+2)} + \arctan(x+1) + C$.

2. (1) $\dfrac{1}{4}\ln\left|\dfrac{2+\tan\dfrac{x}{2}}{2-\tan\dfrac{x}{2}}\right| + C$; (2) $\dfrac{1}{2}\ln\left|\tan\dfrac{x}{2}\right| + \dfrac{1}{4}\cot^2\dfrac{x}{2} + C$; (3) $\ln\left|\tan\dfrac{x}{2} + 1\right| + C$;

(4) $\dfrac{\sqrt{6}}{6}\arctan\left(\dfrac{\sqrt{6}}{2}\tan x\right) + C$; (5) $\dfrac{1}{2}\ln|\sin x + \cos x| + \dfrac{x}{2} + C$;

(6) $\sqrt{2}\arctan\left(\dfrac{\sqrt{2}}{2}\tan x\right) - \arctan(\tan x) + C$.

3. (1) $\dfrac{4}{3}\sqrt[4]{x^3} - \dfrac{4}{3}\ln(1+\sqrt[4]{x^3}) + C$; (2) $\dfrac{1}{6}(x-1)\sqrt{2+4x} + C$;

(3) $\ln\left|\dfrac{1+\sqrt{1-x^2}}{x}\right| - \sqrt{1-x^2} + C$; (4) $\dfrac{1}{2}x^2 - \dfrac{x}{2}\sqrt{x^2-1} + \dfrac{1}{2}\ln(x+\sqrt{x^2-1}) + C$;

(5) $\ln\left|x + \dfrac{1}{2} + \sqrt{x^2+x}\right| + C$; (6) $2\ln(\sqrt{1+x} + \sqrt{x}) + C$; (7) $\dfrac{2x^2-1}{3x^3}\sqrt{x^2+1} + C$;

(8) $\dfrac{7}{8}\arcsin\dfrac{2x-1}{\sqrt{5}} - \dfrac{2x+3}{4}\sqrt{1+x-x^2} + C$.

第 8 章

习题 8.1

1. $\displaystyle\int_{-1}^{3} x^2 \,\mathrm{d}x$.

2. 2.

3. (1) $\dfrac{\pi}{2}$; (2) $\dfrac{3}{2}$; (3) 0; (4) $\dfrac{5}{2}$.

习题 8.2

1. (1) 2; (2) $\dfrac{11}{6}$; (3) 0; (4) $\dfrac{a^2}{6}$; (5) $-\ln 2$; (6) $-16\dfrac{1}{4}$; (7) $1 - \dfrac{\pi}{4}$; (8) $\dfrac{\pi}{6}$.

2. (1) $\ln 2$; (2) $\dfrac{1}{6}$; (3) $\dfrac{1}{2}$; (4) $\dfrac{2}{\pi}$; (5) $\dfrac{4}{e}$.

习题 8.4

1. (1) $\displaystyle\int_0^1 x^2\,\mathrm{d}x$ 较大; (2) $\displaystyle\int_1^2 x^3\,\mathrm{d}x$ 较大; (3) $\displaystyle\int_1^e \ln x\,\mathrm{d}x$ 较大; (4) $\displaystyle\int_0^1 x\,\mathrm{d}x$ 较大.

3. (1) $3\dfrac{5}{6}$; (2) $2\sqrt{2} - 1$.

4. $-\dfrac{8}{3}$.

8. (1) 0； (2) 0； (3) 0.

习题 8.5

1. $\Phi(x) = \begin{cases} 0, & x < 0, \\ \dfrac{1}{2}x^2, & 0 \leqslant x \leqslant 1, \\ 1 - \dfrac{1}{2}(x-2)^2, & 1 < x \leqslant 2, \\ 1, & x > 2. \end{cases}$

2. (1) $\sin x^2$； (2) $-xe^{-x}$； (3) $3x^2 \cos x^6$； (4) $(\sin x - \cos x)\cos(\pi \sin^2 x)$.

3. -2.

5. 2， 5.

6. $\dfrac{5}{4}$.

7. $\dfrac{-y\cos(xy)}{e^y + x\cos(xy)}$；

8. $-\tan t$；

9. (1) $\dfrac{1}{3}$； (2) $\dfrac{1}{2}$； (3) 1； (4) 12； (5) -1； (6) 0.

11. $-\dfrac{17}{12}$.

13. (1) $\dfrac{1}{3}$； (2) 0； (3) $e-\sqrt{e}$； (4) $\dfrac{1}{3}$； (5) $\dfrac{1}{2}(1-\ln 2)$； (6) $\sqrt{3} - \dfrac{\pi}{3}$； (7) $\dfrac{\pi}{2}$； (8) 2； (9) $1-\dfrac{\pi}{4}$； (10) $\dfrac{1}{2}\ln\dfrac{2}{3}$； (11) $\dfrac{\pi}{6}$； (12) $\dfrac{\sqrt{2}}{2}$； (13) $-\dfrac{\pi}{2}$； (14) $\ln 2 - \dfrac{3}{8}$； (15) $\ln 2 - 2 + \dfrac{\pi}{2}$； (16) $\dfrac{2}{5}(1+e^{\frac{\pi}{2}})$； (17) $\dfrac{\pi}{4} - \dfrac{1}{2}\ln 2$； (18) $2\left(1-\dfrac{1}{e}\right)$； (19) $\dfrac{1}{2}(\text{esin}\,1 - \text{ecos}\,1 + 1)$； (20) π^2； (21) $\left(\dfrac{1}{4} - \dfrac{\sqrt{3}}{9}\right)\pi + \dfrac{1}{2}\ln\dfrac{2}{3}$； (22) $\dfrac{5\pi}{8}$； (23) $\dfrac{\pi}{32}$； (24) $\dfrac{\pi^3}{324}$； (25) 0； (26) 0.

14. $1 + \ln(1 + e^{-1})$.

15. $\dfrac{1}{e}$.

16. $\dfrac{\pi^2}{4}$.

17. $2\sqrt{2}n$.

18. $1 - \dfrac{\pi}{4}$.

第 9 章

习题 9.2

1. (1) $\dfrac{3}{2} - \ln 2$； (2) $\dfrac{9}{2}$； (3) 8； (4) $2\sqrt{2}$； (5) $\dfrac{1}{6}$； (6) $e + \dfrac{1}{e} - 2$； (7) $\dfrac{99}{10}\ln 10 - \dfrac{81}{10}$.

2. $\dfrac{3\pi+2}{9\pi-2}$.

3. $\dfrac{9}{4}$.

4. $\dfrac{16}{3}$.

5. (1) π; (2) $\dfrac{3}{2}\pi a^2$; (3) $\dfrac{4}{3}\pi^3 a^2$; (4) $\dfrac{a^2}{4}(e^{2\pi}-e^{-2\pi})$; (5) $\dfrac{8}{15}$; (6) $\dfrac{3}{8}\pi a^2$.

6. $\dfrac{8}{3}$.

习题 9.3

1. (1) 2π; (2) $\dfrac{25\pi}{3}$; (3) $\dfrac{272\pi}{15}$; (4) 7.5π, 24.8π; (5) $\dfrac{\pi^2}{2}$, $2\pi^2$; (6) $160\pi^2$; (7) $\dfrac{32}{105}\pi a^3$.

2. $\dfrac{353}{15}\pi$.

3. $\dfrac{16}{3}a^3$.

4. $\dfrac{4}{3}\pi abc$.

7. $\dfrac{8}{3}\pi a^3$.

8. $\dfrac{\pi}{15}(e^{3\pi}+1)a^3$.

习题 9.4

1. (1) $1+\dfrac{1}{2}\ln\dfrac{3}{2}$; (2) $2\sqrt{3}-\dfrac{4}{3}$; (3) $\dfrac{e-e^{-1}}{2}$; (4) $\dfrac{1}{4}(e^2+1)$; (5) $\dfrac{1}{2}a\pi^2$; (6) $6a$; (7) $\dfrac{\sqrt{5}}{2}(e^{4\pi}-1)$; (8) $\dfrac{a}{2}[2\pi\sqrt{1+4\pi^2}+\ln(2\pi+\sqrt{1+4\pi^2})]$.

2. (1) $\dfrac{\sqrt{2}}{4}$; (2) $\dfrac{\sqrt{2}}{4}$; (3) $\dfrac{\sqrt{2}}{4a}$; (4) $\dfrac{1}{a}$.

习题 9.5

1. $2\sqrt{2}\pi+2\pi\ln(\sqrt{2}+1)$.

2. $\dfrac{62}{3}\pi$.

3. $\dfrac{12}{5}\pi a^2$.

4. $16\pi^2 a^2$.

5. $\dfrac{32}{5}\pi a^2$.

6. $(4-2\sqrt{2})\pi a^2$; $2\sqrt{2}\pi a^2$.

习题 9.6

1. $0.18(J)$.

2. $\dfrac{9}{5}k$.

3. $3.93\times 10^5\ (J)$.

4. $G\dfrac{Mm}{R}-G\dfrac{Mm}{R+h}$, $G\dfrac{Mm}{R}$ (或 mgR).

5. $6.53\times 10^3 R^3\ (N)$.

6. 1.80×10^6 (N).

7. 1.65 (N).

8. 引力大小为 $\dfrac{2Gm\mu}{R}\sin\dfrac{\varphi}{2}$, 方向为 M 指向圆弧的中心.

第 10 章

习题 10.1

1. (1) $\dfrac{1}{2}$; (2) $\dfrac{1}{3}$; (3) 2; (4) -1; (5) $\dfrac{2\sqrt{3}}{9}\pi$; (6) $\dfrac{\ln 2}{2}$; (7) 0; (8) 发散; (9) $\dfrac{1}{2}$;
(10) 发散.

习题 10.2

1. (1) 收敛; (2) 收敛; (3) 发散; (4) 收敛; (5) 收敛;
(6) 发散; (7) 收敛; (8) $n-m>1$ 时积分收敛, $n-m\leqslant 1$ 时积分发散;
(9) $n>1$ 时积分收敛, $n\leqslant 1$ 时积分发散; (10) 发散.

2. (1) 当 $p>1$ 时, 积分绝对收敛; 当 $0<p\leqslant 1$ 时, 积分条件收敛; (2) 条件收敛; (3) 条件收敛;
(4) 条件收敛; (5) 绝对收敛; (6) 条件收敛.

习题 10.3

1. (1) π; (2) 当 $p<1$ 时积分收敛于 $\dfrac{(b-a)^{1-p}}{1-p}$, 当 $p\geqslant 1$ 时积分发散;
(3) 当 $p<1$ 时积分收敛于 $\dfrac{(b-a)^{1-p}}{1-p}$, 当 $p\geqslant 1$ 时积分发散; (4) 1;
(5) 发散; (6) $\dfrac{8}{3}$; (7) $\dfrac{\pi}{2}$; (8) 发散; (9) 发散; (10) 4.

3. (1) 收敛; (2) 发散; (3) 发散; (4) 收敛; (5) 发散;
(6) 当 $p<3$ 时积分收敛, 当 $p\geqslant 3$ 时积分发散; (7) 发散; (8) 收敛.

4. (1) 收敛; (2) 当 $0<p<2$ 时积分收敛, 其余情况发散; (3) 收敛;
(4) 当 $1<p<2$ 时积分收敛, 其余情况发散;
(5) 当 $p>0$ 时积分收敛, 当 $p\leqslant 0$ 时积分发散.

参考文献

[1] 华东师范大学数学系. 数学分析(上、下册)[M]. 4版. 北京:高等教育出版社,2010.

[2] 陈纪修,於崇华,金路. 数学分析(上、下册)[M]. 2版. 北京:高等教育出版社,2004.

[3] 刘玉琏,傅沛仁,林玎,等. 数学分析讲义(上、下册)[M]. 5版. 北京:高等教育出版社,2008.

[4] 伍胜健. 数学分析(第一、二、三册)[M]. 北京:北京大学出版社,2010.

[5] 吉米多维奇. 数学分析习题集[M]. 2版. 济南:山东科学技术出版社,2004.

[6] 常庚哲. 数学分析教程(上、下册)[M]. 北京:高等教育出版社,2003.

[7] 裴礼文. 数学分析中的典型问题与方法[M]. 2版. 北京:高等教育出版社,2006.

[8] 谢惠民,恽自求,易法槐,等. 数学分析习题课讲义(上、下册)[M]. 北京:高等教育出版社,2003.

[9] 徐新亚. 数学分析解题精讲[M]. 上海:同济大学出版社,2014.

[10] 孙涛. 数学分析经典习题解析[M]. 北京:高等教育出版社,2004.

[11] 同济大学数学系. 高等数学(上、下册)[M]. 6版. 北京:高等教育出版社,2007.

[12] 朱家生. 数学史[M]. 北京:高等教育出版社,2004.

附录　希腊字母简表

序号	大写	小写	英语音标注音	英文	汉语名称
1	A	α	/ˈælfə/	alpha	阿尔法
2	B	β	/ˈbiːtə/ 或 /ˈbeɪtə/	beta	贝塔
3	Γ	γ	/ˈgæmə/	gamma	伽玛
4	Δ	δ	/ˈdeltə/	delta	得尔塔/德尔塔
5	E	ε	/ˈepsɪlɒn/	epsilon	艾普西隆
6	Z	ζ	/ˈziːtə/	zeta	泽塔
7	H	η	/ˈiːtə/	eta	伊塔
8	Θ	θ	/ˈθiːtə/	theta	西塔
9	I	ι	/aɪˈəʊtə/	iota	约(yāo)塔
10	K	κ	/ˈkæpə/	kappa	卡帕
11	Λ	λ	/ˈlæmdə/	lambda	拉姆达
12	M	μ	/mjuː/	mu	谬
13	N	ν	/njuː/	nu	纽
14	Ξ	ξ	希腊 /ksi/ 英美 /ˈzaɪ/ 或 /ˈsaɪ/	xi	克西
15	O	o	/əʊˈmaɪkrən/ 或 /ˈɒmɪˌkrɑn/	omicron	奥米克戎
16	Π	π	/paɪ/	pi	派
17	P	ρ	/rəʊ/	rho	柔
18	Σ	σ, ς	/ˈsɪgmə/	sigma	西格马
19	T	τ	/tɔː/ 或 /taʊ/	tau	陶
20	Υ	υ	/ˈɪpsɪlɒn/ 或 /ˈʌpsɪlɒn/	upsilon	阿普西龙
21	Φ	φ	/faɪ/	phi	斐
22	X	χ	/kaɪ/	chi	希
23	Ψ	ψ	/psaɪ/	psi	普西
24	Ω	ω	/ˈəʊmɪgə/ 或 /oʊˈmegə/	omega	奥米伽/欧米伽